Biologie in Farbtafeln

Daniel Richard
Patrick Chevalet
Thierry Soubaya

Biologie in Farbtafeln

Springer Spektrum

Daniel Richard
IUFM Midi Pyrénées
Toulouse, Frankreich

Patrick Chevalet
Université Toulouse II-Le Mirail
Toulouse, Frankreich

Thierry Soubaya
Lycée Pierre de Fermat
Toulouse, Frankreich

ISBN 978-3-642-32983-8 ISBN 978-3-642-32984-5 (eBook)
DOI 10.1007/978-3-642-32984-5

Bibliografische Information der Deutschen Nationalbibliothek
Die Deutsche Nationalbibliothek verzeichnet diese Publikation in der Deutschen Nationalbibliografie; detaillierte bibliografische Daten sind im Internet über http://dnb.d-nb.de abrufbar.

Springer Spektrum

Titel der Originalausgabe: Mémo visuel de Biologie – L'essentiel en fiches, französische Originalausgabe erschienen bei Dunod, Paris, 2011, © Dunod, Paris, 2011

Übersetzerin: Dr. Sandra Lechowski, Heidelberg
Redaktionelle Bearbeitung: Dr. Bärbel Häcker, Leonberg

Gedruckt auf säurefreiem und chlorfrei gebleichtem Papier

Springer Spektrum ist Teil der Fachverlagsgruppe Springer Science+Business Media
www.springer-spektrum.de

Vorwort

Das Wissen auf dem Gebiet der Biologie hat in den letzten Jahrzenten unter anderem durch die technischen Errungenschaften rasant zugenommen. Diese ermöglichten ein tieferes Verständnis der Lebewesen auf molekularer Ebene sowie ihrer systemischen Analyse.

Das vorliegende Werk verwendet die neuesten und grundlegenden biologischen Kenntnisse.

Die Themen sind möglichst breit gefächert, dabei haben wir besonderen Wert auf die Darstellung der Grundprinzipien des Lebens gelegt.

Das Buch ist thematisch in vier große Abschnitte gegliedert:
- Von der Zelle zum Organismus
- Die Physiologie der Ernährung
- Die Reaktion auf äußere Reize
- Fortpflanzung und Entwicklung

Die großen Themengebiete umfassen die Gesamtheit der biologischen Aspekte und wurden in mehr als 200 Farbtafeln mit insgesamt 600 farbigen Abbildungen und Fotos dargestellt, einschließlich eines Abkürzungsverzeichnisses und eines ausführlichen Index.

Dieses Buch ist als Nachschlagewerk und Übungsbuch gedacht und soll Master-Studierenden zur Prüfungsvorbereitung dienen, indem sie ihr Wissen einfach und schnell überprüfen können.

Inhaltsverzeichnis

Anleitung zur Nutzung des Buchs

IV

Fortpflanzung
und Entwicklung

Quittenblüte

Inhalt

Kapitel 14 Die Fortpflanzung – 211
Kapitel 15 Das Wachstum und die Entwicklung – 231

4 Teile
Die großen Themengebiete der Biologie

15 Kapitel
mit insgesamt 200 Farbtafeln
Die wichtigsten Fakten auf einem Blick

600 farbige Abbildungen und Fotos
um das Wissen anschaulich darzustellen

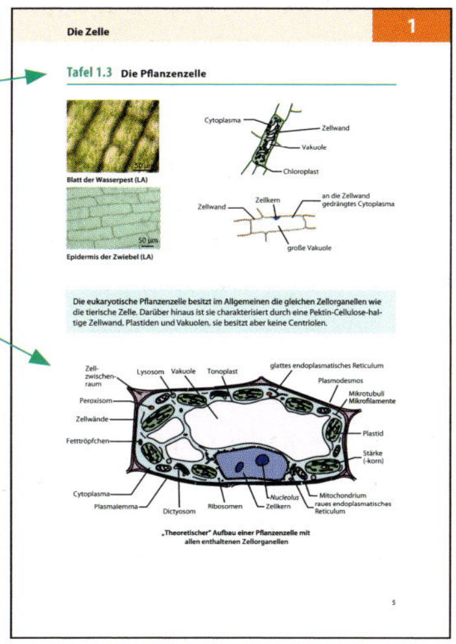
Die Zelle 1

Tafel 1.3 Die Pflanzenzelle

Blatt der Wasserpest (LA)

Epidermis der Zwiebel (LA)

Die eukaryotische Pflanzenzelle besitzt im Allgemeinen die gleichen Zellorganellen wie die tierische Zelle. Darüber hinaus ist sie charakterisiert durch eine Pektin-Cellulose-haltige Zellwand, Plastiden und Vakuolen, sie besitzt aber keine Centriolen.

„Theoretischer" Aufbau einer Pflanzenzelle mit allen enthaltenen Zellorganellen

5

Und…

- ein Abkürzungsverzeichnis
- ein umfangreicher Index

Abkürzungsverzeichnis

A	Adrenalin
ABA	Abscisinsäure
ABP	Auxin binding protein
AC	Adenylat-Cyclase
Acetyl-CoA	Acetyl-Coenzym A
ACh	Acetylcholin
ACTH	Adrenocorticotropes Hormon
ADH	Adiuretin
ADP	Adenosindiphosphat
AER	apikale ektodermale Randleiste
Ag	Antigen
AK	Antikörper
AMPA	α-Amino-3-hydroxy-5-methyl-4-isoxazol-propionsäure
ANB	afferente Nervenbahn des Beugereflexes
ANP	atriales natriuretisches Peptid
ANS	autonomes Nervensystem
AP	Adaptorproteinkomplex
APC	antigenpräsentierende Zelle
ARF	auxin response factors
AS	Aminosäuren
ASC	amiloride-sensitive channel
ASIC	acid-sensing ionic channel
ASS	Acetylsalicylsäure
Asp	Aspartat
ATP	Adenosintriphosphat
BCR	B cell receptor
BER	Basen-Excisionsreparatur
BR	Brassinosteroide
cADPR	cyclic ADP-ribose
CAM	cell adhesion molecule
CAM	Crassulacean Acid Metabolism
cAMP	zyklisches AMP
Caspase	Cystein-Aspartat-spezifische Protease
CCK	Cholecystokinin
cdc	cell division cycle
Cdk	cyclin-dependent kinase
cdt1	cdc10 dependent transcript 1
CGL	Corpus geniculatum laterale des Thalamus
cGMP	zyklisches Guanosinmonophosphat
CK	Cytokinin
CLIP	class II-associated invariant chain peptide
CO	Constans-Gen
COP	coat protein
CPE	cytoplasmic polyadenylation element
CPEB	cytoplasmic polyadenylation element binding protein
CPSF	cleavage and polyadenylation specificity factor
CR	Komplementrezeptor
CRH	Corticotropin-Releasing Hormon oder auch Corticoliberin
DA	Dopamin
DAG	Diacylglycerin
DBD	DNA binding domain
DC	dendritische Zelle
DDCP	DNA damage checkpoint
DHPR	Dihydropyridinrezeptor
DNA	Desoxyribonucleinsäure
DOPA	3,4-Dihydroxyphenylalanin
EF	Elongationsfaktor
eIF	eukaryotische Initiationsfaktoren
EKG	Elektrokardiogramm
EM	extrazelluläre Matrix
ER	endoplasmatisches Reticulum
FAD	Flavinadenindinucleotid
FGF	Fibroblasten-Wachstumsfaktor
FLC	flowering locus C-Gen
FRI	Frigida-Gen
FMN	Flavinmononucleotid
FS	Fettsäuren
FSH	Follikel stimulierendes Hormon
Gb	begrenzter Leitwert
Gm	Membranleitfähigkeit
GABA	Gamma-Aminobuttersäure
GAP	GTPase activating protein
GDP	Guanosindiphosphat
gER	glattes endoplasmatisches Reticulum
GH	growth hormone (Wachstumshormon)
GHRH	Growth Hormone Releasing Hormone oder auch Somatoliberin
GHRIH	Growth Hormone Release Inhibitory Hormone oder auch Somatostatin
Glu	Glutamat
GluT	Glucosetransporter
GnRH	Gonadotropin-Releasing Hormon
GNRP	Guaninnucleotid releasing protein
GTP	Guanosintriphosphat
H	Histamin
Hb	Hämoglobin
HLA	human leucocyte antigen

Abkürzungsverzeichnis

HR	hypersensitive response
Hsp	heat shock protein
5HT	5-Hydroxytryptamin = Serotonin
ICAM	intercellular adhesion molecule
IES	Indolessigsäure
Ig	Immunglobulin
IL	Interleukin
ILT	Ig-like transcripts
IP3	Inositoltriphosphat
iRNA	interferierende RNA
ISR	induced systemic resistance
ITAM	immunoreceptor tyrosine-based activation motif
ITIM	immunoreceptor tyrosine-based inhibition motif
JA	Jasmonsäure
JH	Juvenilhormon
KP	Kreatinphosphat
KS	Ketosäuren
LA	lichtmikroskopische Aufnahme
LAR	local acquired resistance
LBD	ligand binding domain
LDL	low density lipoprotein
LFA	leucocyte function associated antigen
LH	Luteinisierendes Hormon
LS	Längsschnitt
MALT	mucosa associated lymphoid tissue
MAP 2	mikrotubuliassoziiertes Protein 2
MASP	MBP associated protein
MBP	mannose binding protein
MCM	minichromosome maintenance
MCP	mitotic checkpoint
MG	Molekulargewicht
MHC	major histocompatibility complex
miRNA	microRNA
mIU/ml	milli international units per milliliter
MPF	mitosis promoting factor
mRNA	messenger RNA
MRT	Magnetresonanztomographie
MTOC	microtubule organizing center
NA	Noradrenalin
NAD	Nicotinamid-Adenindinucleotid
NADP	Nicotinamid-Adenindinucleotidphosphat
NCR	natural cytotoxicity receptors
NER	Nucleotid-Excisionsreparatur
NiR	Nitrit-Reductase
NLS	nuclear localization sequence
NK	natural killer
NKR	NK cell receptor
NMDA	N-Methyl-D-Aspartat
NO	Stickstoffmonoxid
NR	Nitrat-Reductase
NSF	N-ethylmaleimide sensitive factor
NTS	Nucleus tractus solitarii
ORC	origin recognition complex
PABPI	poly(A) binding protein I
PAF	platelet activating factor
PAMP	pathogen associated molecular pattern
PAP	poly(A) polymerase
PCNA	proliferating cell nuclear antigen
PD	Potenzialdifferenz
PDE	Phosphodiesterase
PEP	Phosphoenolpyruvat
PI	Phosphatidylinositol
Pi	anorganisches Phosphat
PIP3	Phosphatidylinositoltrisphosphat
PKA	cAMP-abhängige Proteinkinase
PKC	Phosphokinase C
PLC	Phospholipase C
PR	pathogenesis-related
PRH	Prolactin-Releasing Hormon
PRIH	Prolactin-Releasing-Inhibiting HormonIH
PRR	patern recognition receptor, Mustererkennungsrezeptor
PTH	Parathormon
PTTH	prothorakotropes Hormon
QS	Querschnitt
RCP	replication checkpoint
REM	Rasterelektronenmikroskop
rER	raues endoplasmatisches Reticulum
RFC	replication factor C
RH	releasing hormone
RIH	release inhibiting hormone
RISC	RNA-induced silencing complex
RNA	Ribonucleinsäure
ROS	reactive oxygen species
RPA	replication protein A
Rubisco	Ribulose-1,5-bisphosphat-Carboxylase/-Oxygenase
RyR	Ryanodinrezeptor
SAR	systemic acquired resistence
SGLT	Sodium Glucose Linked Transporter
shh	sonic hedgehog-Gen
siRNA	small interfering RNA
SNAP	soluble NSF attachment protein
SNARE	SNAP receptor

snRNP	small nuclear ribonucleoprotein particles
SP	Substanz P
SRP	signal recognition particle
STH	Somatotropin
T3	Trijodthyronin
T4	Tetrajodthyronin/Thyroxin
TAF	TBP associated factor
TAP	transporter associated with antigen processing
TATA-Box	DNA-Sequenz mit 4 Basen in der Promotorregion eines Eukaryotengens
TBP	TATA-Box-bindendes Protein
TCR	T cell receptor
TEM	Transmissionselektronenmikroskop
TF	Transkriptionsfaktor
TGF	transforming growth factor
TGN	trans-Golgi-Netzwerk
TK	Tachykinin
TLR	toll like receptor
TNF	tumor necrosis factor
TG	Triglycerid
TIM	transport inner membrane
TOM	transport outer membrane
TRH	Thyreotropin-Releasing Hormon
tRNA	transfer RNA
TRP	transient receptor potential
TSH	Thyreoidea stimulierendes Hormon
UCP	uncoupling protein
UDP	Uridindiphosphat
UTP	Uridintriphosphat
UTR	untranslated region
Um	Transmembranpotenzialdifferenz
VLDL	veryl low density lipoprotein
VNS	vegetatives Nervensystem
XTH	Xyloglucan-Endotransglykosylase/Hydrolase
ZPA	Zone polarisierender Aktivität
ZO	Zonula occludens

Von der Zelle zum Organismus

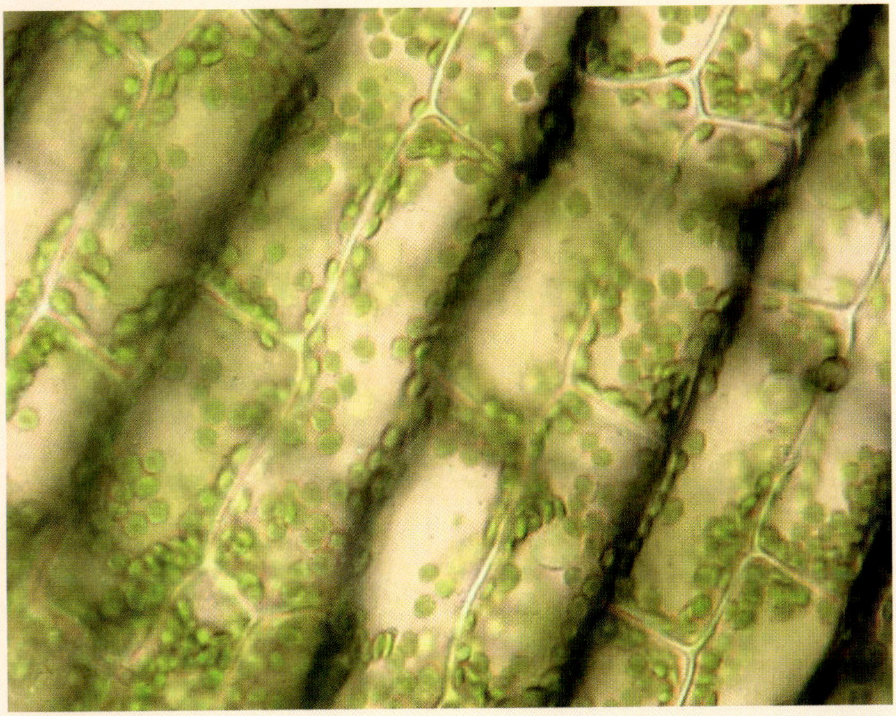

Blatt der Wasserpest (LA)

Inhalt

Tafel 1.1 Die chemischen Bestandteile des Lebens

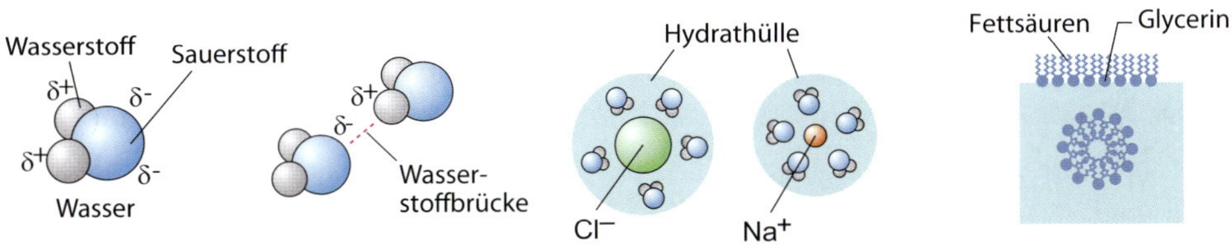

Die chemischen Eigenschaften des Wassers ermöglichten die Entstehung von Leben. Das Wassermolekül besteht aus einem Sauerstoffatom, welches mit zwei Wasserstoffatomen über kovalente Bindungen verknüpft ist. Die Ausbildung von Dipolen führt zum Auftreten von schwachen Wasserstoffbrücken. Diese Polarität bewirkt auch die Anziehung von Wasser durch elektrisch geladene Moleküle, wodurch es zur Ausbildung einer Hydrathülle kommt. Im Umkehrschluss bewirkt dies auch die Abstoßung von apolaren Molekülen wie Glycerin.

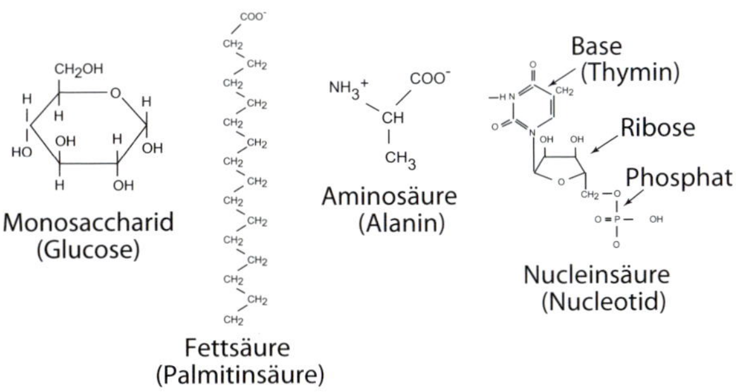

Biomoleküle basieren auf einem Skelett aus Kohlenstoff, in dem die Kohlenstoffatome untereinander oder mit Sauerstoff-, Wasserstoff-, Stickstoff-, Phosphat- oder Schwefelatomen verbunden sind. Es werden vier große Molekültypen unterschieden: Kohlenhydrate, Fette (Lipide), Aminosäuren und Nucleinsäuren.

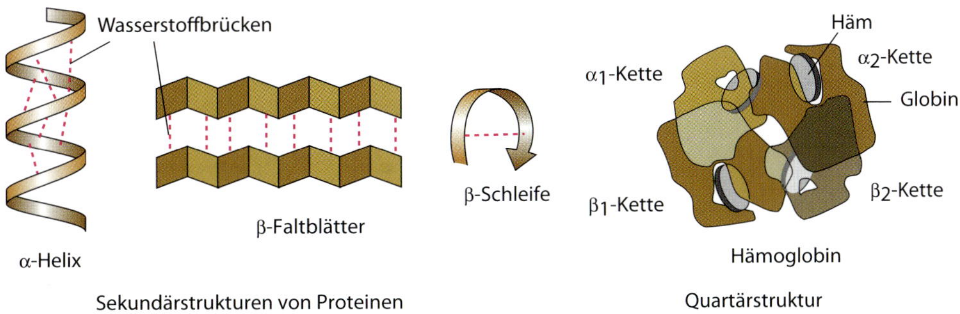

Die Kombination mehrerer Elemente ermöglicht die Bildung einer unbegrenzten Anzahl von Makromolekülen. Diese organisieren sich zu dreidimensionalen Strukturen, die über schwache Bindungen stabilisiert werden. Darüber hinaus können sich bestimmte Moleküle zu Supermolekülen zusammenfügen.

D. Richard, P. Chevalet, T. Soubaya, *Biologie in Farbtafeln*,
DOI 10.1007/978-3-642-32984-5_1, © Springer-Verlag Berlin Heidelberg 2013

Tafel 1.2 Der Aufbau der tierischen Zelle

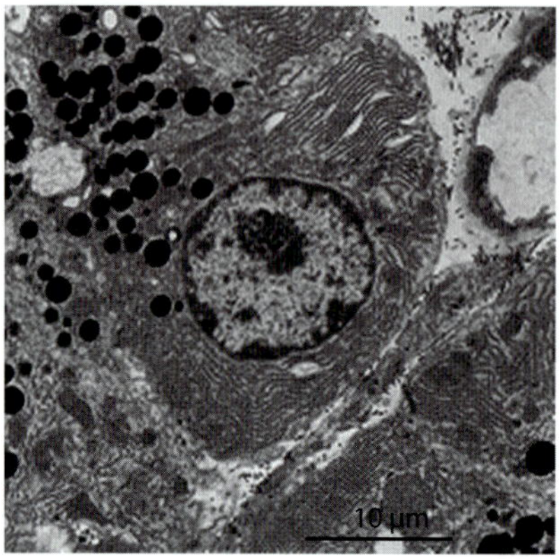

Drüsenzelle der Speicheldrüse bei der Ratte (TEM)

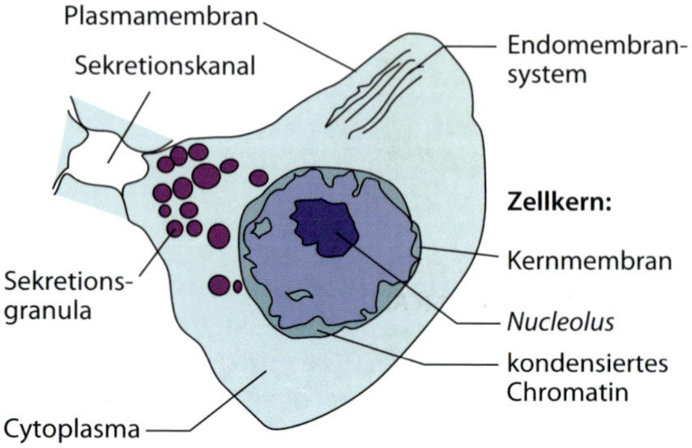

Die Zelle ist die Funktionseinheit des gesamten lebenden Organismus. Bei Tieren wird sie von einer Plasmamembran begrenzt. Das innere Zellkompartiment wird aus Cytoplasma und den verschiedenen darin eingebetteten Zellorganellen gebildet. Der Zellkern ist von einer Doppelmembran umgeben und enthält die genetische Information: die DNA.

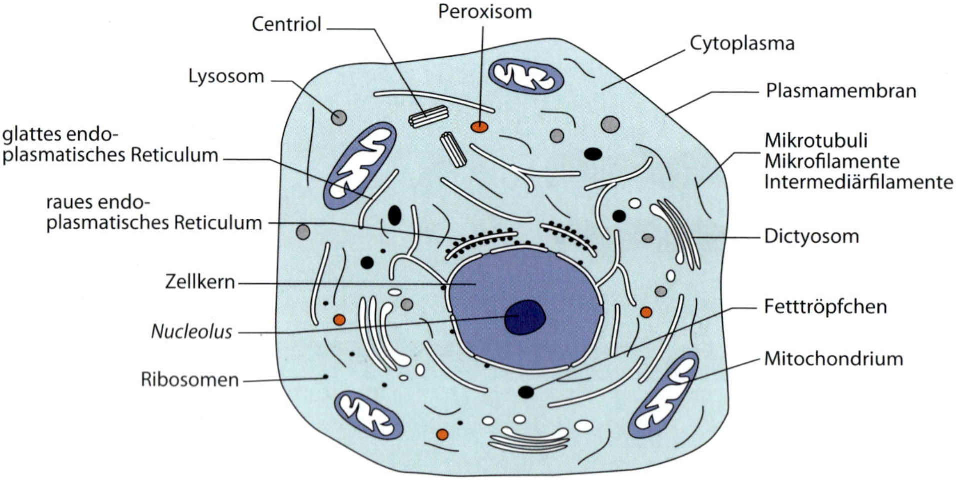

„Theoretischer" Aufbau einer tierischen Zelle mit allen enthaltenen Zellorganellen

Tafel 1.3 Die Pflanzenzelle

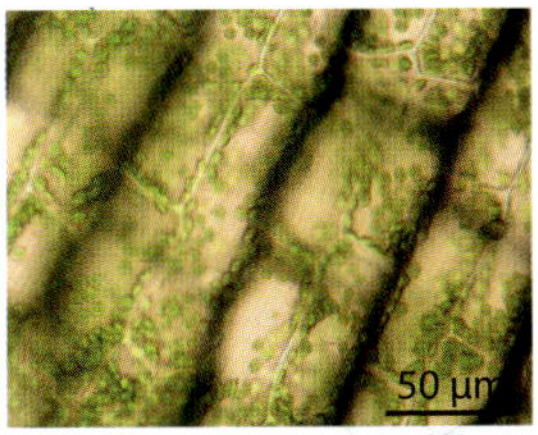

Blatt der Wasserpest (LA)

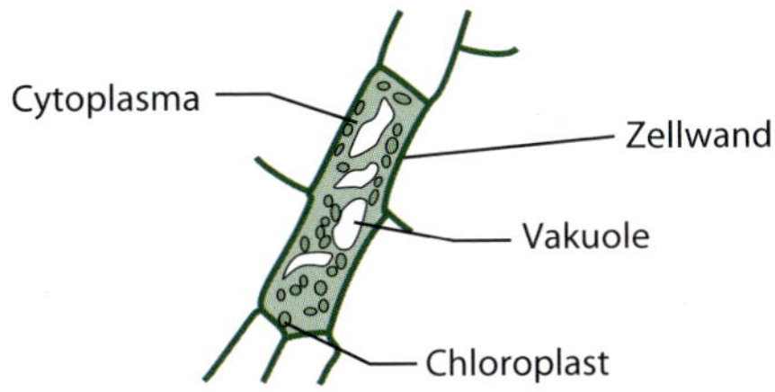

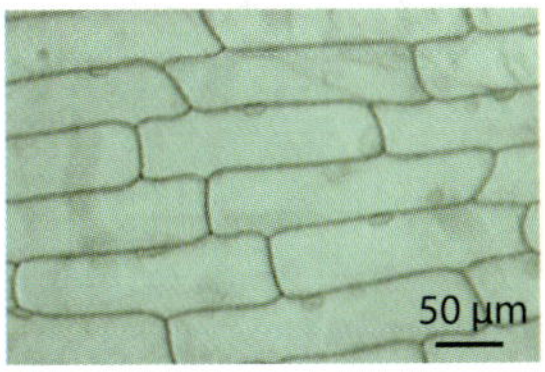

Epidermis der Zwiebel (LA)

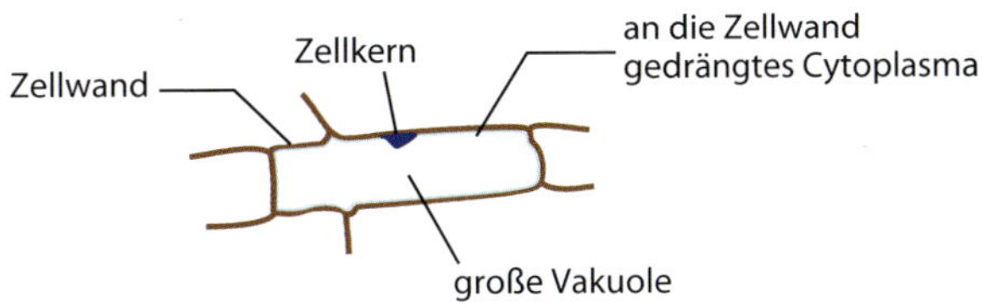

Die eukaryotische Pflanzenzelle besitzt im Allgemeinen die gleichen Zellorganellen wie die tierische Zelle. Darüber hinaus ist sie charakterisiert durch eine Pektin-Cellulose-haltige Zellwand, Plastiden und Vakuolen, sie besitzt aber keine Centriolen.

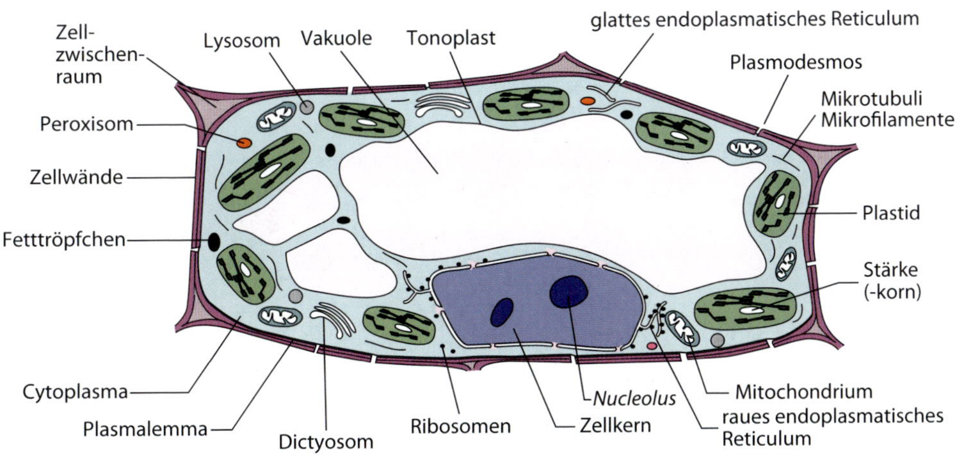

„Theoretischer" Aufbau einer Pflanzenzelle mit allen enthaltenen Zellorganellen

Tafel 1.4 Die Plasmamembran

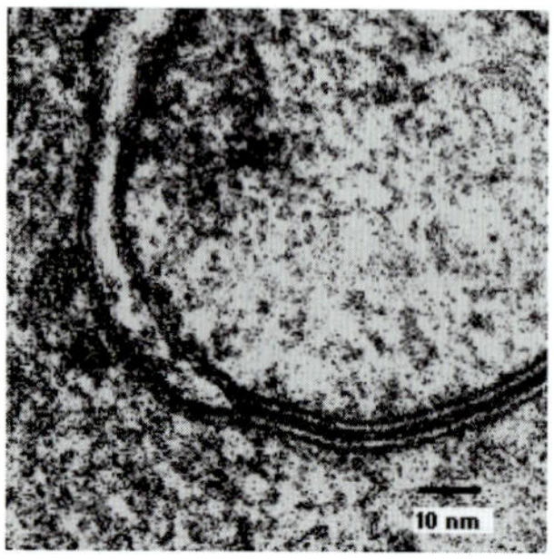

Plasmamembranen zweier benachbarter Zellen (TEM)

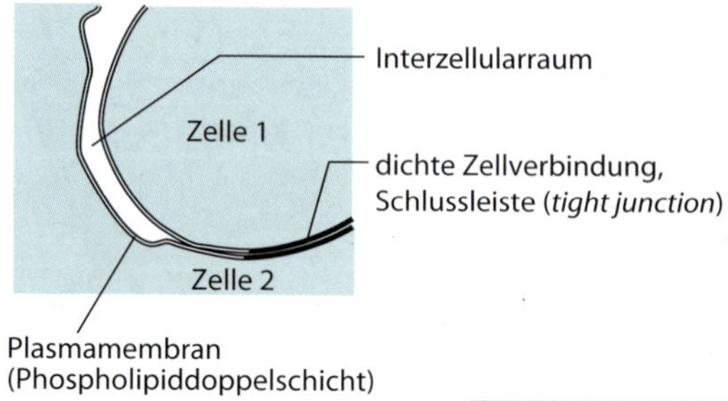

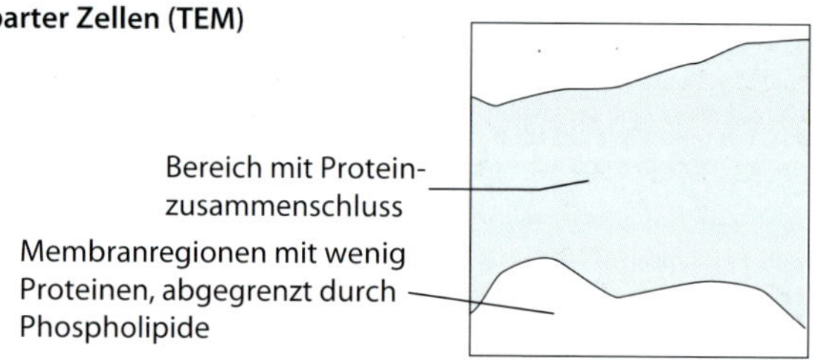

Membranoberfläche nach Anwendung der Gefrierbruchtechnik (TEM)

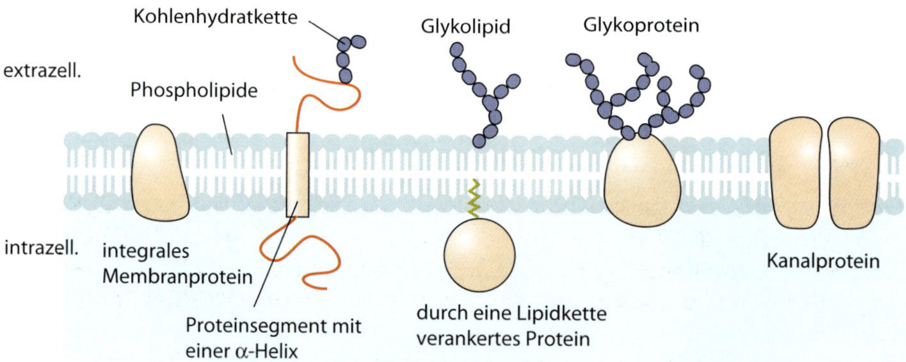

Die Plasmamembran besteht aus einer Phospholipiddoppelschicht mit eingelagerten (oder nur aufgelagerten) Proteinen oder Glykoproteinen. Je nach Struktur erfüllen diese Proteine unterschiedliche Funktionen: Kanäle (Austausch), Immunglobuline (Wiedererkennung), Rezeptoren (interzelluläre Kommunikation), Adhäsion (Festigkeit und Zellverbindung).

Tafel 1.5 Die transmembranen Austauschprozesse

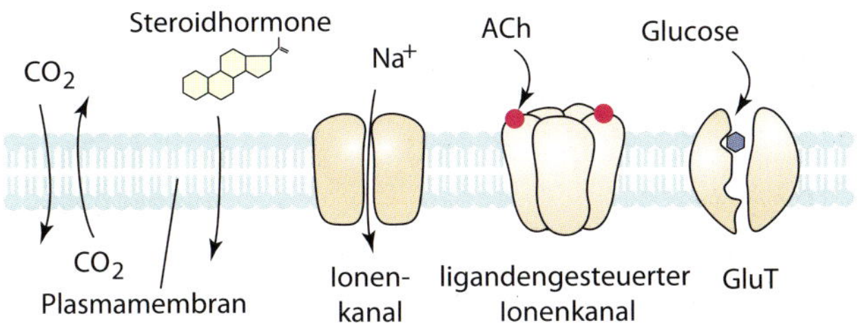

Der Stoffaustausch über die Membran kann mit oder ohne Energieverbrauch ablaufen. Der passive Transport findet statt, um thermodynamisch günstige Verschiebungen zu erreichen ($\Delta G < 0$). Der darauffolgende Massenstrom erfolgt entweder durch freie Diffusion (lipidlösliche Moleküle) oder mittels erleichterter Diffusion durch Kanalproteine mit unterschiedlich kontrollierter Permeabilität (z. B. Acetylcholin-Rezeptor-gesteuerter Na^+-Kanal) oder durch Carrier-Proteine (Permeasen) (z. B. Glucosetransporter GluT).

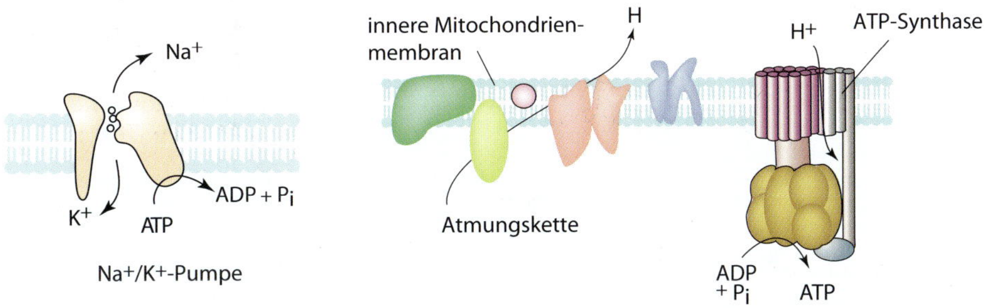

Aktive Transportprozesse sind thermodynamisch ungünstig ($\Delta G > 0$), da die gelösten Stoffe gegen ihren Konzentrationsgradienten transportiert werden müssen. Die Transporte werden über die Kopplung mit einer exogenen Reaktion realisiert. Abhängig von der Herkunft der Reaktionsenergie werden primäre und sekundäre aktive Transportprozesse unterschieden.

- Beim primär aktiven Transport stammt die zugeführte Energie entweder aus der Hydrolyse von ATP zu ADP + P_i ($\Delta G = -30$ kJ/mol) (z. B. H^+-Pumpe, Na^+/K^+-Pumpe, Ca^{2+}-Pumpe) oder aus der freigesetzten Energie einer Redoxreaktion (ΔG hängt von der Differenz des oxido-reduktiven Potenzials der Reaktion ab) (z. B. Redoxreaktions-Ketten in den Mitochondrien oder den Chloroplasten).
- Beim sekundär aktiven Transport wird der gelöste Stoff (Solut) gegen seinen elektrochemischen Gradienten mithilfe der Energie eines H^+- oder Na^+-Ionengradienten transportiert. Der Ionengradient entsteht durch einen primär aktiven Transport (Atmungskette) und führt zum spontanen Rückfluss des Antriebions (Bildung von ATP durch ATP-Synthase).

Tafel 1.6 Die Na^+/K^+-Pumpe

Aufbau

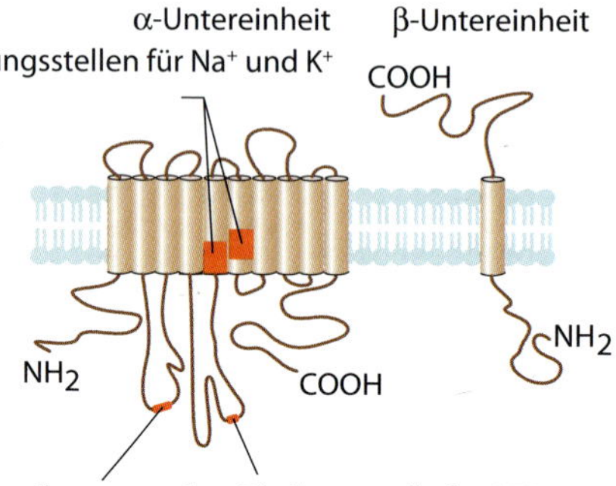

Schematische Darstellung der Na^+/K^+-Pumpe

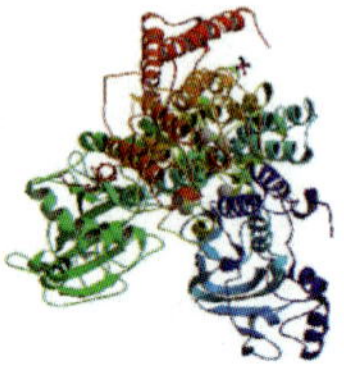

Kristallstruktur der Na^+/K^+-Pumpe

Die Na^+/K^+-Pumpe besteht aus zwei transmembranen Untereinheiten: α und β. Die α-Untereinheit enthält einerseits die Bindungsstellen für Na^+ und K^+ und andererseits ein Enzymzentrum, die ATPase, zur enzymatischen Hydrolyse von ATP.

Funktionsweise

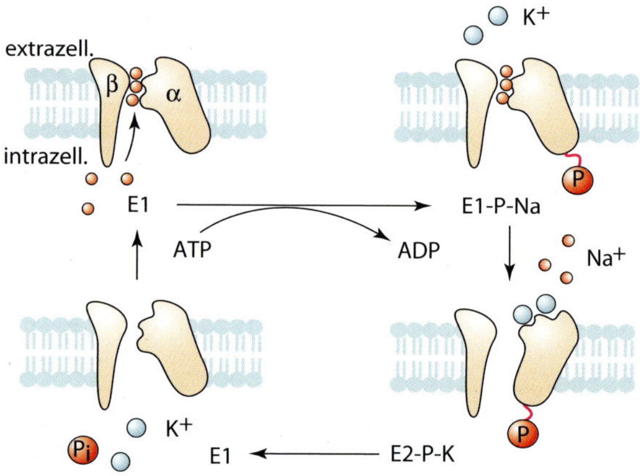

Die Transportprozesse der Na^+/K^+-Pumpe laufen zyklisch ab:

- im E1-Zustand besitzt die ATPase eine starke Affinität für Na^+. An der zum Zellinnern gerichteten geöffneten Bindungsstelle bindet sie drei Na^+-Ionen und hydrolysiert ein Molekül ATP, wobei sie anorganisches Phosphat (P_i) behält (E1-P-Na-Zustand);
- diese Bindung verändert die Konformation der Na^+/K^+-Pumpe, sodass sie sich nach außen hin öffnet;
- gleichzeitig verliert das Enzym seine Affinität für Na^+, wodurch die gebundenen Moleküle anschließend in den Extrazellularraum abgegeben werden;
- das Enzym erhält dann eine starke Affinität für K^+ und bindet im Extrazellularraum zwei K^+-Ionen (E2-P-K-Zustand);
- dieser Zustand ist instabil und die Pumpe geht in den E1-Zustand über, sie entlässt dort die gebundenen K^+-Ionen und P_i in das innere Zellkompartiment.

Tafel 1.7 Die Plasmamembran und die elektrochemischen Gradienten

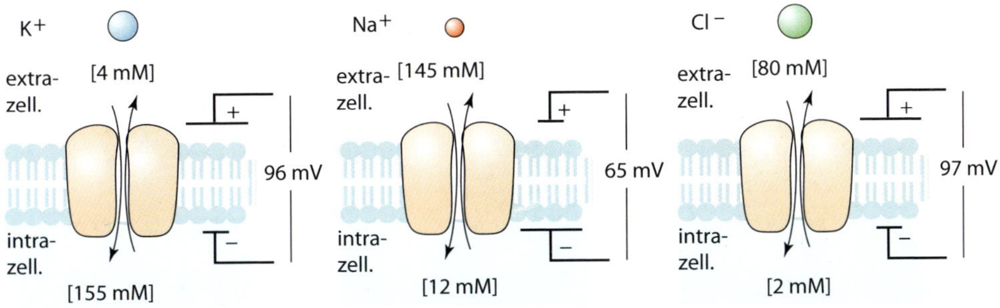

Zwischen Ionen einer Art, die aufgrund einer semipermeablen Membran in zwei Kompartimente unterschiedlicher Konzentration getrennt sind, entsteht zwischen den beiden Seiten der Membran eine elektrische Potenzialdifferenz (PD, Membranpotenzial). Dieses Membranpotenzial setzt sich aus dem Ionengleichgewichtspotenzial zusammen und drückt sich in der folgenden Formulierung aus (Nernst-Gleichung): $E_{Gl} = -(RT)/(zF) \cdot \ln [X]_i/[X]_a$ (E_{Gl} = Gleichgewichtspotenzial eines Ions X, R = allgemeine Gaskonstante, T = absolute Temperatur, z = Anzahl der elektrischen Ladungen von 1 mol des Ions, F = Faraday-Konstante = 96 500 Cb). Die hier angegebenen Werte beziehen sich auf die Muskelfaser in Säugetieren.

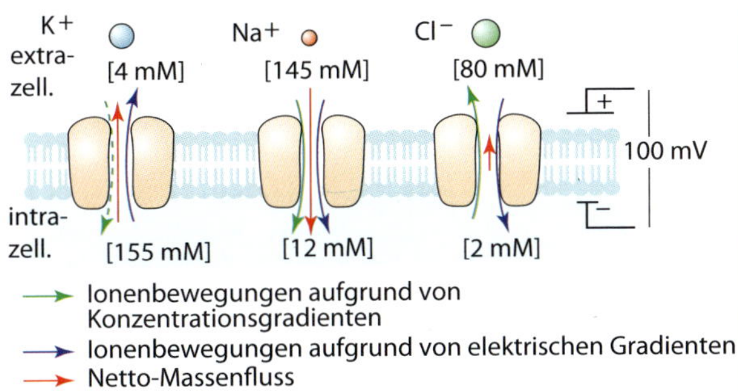

An der Zellmembran besteht eine Potenzialdifferenz von mehreren zehn Millivolt, das intrazelluläre Kompartiment ist gegenüber dem extrazellulären Kompartiment negativ geladen. Es gibt demzufolge Ionenbewegungen durch die Membran, die zum Einen über die Konzentrationen im intra- und extrazellulären Millieu und zum Anderen über die Differenz zwischen dem Ionen-Gleichgewichtspotenzial und der Transmembranpotenzialdifferenz (Membranpotenzial) reguliert werden.

Um das Membranpotenzial aufrechtzuerhalten, wird der passive Netto-Massenfluss durch einen entgegengerichteten Ionenfluss unter Energieverbrauch kompensiert. Diese Energie wird von einem Membranprotein, der Na^+/K^+-Pumpe, geliefert, deren ATPase die Konformationsänderung und damit den aktiven Eintrag von K^+ in das intrazelluläre Kompartiment und die Ausschleusung von Na^+ in das extrazelluläre Milieu ermöglicht. Dieser aktive Mechanismus verbraucht ungefähr 30 % des zellulären Stoffwechsels und trägt zur Aufrechterhaltung der Transmembran-PD und des Ruhepotenzials bei.

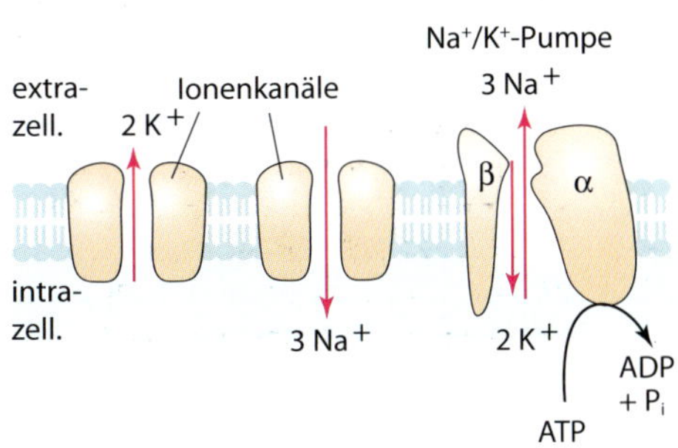

Tafel 1.8 Die elektrischen Eigenschaften der Plasmamembran

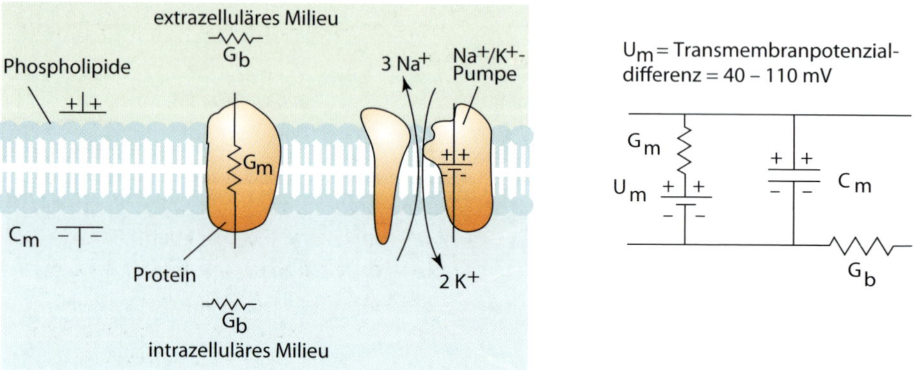

Elektrische Eigenschaften der Membranbestandteile und dazu der entsprechende elektrische Schaltplan

Die chemischen Membranbestandteile haben elektrische Eigenschaften. Die Phospholipiddoppelschicht verhält sich wie ein Speicherelement, während die Transmembranproteine aufgrund ihres begrenzten Leitwertes (G_b) wie Widerstandselemente agieren. Die Na^+/K^+-Pumpe bildet in ihrer asymmetrischen Form einen Spannungsgenerator. Das intra- und extrazelluläre Milieu fungieren jeweils als Leitelement. Außerdem kann jede Zelle über eine bestimmte Strecke ihre Transmembranpotenzialdifferenz dekremental variieren.

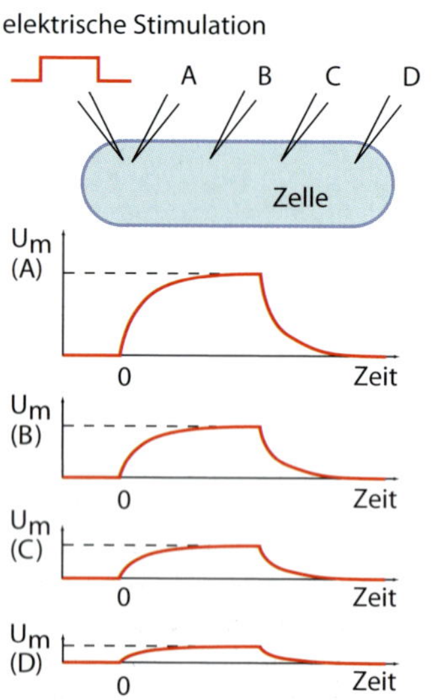

Weiterleitung des elektrischen Signals entlang der Zellmembran

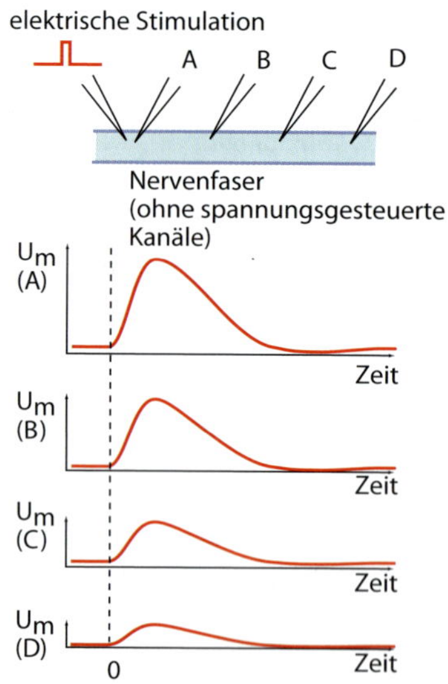

Weiterleitung des elektrischen Signals entlang einer Nervenfaser

Tafel 1.9 Die Nutzung der potenziellen Energie an der Membran

In Abhängigkeit von der Spezialisierung der Zellen werden die primär aktiven Transporte durch Reserve- oder potenzielle Energie gespeist.

Sekundär aktive Transporte

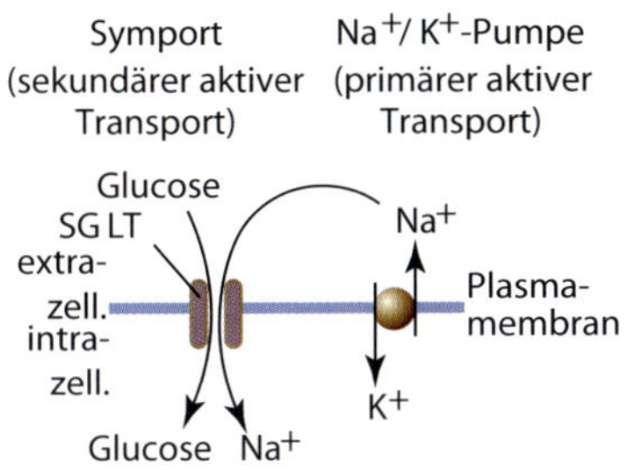

Der Glucosetransport vom extrazellulären in das intrazelluläre Milieu ist an den Co-Transporter SGLT (*Sodium Glucose Linked Transporter*) gebunden, der den gemeinsamen Transport von Na^+ und Glucose in die Enterocyten (Saumzellen) und in die Zellen des Nephrons sicherstellt. Dieses Funktionsprinzip gilt allgemein für alle Co-Transportsysteme.

Aufrechterhaltung eines Milieus mit besonderer Ionenzusammensetzung

In der *Stria vascularis* (Gefäßstreifen) des Innenohres, welche den *Ductus cochlearis* (Schneckengang) begrenzt, verursachen die Na^+/K^+-Pumpen einen K^+-Anstieg im *Ductus cochlearis,* was wiederum die Transmembran-PD der Haarzellen auf der Basilarmembran erhöht.

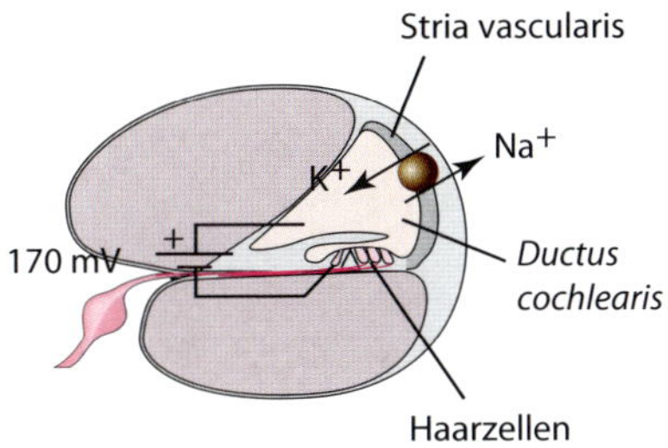

Codierung der Information

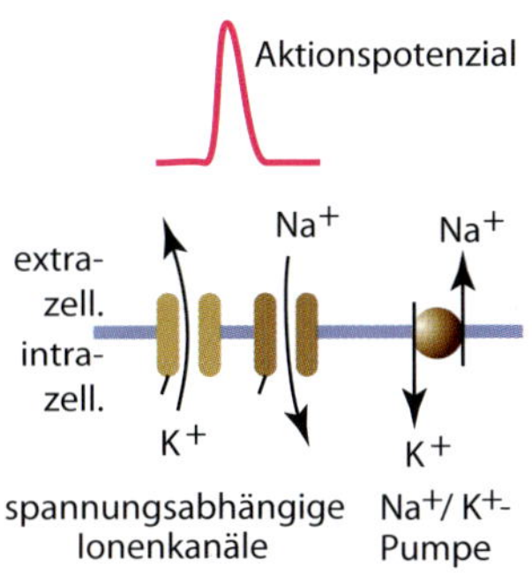

Neuronen nutzen Energiepotenziale zur Codierung von Informationen. Die Öffnung der Na^+- und K^+-Kanäle, was in bestimmten neuronalen Membranen ein spannungsabhängiger Prozess ist, erzeugt gleichförmige Veränderungen der Transmembran-PD (Membranpotenzial): die Aktionspotenziale.

Tafel 1.10 Das Mitochondrium

Aufbau

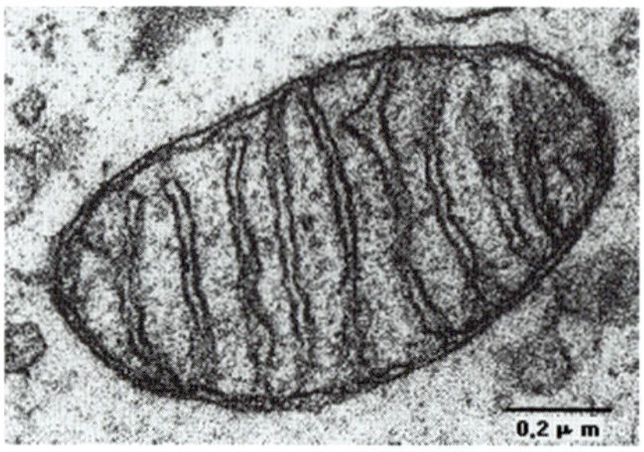

Aufnahme eines Mitochondriums mit dem TEM

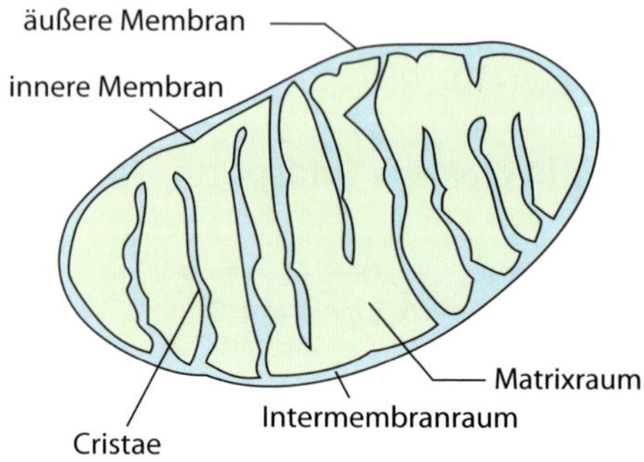

Mitochondrien sind Zellorganellen mit zwei Membranen und besitzen ein Genom, das dem der Prokaryoten ähnlich ist. Sie stammen aus der Symbiose (Endosymbiontentheorie) eines einfachen Eukaryoten mit einem α-Proteobakterium.

Metabolische Funktionen

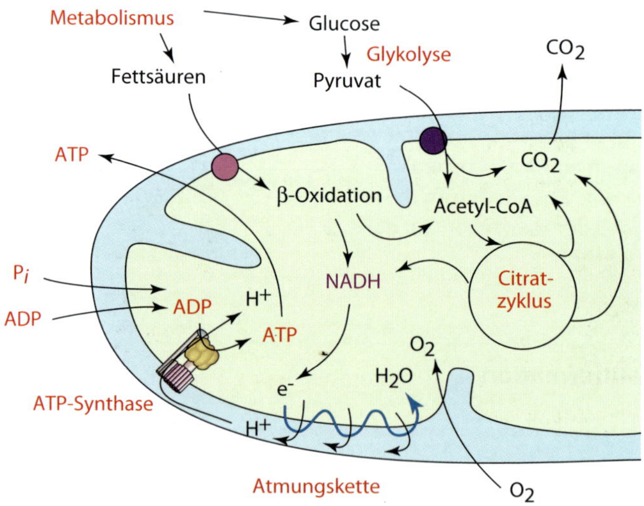

In der inneren Mitochondrienmatrix finden der Citratzyklus und die β-Oxidation statt. Die daraus entstehenden reduzierenden Coenzyme (NADH) versorgen dann die Atmungskette, die an der inneren Membran stattfindet und die einen H^+-Gradient zwischen dem Intermembranraum und dem Matrixraum erzeugt. Der passive H^+-Strom in die Matrix gewährleistet das Funktionieren der ATP-Synthase, die ATP generiert, das dann in das Cytoplasma der Zelle diffundiert.

Tafel 1.11 Die Zellatmung und ATP-Synthese

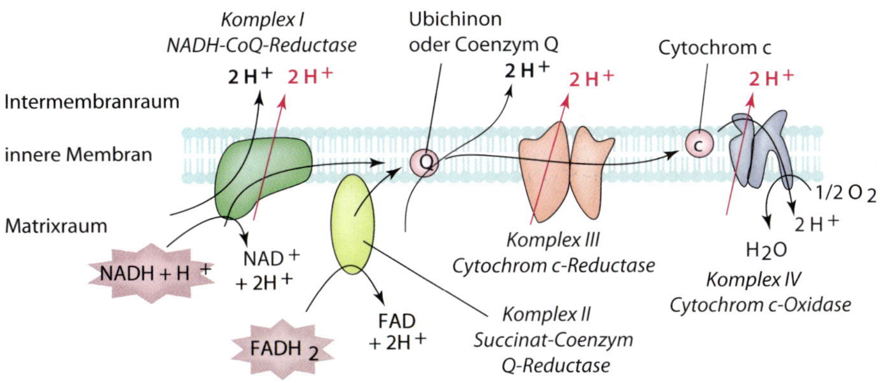

Die Atmungskette besteht aus Enzymen, die sich in der inneren Mitochondrienmembran befinden. Die Atmungskette sorgt für die Bildung eines Protonengradienten zwischen dem Matrixraum und dem Kompartiment des Intermemranraumes des Mitochodriums.

Komplex F_1 der ATP-Synthase

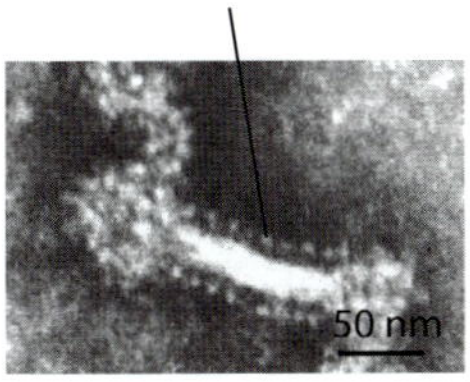

Cristae eines Mitochondriums (TEM)

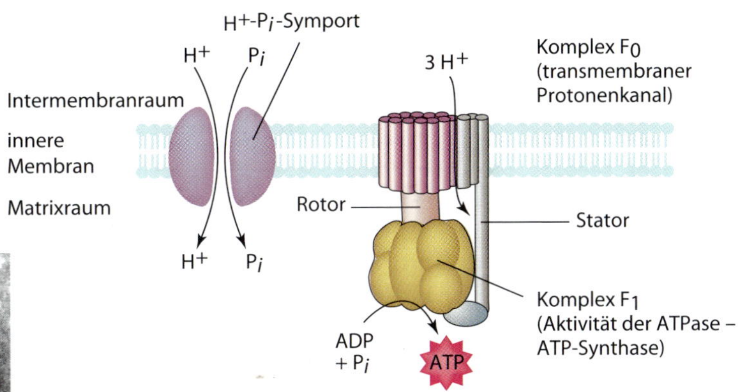

Der durch die Atmungskette erzeugte Protonengradient bewirkt einen Protonenfluss aus dem Kompartiment des Intermembranraumes in die Mitochondrienmatrix.

- ¼ der Protonen passiert einen Symport, der die Passage von anorganischem Phosphat (P_i) in den Matrixraum gewährleistet.
- ¾ der Protonen gelangen über die ATP-Synthase in den Matrixraum, was zur Konformationsänderung dieses Moleküls und damit zur Freisetzung des aus ADP und P_i synthetisierten ATPs führt.

Tafel 1.12 Das Membrannetzwerk in der Zelle

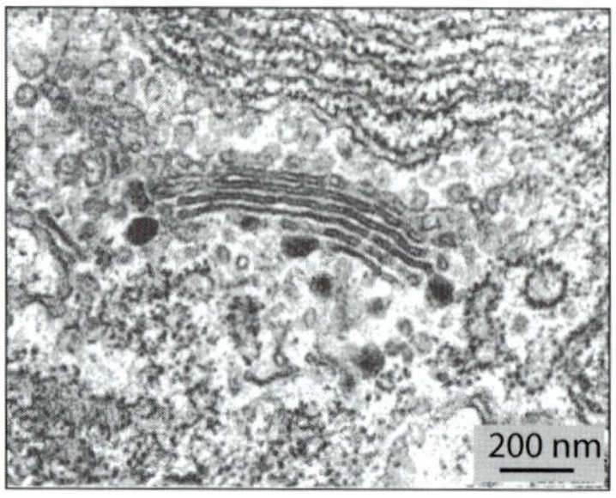

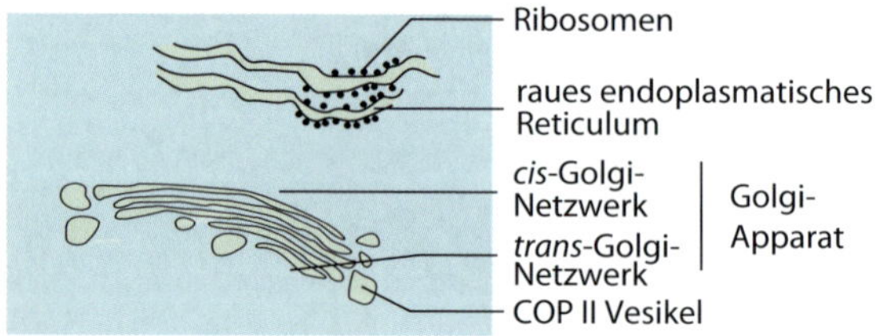

Golgi-Apparat und raues endoplasmatisches Reticulum (TEM)

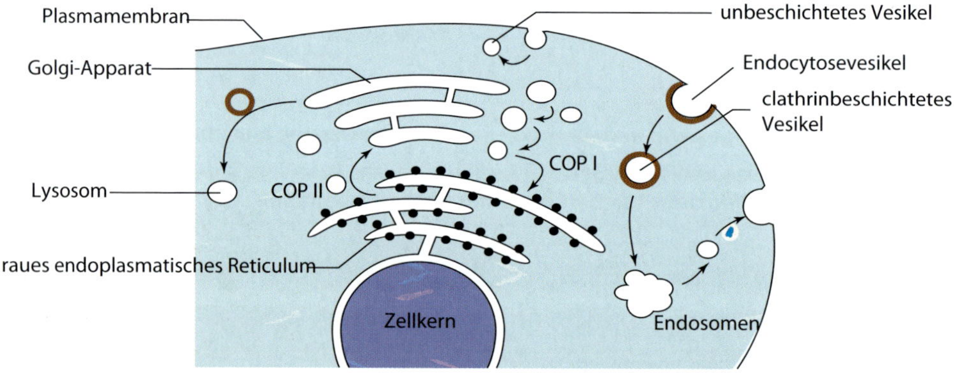

Die eukaryotischen Zellen sind durch ein essenzielles Membrannetzwerk charakterisiert, welches die Kompartimente mit den verschiedenen spezialisierten Aufgaben abgrenzt: das glatte und raue endoplasmatische Reticulum; der Golgi-Apparat oder das Dictyosom; die Endosomen; die Lysosomen; der Zellkern; und die Vakuole in den Pflanzenzellen. Einige Vesikel werden von Coatomeren (Hüllproteine) gebildet, die sich aus den COP-Proteinen (*Coat protein*) COP I (Rücktransport vom *trans*-Golgi-Netzwerk zum *cis*-Golgi-Netzwerk) oder COP II (vorwärts gerichteter Transport vom rauen endoplasmatischen Reticulum zum *cis*-Golgi-Netzwerk) zusammensetzen. Clathrinbeschichtete Vesikel (*clathrin-coated vesicles*) entstehen während der Endocytose und sind aus Adapterproteinkomplexen (AP) und Triskelionen aufgebaut. Unbeschichtete Vesikel entstehen während der Pinocytose.

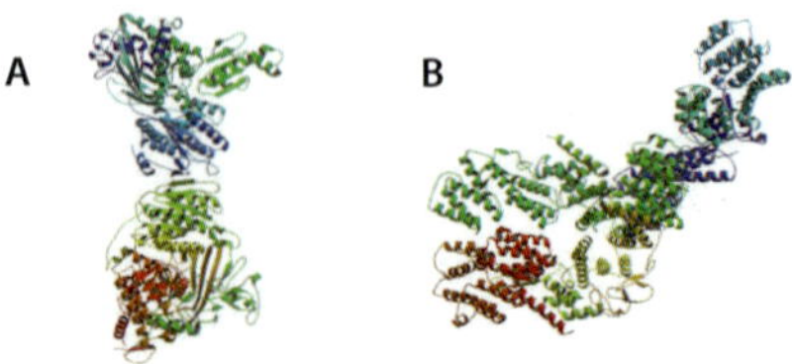

COP I- und COP II-Moleküle

Triskelione des Clathrins

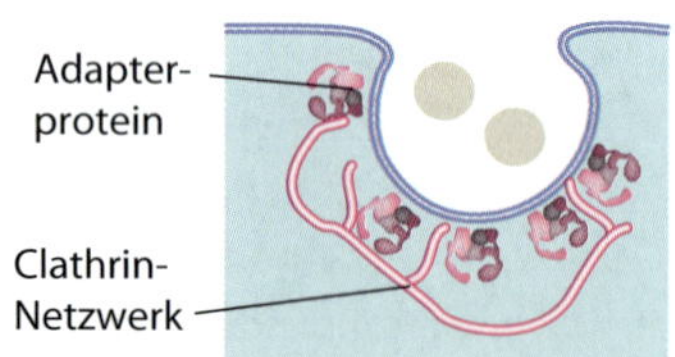

Endocytosevesikel

Tafel 1.13 Der Zellkern

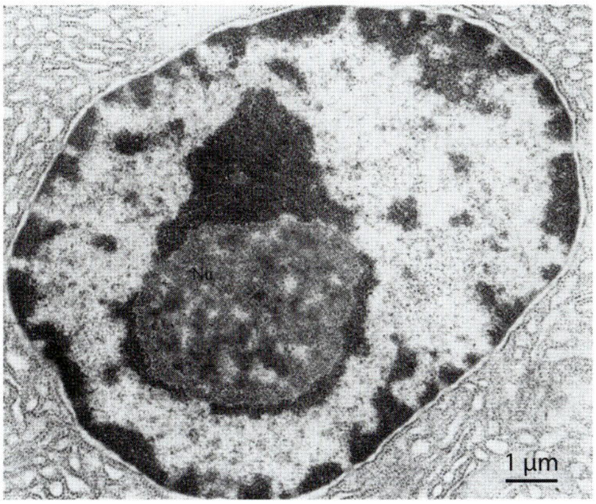

Zellkern (LS-TEM)

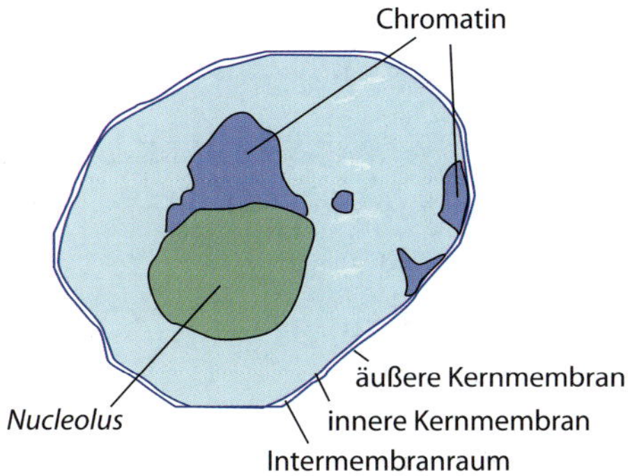

Der Zellkern enthält die genetische Information: die DNA. Sie liegt als proteingebundener Faden vor. Der Zellkern enthält eine acidophile Zone, den *Nucleolus*, der mit dem Transkriptionsort von DNA in RNA in Verbindung steht. Der Zellkern hat eine Doppelmembran, die mit Poren durchsetzt ist; die acht Proteinkomplexe am Porenrand kontrollieren die Durchlässigkeit für bestimmte Substanzen.

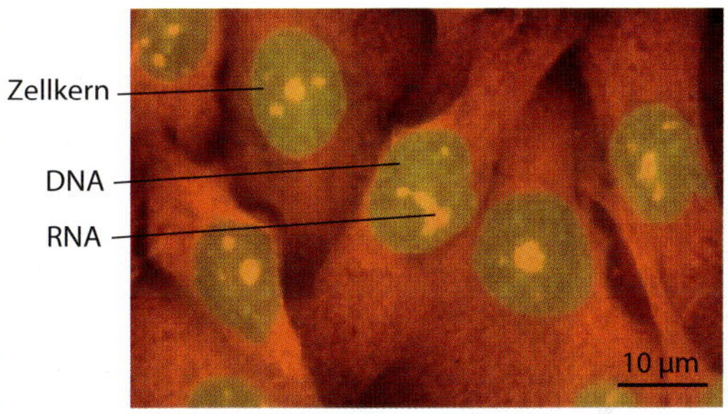

mit Acridinorange angefärbte Fibroblasten

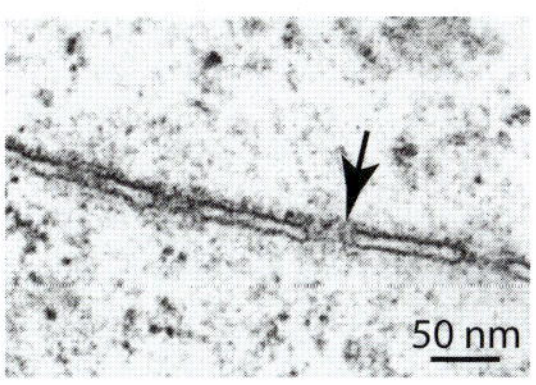

Kernpore (TEM)

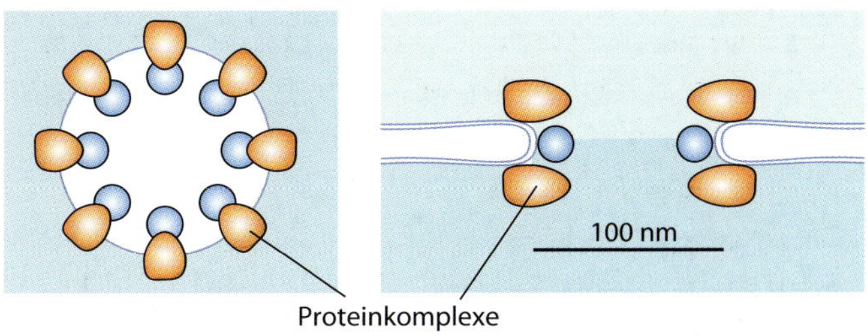

Ansicht von oben

Ansicht im Querschnitt

Molekularer Aufbau einer Kernpore

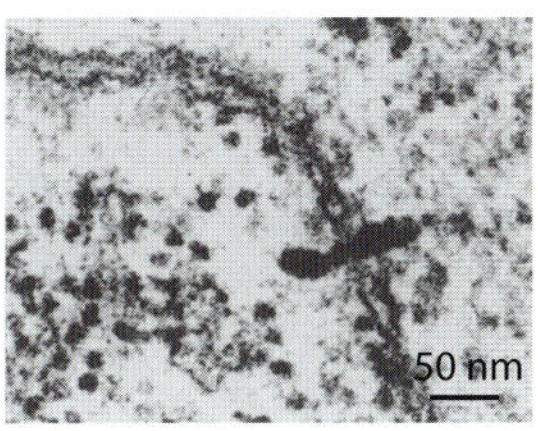

Passage eines Proteins durch eine Kernpore (TEM)

Tafel 1.14 Der Aufbau des Cytoskeletts

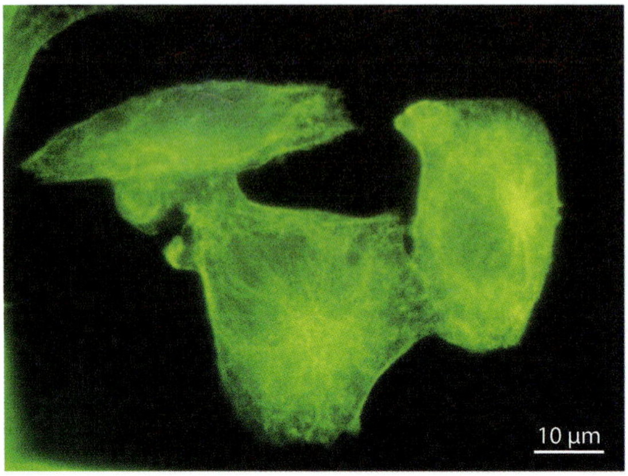

fluoreszenzmarkierte Mikrotubuli (LA)

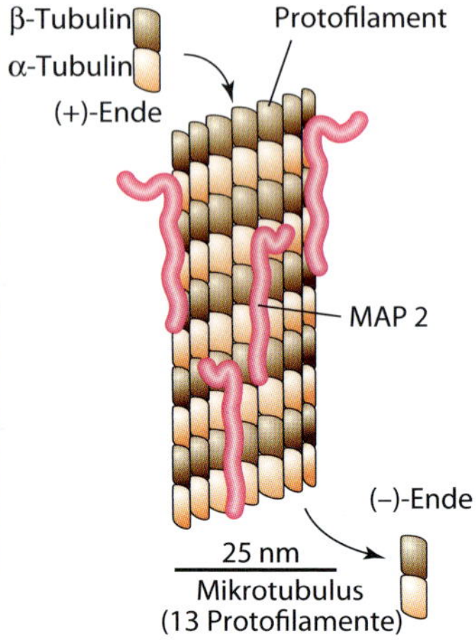

Aufbau eines Mikrotubulus

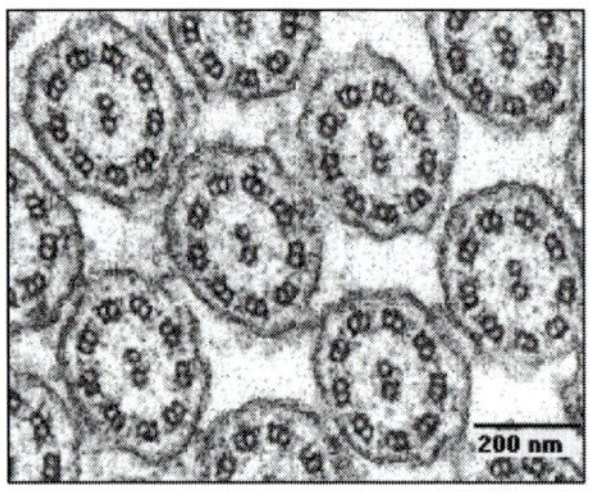

Cilie (LS-TEM)

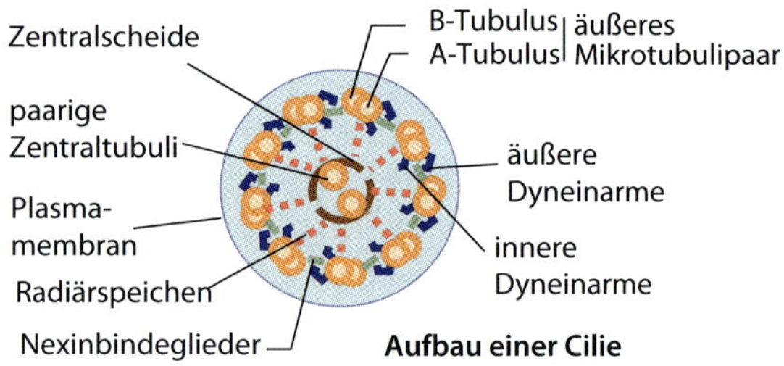

Aufbau einer Cilie

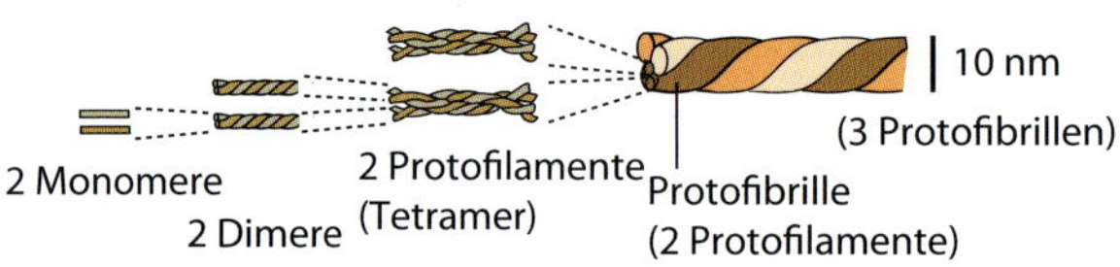

Aufbau eines Intermediärfilaments

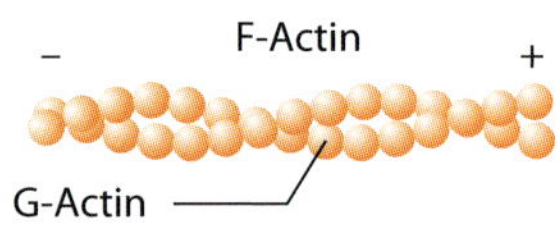

Aufbau eines dünnen Filaments

Das Cytoskelett ist ein über das Cytoplasma und das Nucleoplasma verteiltes molekulares Netzwerk. Es besteht aus Proteinen, die sich zu Filamenten vereinen: den Mikrotubuli, den Intermediärfilamenten und den Mikrofilamenten. An sie sind weitere Proteine angelagert. Das Cytoskelett fördert gleichzeitig die Stützfunktion und die Beweglichkeit der Zelle, wobei Bewegungen im Allgemeinen mit einer Umlagerung von assoziierten Proteinen verbunden sind.

Tafel 1.15 Der Intermediärstoffwechsel

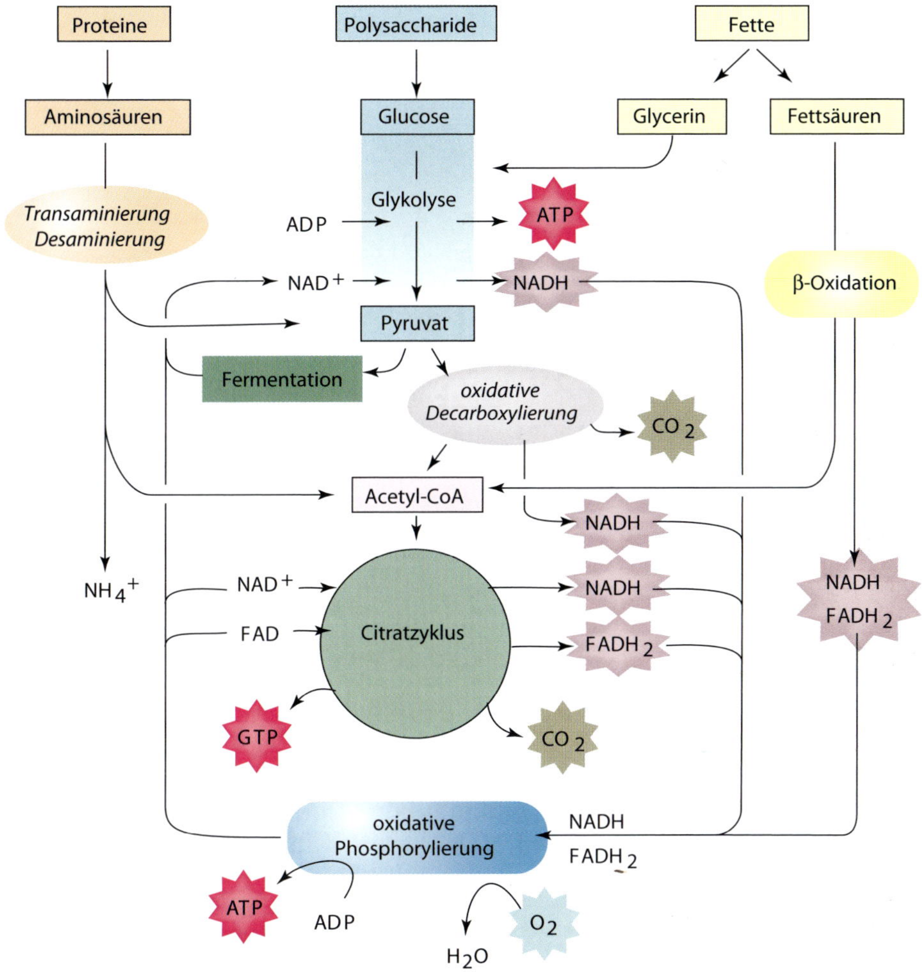

Der Intermediärstoffwechsel umfasst alle Stoffwechselwege, die beim Energietransport innerhalb der Zelle und damit bei der Ausübung ihrer biologischen Funktion beteiligt sind. Er verbindet exogene Reaktionen wie die Substratoxidation mit endogenen Prozessen, welche für die Aufrechterhaltung lebensnotwendiger Abläufe, wie die mechanische Arbeit oder Biosynthesen, notwendig sind. Der zelluläre Metabolismus schließt daher zwei Prozesse ein: den Katabolismus, der die Oxidation kleiner organischer Moleküle beschreibt, und den Anabolismus, der sich mit den Biosynthesewegen deckt.

Tafel 1.16 Die Kompartimentierung der Stoffwechselwege

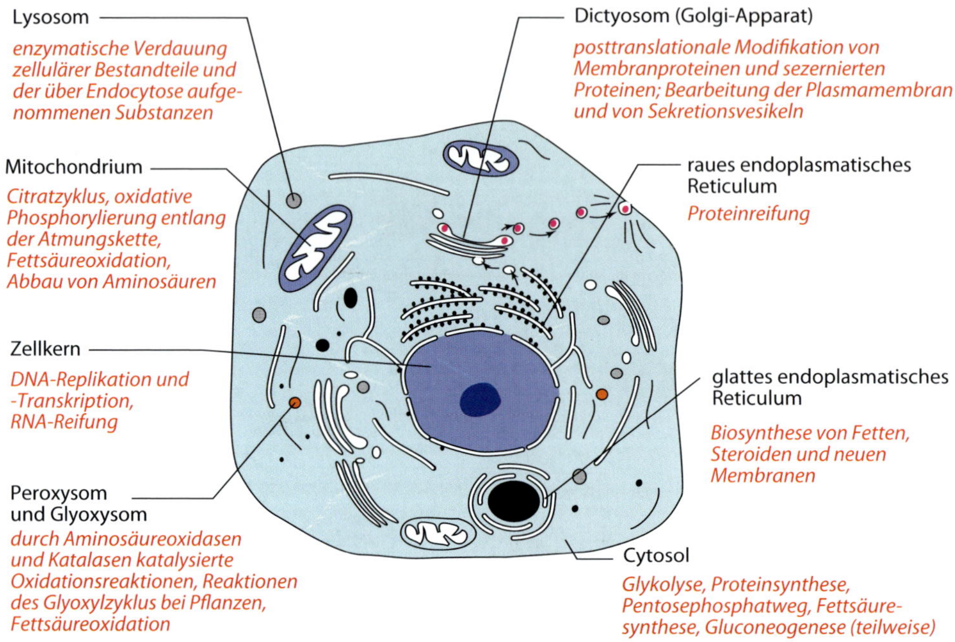

Bei den Eukaryoten finden die verschiedenen Stoffwechselwege in Kompartimenten statt. Diese Kompartimentierung trennt die Synthesewege von den Abbauprozessen und führt mit zum Teil irreversiblen Reaktionen zur zellulären Homöostase. Die intrazellulären Kompartimente sind von einer einzigen Membran begrenzt; sie befinden sich in ständigen Umbauprozessen, die durch den Einbau innerer Membranen gesichert sind.

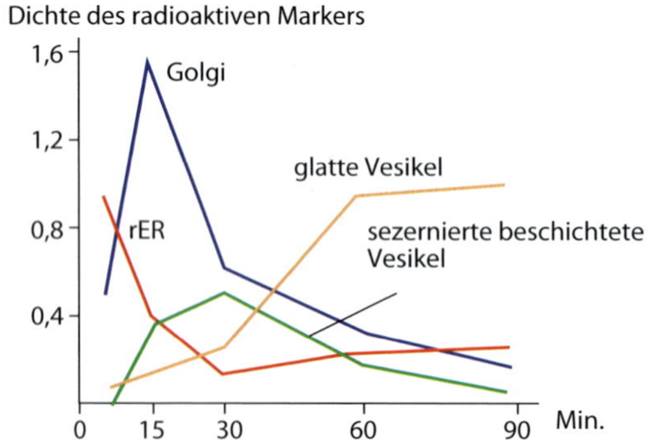

Insulin produzierende Zellen werden 5 Minuten lang in eine mit Tritium markierte Leucinlösung gegeben und anschließend für 85 Minuten in ein nichtradioaktiv markiertes Leucinmilieu versetzt. Mittels Autoradiographie wurde die Radioaktivität im Verlauf der Zeit bestimmt und sichtbar gemacht. Es wird deutlich, dass die Produkte zunächst im Reticulum gebildet werden, dann in umhüllten Vesikeln des Golgi-Apparats und schließlich über die Plasmamembran in glatten Vesikeln transportiert werden.

Tafel 1.17a Der Kohlenhydratstoffwechsel

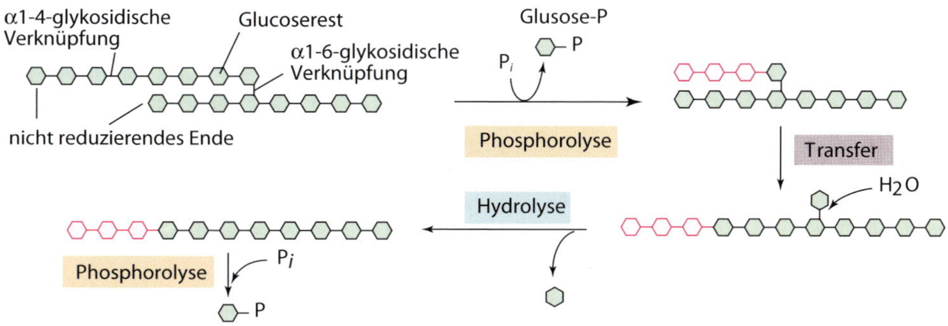

Glykogenolyse

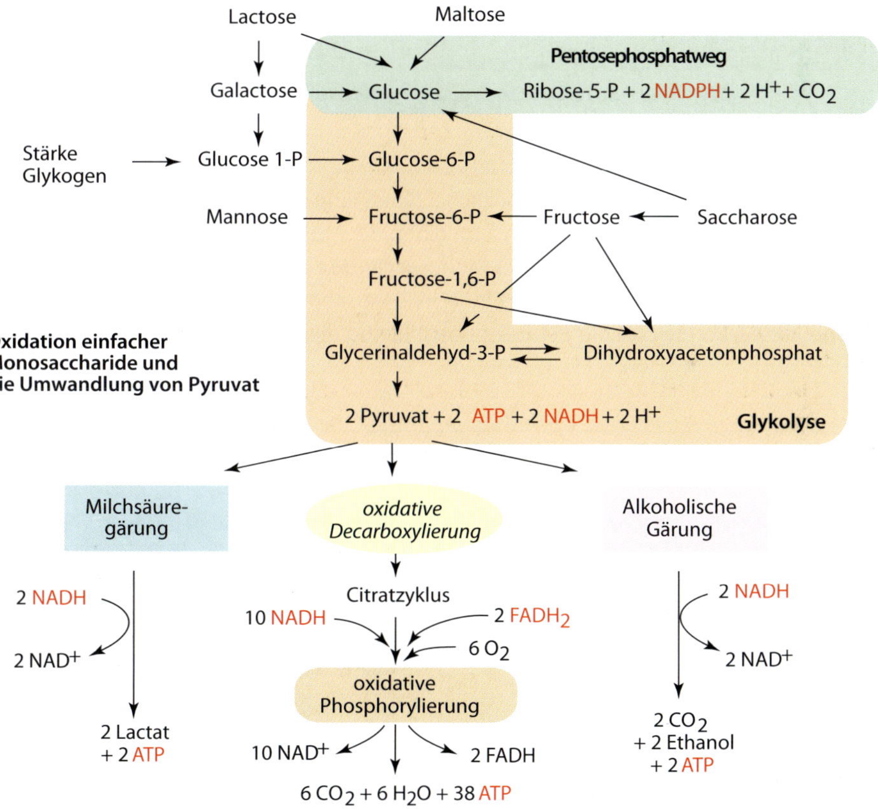

Oxidation einfacher Monosaccharide und die Umwandlung von Pyruvat

Tafel 1.17b Der Kohlenhydratstoffwechsel

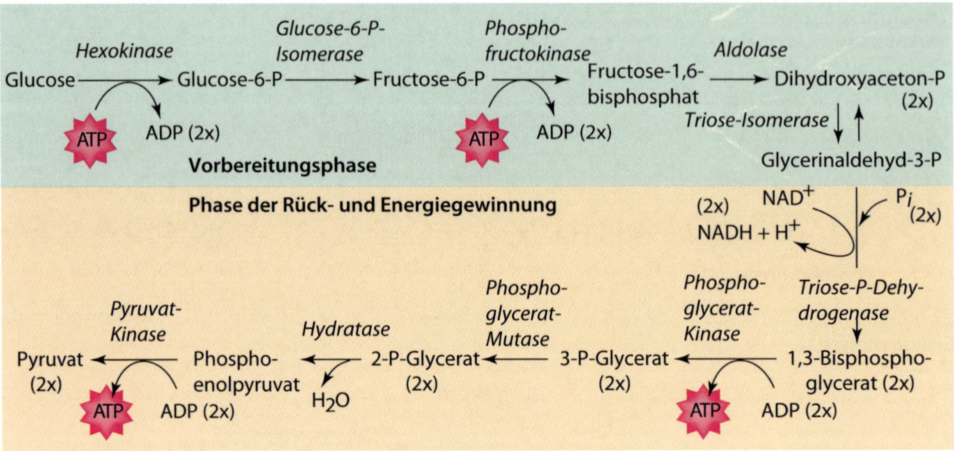

Glykolyse – anaerobe Oxidation von Glucose

Kohlenhydrate sind für tierische und pflanzliche Zellen eine wichtige Energiequelle. Die verschiedenen Stoffwechselwege dienen zum einen der Mobilisierung von Reserven und zum anderen der Oxidation einfacher Monosaccaride zur Gewinnung von ATP und NADPH. Die Oxidation von Glucose findet innerhalb verschiedener Stoffwechselwege statt, wobei die Glykolyse und der Pentosephosphatweg die bedeutendsten sind.

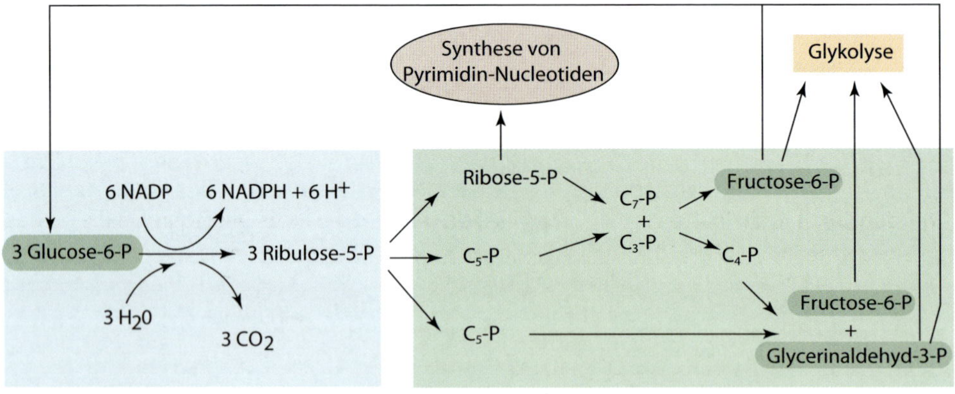

oxidativer Teil **nichtoxidativer Teil**

Pentosephosphatweg

Tafel 1.18 Die Adressierung von Proteinen

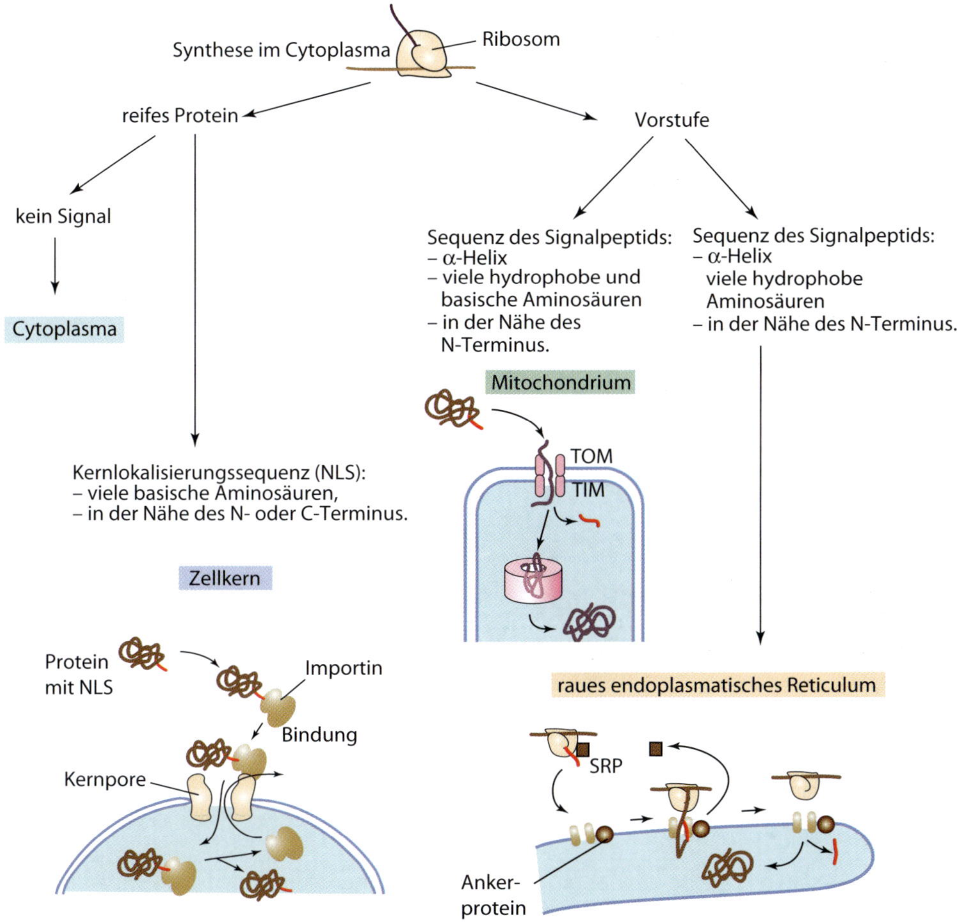

Bei den Eukaryoten ist die Verteilung von reifen Protein oder Proteinvorstufen in die Kompartimente von Peptidsequenzen mit adressierten Signalsequenzen abhängig.

Tafel 1.19 Der vesikuläre Proteintransport

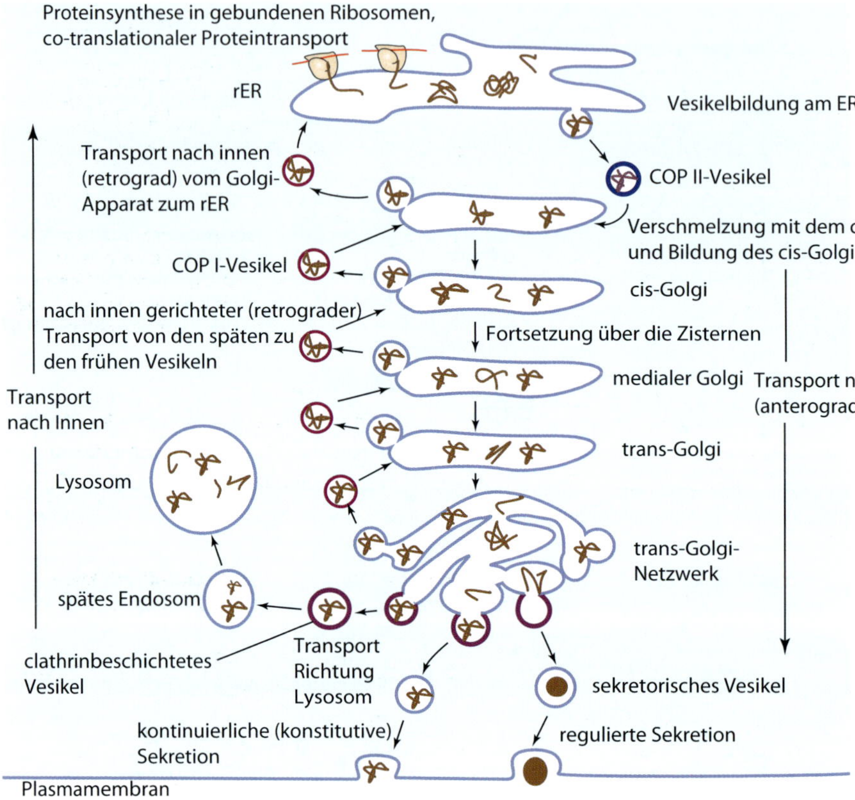

Die cytosolischen Proteine um das raue endoplasmatischen Reticulum (rER) können in dessen Membran zurückwandern oder weiterziehen. Letztere wandern dann in Vesikel verpackt zu den Zisternen (Membransäckchen) des *cis*-Golgi-Bereichs. Jede Zisterne setzt sich bis zum *trans*-Golgi-Bereich fort (Fortsetzung über die Zisternen). Die am rER verbliebenen Proteine sowie die zufällig aus dem nach außen gerichteten Transport weggerissenen Proteine werden durch Vesikel abtransportiert (Transport nach innen). Nach dem *trans*-Golgi-Netzwerk erreichen bestimmte Proteine die Zelloberfläche und werden kontinuierlich freigelassen (kontinuierliche Sekretion). Andere werden gespeichert und erst bei Zellstimulation freigesetzt (regulierte Sekretion). Die lysosomalen Proteine werden in Vesikeln des *trans*-Golgi-Netzwerks über die Endosomen zu den Lysosomen transportiert.

Tafel 1.20 Der Chloroplast

Aufbau

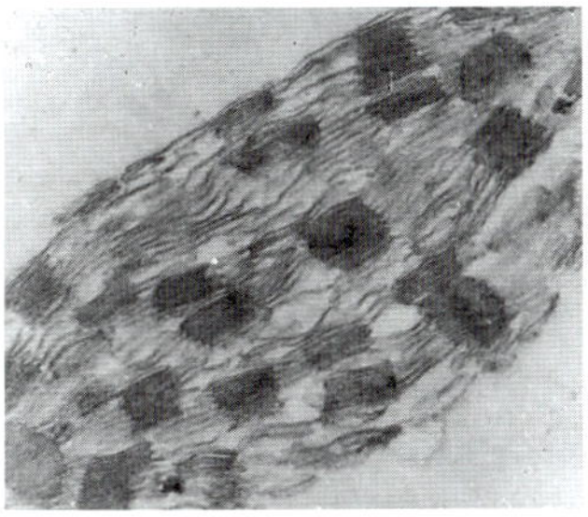

Schnitt durch einen Chloroplasten (TEM)

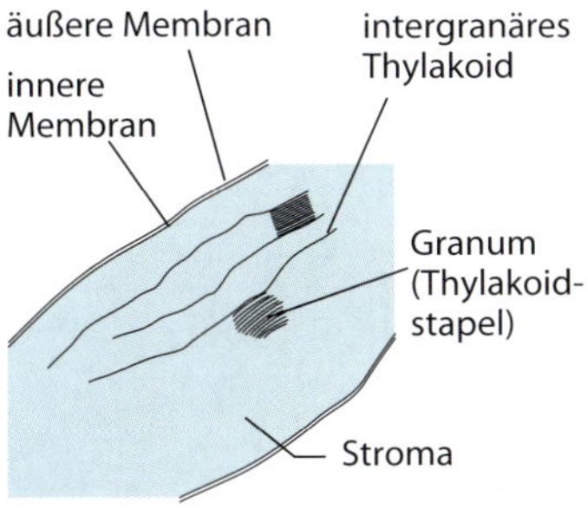

Thylakoidmembran nach Anwendung der Gefrierbruchtechnik und nach Entfernen des Stromas, die Oberseite der ATP-Synthase ist sichtbar (REM)

Der Chloroplast ist ein Zellorganell mit zwei Membranen, er ist in den chlorophyllhaltigen Zellen grüner Pflanzenteile, insbesondere in den Blättern, zu finden. Das Stroma ist durch die vorhandenen Grana und die intergranären Thylakoide in Kompartimente unterteilt.

Funktion

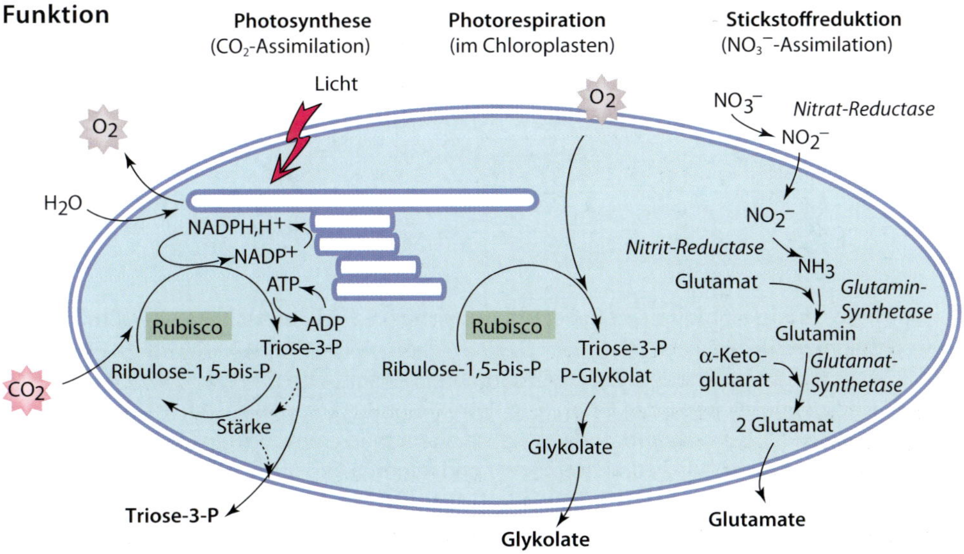

Während der Lichtreaktion der Photosynthese wandelt der Chloroplast in der Thylakoidmembran Lichtenergie in chemische Energie (ATP und NADPH, H^+) um. Im Stroma wird diese Energie für die Bindung von CO_2 an Ribulose-1,5-bis-P und zur Synthese von Triose-P, unter Einsatz der Rubisco, verwendet. Im Stroma finden außerdem ein Teil der Photorespiration, bei der unter anderem Glykolat entsteht, und die NO_3^--Reduktion statt, die zur Bildung von Aminosäuren wie Glutamin und Glutamat führt.

1

Tafel 1.21 Die Photosynthese

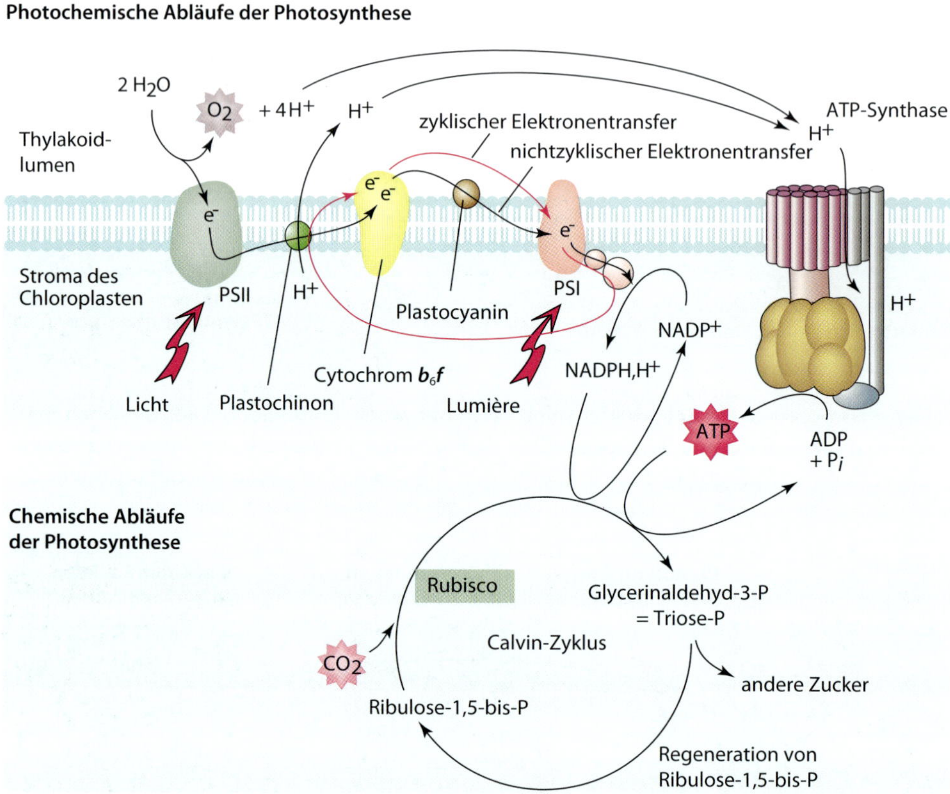

Die Photosynthese läuft innerhalb der Chloroplasten in zwei unterschiedlichen Stoffwechselprozessen ab.

Die Lichtreaktion findet in der Thylakoidmembran statt und führt zur Umwandlung von Lichtenergie in chemische Energie. In Proteinpigmentkomplexen, den Photosystemen PSI und PSII, wird die Photonenenergie eingefangen. Diese beiden Einheiten sind zusammen mit dem Cytochromkomplex b_6f und anderen kleinen Komplexen (Plastochinon und Plastocyanin) in Serie geschaltet. Aufgrund ihres starken Redoxpotenzials können diese Einheiten Elektronen aus dem H_2O-Molekül gewinnen und diese an NADPH,H^+ binden. Zyklische und nichtzyklische Elektronenübertragungen innerhalb der Elektronentransportkette führen gleichzeitig zum Transport der Protonen aus dem Stroma in das Lumen. Der entstehende Gradient treibt die ATP-Synthetase und damit die Photophosphorylierung von ADP zu ATP an.

Die Dunkelreaktion (Calvin-Zyklus) findet im Stroma statt. CO_2 wird über Rubisco an Ribulose-1,5-bis-P gebunden und es entsteht Triose-P. Ein Teil der gebildeten Triosen wird zur Regeneration von Ribulose-1,5-bis-P verwendet, während die restlichen Triosen in biochemische Stoffwechselwege zur Synthese weiterer Zuckerverbindungen eingehen.

Tafel 1.22 Die CO_2-Fixierung in der Photosynthese

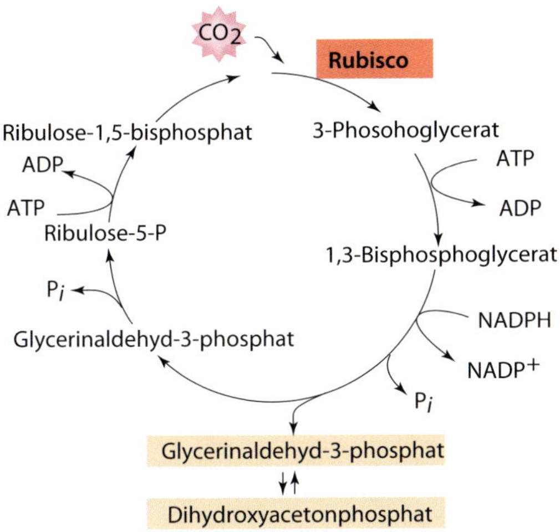

Calvin-Zyklus

Die CO_2-Fixierung findet im Stroma während der Dunkelreaktion der Photosynthese statt. Rubisco, eine Carboxylase, bindet CO_2 an Ribulose-1,5-bis-P, und es entstehen 2 Moleküle Phosphoglycerat. Daraus gehen unter Verbrauch von ATP und NADPH,H^+, die in der Lichtreaktion gebildet wurden, die ersten beiden C3-Zucker Glycerinaldehyd-3-P und Dihydroxyaceton-P hervor. Im Calvin-Zyklus wird Ribulose-1,5-bis-P wieder regeneriert.

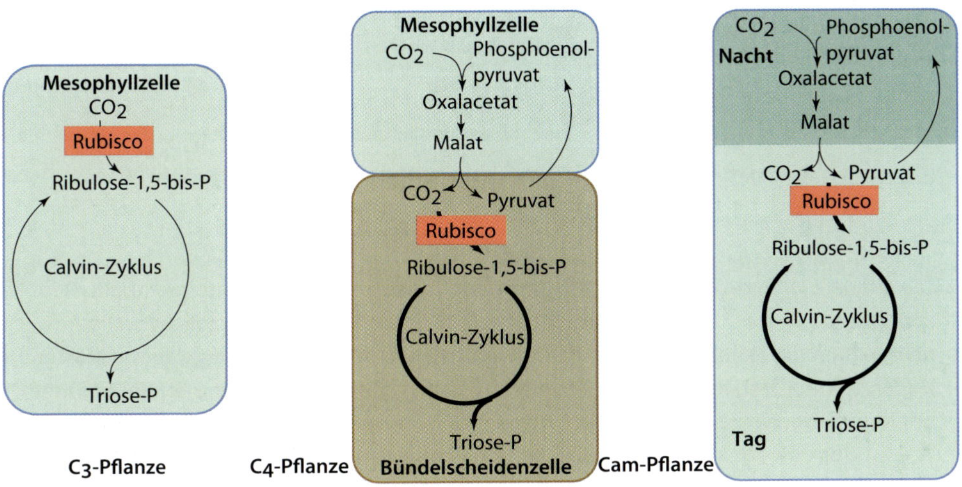

Vergleich der drei Formen der CO_2-Fixierung: C_3-, C_4- und CAM-Pflanzen

Bei den C_3-Pflanzen erfolgt die reduzierende CO_2-Fixierung in allen chlorophyllhaltigen Parenchymzellen, CO_2 wird dabei direkt genutzt. Bei den C_4-Pflanzen erfolgt sie nur in den Bündelscheidenzellen, das CO_2 wird zunächst in eine organische Dicarbonsäure wie Malat umgewandelt. Bei CAM-Pflanzen läuft sie tagsüber in allen Blattzellen ab, wohingegen das CO_2 bei geschlossenen Spaltöffnungen (Nachts) als Dicarbonsäure abgegeben wird.

Tafel 1.23 Vom Mesenchym zum Myocyten

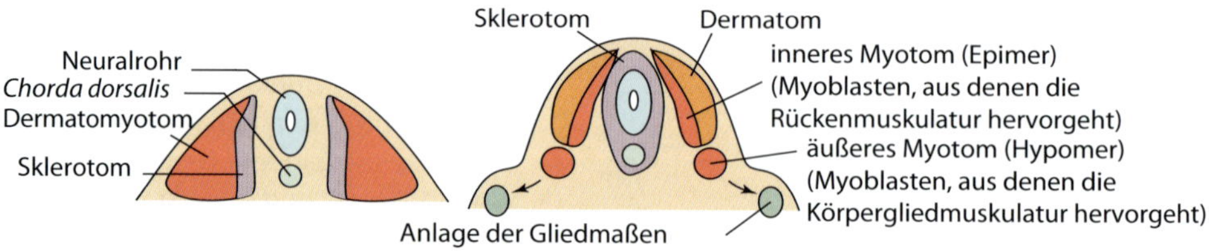

Regionalisierung der Ursegmente (Somiten) und Positionierung der Myoblasten

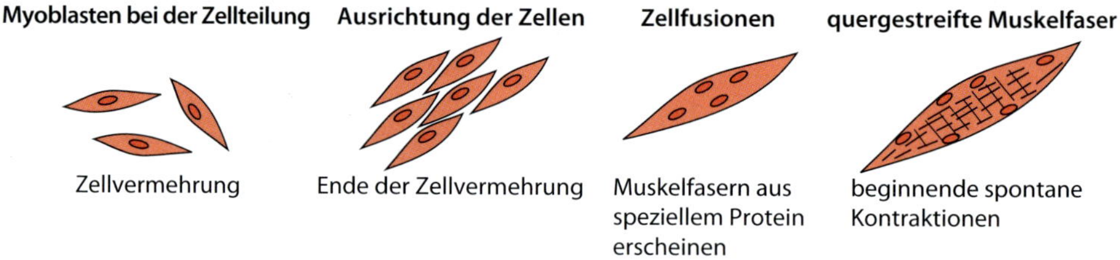

Differenzierung vom Myoblasten zum Myocyten

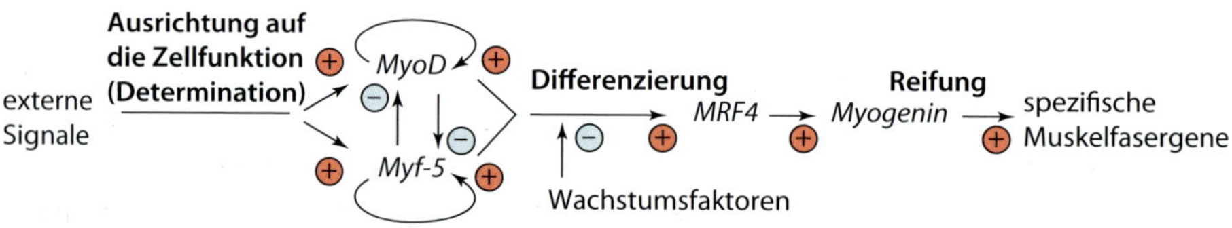

Abfolge der Genexpression während der Differenzierung zum Myocyten

Die zelluläre Differenzierung beruht auf cytologischen, molekularen und metabolischen Ereignissen, die der Zelle die Ausübung einer speziellen Funktion ermöglichen. Die Ausrichtung auf die Zellfunktion setzt häufig sehr früh ein (z. B. beim Myocyten). Myoblasten sind einkernige Vorläuferzellen der Skelettmyocyten, die aus den Ursegmenten (Somiten) hervorgegangen sind. Sie teilen sich in Anwesenheit von Wachstumsfaktoren. Ohne Wachstumsfaktoren stellen sie die Zellteilung ein, setzen Fibronectin frei und verbinden sich untereinander über Integrin. Anschließend wachsen sie in die Länge, lagern sich zusammen, sodass ihre Membranen miteinander verschmelzen und bilden ein Syncytium mit gemeinsamem Cytoplasma und Zellkern. Diese Differenzierung hängt von der Beteiligung äußerer Faktoren aus den Zellen um die Ursegmente und von der Expression zelleigener Gene ab.

Tafel 1.24 Der Zellzyklus

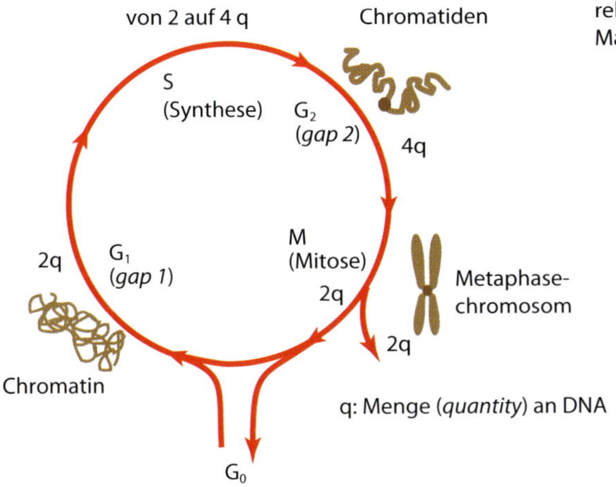

Zellzyklusphasen

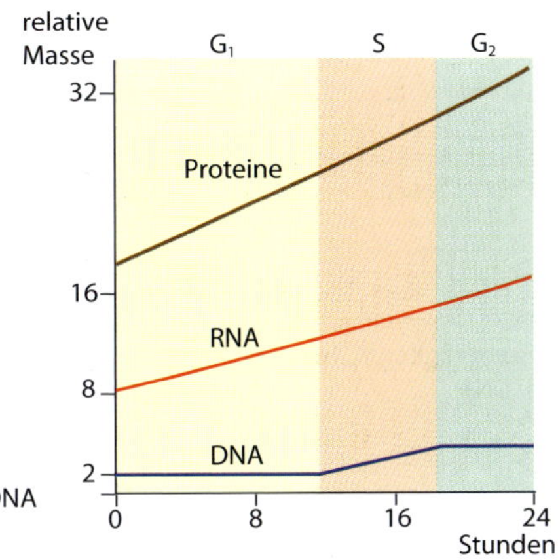

Synthese während der Zellzyklusphasen

Die Zellteilung ist ein Prozess, bei dem aus einer Mutterzelle zwei mit ihr und untereinander identische Tochterzellen entstehen. Dieser Vorgang ist für das Leben von Organismen und für die embryonale Entwicklung von grundlegender Bedeutung. Ihm gehen eine Reihe entscheidender Abläufe voraus, welche die Teilung ermöglichen. Die Gesamtheit dieser Phasen stellt den Zellzyklus dar: Interphase und Mitose, sie wiederholen sich zyklisch. In der Interphase findet Zellwachstum statt, was der Vorbereitung der Zellteilung dient. Sie ist in drei aufeinanderfolge Phasen eingeteilt: G_1, S, G_2. Die G_1-Phase (*gap* 1) ist durch eine deutliche Proteinsynthese, eine Zunahme der Zellmasse und der Anzahl der Zellorganellen sowie durch eine einsetzende Verdopplung des Centromers gekennzeichnet. In der S-Phase (Synthese-Phase) verdoppelt sich die DNA (Replikation) und die Duplikation des Centromers wird abgeschlossen. Die G_2-Phase (*gap* 2) dient der Überprüfung der DNA-Replikation zur Korrektur eventuell aufgetretener Fehler.

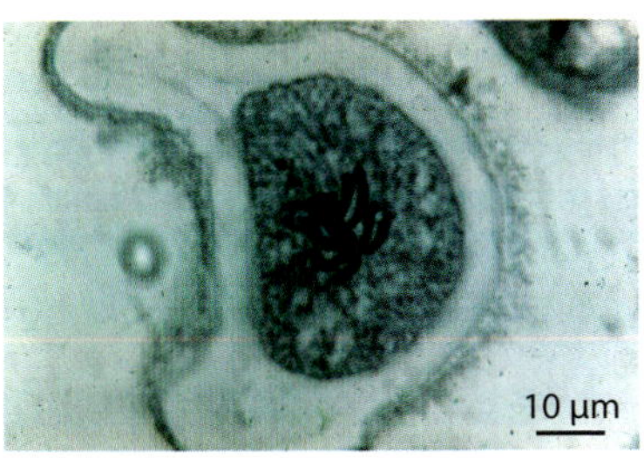

Chromosomen (Metaphase – LA)

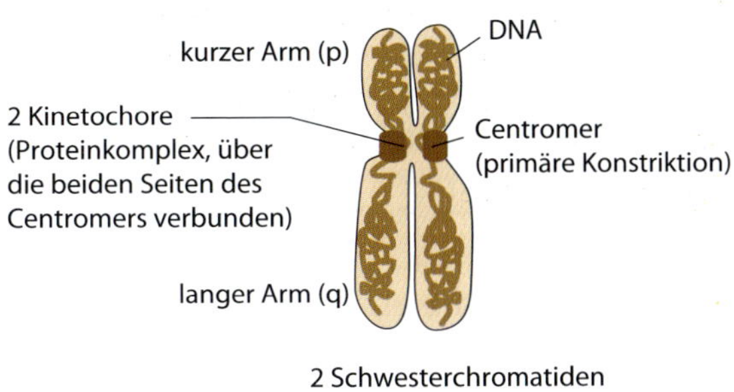

Struktur eines Chromosoms

Tafel 1.25 Die Kontrolle des Zellzyklus

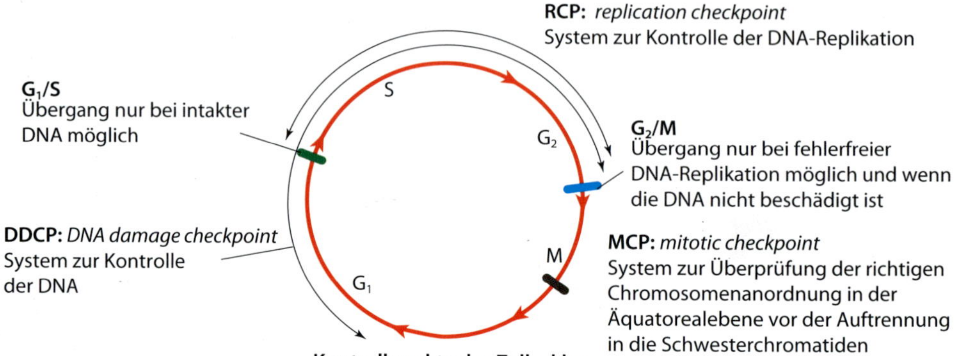

Kontrollpunkte des Zellzyklus

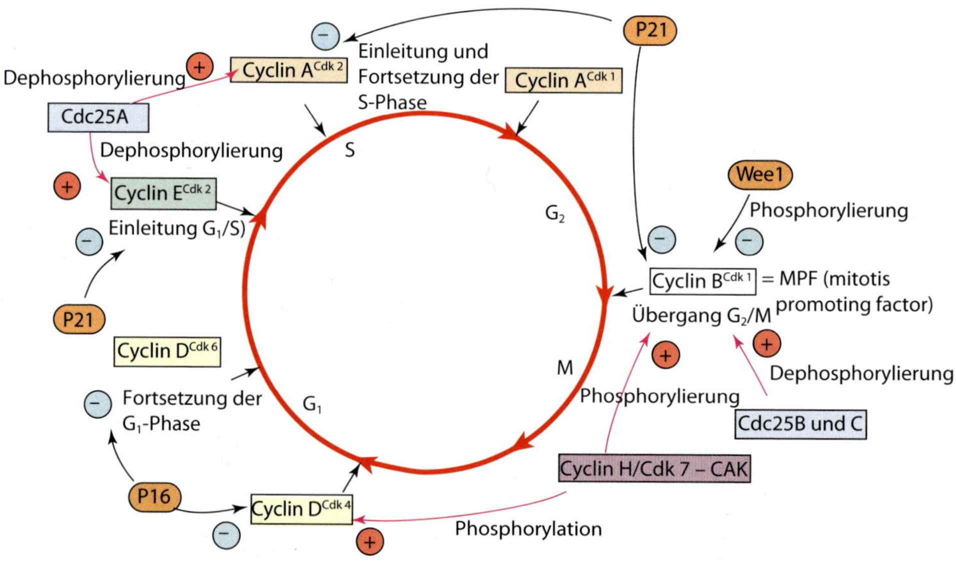

Zellzykluskontrolle durch die Aktivität von Cdk–Cyclin-Komplexen

Verschiedene Mechanismen ermöglichen einerseits das Fortschreiten des Zellzyklus und andererseits die Überprüfung mehrerer Schlüsselpunkte. Der Fortgang des Zellzyklus wird von Proteinkomplexen gesteuert; diese bestehen aus der Proteinkinase Cdk (*cyclin dependent kinase*) und Cyclin. An Kontrollpunkten wird über den Übergang von einer Phase zur nächsten entschieden.

Tafel 1.26a Die Mitose

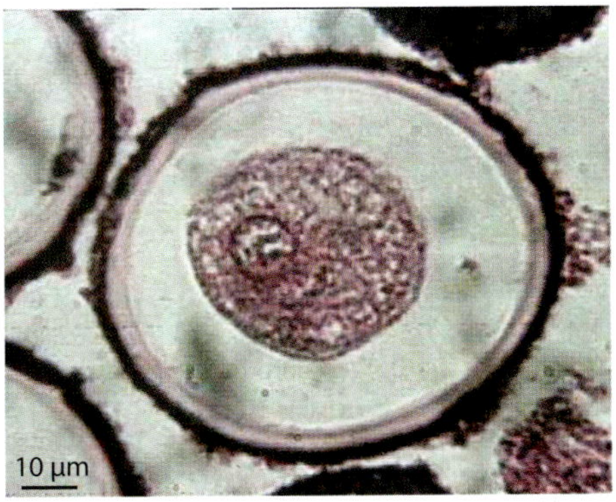

Prophase

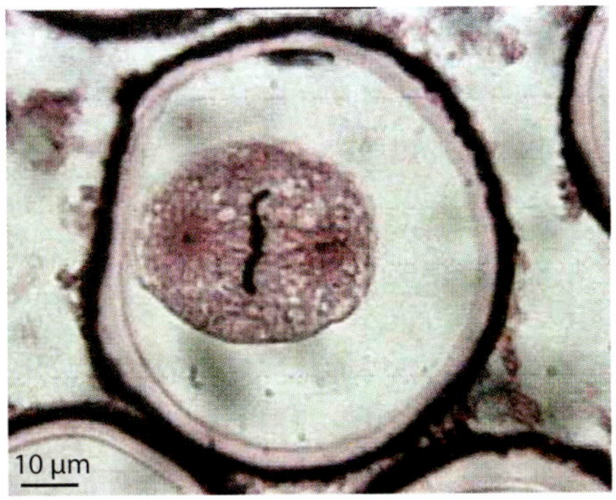

Metaphase

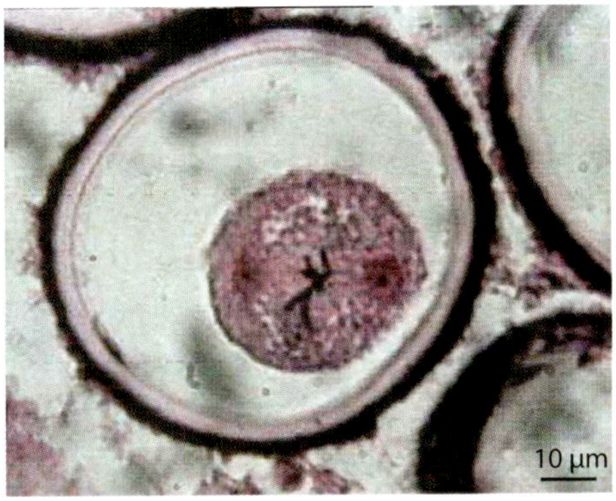

frühe Anaphase

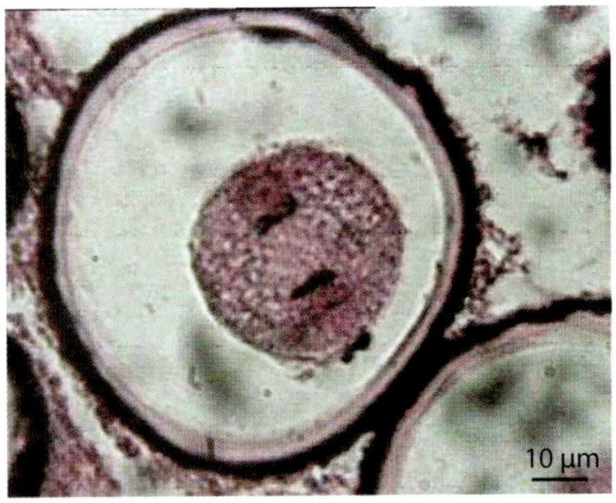

späte Anaphase

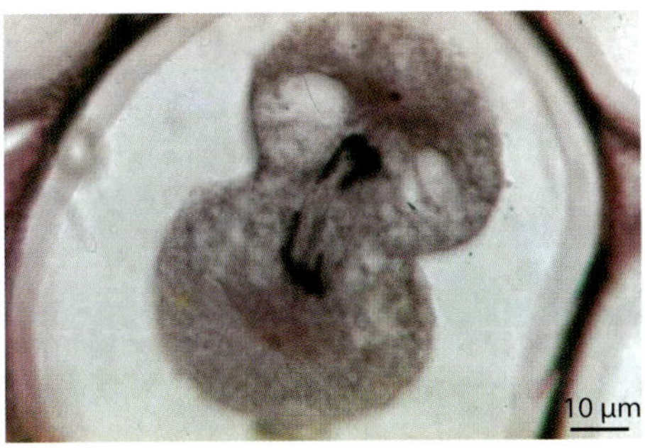

Telophase

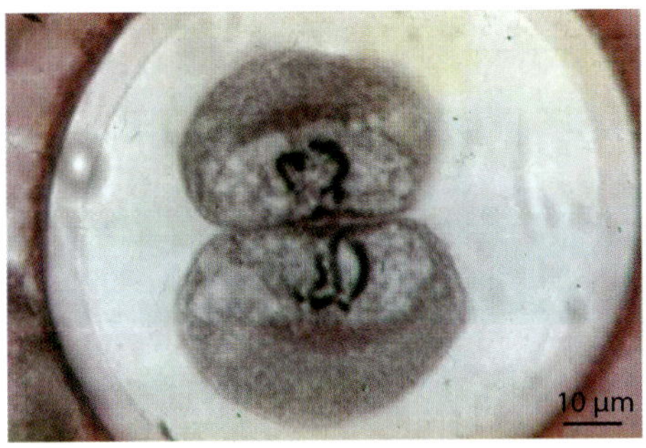

Cytokinese

Mitose im Ei eines Spulwurms (Ascaris)

Tafel 1.26b Die Mitose

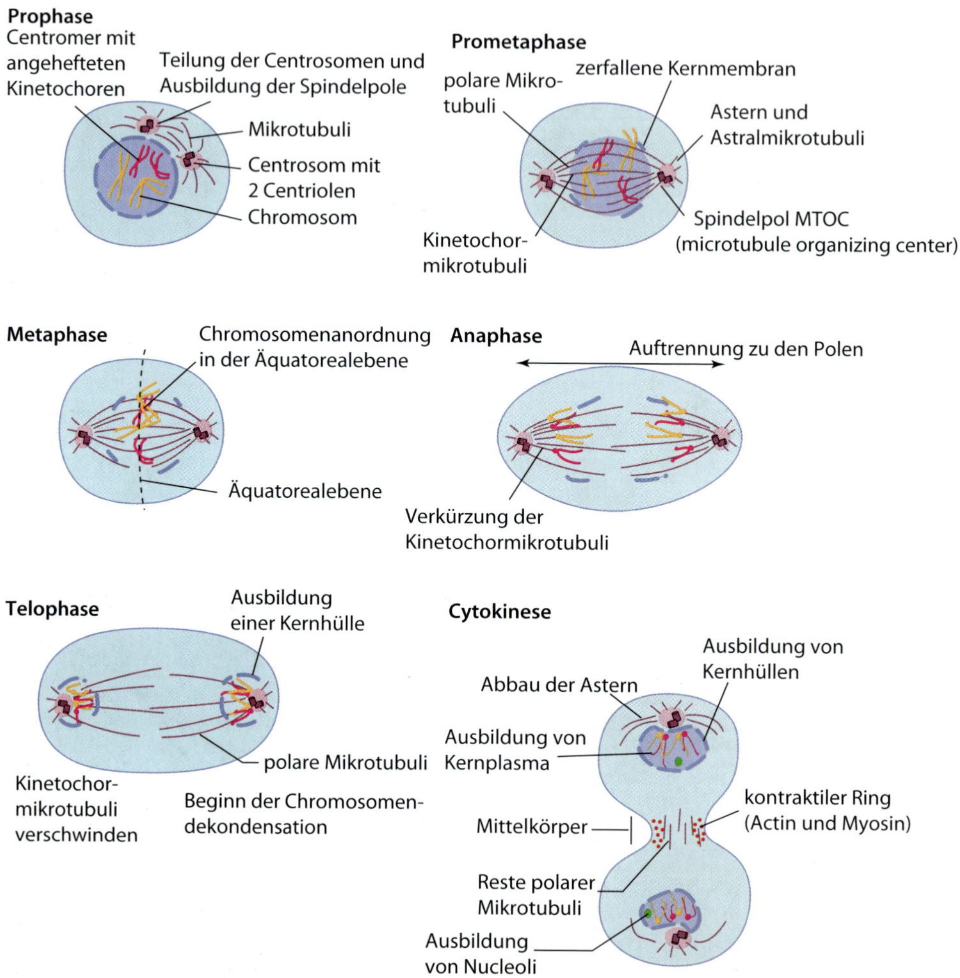

Die Mitose ist eine Zellteilung, bei der aus einer Mutterzelle zwei mit ihr identische Tochterzellen hervorgehen. Sie ist Bestandteil des Zellzyklus, genaugenommen die Phase der Kernteilung oder Karyokinese. Diese geht mit der Cytokinese, der Teilung des Cytoplasmas, einher.

Tafel 1.27a Die Meiose

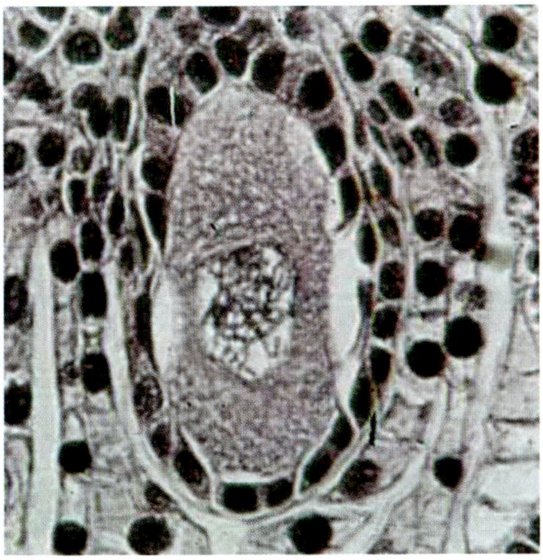

Prophase I

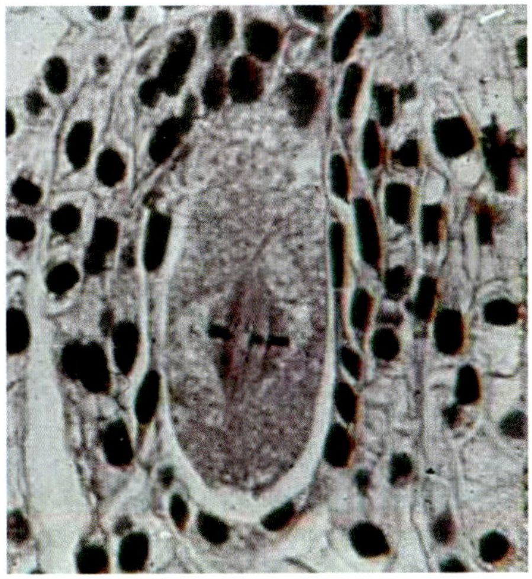

Metaphase I

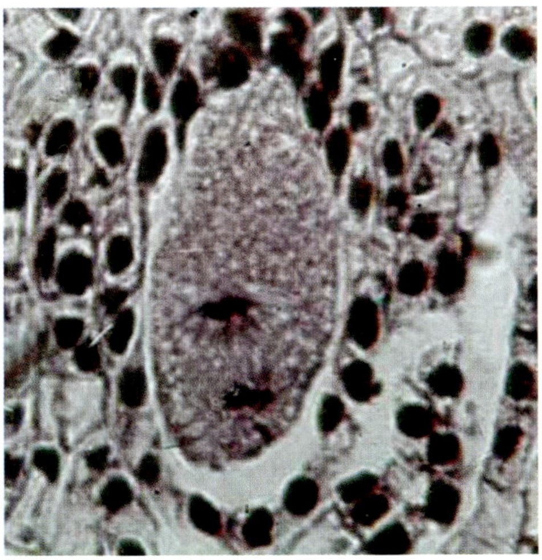

Telophase I

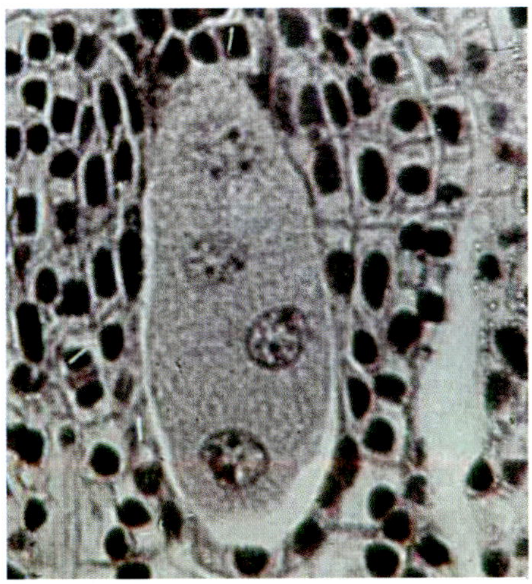

4 Tochterzellen (Megasporen)
mit einem haploiden Chromosomensatz

Meiose einer Lilienmutterzelle in vier Megasporen

Tafel 1.27b Die Meiose

Erste meiotische Teilung

Prophase I

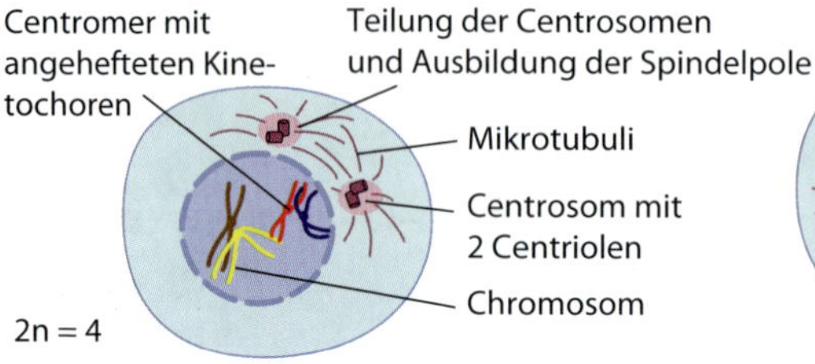

Metaphase I

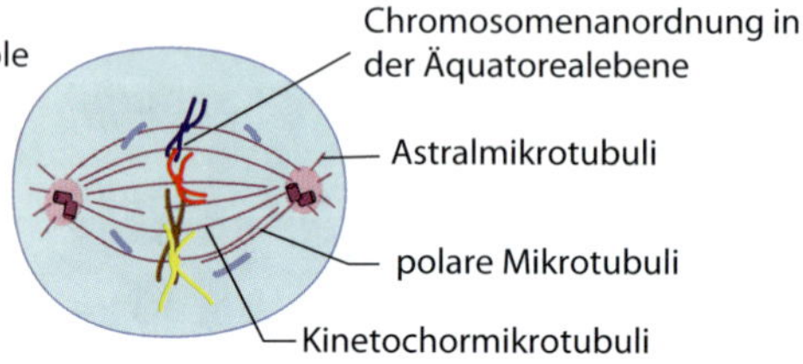

Anaphase I

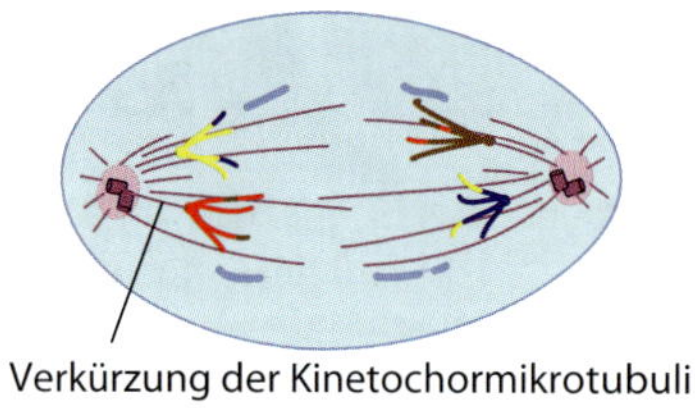

Telophase I

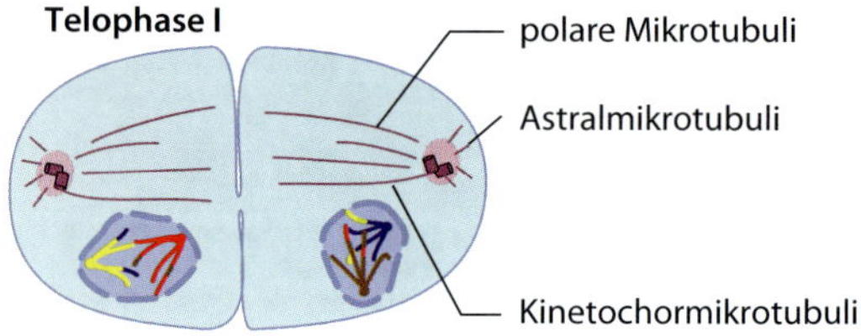

Zweite meiotische Teilung

Prophase II **Metaphase II** **Anaphase II**

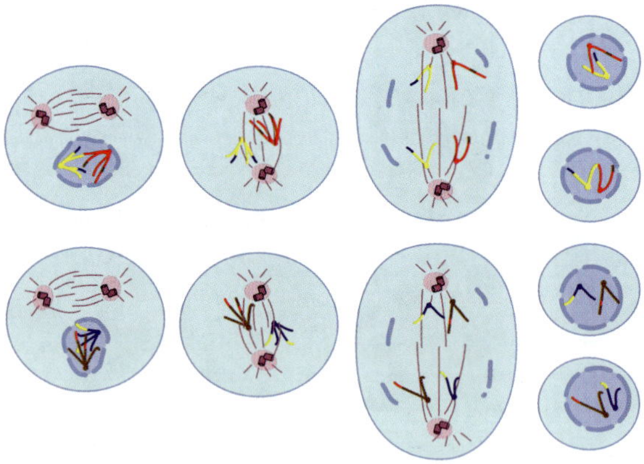

Die Meiose findet innerhalb der Gametogenese (Keimzellenbildung) zur Synthese von Gametocyten (Keimzellen) statt. Dabei entstehen aus diploiden Zellen haploide. Es werden mehrere Schritte durchlaufen, die sich in zwei aufeinanderfolgende Teilungen aufgliedern, wobei der ersten meiotischen Teilung eine Verdopplung der DNA vorausgeht.

Tafel 1.28 Der Zelltod

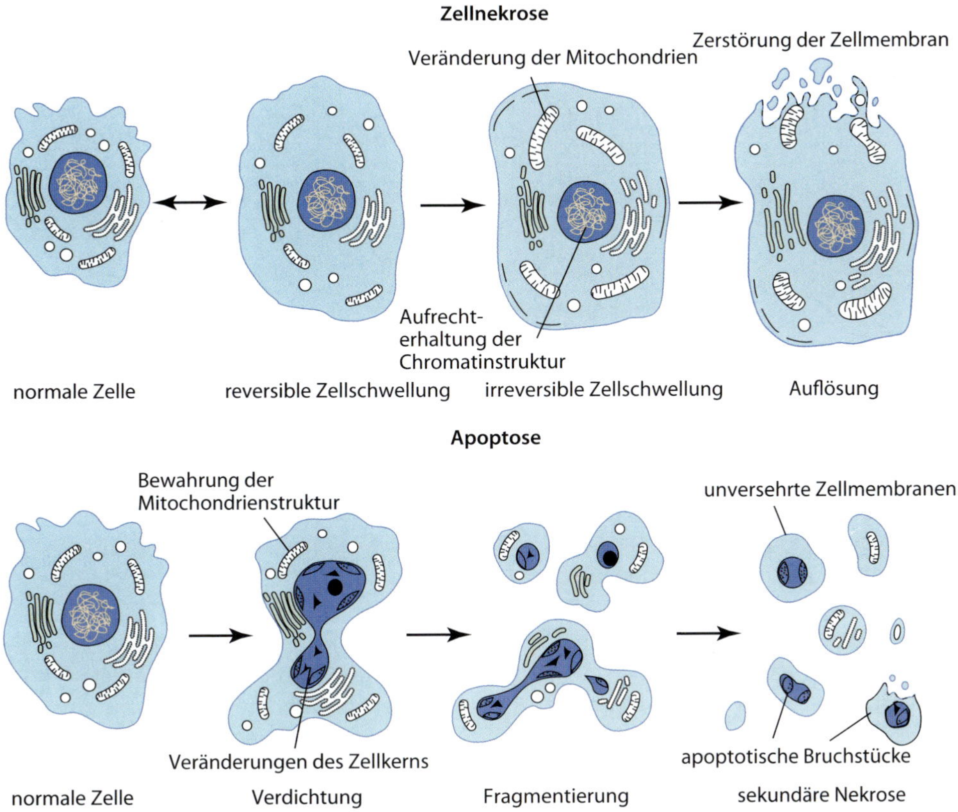

Der Zelltod kann auf zwei verschiedene Arten eintreten: der zufällige Zelltod (Nekrose) und der programmierte Zelltod (Apoptose). Die Nekrose tritt bei schädlichen äußeren Einflüssen, wie Ischämie, extreme Temperaturen oder physischen Traumen, ein. In der Regel ist eines der ersten Ereignisse der Nekrose der Verlust der Membranintegrität, dies führt zum Anschwellen der Zelle und der Zellorganellen aufgrund des einströmenden Wassers. Die Lysosomen platzen und setzen lytische Enzyme frei, welche die Zelle verdauen. Beim programmierten Zelltod wird ein für diesen Zweck angelegtes intrazelluläres Programm aktiviert; Auslöser hierfür können intra- oder extrazelluläre Signale sein. Die Apoptose ist ein normales physiologisches Ereignis und wichtig für die embryonale Entwicklung. Dabei bauen aktivierte Enzyme, insbesondere die Caspasen, zelluläre Substrate ab.

Tafel 1.29 Gewebe mit hoher Zellteilungsrate

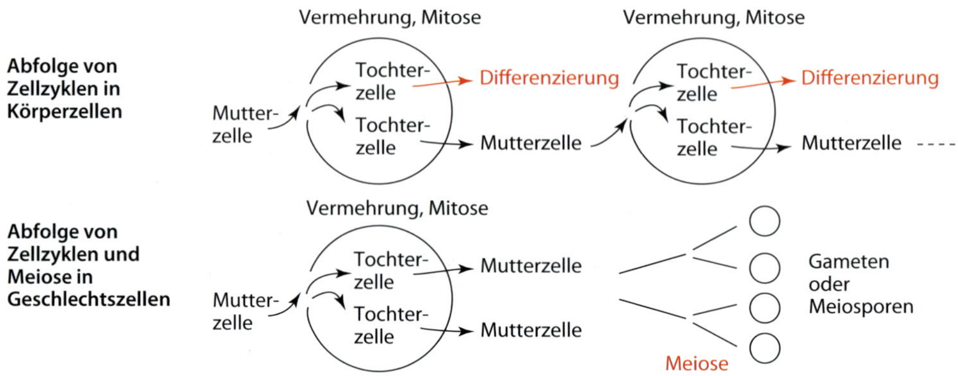

Zellteilungen führen zur Bildung neuer Zellen aus Mutterzellen. Diese Teilungen können zyklisch oder nichtzyklisch verlaufen. Die während des Zellzyklus gebildeten Tochterzellen besitzen den gleichen diploiden Chromosomensatz wie die Mutterzellen. Bei der Ausbildung von Gameten (Tierreich) und Meiosporen (Pflanzenreich) durchlaufen die diploiden Mutterzellen zwei Teilungen, aus denen vier haploide und genetisch unterschiedliche Zellen hervorgehen.

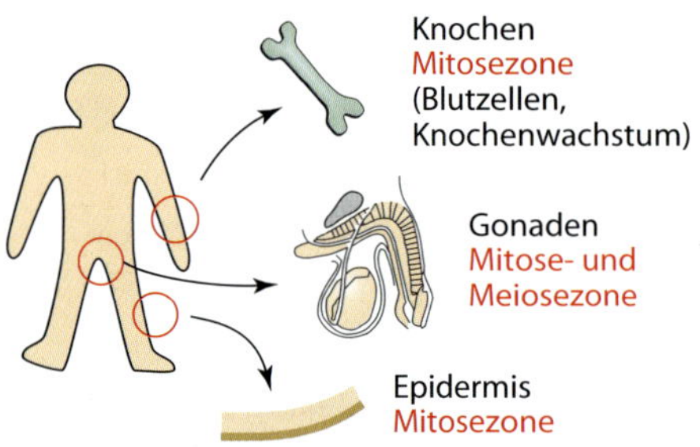

Bei Tieren, insbesondere den adulten Säugetieren, sind bestimmte Körperregionen auf die Bildung von Körperzellen, also Zellen, die später die Organe ausmachen (Knochenmarkszellen, Myoblasten), spezialisiert, während andere Zellen, wie die Keimzellen, Mutterzellen von Spermatocyten und Oocyten sind.

Bei den Angiospermen (Bedecktsamer) befinden sich die Zellen, die den Zellzyklus durchlaufen, in den Meristemen (Bildungsgewebe) (primär, interkalar und sekundär). Sie sind an der Ausbildung der vegetativen Pflanzenteile beteiligt. Die Zellen des Sprossapikalmeristems stammen von Meiosporen ab und bilden während der geschlechtlichen Reife in der Blüte die Gametophyten aus.

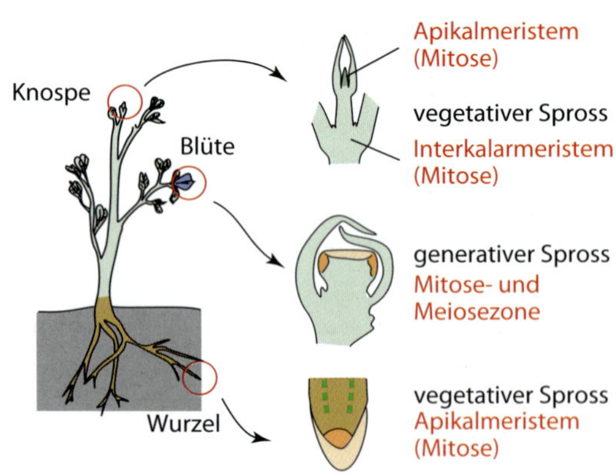

Tafel 2.1a Einige Gewebetypen bei Tieren

Epithelgewebe

Innerhalb der Vielzeller bilden Gewebe Ansammlungen von Zellen, die auf eine oder mehrere Funktionen spezialisiert sind. Die Zellen sind unterschiedlich stark untereinander und/oder mit der extrazellulären Matrix verbunden. Diese entscheidet in Abhängigkeit von ihrer Beschaffenheit und ihren Eigenschaften über die Aufgabe des Gewebes mit. Ein Organ besteht aus mehreren verschiedenen Geweben. Tierische Gewebe lassen sich in vier große Gruppen einteilen: Epithelgewebe, Bindegewebe, Muskelgewebe und Nervengewebe. Alle Gewebetypen besitzen weitere Untergewebsarten.

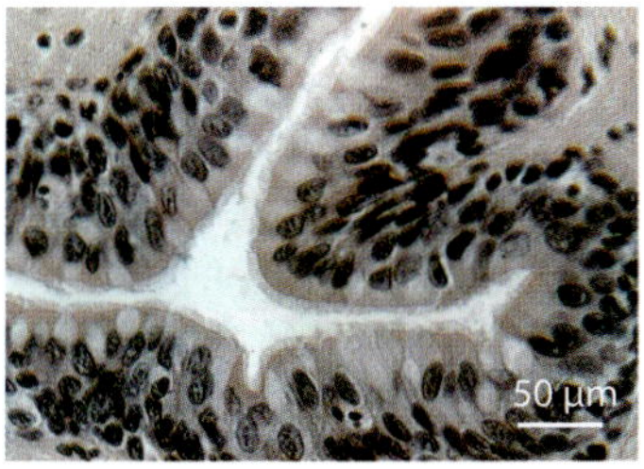

Cilienepithel

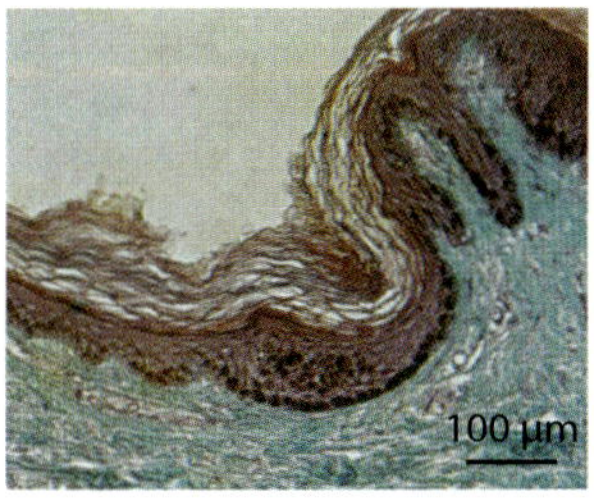

mehrschichtiges Epithel

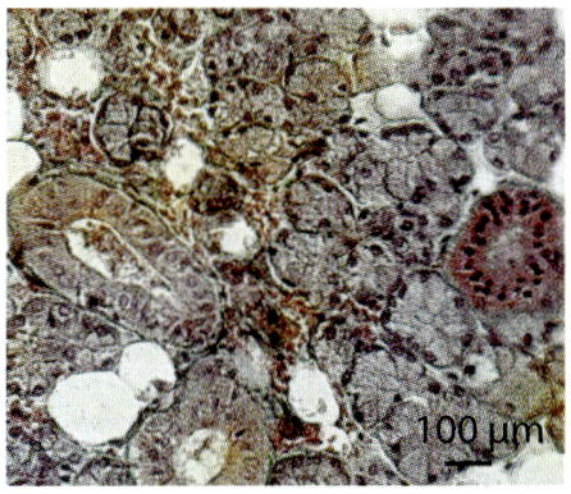

Drüsenepithel

Bindegewebe

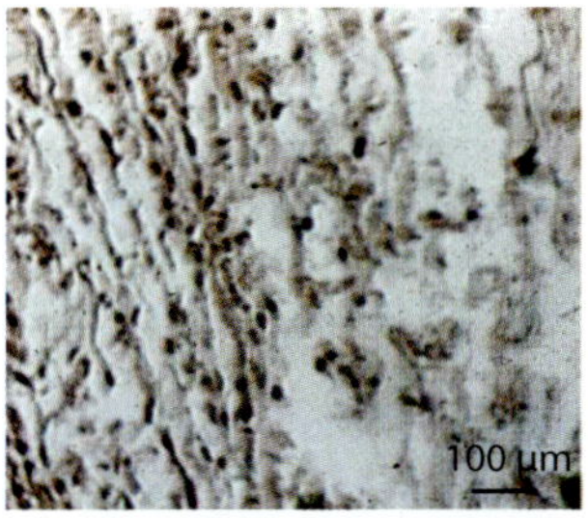

Mesenchym

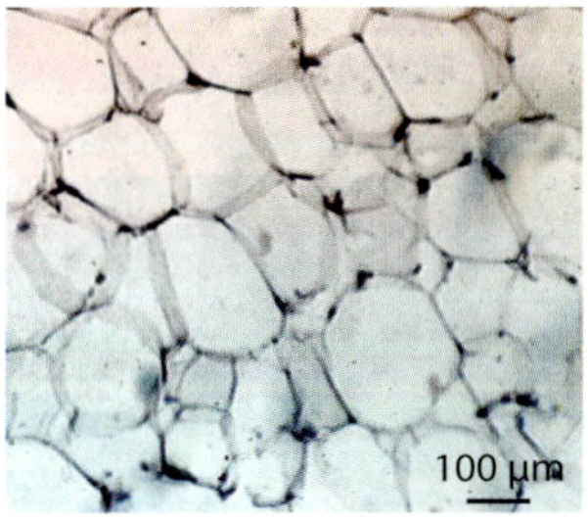

Fettgewebe

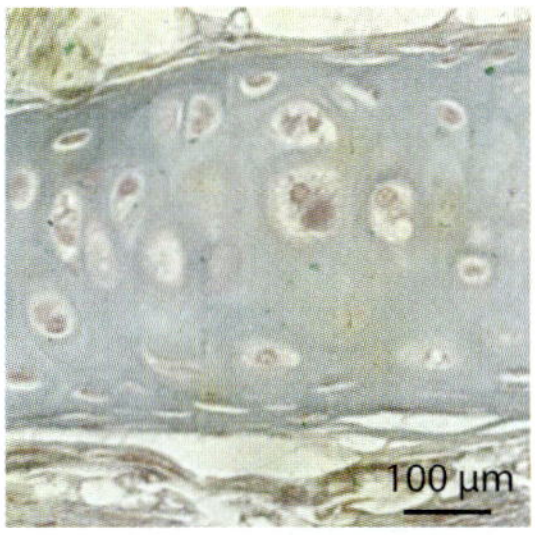

hyaliner Knorpel

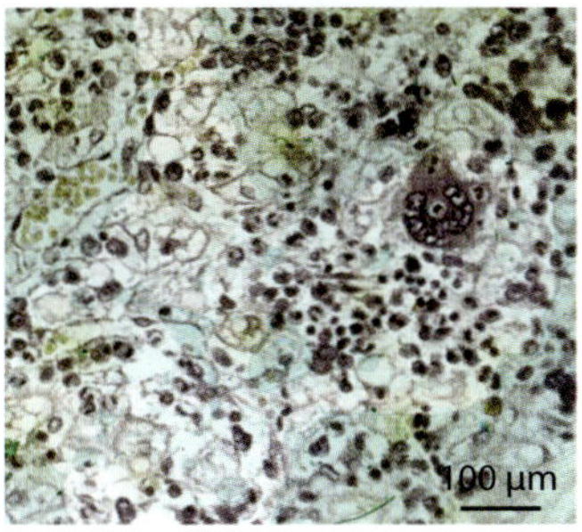

Knochenmark

chondrale Ossifikation

D. Richard, P. Chevalet, T. Soubaya, *Biologie in Farbtafeln*,
DOI 10.1007/978-3-642-32984-5_2, © Springer-Verlag Berlin Heidelberg 2013

Tafel 2.1b Einige Gewebetypen bei Tieren

Muskelgewebe

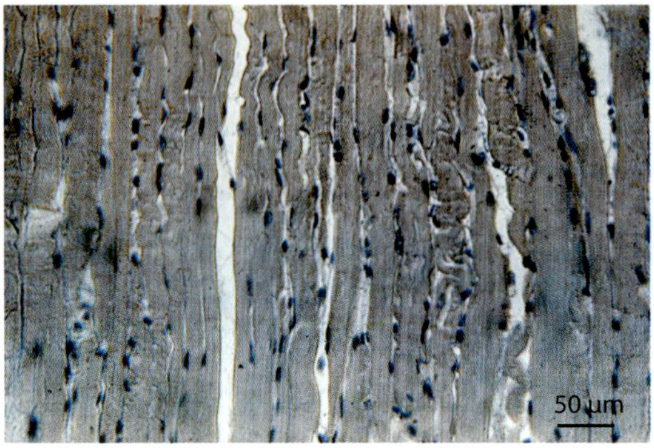

quergestreifte Muskelfasern

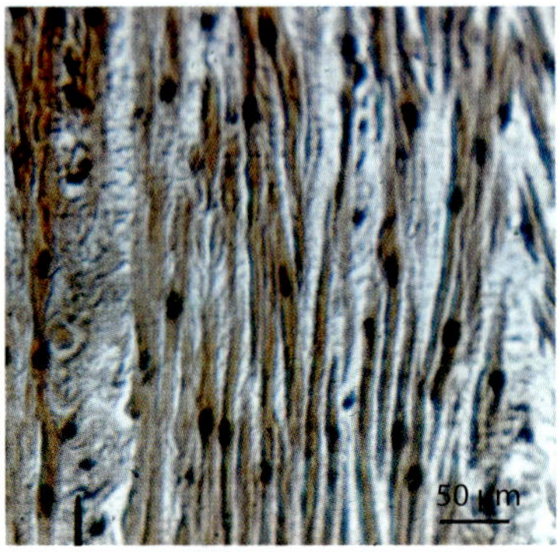

glatte Muskelfasern

Nervengewebe

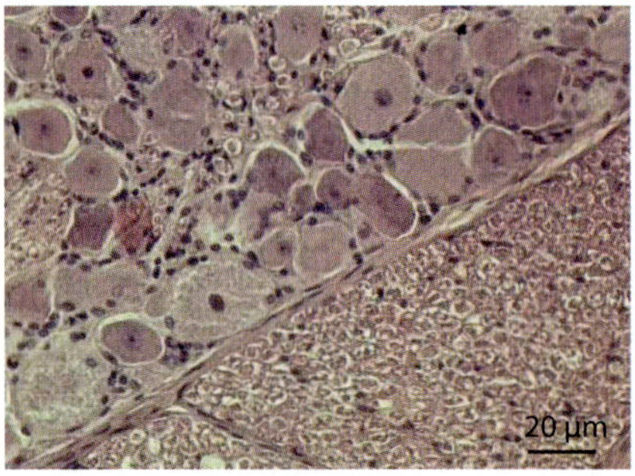

Spinalganglion

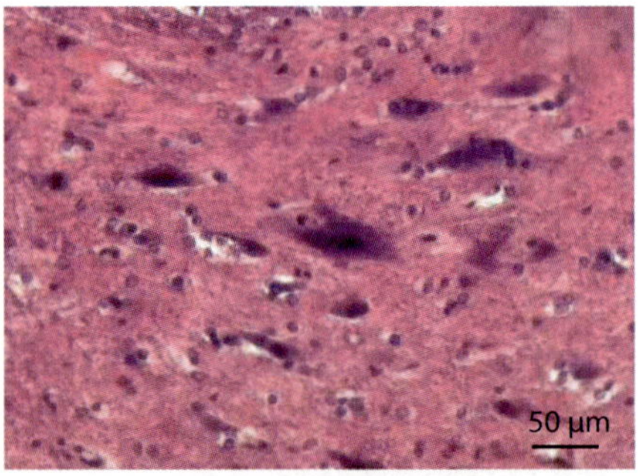

Vorderhorn des Rückenmarks

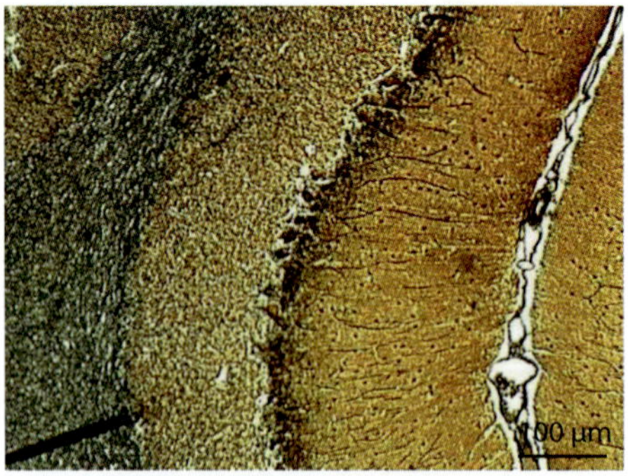

Kleinhirn eines Säugetiers

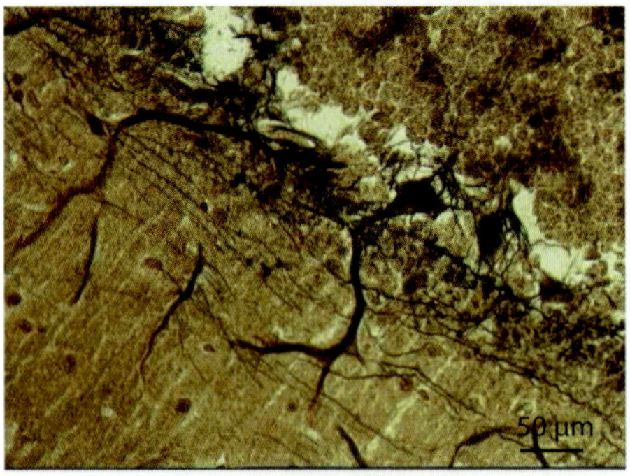

Purkinje-Zellen des Kleinhirns

Tafel 2.2a Einige Gewebetypen in Pflanzen

Pflanzengewebe bestehen wie tierisches Gewebe aus Zellen, den Protoplasten, und einer um- und abschließenden Schicht, der Zellwand. Die funktionelle Gewebespezialisierung orientiert sich an der Zellphysiologie. Die Einteilung der Pflanzengewebe beruht auf der allgemeinen Funktion ihrer jeweiligen Zellen. Mit Ausnahme des Meristems werden innerhalb der vegetativen Pflanzenteile vier große Gewebetypen unterschieden: Abschlussgewebe, Festigungsgewebe, Leitgewebe und Grundgewebe.

Abschlussgewebe

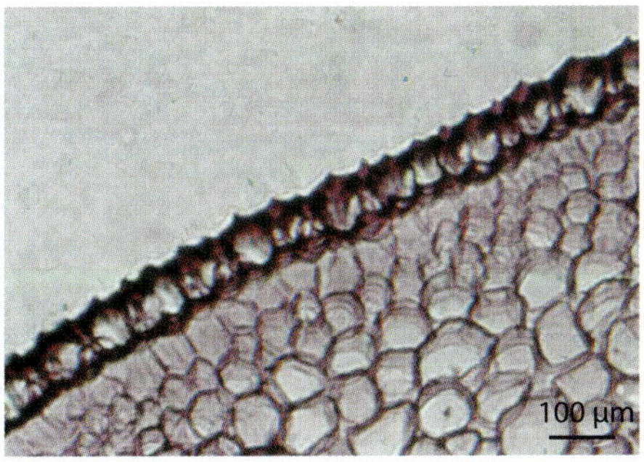

Epidermis

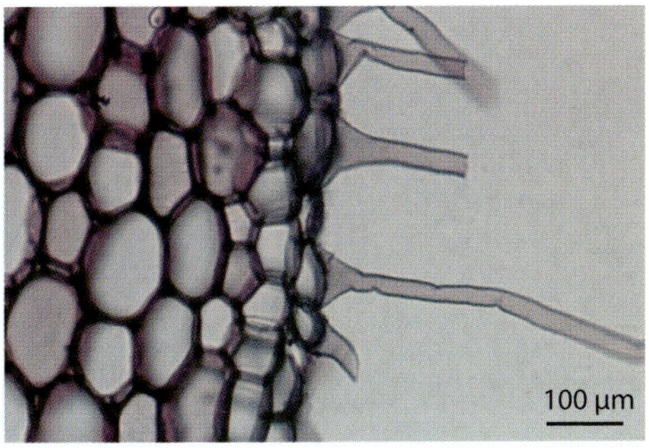

Rhizodermis mit Wurzelhaaren

Festigungsgewebe

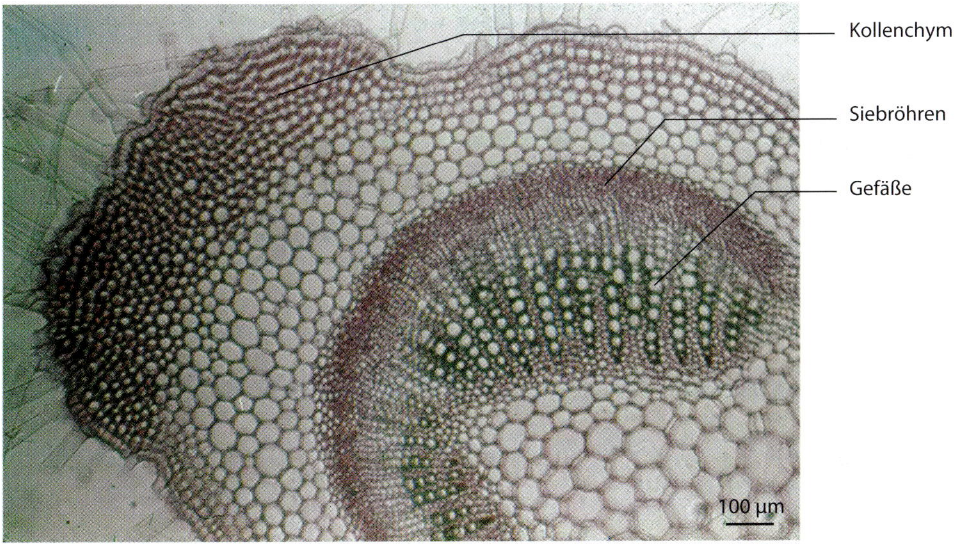

Kollenchym (Festigungsgewebe), Gefäße und Siebröhren (Leitbahnen)

Tafel 2.2b Einige Gewebetypen in Pflanzen

Leitgewebe

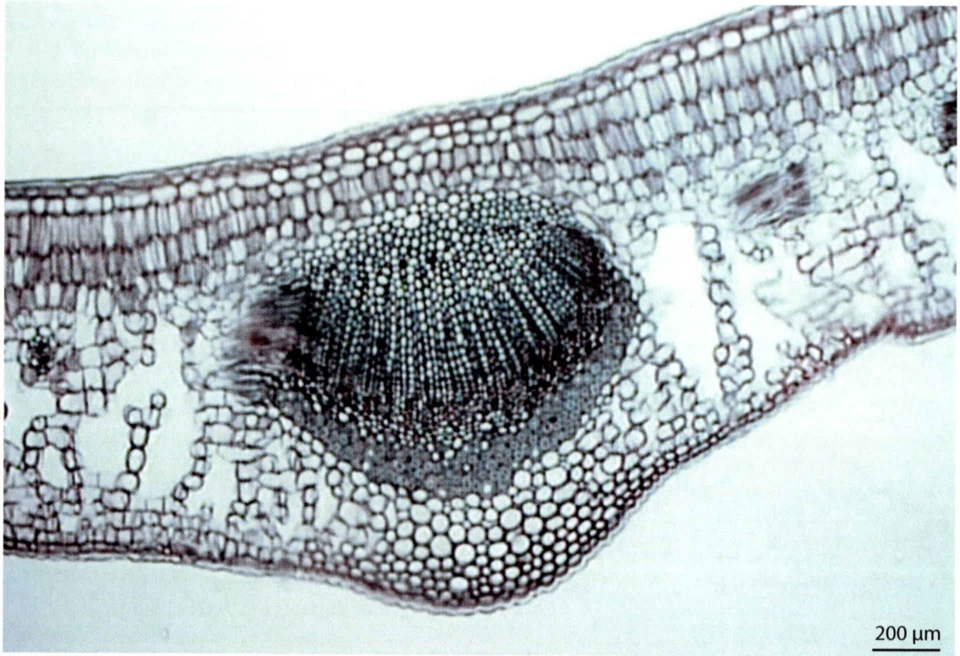

Xylem und Phloem des Blattes (mit Aerenchym, Palisadenparenchym und Epidermis)

Grundgewebe

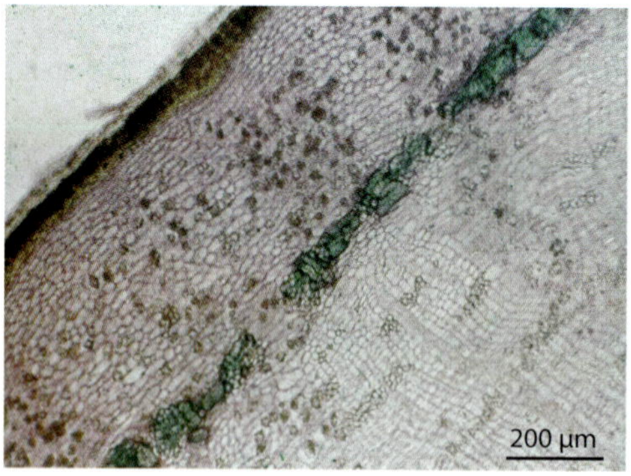

Parenchym

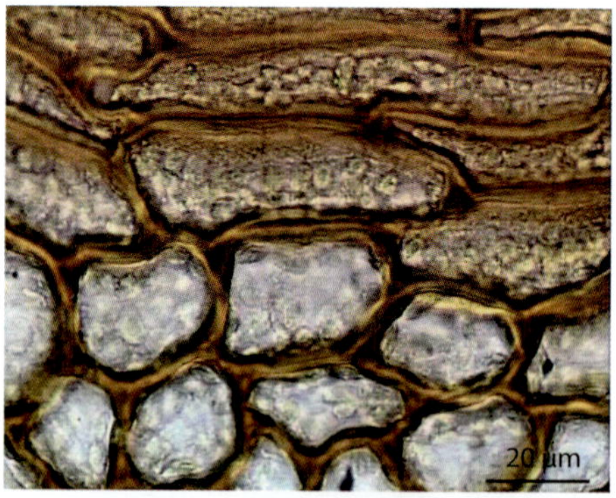

Parenchym (untere Schicht) und Kork in der Bildungsphase (obere Schicht)

Tafel 2.3 Die extrazelluläre Matrix bei den Tieren

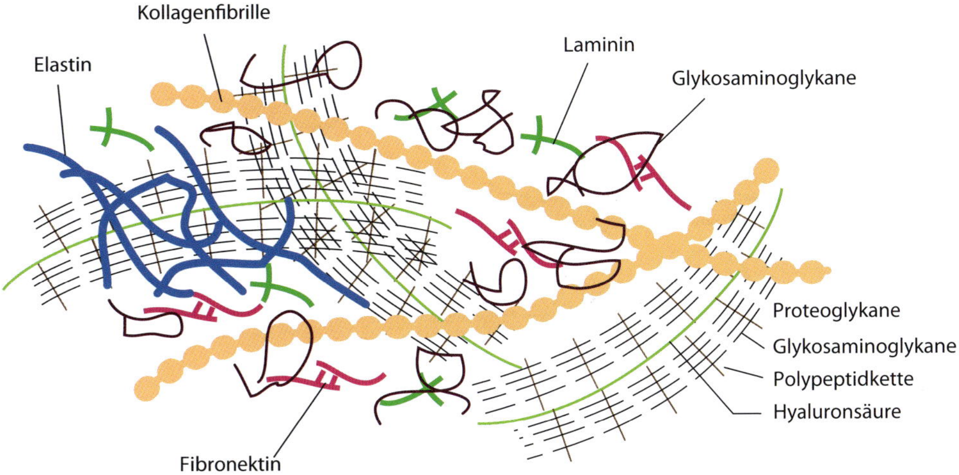

Modell zum Aufbau der Bindegewebsmatrix

Die extrazelluläre Matrix (EM) ist ein Gerüst aus Makromolekülen, das die Zellen umgibt. Sie wird von eingeschlossenen Zellen gebildet, welche die vielen Gewebeeigenschaften bestimmen. Die EM besteht im Allgemeinen aus fibrösen Makromolekülen und kleineren Molekülen, die als „Kitsubstanz" dienen. Die gesamten Moleküle bilden innerhalb des Bindegewebes ein komlexes Netzwerk. Die enthaltenen Proteinfasern bestehen aus Kollagen (Kollagentyp I-III). Die „Kitsubstanz" setzt sich aus Glykosaminoglykanen zusammen, das sind Ketten aus einem Disaccharidmotiv und mehreren Hundert bis Tausend Monomeren. Weitere Proteine wie Laminin und Fibronektin etc. sind an die Matrix gebunden.

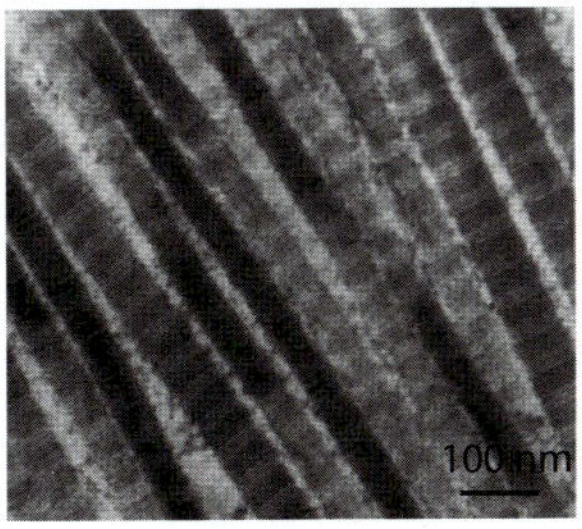

Kollagenfaser (TEM)

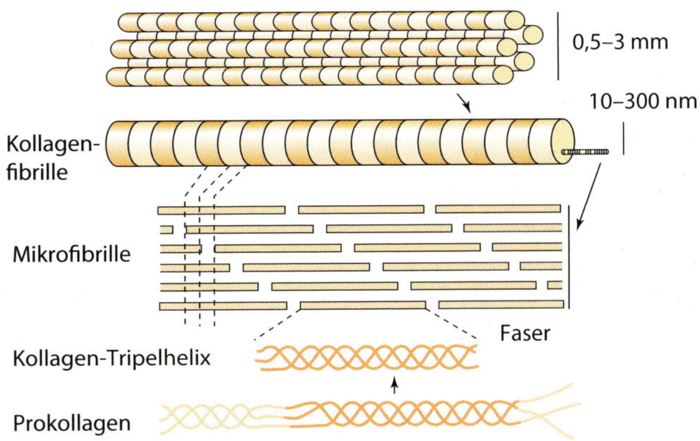

Aufbau einer Kollagenfaser

Tafel 2.4 Die extrazelluläre Matrix der Pflanzen

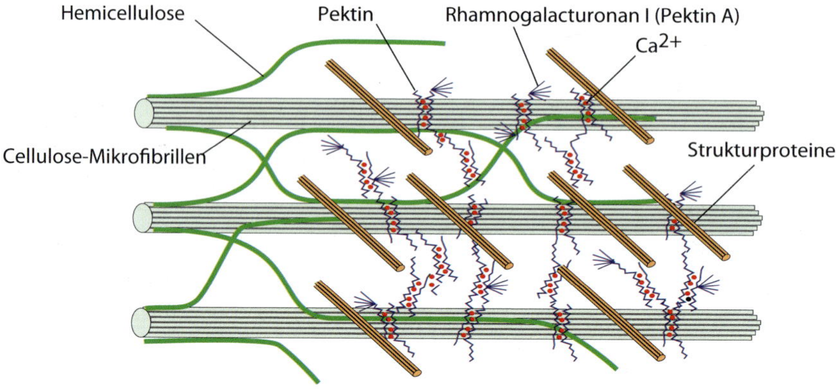

Modell zum Aufbau der Pektin-Cellulose-Matrix einer Primärwand

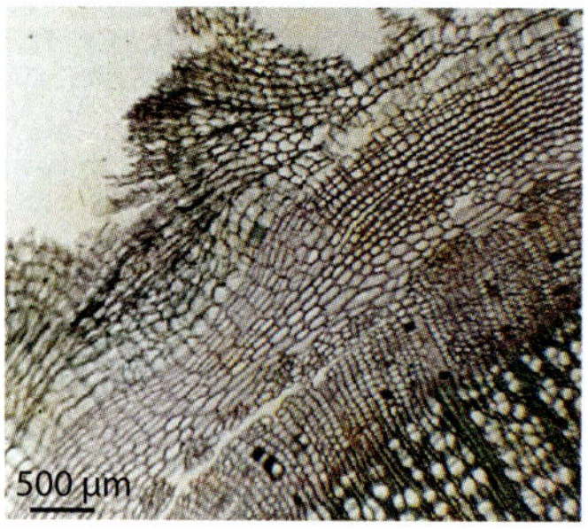

Suberinhaltiger Holunderstängel (LA)

In Pflanzen synthetisieren bestimmte Zellen Moleküle, die sich um den Protoplasten anordnen und ein Netzwerk bilden, die extrazelluläre Matrix (= Zellwand). Die Matrixeigenschaften hängen von ihren Bestandteilen ab: Fasern, zementierende Moleküle und zusätzliche Proteine. Die wichtigste Faser ist die Cellulose, bestehend aus sich wiederholenden Cellobiosedimeren, welche wiederum aus 2 α-1,4-veknüpften D-Glucopyranosen aufgebaut sind. Die suberinhaltige Matrix wird von mehreren Schichten aliphatischer Polymere oder Wachse gebildet. Die den Zellwänden aufgelagerte Cuticula besteht aus Cutin, das vorhandene Wachsschichten aufsprengt.

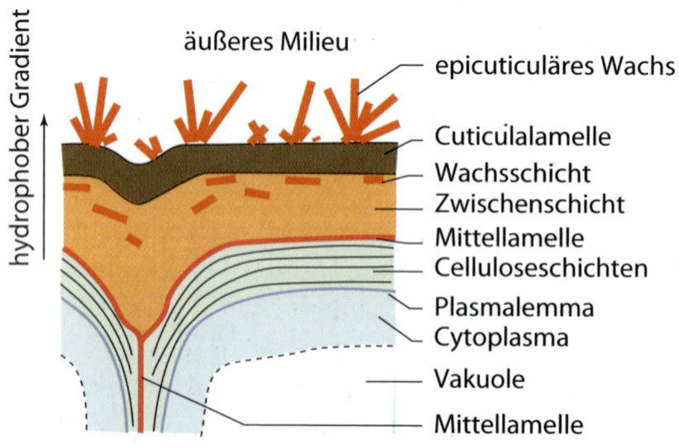

Zellwand mit aufgelagertem Cutin

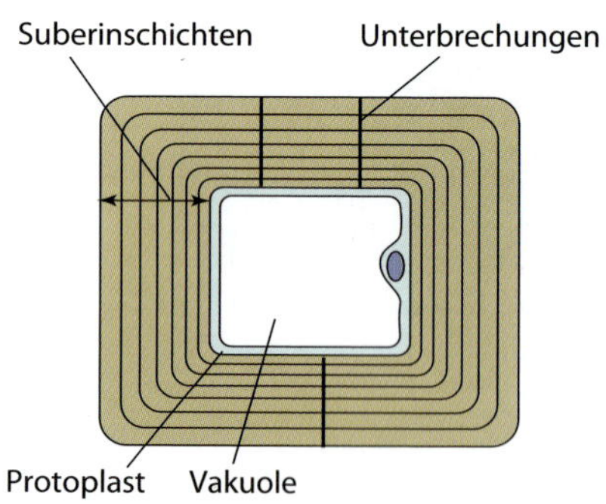

Zellwand mit aufgelagertem Suberin

Tafel 2.5 Die zellulären Adhäsionsverbindungen

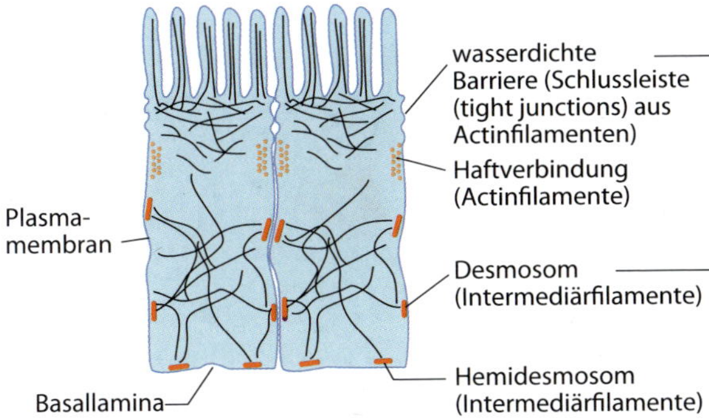

Übersicht der wichtigsten Adhäsionsverbindungen

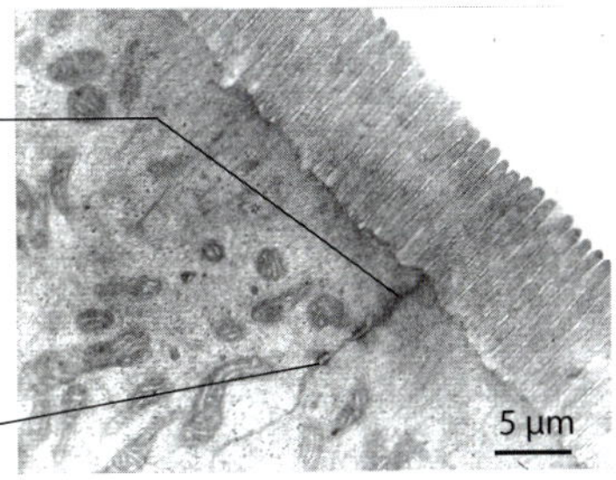

Darmepithel (TEM)

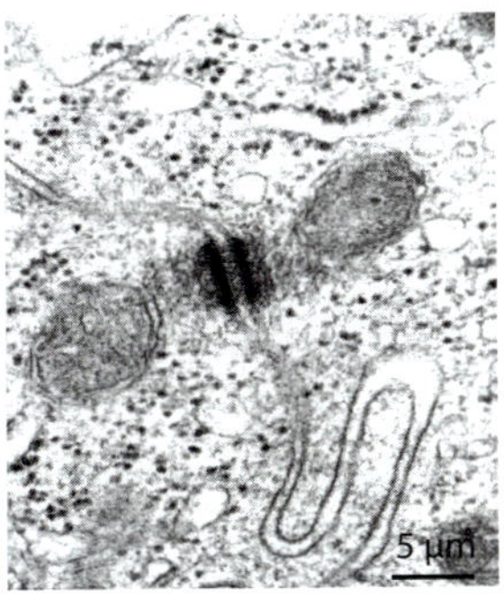

Desmosom (TEM)

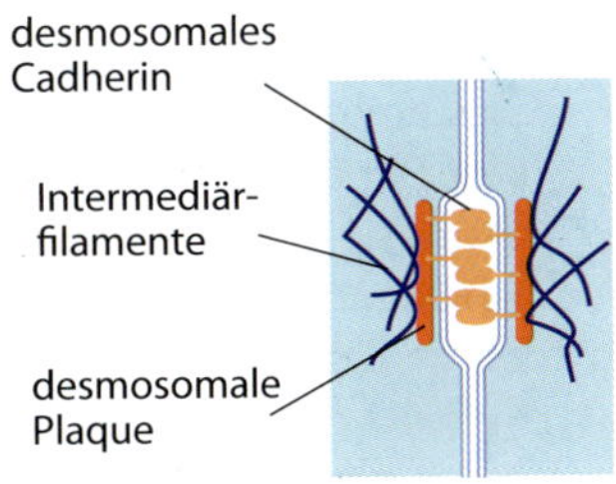

Desmosom (TEM)

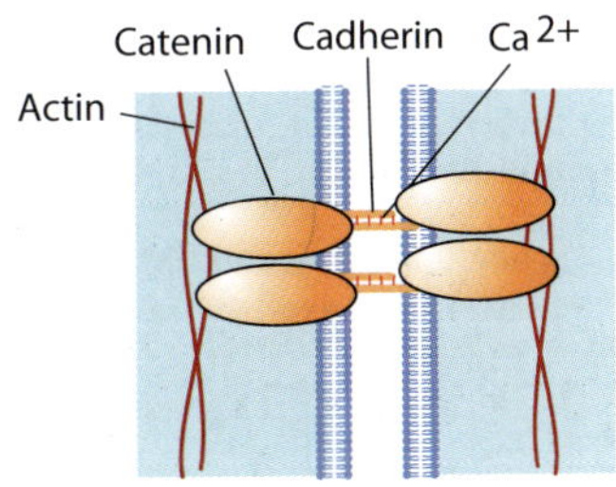

Haftverbindung

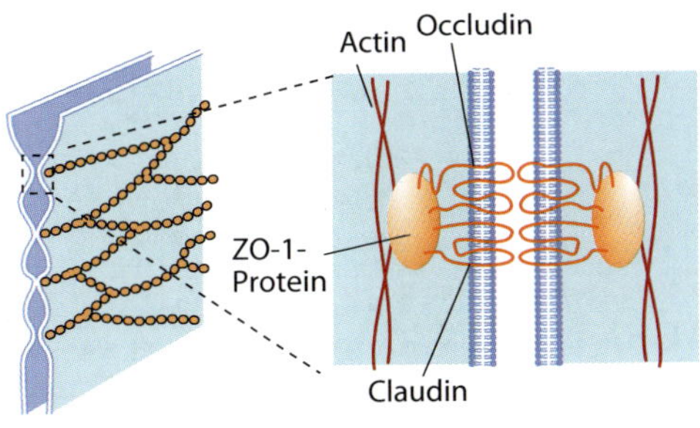

Aufbau der Schlussleiste (tight junctions)

Die Anordnung der Zellen im Gewebe bedingt Adhäsionen zwischen den Zellen und mit der Matrix. Man unterscheidet Haftungen mit und ohne Verbindungen. Verbindungen bestehen aus Molekülkomplexen und sind unter dem Elektronenmikroskop sichtbar. Sie befinden sich zwischen angrenzenden Zellen oder zwischen Zelle und Matrix. Haftungen ohne Zell/Zell-Verbindung sind unscheinbare Verankerungen, die unter dem Elektronenmikroskop nicht erkennbar, jedoch mit immunologischen Methoden nachweisbar sind.

Tafel 2.6 Verbindungen zum Stoffaustausch

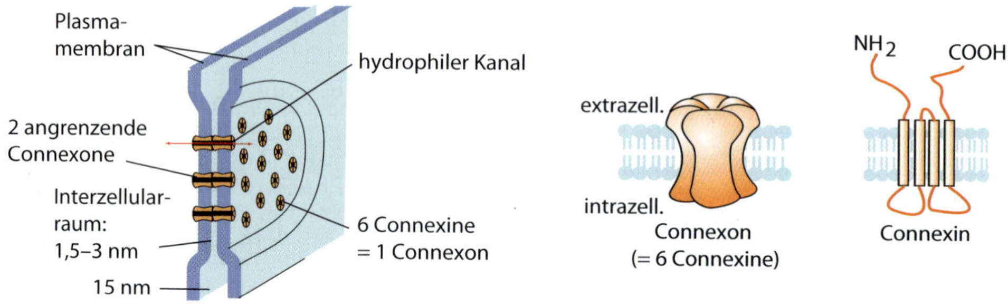

Aufbau von offenen Zellkontakten: gap junctions

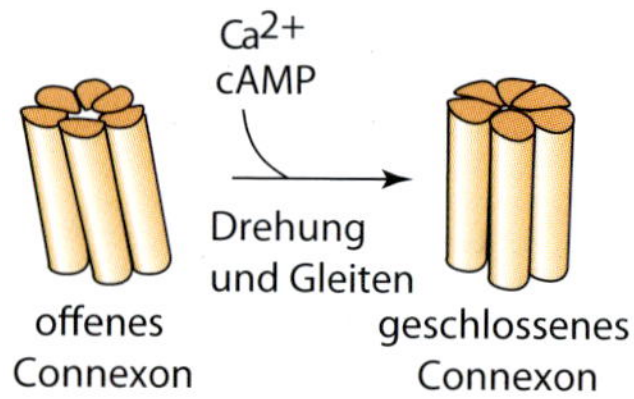

Schließmechanismus eines Connexons

Zum Austausch von kleinen gelösten Stoffen besitzen Zellen von Vielzellern Kontaktverbindungen. Die offenen Zellkontakte *(gap junctions)* sind Komplexe aus 2 Connexonen, die einen Kanal von 1,5 bis 2 nm Durchmesser zwischen zwei benachbarten Zellen bilden. Der Kanaldurchmesser kann über die Änderung der Gestalt der Connexine unter Verbrauch von verschiedenen Faktoren wie cAMP, H^+, Ca^{2+} etc. reguliert werden. Bei den Pflanzen erfüllen Plasmodesmen die Aufgabe des Stoffaustauschs zwischen angrenzenden Zellen. Hierbei stehen die Cytoplasmen der Nachbarzellen in direktem Kontakt. Der innere Kanal des Plasmodesmos stellt Ausstülpungen des endoplasmatischen Reticulums dar und wird Desmotubulus genannt. Er hat einen Durchmesser von 15 nm.

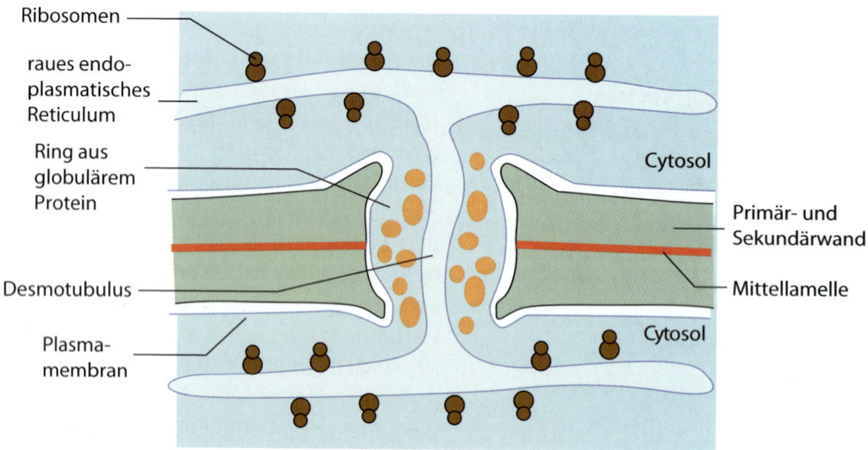

Aufbau von offenen Zellkontakten: Plasmodesmen

Tafel 2.7 Der Begriff der Kommunikation

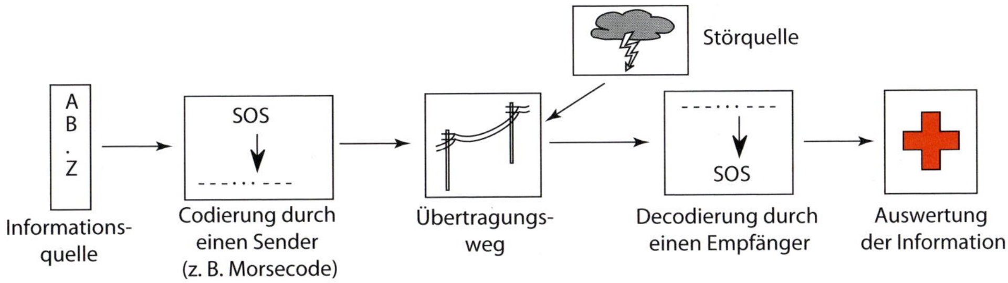

Kommunikationsprinzip

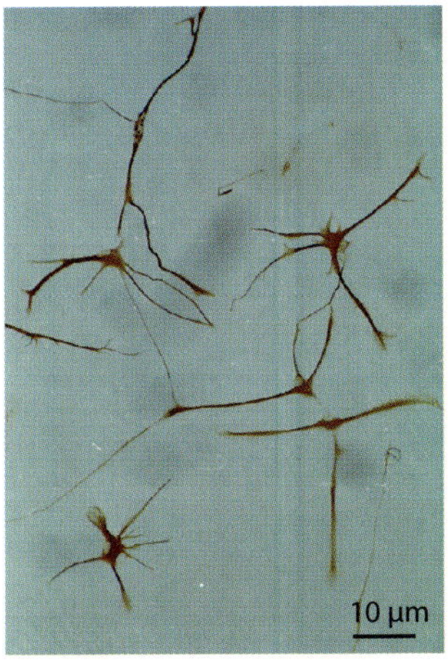

Nervenzellen in Kultur (LA)

Gemäß dem grundlegenden Begriff der Informationstheorie wandelt ein Sender eingehende Information mittels Codierung anhand eines Codes um. Der Sender besitzt dafür spezifische Eigenschaften. Er erstellt dann eine Information, die anhand eines Übertragungsmediums übermittelt wird. Ein Empfängersystem kann die Information decodieren und anschließend durch einen Verwerter interpretieren. Störgrößen können die Information an verschiedenen Stellen dieser Kette verändern. Auf der Ebene des Organismus können die interzellulären Kommunikationssysteme (parakrin, endokrin und nerval) mit dem beschriebenen System der Informationsübertragung verglichen werden. Ebenso vermitteln bestimmte Moleküle wie *second messengers* die Informationsübertragung in die Zellen.

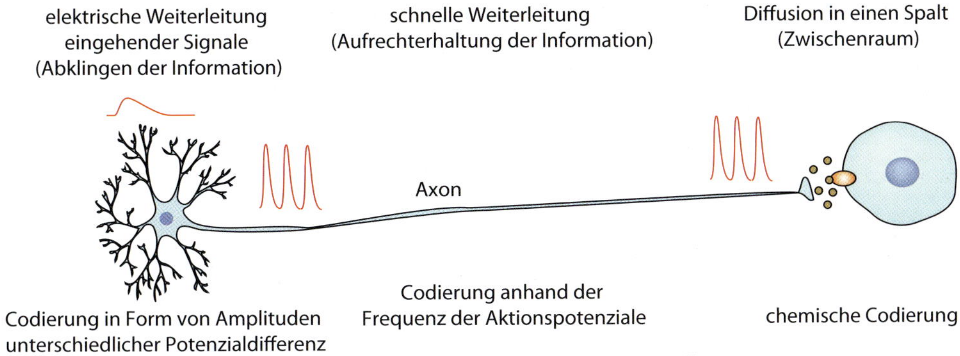

Infomationsübertragung in Nervenzellen

2

Tafel 2.8 Die Membranrezeptoren

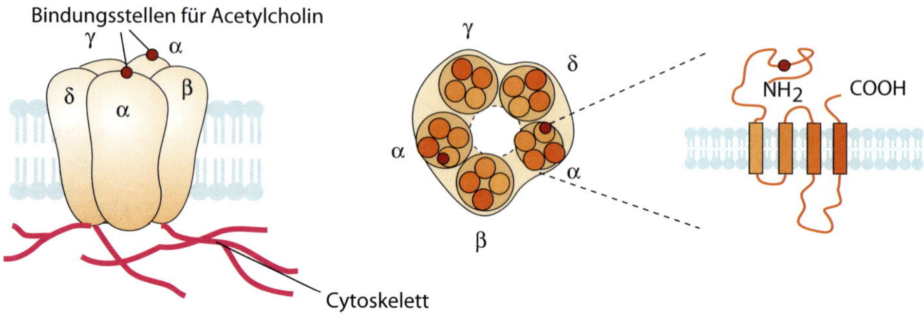

Ionenkanalrezeptor: nicotinischer Acetylcholinrezeptor

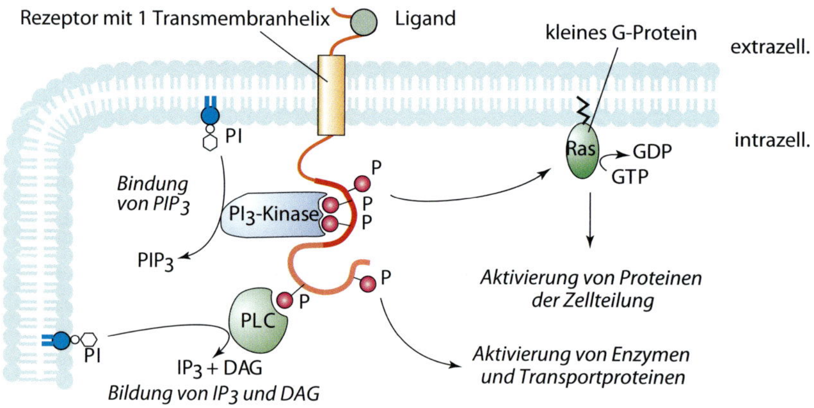

Aufbau und Funktionsweise eines Rezeptors mit 1 Transmembranhelix

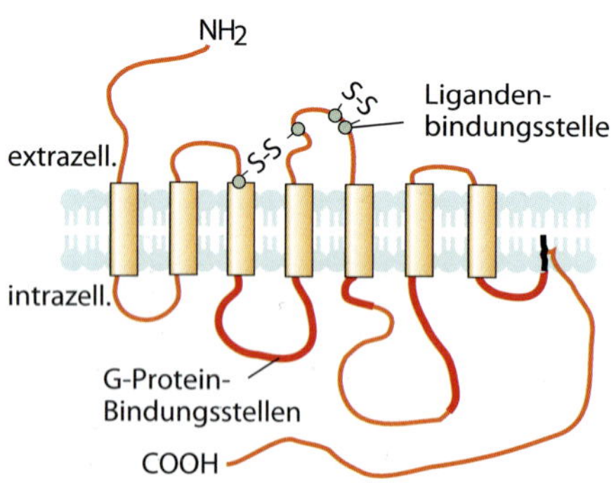

Rezeptor mit 7 Transmembranhelices (7TM-Rezeptor)

Die informationsübertragenden Moleküle (Neurotransmitter, Hormone und parakrine Substanzen) wirken über spezifische Rezeptoren und lösen darüber verschiedene Signalkaskaden aus. Diese Moleküle können bei Aktivierung des Rezeptors direkt (Ionenkanalrezeptor) oder indirekt über die Aktivierung weiterer Moleküle wie den *second messengern* (bei 1–7 Transmembranrezeptoren) ihre Wirkung ausüben.

Tafel 2.9 Die intrazellulären *second messenger*

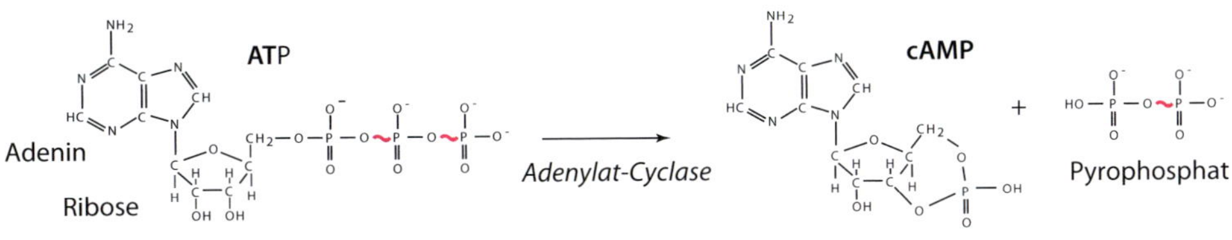

Bildung von cAMP aus ATP durch Aktivität der Adenylat-Cyclase

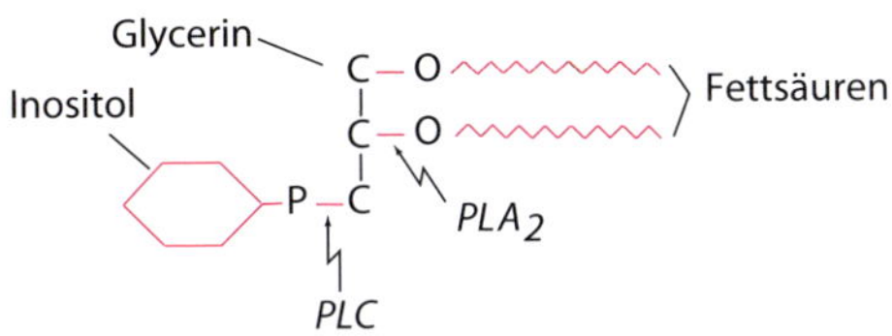

Phosphatidylinositol (PI)

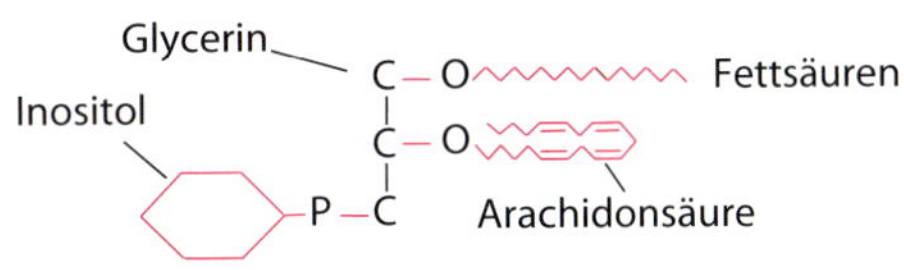

Phosphoinositid mit Arachidonsäure

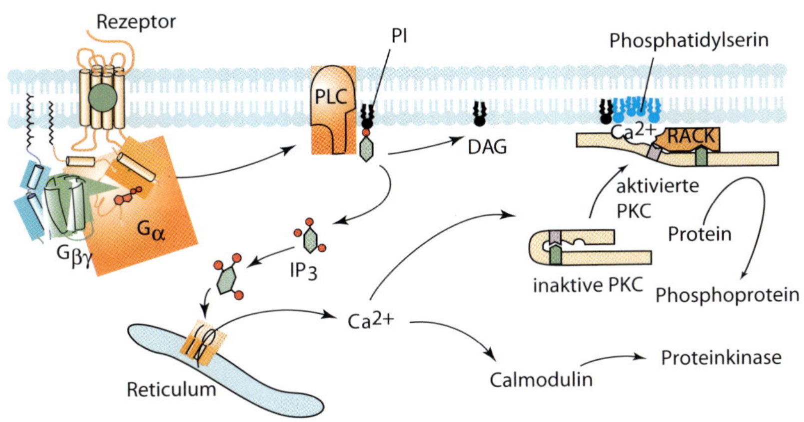

Aktivierung und Wirkmechanismen von IP3 und DAG

Die intrazellulären *second messenger* werden im Allgemeinen über membranständige G-Proteine aktiviert, welche mit 7TM-Rezeptoren assoziiert sind. *Second messenger* sind kleine Moleküle, die sich leicht durch das intrazelluläre Kompartiment bewegen können: zyklisches Adenosinmonophosphat (cAMP), Inositoltriphosphat (IP_3), Diacylglycerin (DAG) etc. Das cAMP stammt aus der Umwandlung von ATP mittels Adenylat-Cyclase und wird daraufhin von einem G-Protein aktiviert. Beim IP_3-DAG-System führt die Bindung eines Liganden an seinen aktiven G-Protein-gekoppelten Rezeptor zur Aktivierung von Phospholipase C, welche Phosphatidylinositol (PI) in zwei *second messenger* spaltet: Inositoltriphosphat (IP_3) und Diacylglycerin (DAG). Arachidonsäure ist eine Fettsäure, die gewöhnlich in Phospholipiden von Nervenzellmembranen vorkommt.

Tafel 2.10 Die G-Proteine

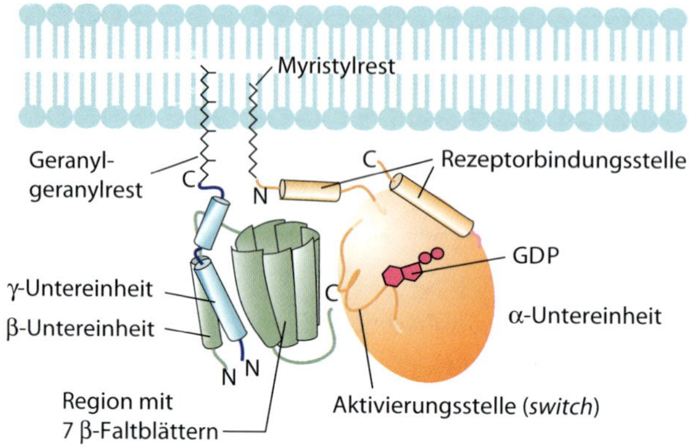

Schematischer Aufbau eines heterotrimeren G-Proteins

G-Proteine zeichnen sich durch ihre Fähigkeit aus, GDP (inaktiver Molekülzustand) durch GTP (aktiver Zustand) auszutauschen. Man unterscheidet zwei große Protein-G-Familien: die heterotrimeren G-Proteine (bestehend aus den 3 Untereinheiten α, β und γ) und die monomeren oder kleinen G-Proteine.

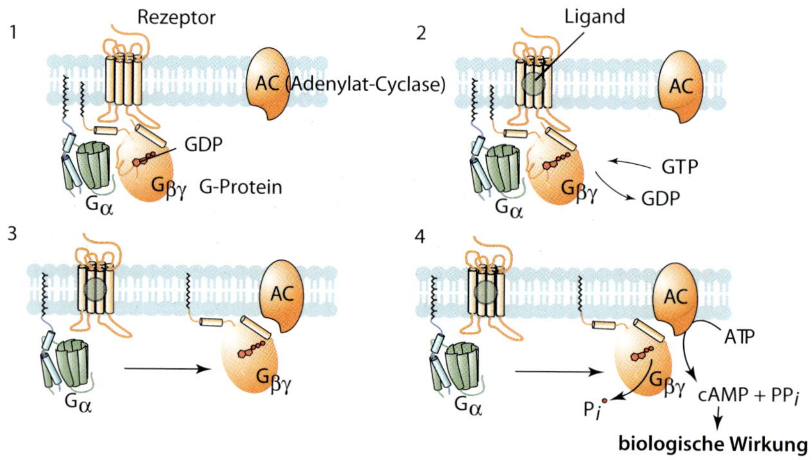

Aktivierungszyklus heterotrimerer G-Proteine

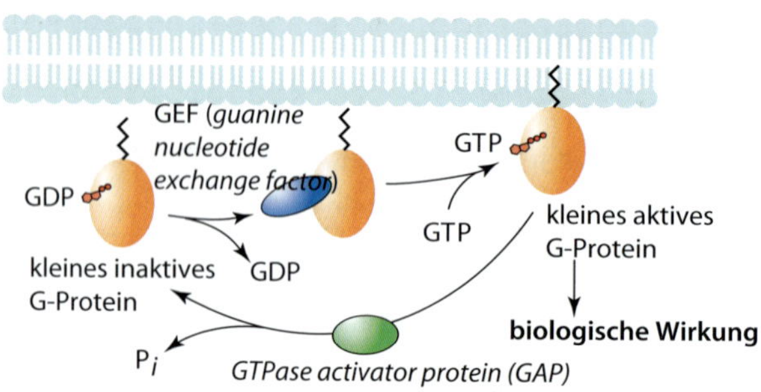

Aktivierungszyklus kleiner G-Proteine

Tafel 2.11 Die cytosolischen Rezeptoren

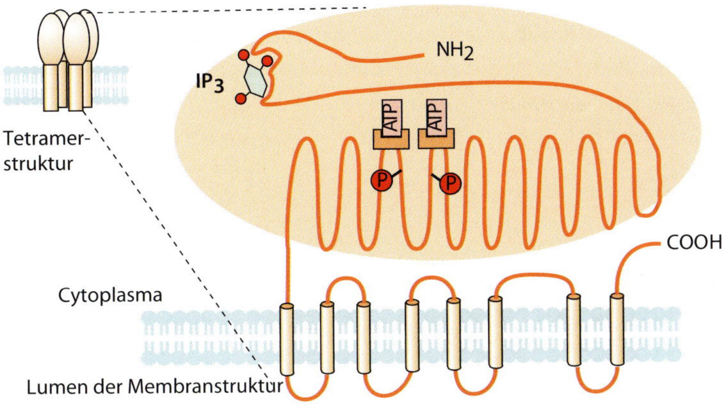

Aufbau eines IP3-Rezeptors

Der Inositoltriphosphatrezeptor (IP_3-Rezeptor) ist ein Protein mit 4 Untereinheiten; seine Funktion hängt von ATP ab. Die jeweils 8 Transmembrandomänen einer Untereinheit enthalten den Kanal, der sich COOH-terminal befindet. Der cytosolische Abschnitt des Moleküls besitzt NH_2-terminal eine IP_3-Bindungsdomäne und zentral eine Kopplungsstelle mit dem Calciumkanal. Der Ryanodinrezeptor ist ein Tetramer mit großen cytosolischen Domänen. Jede Untereinheit besitzt 6 transmembrane α-Helices und eine parallel zur Membranoberfläche gelegene α-Helix-Domäne. Eine intramembrane hydrophobe Schleife bildet den Calciumkanal, während der NH_2-terminale Abschnitt die Fußregion darstellt.

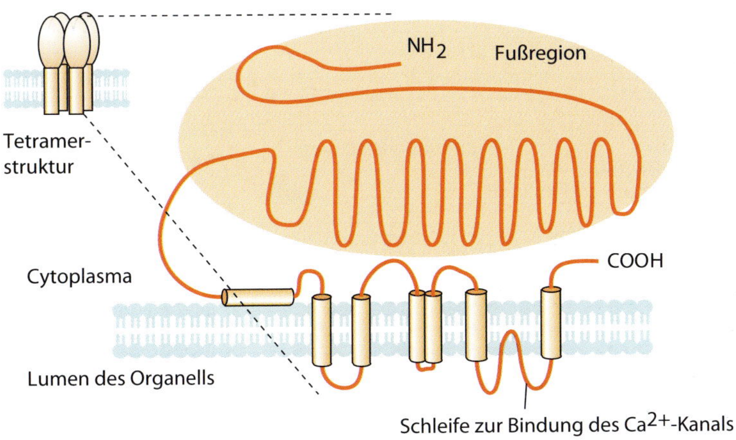

Aufbau eines Ryanodinrezeptors

Tafel 2.12 Die Kernrezeptoren

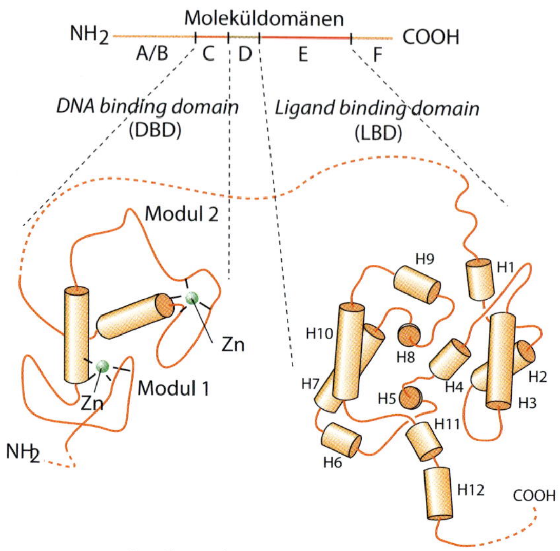

Struktur eines Kernrezeptors

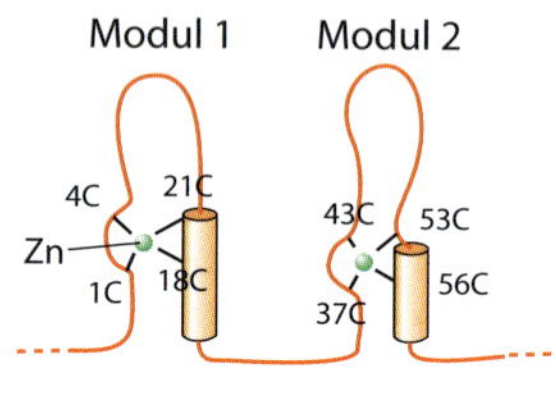

Zinkfinger

Die Kernrezeptoren bilden eine Rezeptor-Superfamilie, die sich in zwei Gruppen einteilen lassen: Rezeptoren vom Typ I, die durch Steroidhormone aktiviert werden, und Rezeptoren vom Typ II, die durch Thyreoidhormone, Retinsäuren und Calcitriol aktiviert werden. Die Rezeptoren bestehen aus 5 bis 6 Domänen. Die C-Domäne (DBD-Domäne) bindet DNA, während die E-Domäne (LBD) Hormone fixiert. Die C-Domäne ist aufgrund des Zinkions, das an 4 Cysteinreste geknüpft ist, an dieser Stelle geknickt und wird daher als Zinkfinger-Motiv bezeichnet. Die Aktivität der Rezeptoren wird von zellulären Faktoren, den Co-Aktivatoren oder den Co-Repressoren, gesteuert.

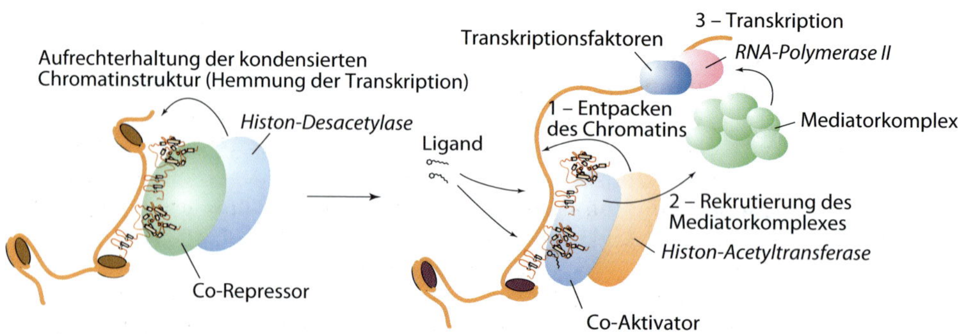

Wirkungsweise der Kernrezeptoren

Tafel 2.13a Der Hypothalamus-Hypophysen-Komplex

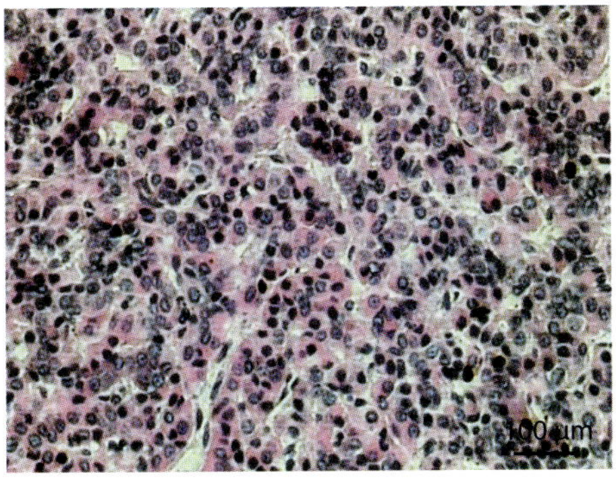

Adenohypophyse (LA)

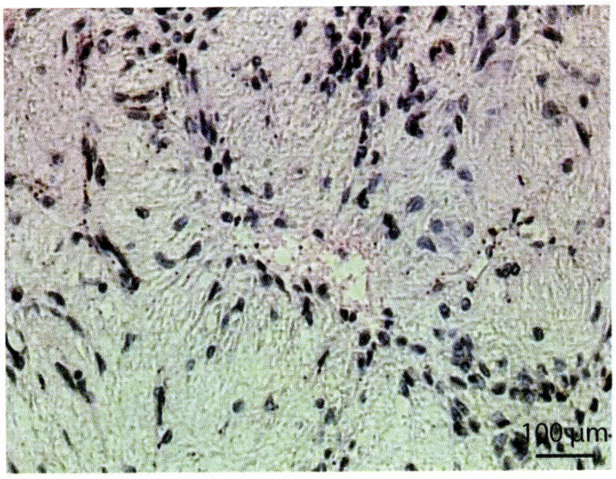

Neurohypophyse (LA)

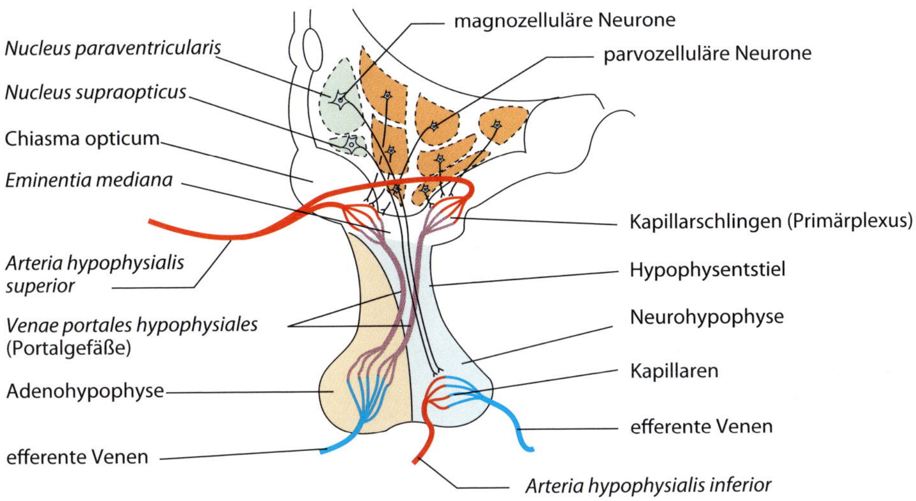

Struktur des Hypothalamus-Hypophysen-Komplex

Der Hypothalamus liegt im dritten Ventrikel des Zwischenhirns (Diencephalon) und besteht aus mehreren Kernen. Die Hypophyse (Hirnanhangsdrüse) ist eine Drüse in einer knöchernen Höhle unter dem Hypothalamus. Sie besteht aus einem Vorderlappen (Adenohypophyse) und einem Hinterlappen (Neurohypophyse), welcher ein Auswuchs des Hypothalamus ist. Die *Arteria hypophysialis superior* splittet sich an der Basis des Hypothalamus zu einem Plexus (Primärplexus) auf, welcher über die Hypophysenportalgefäße (*Venae portales hypophysiales*) mit einem sekundären Kapillarnetz (Sekundärplexus) verbunden ist. Dieses System ermöglicht einen schnellen Transport von Hypothalamushormonen in die Adenohypophyse. Die Neurohypophyse sezerniert zwei Neurohormone, ADH und Oxytocin. Die Adenohypophyse setzt über die Regulation durch spezifische Hypothalamushormone verschiedene Hormone frei.

Tafel 2.13b Der Hypothalamus-Hypophysen-Komplex

Steuerhormone des Hypothalamus, Hypophysenhormone und ihre Zielgewebe

Neurohormone des Hypothalamus	Zielort in der Hypophyse	Hypophysenhormone	Zielgewebe
Neurohypophyse			
ADH (Adiuretin)			Sammelrohr des Nephrons, Stimulation der Wasserrückresorption
Oxytocin			Brustdrüse, Milchfluss
Adenohypophyse			
TRH (Thyreotropin-RH)	thyreotrope Zellen (T)	TSH (Thyreoidea-stimulierendes Hormon)	Thyreoidea, Stimulation der Produktion von Schilddrüsenhormonen
		ACTH (Adrenocorticotropes Hormon)	Nebenniere, Stimulation der Bildung von Corticoiden
CRH (Corticotropin-RH)	corticotrope Zellen (C)	FSH (Follikel-stimulierendes Hormon)	männliche Keimdrüsen, Spermatogenese und weibliche Keimdrüsen, Follikelreifung
GnRH (Gonadotropin-RH)	gonadotrope Zellen (G)	LH (Luteinisierendes Hormon)	Keimdrüsen, Bildung von Steroiden (männlich und weiblich) und Ovulation (weiblich)
		Prolactin	Brustdrüse, Stimulation der Lactation
		STH (Somatotropin oder Wachstumshormon)	Großteil der Zellen, Stimulation von Wachstum und anabolen Stoffwechselvorgängen
PRH/PIH (Prolactin-RH/RIH)	lactotrope Zellen (L)		
GHRH/GHRIH (Somatoliberin/Somatostatin)	somatotrope Zellen (S)		

Tafel 2.14a Die Nebennierenrinde

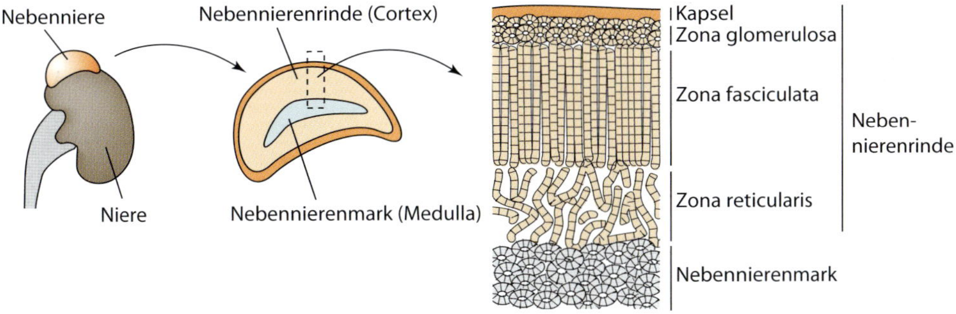

Sitz und Struktur der Nebennieren

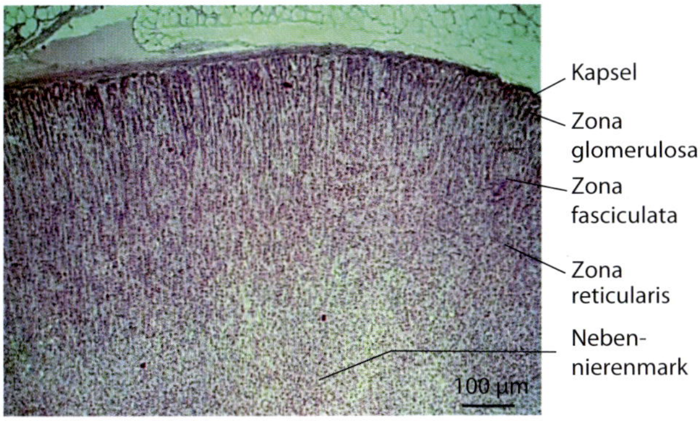

Nebennierenrinde (LS – LA)

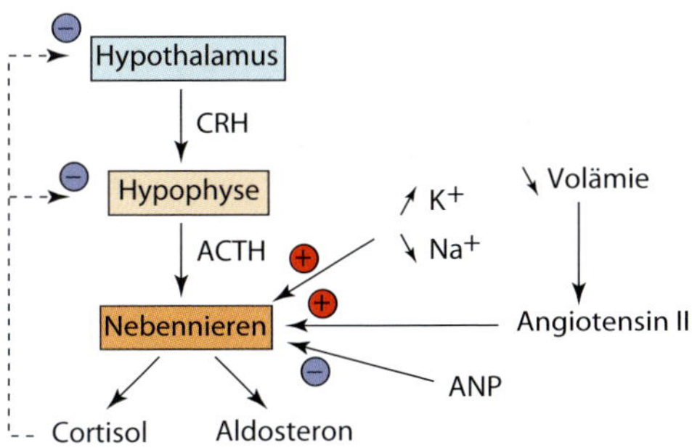

Steuerung der Hormonsekretion der Nebennierenrinde

Die beiden Nebennieren befinden sich bei Säugetieren auf den Nieren und bestehen sowohl embryologisch als auch histologisch und physiologisch aus dem Nebennierenmark und der Nebennierenrinde. Die Nebennierenrinde ist die äußerste Schicht der Nebenniere. Sie ist gut durchblutet, wird aber wenig innerviert. Sie ist bei ausgewachsenen Säugetieren aus drei Schichten aufgebaut: von außen nach innen sind das die Zona glomerulosa, Z. fasciculata und Z. reticulata. Die Zona glomerulosa ist eine dünne Schicht unter der Kapsel und besteht aus kleinen kompakten Zellenanhäufungen. Die Zona fasciculata macht einen Großteil der Nebennierenrinde aus und ist aus großen viereckigen, in Strängen oder vertikalen Strahlen angeordneten Zellen aufgebaut. Die Zona reticulata hat eine mittlere Dicke, die Zellen liegen in Ballen vor und sind um Kapillargeflechte angeordnet.

Tafel 2.14b Die Nebennierenrinde

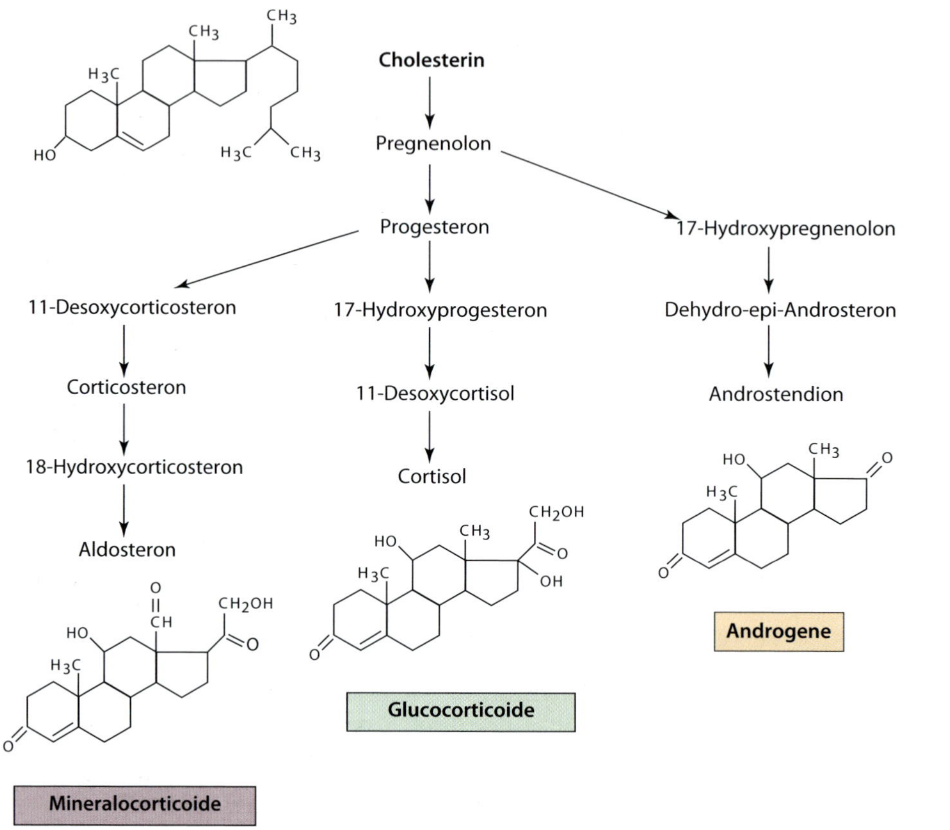

Die Biosynthese von Corticosteroiden geht von einem gemeinsamen Syntheseweg aus, der Umwandlung von Cholesterin in Pregnenolon, und folgt dann verschiedenen Steroidsynthesewegen. Diese finden in den jeweiligen Schichten der Nebennierenrinde statt. So werden Aldosteron nur in der Zona glomerulosa, Cortisol nur in der Zona fasciculata und Androgene nur in der Zona reticularis gebildet. Die sekretorische Aktivität der Nebennierenrinde wird hormonell und humoral gesteuert. Glucocorticoide unterstehen der Hypothalamischen-Hypophysären Kontrolle (CRH – ACTH). Die Freisetzung von Androgenen wird über ACTH reguliert. Mineralocorticoide werden über einen Abfall des Blutvolumens stimuliert. Glucocorticoide fördern die Proteolyse, die Fettmobilisierung und die Gluconeogenese (Regulation der Glykämie). Cortisol wird bei Stress freigesetzt (Verfügbarkeit von Energie), es besitzt anti-inflammatorische und immunsuppressive Eigenschaften. Darüber hinaus fördert es die Auslösung sowie die Aufrechterhaltung des arteriellen Drucks. Mineralocorticoide wirken in erster Linie auf den Elektrolythaushalt (Na^+- und Wasserrückresorption, renale K^+-Ausscheidung). Im Gegensatz zu den Androgenen aus den Keimdrüsen besitzen Nebennierenandrogene nur eine geringe Wirkung.

Tafel 2.15 Das Nebennierenmark

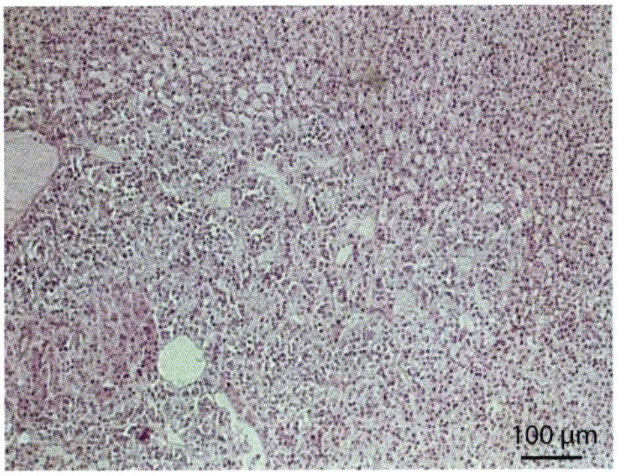

Nebennierenmark (LS – LA)

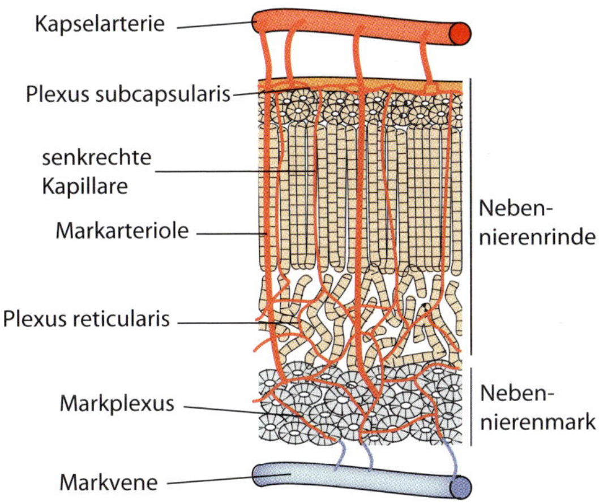

Gefäßsystem des Nebennierenmarks

Das Nebennierenmark füllt den inneren Teil der Nebenniere aus, es ist von der Nebennierenrinde umschlossen. Ein speziell aufgebautes Gefäßsystem ermöglicht Austauschvorgänge zwischen den beiden Drüsen. Das Nebennierenmark besitzt ein doppeltes Gefäßsystem: ein systemisches Gefäßsystem über die Markarteriolen und ein sekundäres Pfortadersystem, das den Rindenkapillaren entspringt. Die Markzellen können aufgrund ihrer Herkunft als modifizierte postganglionäre Zellen des Sympathikus angesehen werden. Dementsprechend werden sie wie die Sympathikusneurone von präganglionären cholinergen Nervenfasern innerviert und bilden bzw. sezernieren Catecholamine. Sie besitzen jedoch keine Axone und die Sekretion erfolgt ins Blut. Das Nebennierenmark synthetisiert zwei Hormone aus der Catecholaminfamilie: Adrenalin und Noradrenalin. In einigen Zellen hört die Synthese bei Noradrenalin auf, während andere Zellen aufgrund der vorhandenen *N*-Methyltransferase Adrenalin bilden können. Diese Hormone spielen eine Rolle bei der Anpassung an Stress- oder Gefahrensituationen.

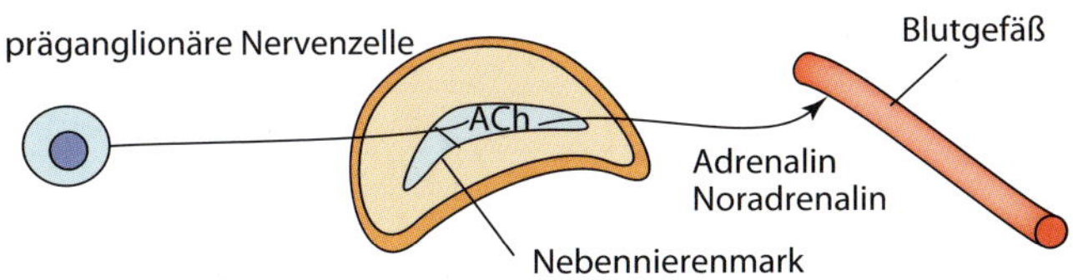

Innervation des Nebennierenmarks

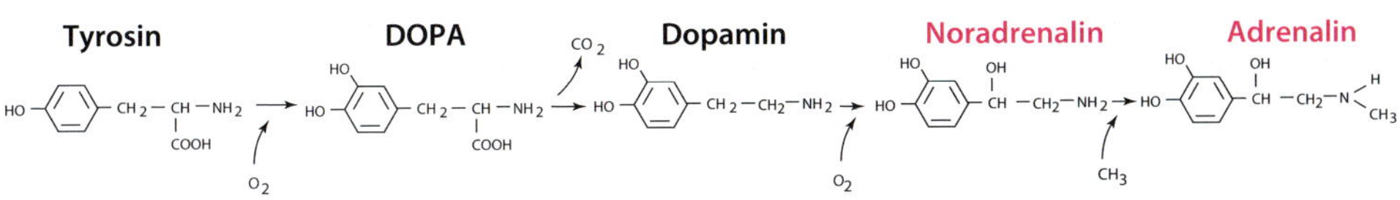

Syntheseweg der Hormone des Nebennierenmarks

Tafel 2.16 Die Schilddrüse

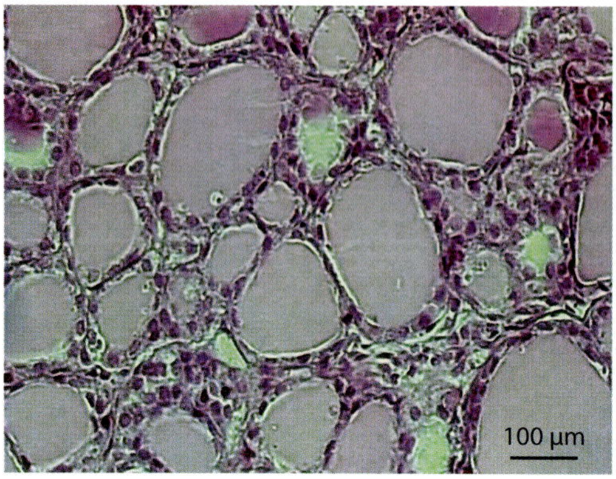

Schilddrüse (LS – LA)

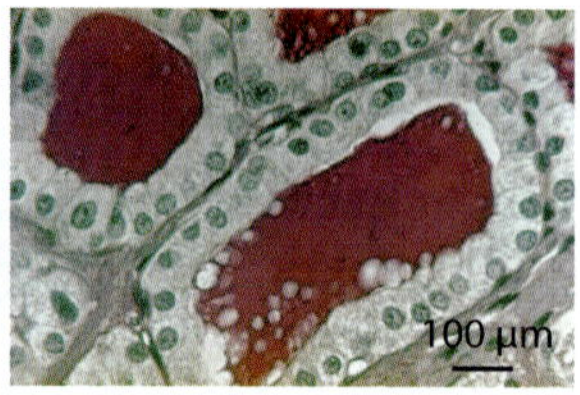

aktiver Schilddrüsenfollikel

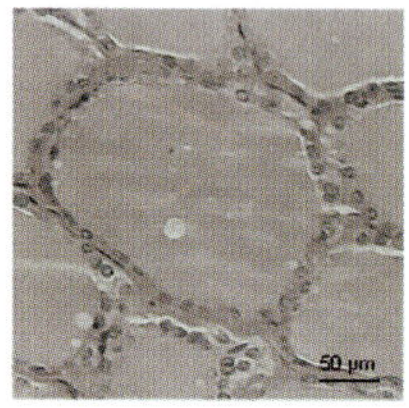

ruhender Schilddrüsenfollikel

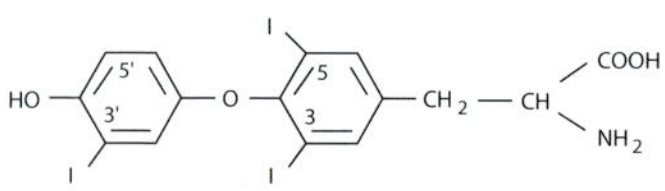

Trijodthyronin

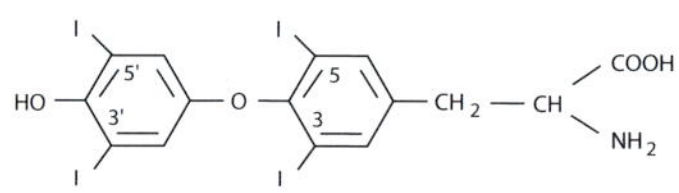

Thyroxin (= Tetrajodthyronin)

Schilddrüsenhormone

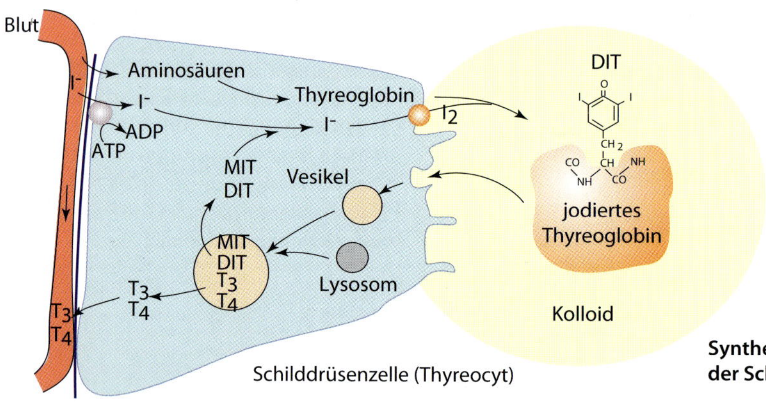

Synthese und Freisetzung der Schilddrüsenhormone

Die Schilddrüse (Thyreoidea) unterscheidet sich von anderen endokrinen Drüsen wegen ihrer Abhängigkeit von Jod, dessen Zufuhr nur über die Ernährung erfolgt. Die paarigen Schilddrüsenlappen umschließen die Vorderseite von Larynx und Trachea. Die funktionellen Einheiten sind die Schilddrüsenfollikel. Sie bestehen aus Schilddrüsenzellen, welche als geschlossene Epithelschicht angeordnet sind und im Inneren einen Hohlraum bilden. Dieser enthält das hormonhaltige Sekret mit Thyreoglobin, es wird auch als Kolloid bezeichnet. Die Schilddrüse synthetisiert zwei Hormone und setzt sie frei: Trijodthyronin (T_3) und Tetrajodthyronin (T_4 oder Thyroxin). In der Zielzelle wird T_4 in die aktive Hormonform T_3 mithilfe einer 5'-Dejodase umgewandelt. Sie bindet an Kernrezeptoren und induziert die Transkription, dies hat Auswirkungen auf die Entwicklung oder den Stoffwechsel des Organismus.

Tafel 2.17 Die Bauchspeicheldrüse und ihre Hormone

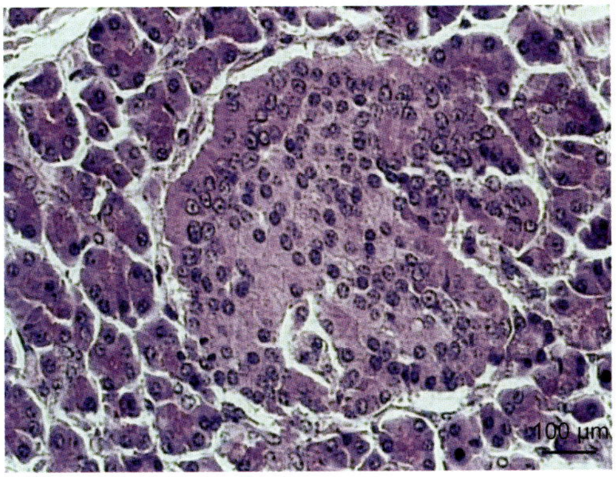

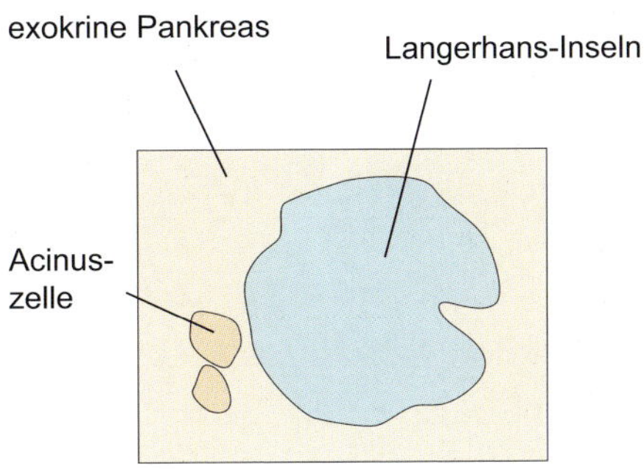

Langerhans-Inseln

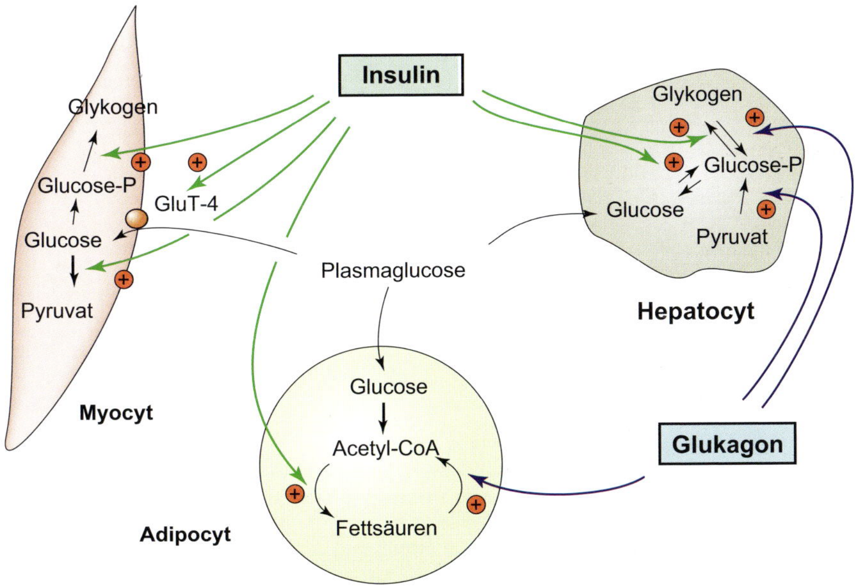

Der größte Teil der Bauchspeicheldrüse (Pankreas) besteht aus Acini (Drüsengänge) und Hauptausführgängen, die an der Bildung des Pankreassaftes beteiligt sind. Die Langerhans-Inseln bilden das endokrine Gewebe (1 % der Zellmasse des Pankreas) und sind als Zellanhäufungen im exokrinen Pankreasgewebe verteilt. Es lassen sich mindestens vier verschiedene endokrine Zelltypen unterscheiden: A (oder α), B (oder β), D (oder δ) und PP (oder F), die Glukagon, bzw. Insulin, Somatostatin oder das pankreatische Polypeptid sezernieren. Insulin hat einen hypoglykämischen Gesamteffekt. Es wirkt hauptsächlich im Muskel, im Fettgewebe und in der Leber. Glukagon ist ein Hormon mit hyperglykämischer Wirkung, es fungiert insbesondere in der Leber. Das Somatostatin besitzt im gesamten Körper hemmende Eigenschaften. Es inhibiert gleichzeitig die Sekretion von Glukagon und Insulin.

Tafel 2.18 Die Nervenzelle

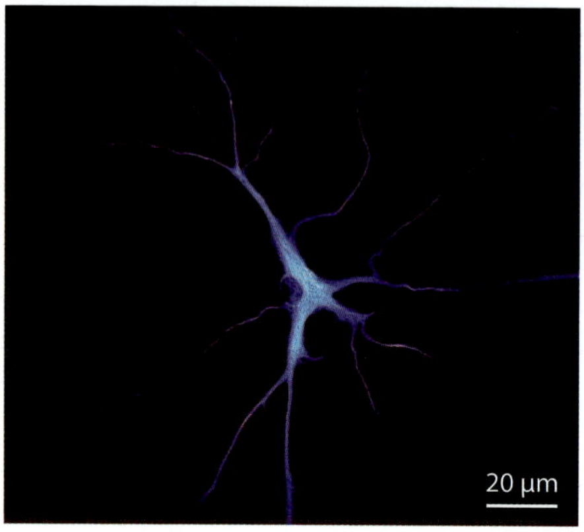

Pyramidenzelle in Kultur (LA)

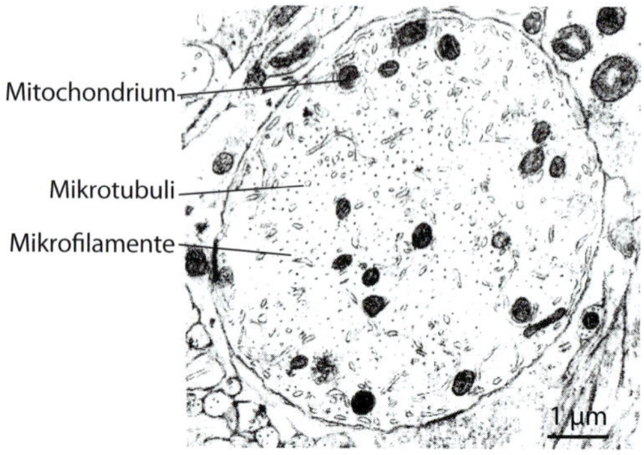

Dendrit (TEM)

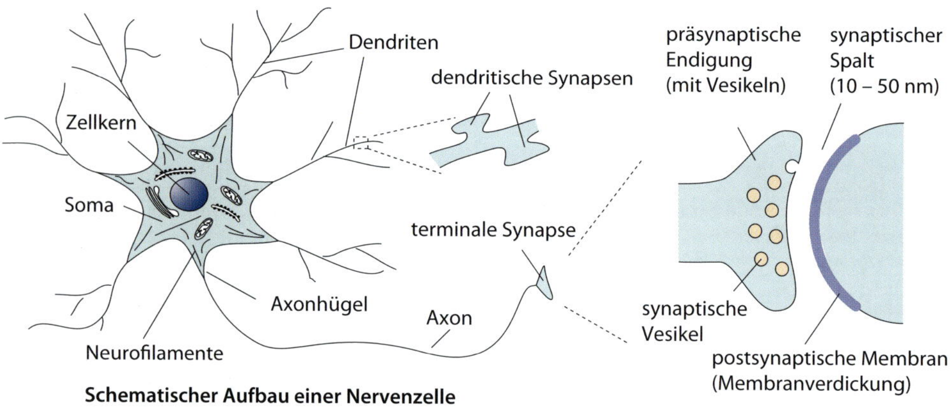

Schematischer Aufbau einer Nervenzelle

Nervenzellen (Neuronen) besitzen zahlreiche, zum Teil sehr lange (mehrere Meter) Auswüchse. Der Informationsaustausch zwischen Neuronen findet über Synapsen statt. Der Nervenzellkörper enthält den Zellkern und den Großteil des Cytoplasmas (Soma). Das Cytoskelett besteht aus Mikrotubuli, Mikrofilamenten und Neurofilamenten und ist entscheidend für den Aufbau der Nervenzellen. Die Verlängerungen des Zellkörpers werden in Dendriten und Axone eingeteilt. Ausgehend vom Zellkörper verjüngen sich Dendriten zum Ende hin und bilden an ihrem Ende Synapsen zu anderen Neuronen aus; außerdem verfügen sie über freie Ribosomen. Axone sind glatte Auswüchse mit gleichbleibendem Durchmesser, sie besitzen keine Ribosomen.

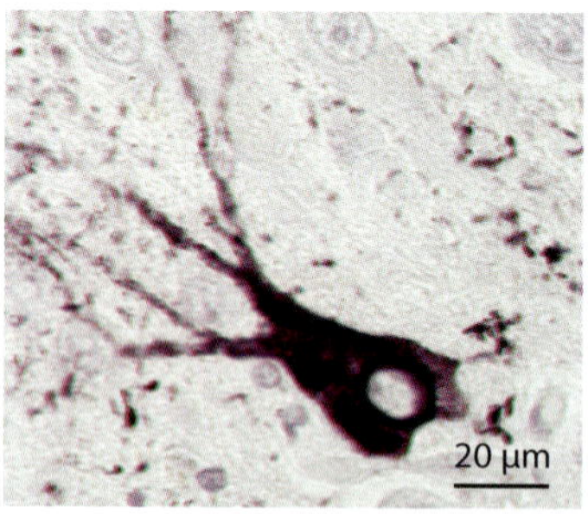

Anfärbung des Cytoskeletts

Tafel 2.19 Das Aktionspotenzial

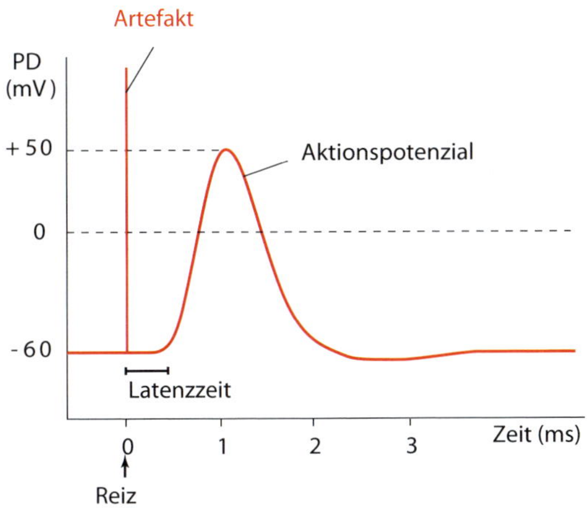

Durch elektrische Erregung eines Axons ausgelöstes Aktionspotenzial

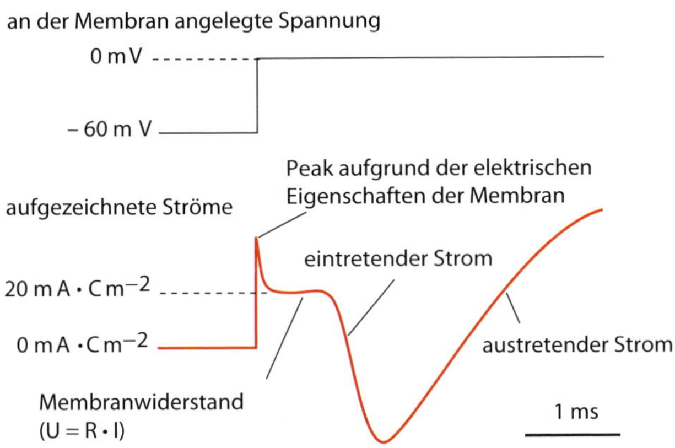

Verhalten der Membranströme bei einer angelegten Spannung von 0 mV

Die Plasmamembranen aller Körperzellen besitzen eine Potenzialdifferenz (PD, Membranpotenzial) bzw. ein Ruhepotenzial. Erregbare Zellen nutzen dieses Ruhepotenzial spezifisch, indem sie es bei konstanter Amplitude verändern: dieses veränderte Potenzial ist das sogenannte Aktionspotenzial. Dieses Aktionspotenzial ist bei Nervenfasern an Na^+- und K^+-Transportvorgänge gebunden. Mit der sogen. *voltage clamp*-Technik oder der „auferlegten Spannung" lässt sich die Fortpflanzung der elektrischen Spannungen, die durch Änderungen des Membranpotenzials ausgelöst werden, messen. Die Auslösung des Aktionspotenzials setzt zunächst einen Einstrom von Na^+ und dann einen Transport von K^+ aus der Zelle voraus. Diese Transportprozesse hängen vom Membranpotenzial und von der Zeit ab. Spezifische Kanäle für Na^+ und K^+ öffnen sich in Abhängigkeit vom Membranpotenzial, sie werden als spannungsgesteuerte Kanäle bezeichnet.

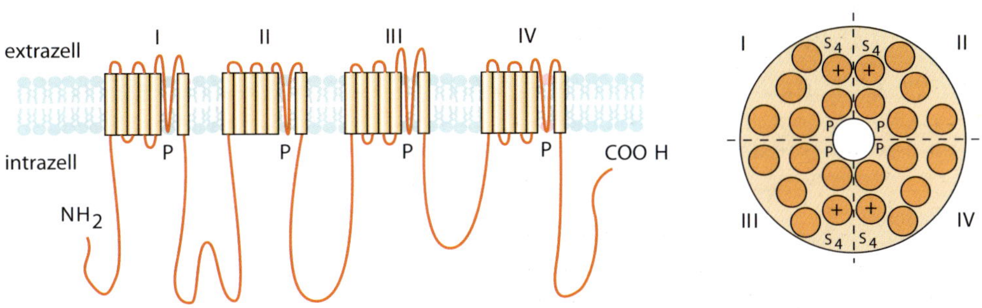

Struktur des spannungsgesteuerten Na^+-Kanals zur Auslösung des Aktionspotenzials

Tafel 2.20 Die synaptische Übertragung

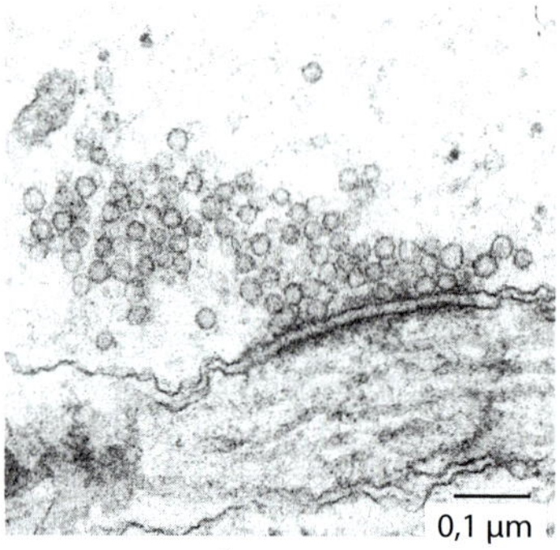

Synapse

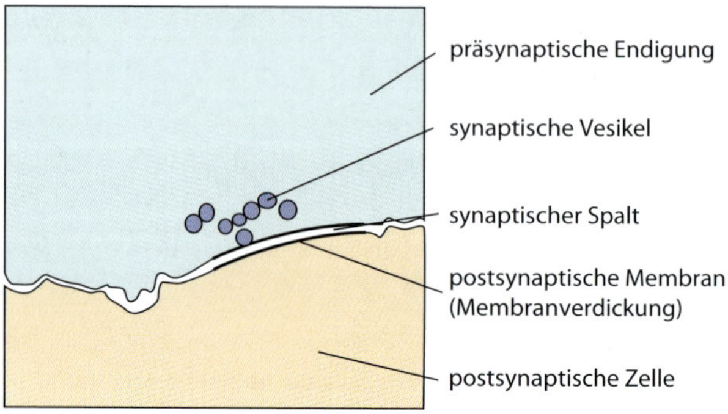

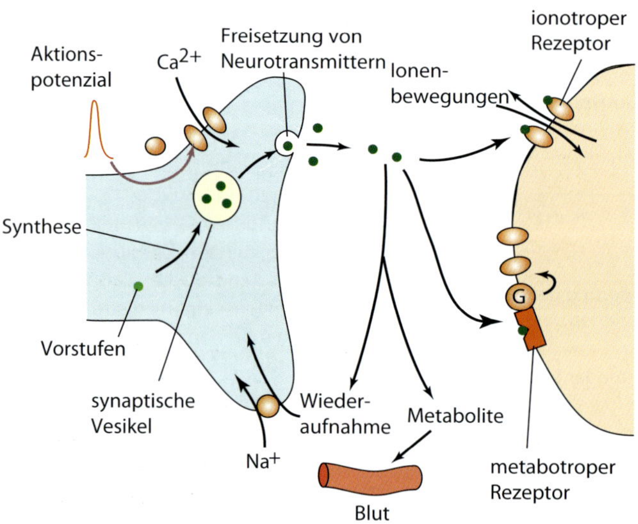

Funktionsweise einer Synapse

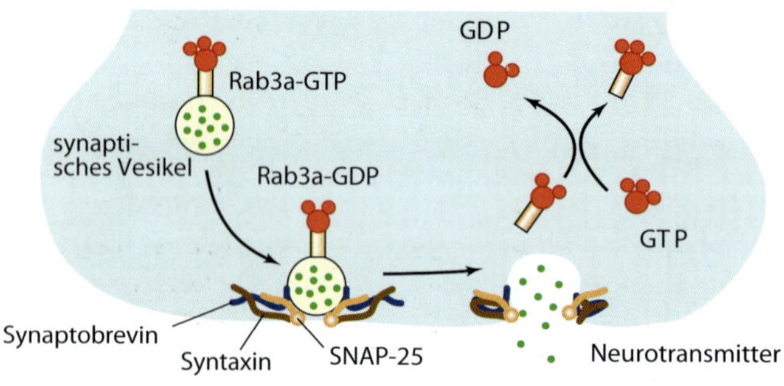

Verschmelzung der Vesikelmembran mit der synaptischen Membran und Freisetzung der Neurotransmitter

Die Kommunikationseinheiten zwischen den Neuronen werden nach Sherrington (1897) als Synapsen bezeichnet. Hier werden die Neurotransmitter beim Auftreten einer lokalen Depolarisation aus den präsynaptischen Vesikeln in den synaptischen Spalt entlassen. Die Depolarisation löst einen Calciumeinstrom in die Synapse aus, der zugleich die Bewegung der Vesikel zur Synapsenmembran und die Exocytose dieser Vesikel über das kleine G-Protein (Rab3a) initiiert. Die Bindung und Verschmelzung mit der Plasmamembran erfolgt durch drei SNARE-Proteine: das vesikuläre Synaptobrevin, die membranständigen Syntaxine und SNAP-25. Auf der postsynaptischen Membran können die Neurotransmitter an zwei Rezeptoren binden, den ionotropen oder den metabotropen Rezeptor.

Tafel 2.21a Die Neurotransmitter

Neurotransmitter	Vorstufen	Rezeptoren	postsynaptische Wirkung	physiologische Funktion
Acetylcholin (ACh)	Acetyl-Coenzym A + Cholin	nicotisch (N1 – N2)	ionotrop, Kationenkanal	– neuro-muskuläre Verbindung – vegetatives Nervensystem – Neurone des ZNS
		muscarinisch (M1, M2, M3, M4, M5)	metabotrop	
Aminosäuren				
Aminosäuren mit Erregungsfunktion				
Glutamat (Glu) Aspartat (Asp)	Glutamin Glucose über α-Ketoglutarat	NMDA, AMPA, Kainat	ionotrop, Kationenkanal	– neuronale Erregung
		m-GLU (3 Untergruppen)	metabotrop	– synaptische Modulation
hemmende Aminosäuren				
γ-Aminobuttersäure (GABA)	Glutamat	$GABA_A$, $GABA_C$	ionotrop, Kationenkanal	– hemmende Neuronen des ZNS
		$GABA_B$	metabotrop	
Glycin	Serin	Glycinrezeptor	ionotrop, Kationenkanal	– hemmende Neuronen im Rückenmark
Monoamine				
Dopamin (DA)	Tyrosin	D1A, D1B, D2, D3, D4	metabotrop	– Kontrolle der Motorik – Motivation – Belohnung
Noradrenalin (NA)	Dopamin	α1, α2, β1, β2, β3	metabotrop	– Tag/Nacht-Rhythmus – Aufmerksamkeit – Nahrungsaufnahme – Sympathikus
Adrenalin (A)	Noradrenalin	α1, α2, β1, β2, β3	metabotrop	– *lateral tegmental field* (LTF) – Funktion nicht genau bekannt
Histamin (H)	Histidin	H1, H2, H3	metabotrop	– Wachheit und Aufmerksamkeit – Kontrolle des Gleichgewichtssystems
Serotonin = 5-Hydroxytryptamin (5HT)	Tryptophan	$5\text{-}HT_3$	ionotrop, Kationenkanal	– Kontrolle des Schlaf/Wach-Rhythmus – Emotionen
		$5\text{-}HT_1$, $5\text{-}HT_2$, $5\text{-}HT_4$, $5\text{-}HT_5$, $5\text{-}HT_6$, $5\text{-}HT_7$	metabotrop	

Tafel 2.21b Die Neurotransmitter

Neurotransmitter	Vorstufen	Rezeptoren	postsynaptische Wirkung	physiologische Funktion
Polypeptide				
Tachykinine (TK) mit Substanz P (SP)	Aminosäuren	NK1, NK2, NK3	metabotrop	– Neuromodulation
Enkephaline	Aminosäuren	μ, δ	metabotrop	– Wärme – Sexualverhalten
Dynorphine	Aminosäuren	μ, δ, κ	metabotrop	– wie Enkephaline
Endorphine	Aminosäuren	μ, δ, κ	metabotrop	– wie Enkephaline
atypische Neurotransmitter				
Endocannabinoide: Arachidonylethanolamid, 2-Arachidonylglycerin	Membranlipide	CB_1, CB_2	metabotrop	– Kontrolle der präsynaptischen Aktivität, des Hippocampus und des Kleinhirns
NO	Arginin	keine Rezeptoren (transmembrane Diffusion)	intrazellulär über cGMP	– Kontrolle der präsynaptischen Aktivität – synaptische Plastizität
ATP und Purine	ADP	P2X	ionotrop, Kationenkanal	– Cotransmitter zahlreicher Synapsen – Motoneurone des Rückenmarks – vegetatives Nervensystem
		P2Y, P1	metabotrop	

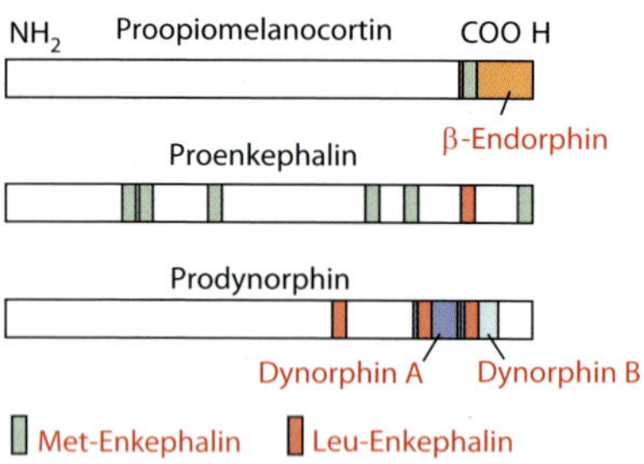

Synthese von Enkephalinen, Endorphinen und Dynorphinen

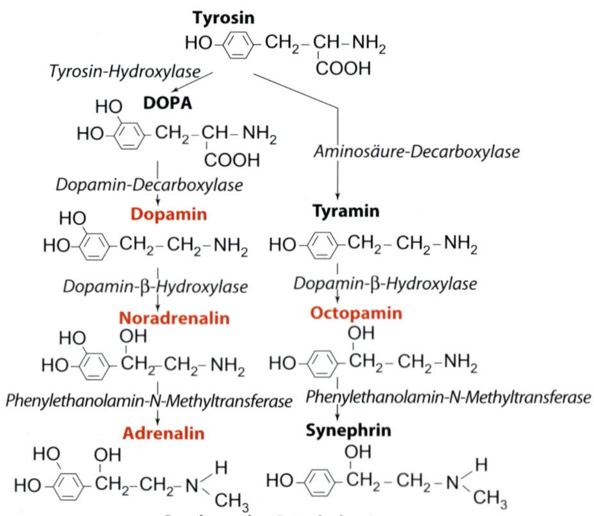

Synthese der Catecholamine

Tafel 2.22 Die postsynaptischen Rezeptoren

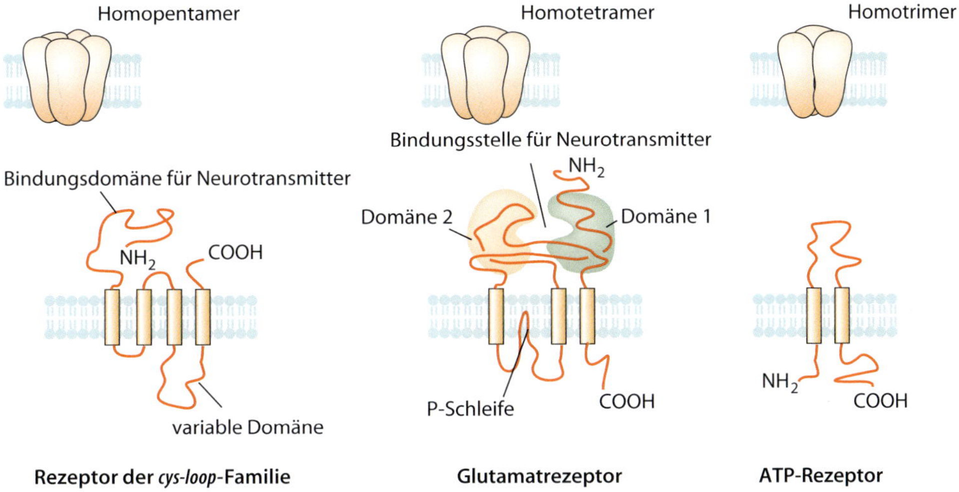

Ionotrope Rezeptoren

Die postsynaptischen Membranrezeptoren für Neurotransmitter lassen sich in zwei grundlegende Typen einteilen: die ionotropen und die metabotropen Rezeptoren.

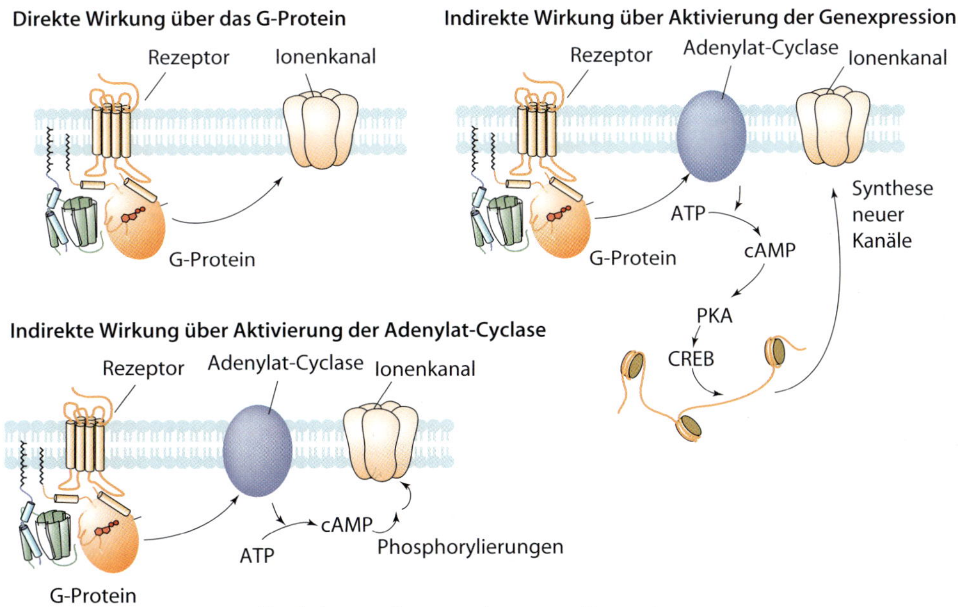

Funktionsweise metabotroper Rezeptoren

Tafel 2.23 Die neuronale Informationsaufnahme

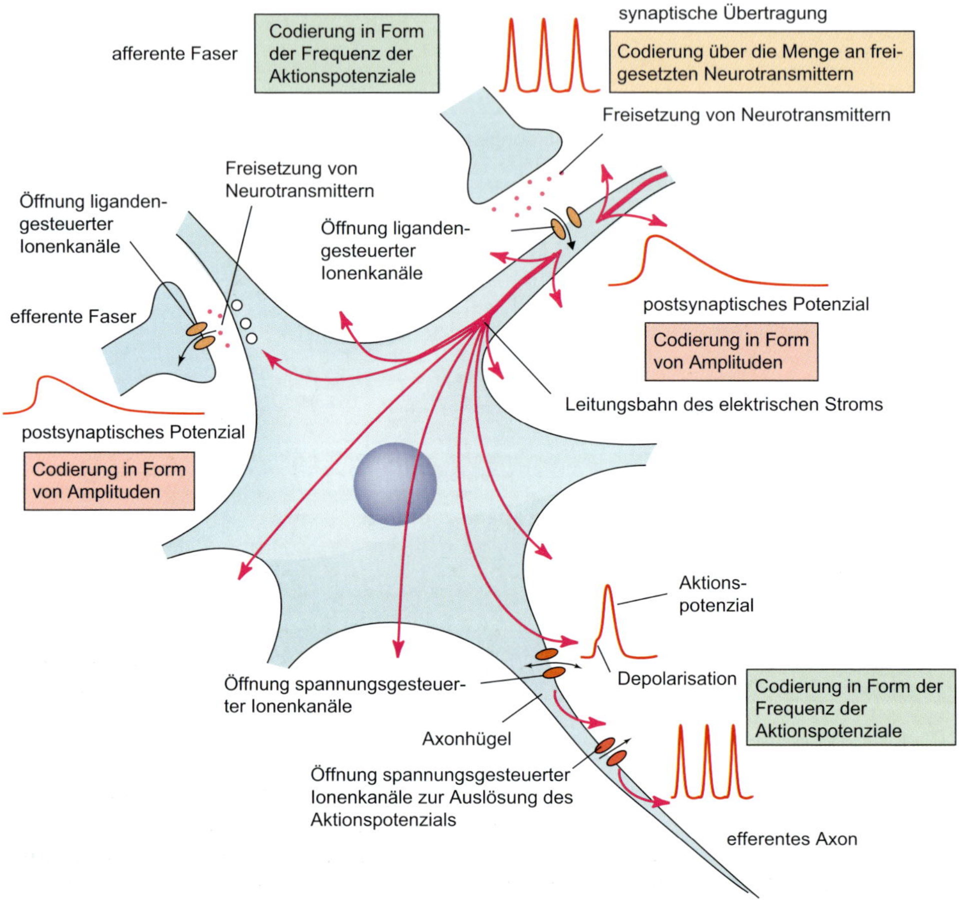

Die Nervenzelle benutzt in Anpassung an die unterschiedlichen Membranregionen verschiedene Codierungs- und Informationsübertragungssysteme. Die Menge der freigesetzten Neurotransmitter einer neuronalen Synapse hängt von der Frequenz der eingehenden Aktionspotenziale ab. Es findet demzufolge eine Änderung der Informationscodierung statt, also von einer Codierung in Form der Aktionspotenzialfrequenz zu einer Codierung in Form der Neurotransmitterquantität. Die postsynaptischen Potenziale bilden sich dann entsprechend einer Amplitudencodierung, die aus den Änderungen der Potenzialdifferenz resultieren. Die damit verbundenen elektrischen Ströme breiten sich über den gesamten Zellkörper einschließlich der proximalen Dendriten aus. In den betroffenen Membranregionen können die Ströme zum einen die Freisetzung von Neurotransmittern und die Aktivierung anderer Neurone (dendritische Membranen) bewirken. Zum anderen können sie am Axonhügel zur Öffnung spannungsgesteuerter Kanäle führen und darüber eine Depolarisation auslösen, infolge der ein Aktionspotenzial erzeugt wird.

Tafel 2.24 Die Gliazellen

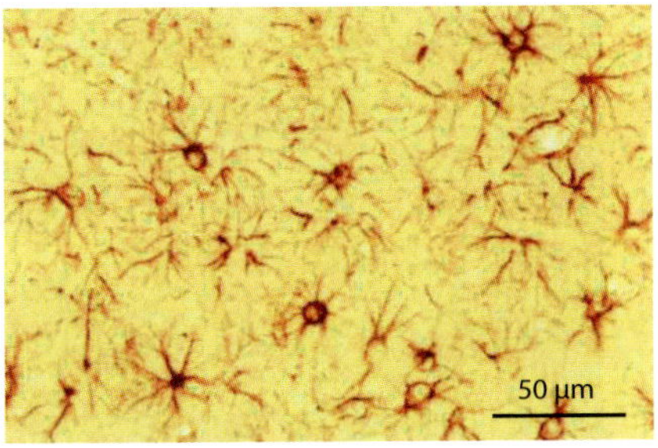

Astrocyten (LA)

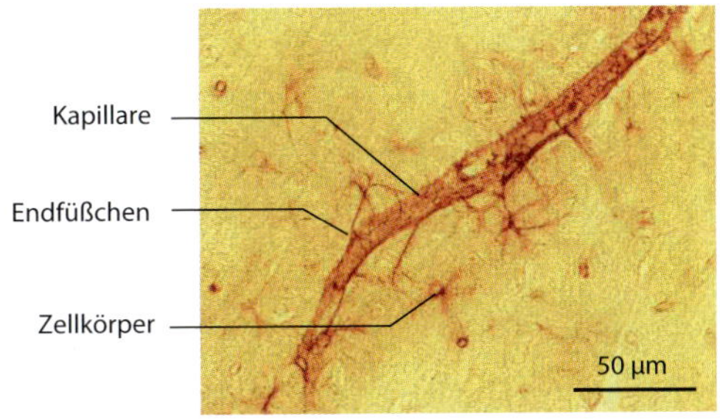

Astrocyten und Kapillare (LA)

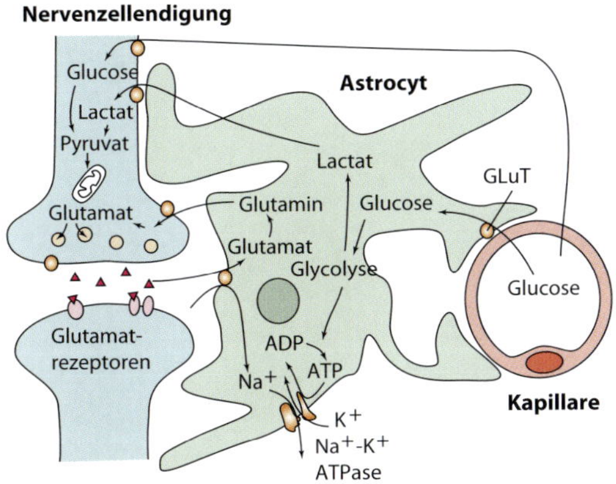

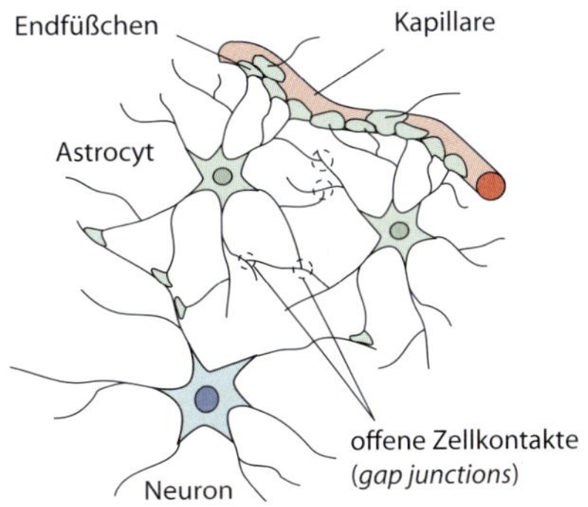

Die Gliazellen machen ungefähr 90 % des Nervengewebes aus. Sie füllen die Räume zwischen den Neuronen aus und sind auch den deren Aufbau beteiligt. Die Gliazellen sind untereinander über offene Zellkontakte *(gap junctions)* oder adhärente Zellverbindungen verbunden. Im Zentralnervensystem der Wirbeltiere kommen Astrocyten, Oligodendrocyten und Mikroglia vor. Im peripheren Nervensystem bilden die Gliazellen die Schwann-Zellen.

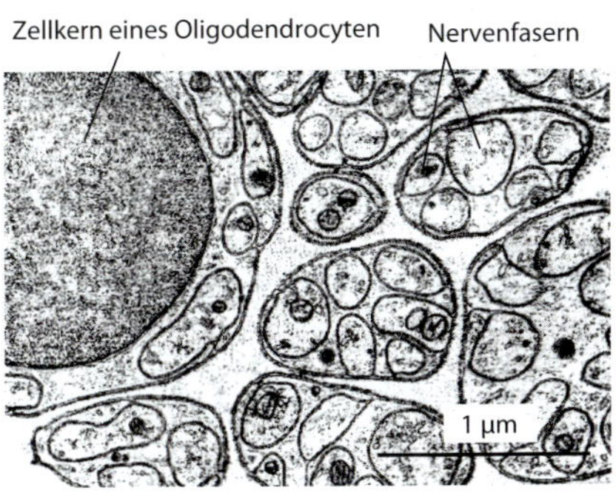

Oligodendrocyt (TEM)

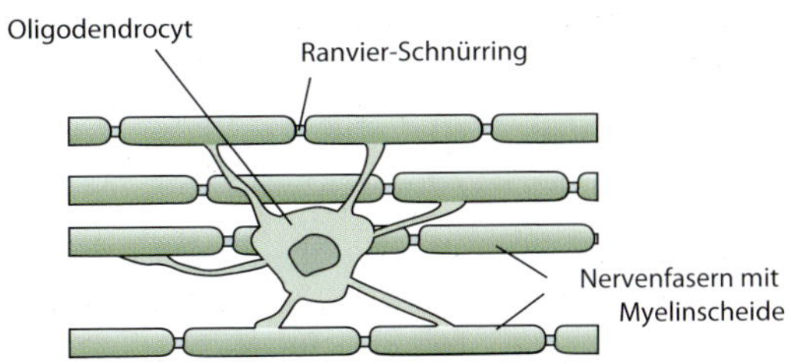

Schematischer Aufbau eines Oligodendrocyten

Tafel 2.25 Nervensysteme im Vergleich

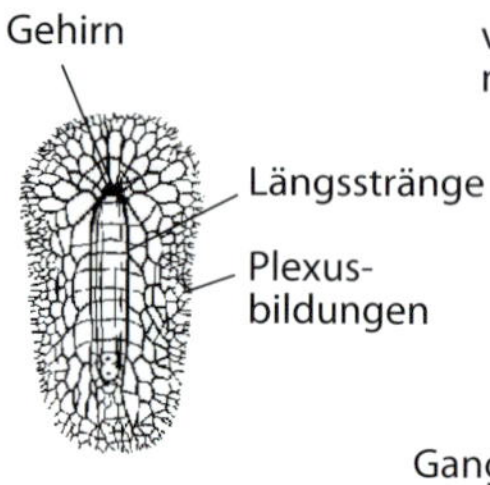

Plathelminthes (Plattwürmer)

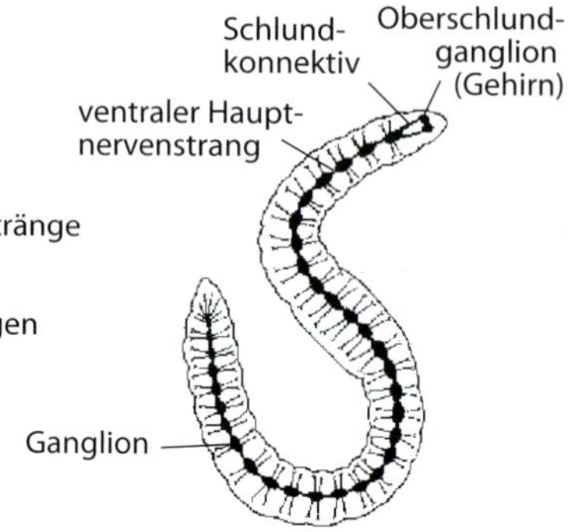

(Ringelwürmer)

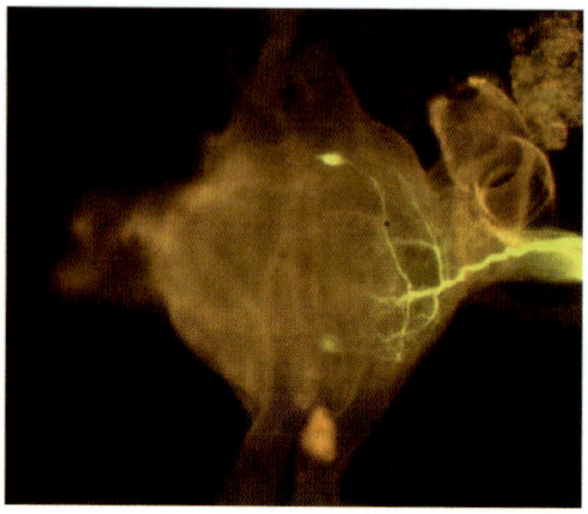

Ganglion von Insekten
(2 Neuronen, angefärbt mit Lucifer Yellow)

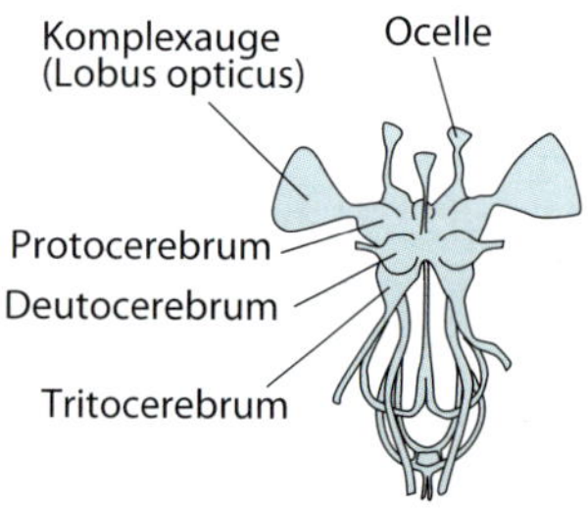

Insecta (Insekten)

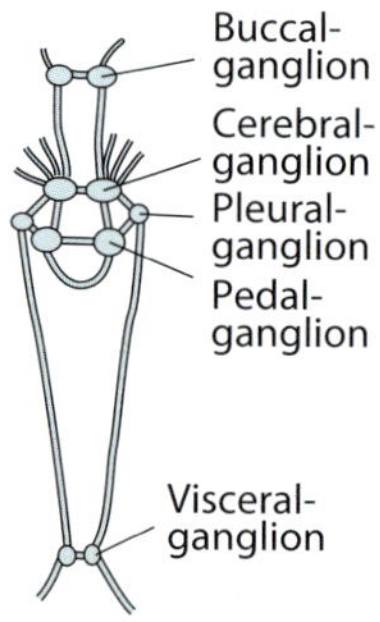

Mollusca (Weichtiere)

Im Laufe der Evolution verdichteten sich die Neuronen zu mehr oder weniger komplexen Nervenzentren, in denen die sensorischen Informationen verarbeitet und die motorischen Programme erstellt wurden. Dem Nervensystem der Annelida (Ringelwürmer) liegt das Strickleitermuster zugrunde, das bedeutet, jedes Segment besitzt ein Ganglion. Im oberen Abschnitt verschmelzen 3 Ganglien zum Oberschlundganglion (Gehirn). Bei den Arthropoda (Gliederfüßer) umfasst die Gehirnmasse individuelle Regionen, die komplexe Funktionen, vergleichbar mit denen der höheren Wirbeltiere, ermöglichen.

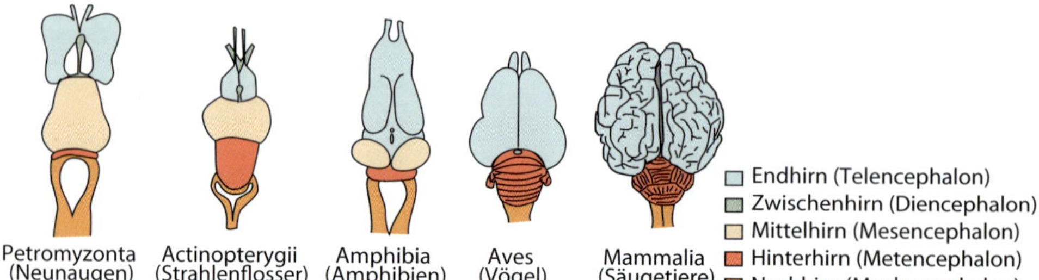

Aufbau des Gehirns bei den Vertebrata (Wirbeltiere)

Tafel 2.26a Der Aufbau des menschlichen Gehirns

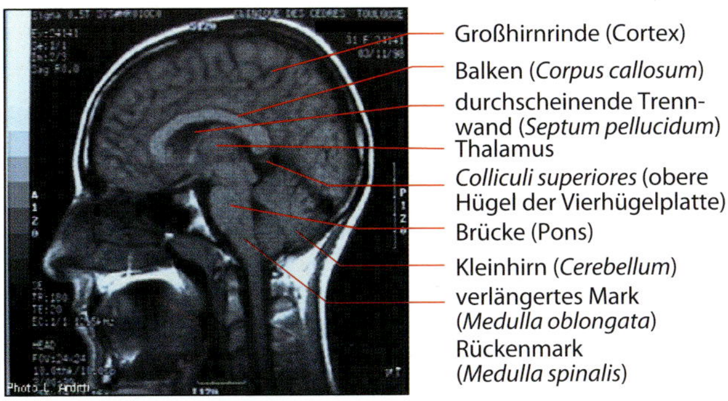

Sagitalschnitt (MRT)

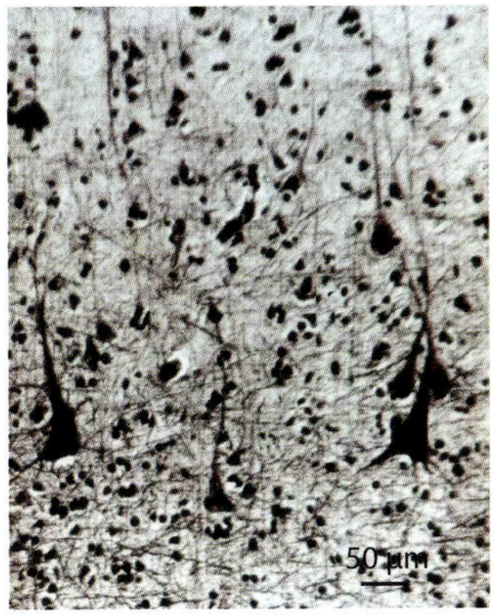

Pyramidalneurone der Großhirnrinde

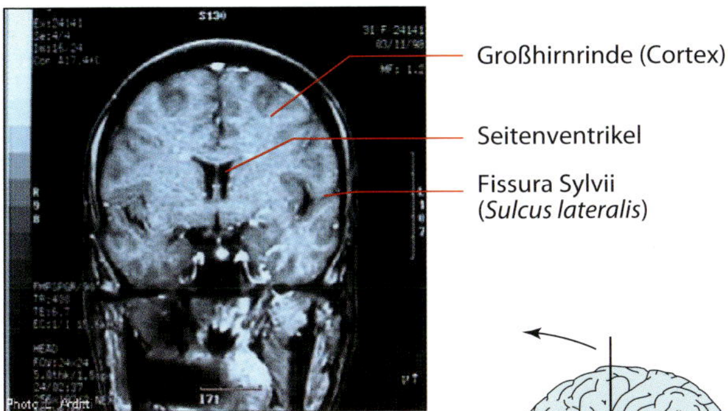

Frontalschnitt (MRT)

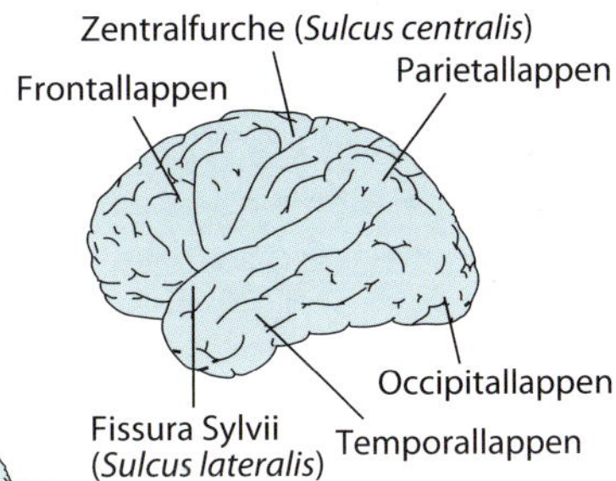

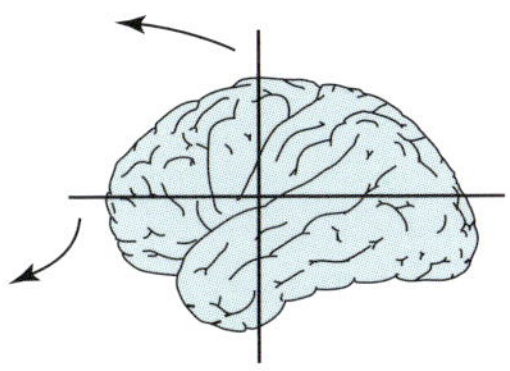

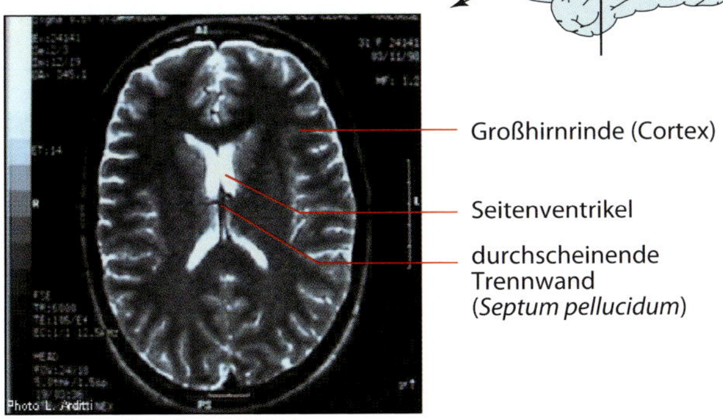

Axialschnitt (MRT)

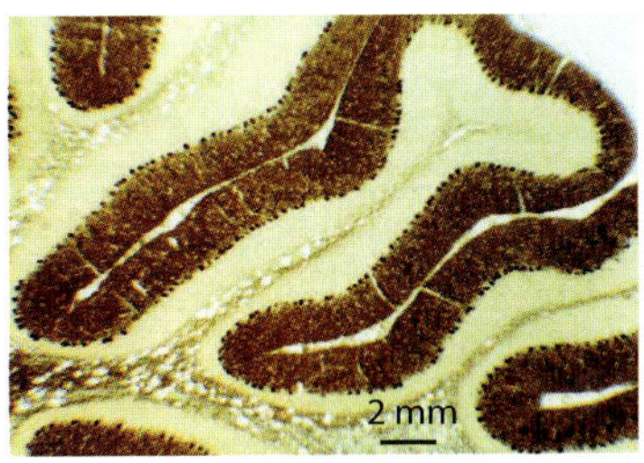

Großhirnrinde

Tafel 2.26b Der Aufbau des menschlichen Gehirns

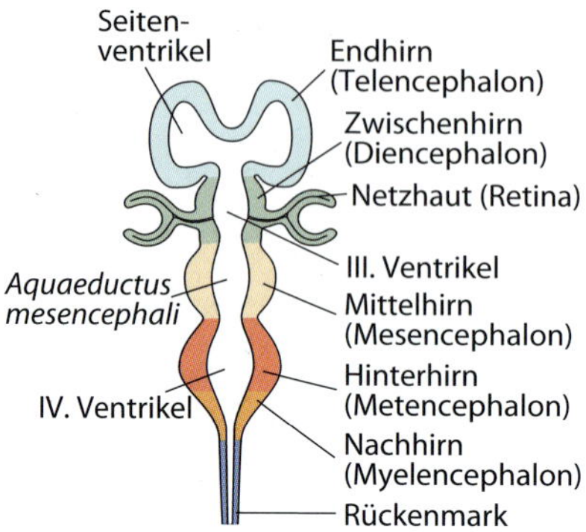

5-Bläschen-Stadium

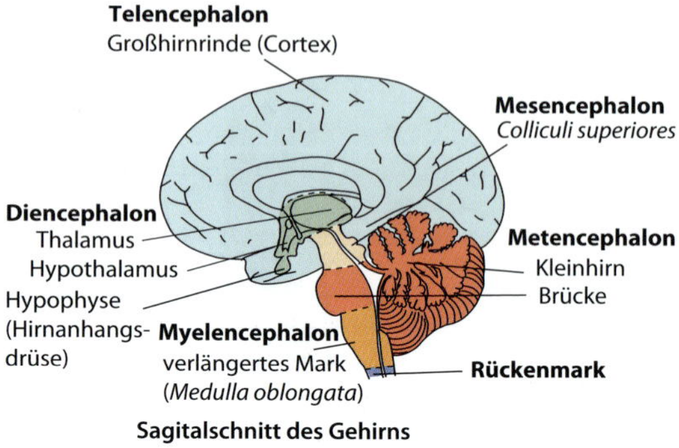

Sagitalschnitt des Gehirns

Im Zuge der Entwicklung des Neuralrohrs behält der hintere Abschnitt seine Schlauchform bei und wird zum Rückenmark mit dem inneren Zentralkanal. Der rostrale Abschnitt des Neuralrohrs differenziert sich zu drei bis fünf Bläschen: Nachhirn (Myelencephalon), Hinterhirn (Metencephalon), Mittelhirn (Mesencephalon), Zwischenhirn (Diencephalon) und Endhirn (Telencephalon). Das Endhirn entwickelt sich zu beträchtlicher Größe und bedeckt das Zwischenhirn und das Mittelhirn.

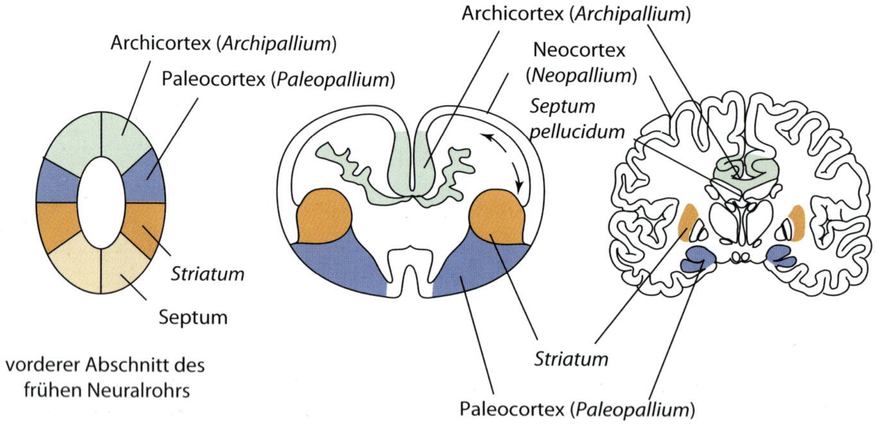

Entwicklung des Endhirns bei den Säugetieren

Die Wände des Neuralrohrs sind entlang der dorso-ventralen Achse ursprünglich in vier große Abschnitte eingeteilt: das basomediale Septum, das basolaterale Striatum und das dorsale *Pallium*, welches sich in Archicortex (*Archipallium*) und Paleocortex (*Paleopallium*) aufteilt. In den jeweiligen Bläschen entwickeln sich diese Regionen dann unterschiedlich weiter.

Tafel 2.27 Das vegetative Nervensystem

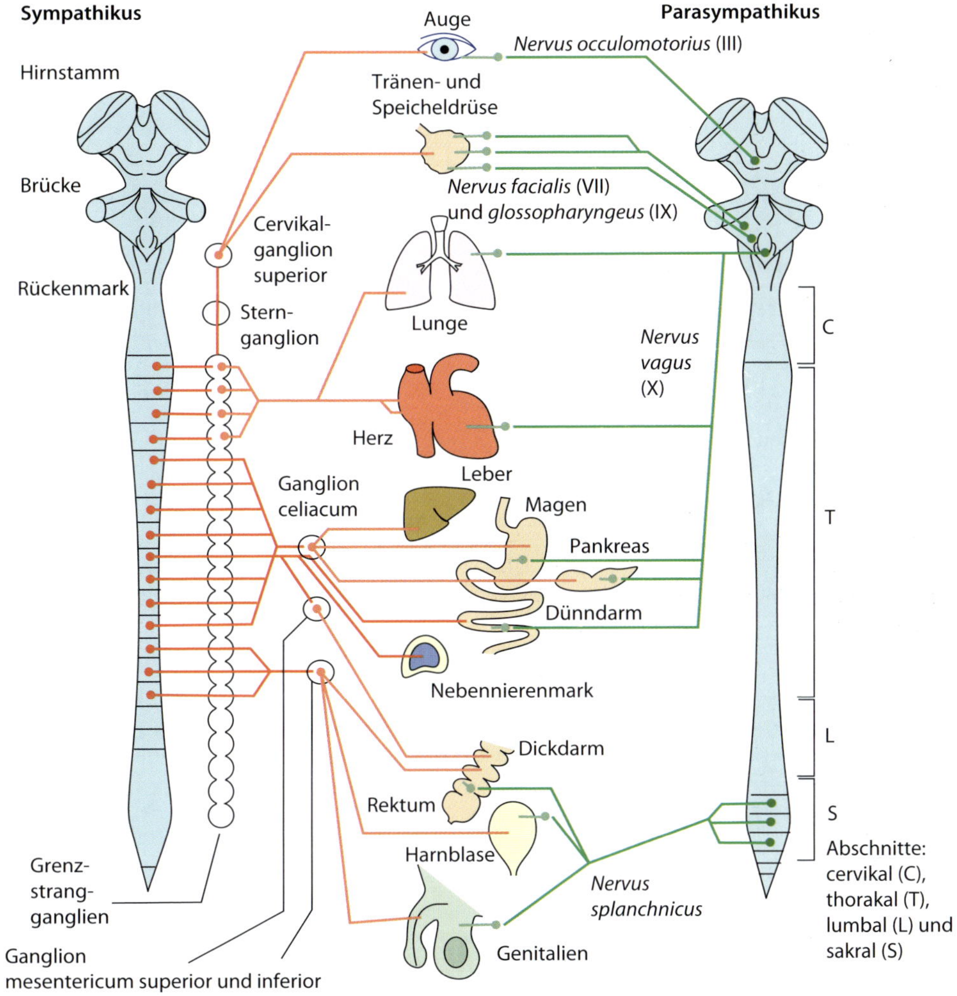

Das vegetative Nervensystem besteht aus dem Sympathikus und dem Parasympathikus. Der Sympathikus ist bei Stresssituationen aktiv (ergotrop), während der Parasympathikus für die normalen Körperfunktionen zuständig ist (tropotroph). Diese beiden Systeme innervieren Drüsengewebe und die glatte Eingeweide- und Herzmuskulatur (Myokard). Die motorischen Nervenbahnen beinhalten jeweils zwei hintereinander geschaltete Neurone, die Umschaltung findet im Grenzstrangganglion oder am innervierten Organ statt. Die synaptische Übertragung des präganglionären Neurons ist cholinerg, während die Umschaltung des postganglionären Neurons des Sympathikus adrenerg (Noradrenalin) und die des Parasympathikus cholinerg abläuft.

Tafel 2.28 Die Wirkungsweise der Phytohormone auf die Zelle

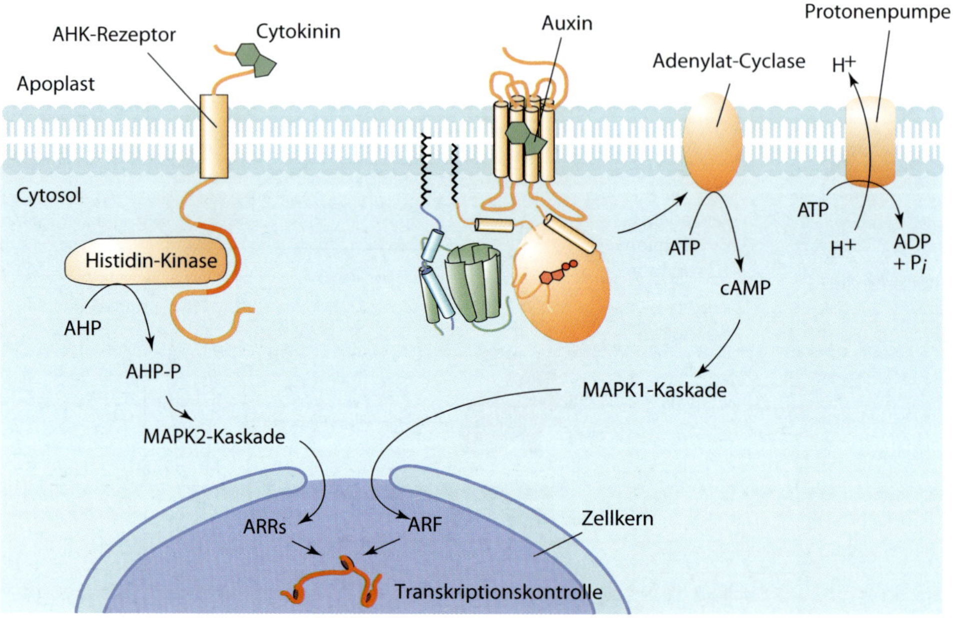

Von Cytokininen und Auxinen ausgelöste Signalkaskaden

Phytohormone wirken auf ihre Zielzellen, indem sie an Rezeptoren in der Membran oder im Cytosol binden. Diese Ligandenbindung löst oftmals eine intrazelluläre Signalkaskade aus, die direkt auf den Stoffwechsel, auf Transportproteine sowie auf die Genexpression Einfluss nimmt.

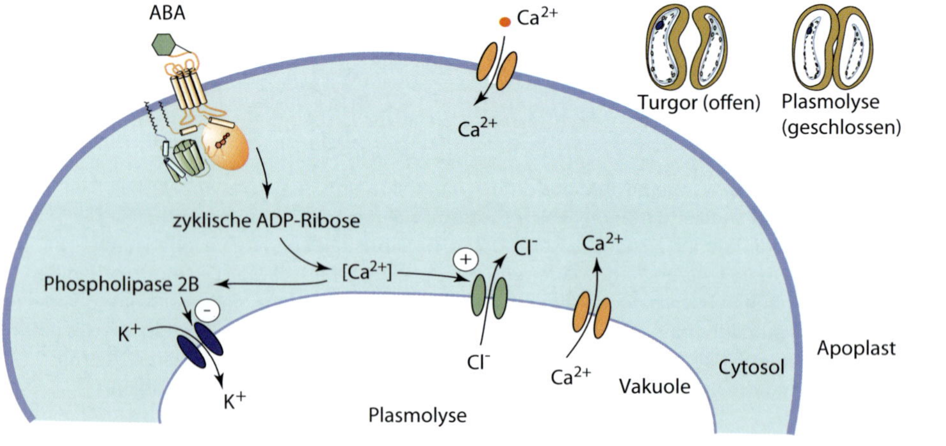

Durch Abscisinsäure ausgelöste Signalkaskaden in den Stomata

Tafel 2.29a Die Phytohormone

Hormon	Biosynthese und Transport
Familie der Auxine Abkömmlinge der Indol-3-Essigsäure (IAA)	– Synthese: in der peripheren Zone des Apikalmeristems und in den Blättern aus Tryptophan (weitere Synthesewege möglich) – Form: jeweils frei oder an Aminosäuren gebunden – Transport: unidirektionell und abwärts im Phloem und im Parenchym
Familie der Gibberelline Abkömmlinge der Gibberellinsäure (GA_3)	– Synthese: i. in jungen Wachstumsorganen und im Samen während der Keimung ii. aus tetrazyklischen Diterpenen (abgeleitet aus Terpenverbindungen, die innerhalb der Spezies unterschiedlich gebildet werden) – Form: an Zucker gebunden – Transport: im Xylem- und Phloemsaft
Abscisinsäure (ABA)	– Synthese: aus Sequiterpenen, gebildet in der Wurzel und in den Stomatazellen – Form: an Zucker gebunden – Transport: keiner, in situ-Synthese im Samen und in den Blättern
Familie der Cytokinine (CK)	– Synthese: in den Wurzeln (Syntheseweg bisher nicht eindeutig geklärt, denkbar wäre die Bindung einer seitlichen Terpenkette an Adenin) – Form: während des Transports an Riboside gebunden – Transport: Weiterleitung im Xylemsaft von der Wurzel in die Blätter
Ethylen gasförmiges Molekül	– Synthese: in den Früchten, im Keimling, in den Blüten und in alternden Blättern, jeweils aus Methionin – Transport: diffundiert in die Organe oder kann in die Luft entweichen
Familie der Brassinosteroide (BR)	– Synthese: aus Terpenderivaten werden Sterole gebildet, die sich über Substituenten an den Ringen unterscheiden – Transport und Verteilung: wenig erforscht
Familie der Jasmonsäuren (JS)	– Synthese: Fettsäuren zyklisieren zu 5-gliedrigen Ringen mit zwei Seitenketten (ähnlich den Prostaglandinen bei den Tieren) – Form: an Aminosäuren oder Zucker gebunden
Acetylsalicylsäure (ASS)	– Synthese: aus Phenylalanin über einen komplexen Syntheseweg

Tafel 2.29b Die Phytohormone

Hormon	Funktion
Familie der Auxine	– Zellwachstum und Gewebedifferenzierung (Xylem), stimuliert die Zellteilung des Kambiums – kontrolliert das Wachstum der Seitenknospen und die Apikaldominanz, verzögert die Abscission der Blätter (herbstlicher Laubfall) – Phototropismus und Gravitropismus – stimuliert Wurzel- und Sprosswachstum über Zellstreckung, aktiviert die Ausbildung von Wurzeln – verantwortlich für die Apikaldominanz – fördert die Blüten- und Fruchtentwicklung
Familie der Gibberelline	– unterstützt das Zellwachstum – bestimmt die Sprossstreckung durch Verlagerung der Internodien – ermöglicht mitunter die Aufhebung der Dormanz – beeinflusst die Samenkeimung – aktiviert die Samenbildung und leitet damit die Blütenbildung ein
Abscisinsäure (ABA)	– regelt den Wasserhaushalt über die Öffnung der Stomata – trägt zum Abfall der Blätter bei – bestimmt die Keimruhe – hemmt die Aufhebung der Dormanz
Familie der Cytokinine (CK)	– aktiviert Zellteilung und -wachstum – induziert die Bildung neuer Seitenknospen – verzögert die Blattalterung – fördert den Laubaustrieb der Knospen
Ethylen	– aktiviert die Blüte – löst den Laubfall aus – kontrolliert Reifung und Entwicklung der Früchte
Familie der Brassinosteroide (BR)	– stimuliert das Wachstum von Spross und Blättern – ist zusammen mit Auxin an der Zellteilung beteiligt – greift in Alterungsprozesse ein – fördert die Blüte
Familie der Jasmonsäure (JS)	– spielt eine Rolle bei der Abwehr gegen biotischen und abiotischen Stress – ermöglicht die Pollenbildung
Acetylsalicylsäure (ASS)	– an der allgemeinen systemischen Abwehr beteiligt – beeinflusst die Thermogenese

Tafel 2.30 Die Entwicklung der vegetativen Pflanzenteile

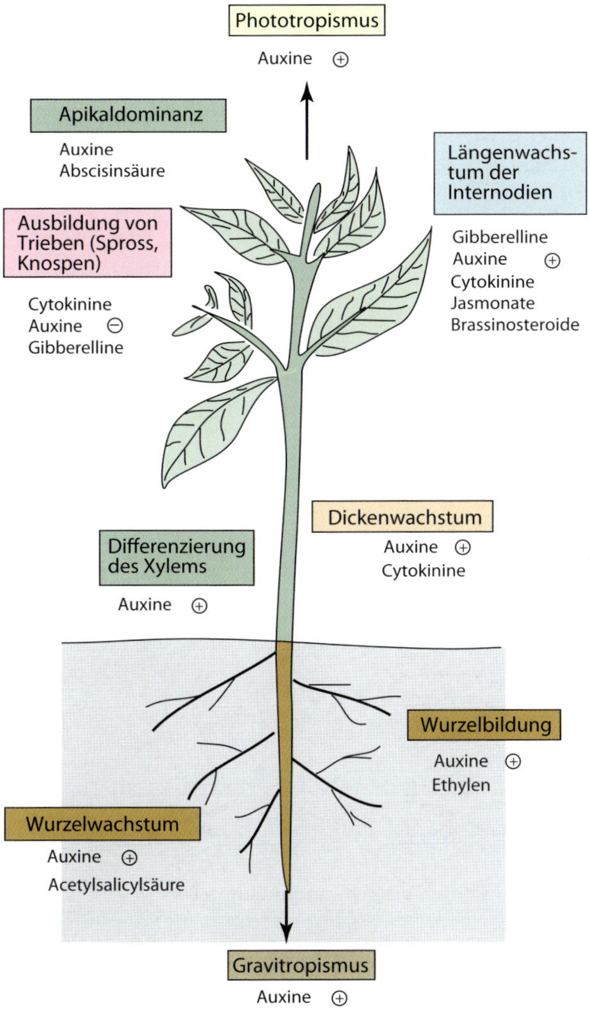

Die Brassinosteroide stimulieren wie die Auxine die Proliferation und das Wachstum der Blattzellen während der Organentwicklung. Die Auxine regen die Verlängerung der Blattstiele an und beschleunigen bei Dicotylen das Wachstum der Blattspreiten. Die Auxinwirkung wird durch die Gibberelline, die mit Cytokininen zusammenwirken, unterstützt.

Die Sprossverlängerungen entstehen durch ein subapikales Wachstum. Dieses wird von Auxinen über Phototropismus angeregt. Die Ausdehnung der Internodien unterliegt der Wirkung der Gibberelline, welche die Zellvermehrung und das Zellwachstum aktivieren.

Das Wurzelwachstum zeigt sich in Form zunehmender Wurzelverlängerungen und -verzweigungen. Die Auxine der oberen Pflanzenteile aktivieren in geringer Konzentration sowohl das Zellwachstum als auch das Längenwachstum der Organe. Auxine bestimmen auch den Gravitropismus. Darüber hinaus sind die Effekte der Auxine an die Wirkung der Acetylsalicylsäure gebunden, welche die Zellteilung (Mitose) und die Zellstreckung beeinflusst.

Während des nach der Keimung einsetzenden Pflanzenwachstums wird die Entwicklung der Pflanzenorgane genetisch kontrolliert und anhand verschiedener Phytohormone reguliert. Diese Botenstoffe wirken in Geweben und Organen, wo sie insbesondere deren Entwicklung fördern.

Tafel 2.31 Die Auxine und das Zellwachstum

Das Wachstum von Pflanzengewebe erfolgt durch Zunahme der Zellzahl und der Zellgröße. Dieses Zellwachstum wird durch Auxine eingeleitet, welche die Eigenschaften der Zellwand sowie die Ausdehnung und die Volumenzunahme des Protoplasten modifizieren.

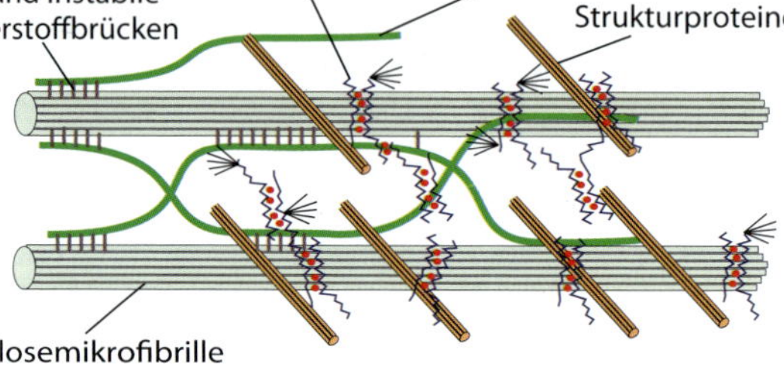

Durch Ansäuerung instabile Zellwandverbindungen

Die Streckung der Zellen beruht auf Veränderungen des Zellwandwiderstandes, was durch Ansäuerung der Zellwand ausgelöst wird.

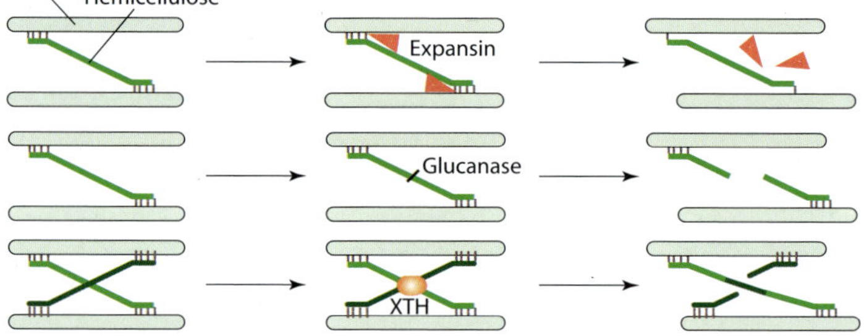

Wirkung der Enzyme und der Expansine auf die Zellwandbestandteile

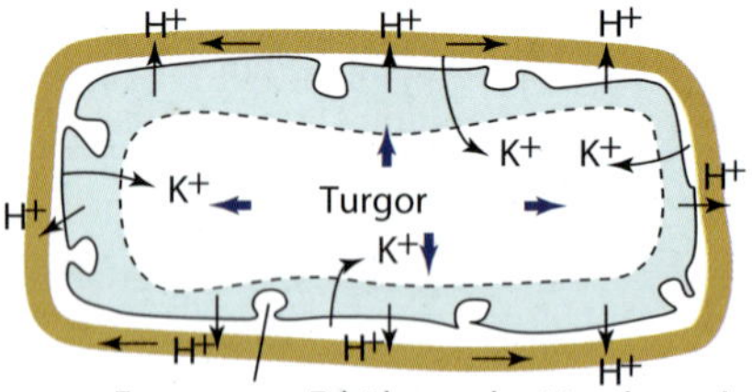

Auflockerung der Zellwand und des Zellturgors

Das Ansäuern erfolgt durch die direkte Wirkung der Auxine auf die Membranprotonenpumpen und auf die Synthese neuer Pumpen. Die Ansäuerung hat drei prinzipielle Konsequenzen:

- Veränderungen der Wasserstoffbrücken zwischen den Gerüstpolymeren
- Aktivierung der Glykosyl-Hydrolasen der Zellwand
- Aktivierung von Expansinen (nichtenzymatische Proteine), die sich zwischen die Cellulosemikrofibrillen und Xyloglucanmoleküle einfügen und damit eine Lockerung der Zellwand bewirken.

Tafel 3.1 Einzeller

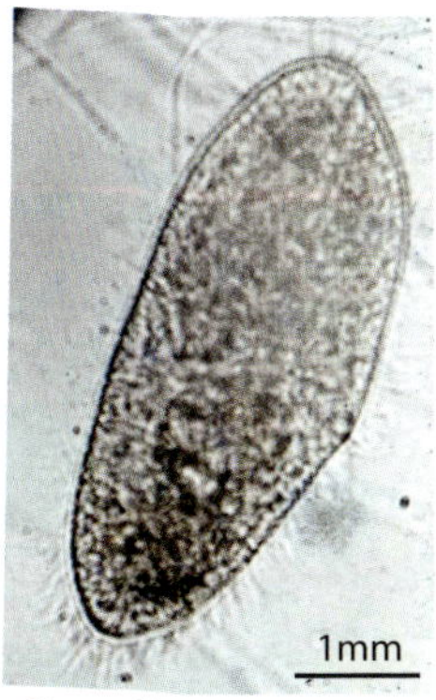

Pantoffeltierchen (LA)

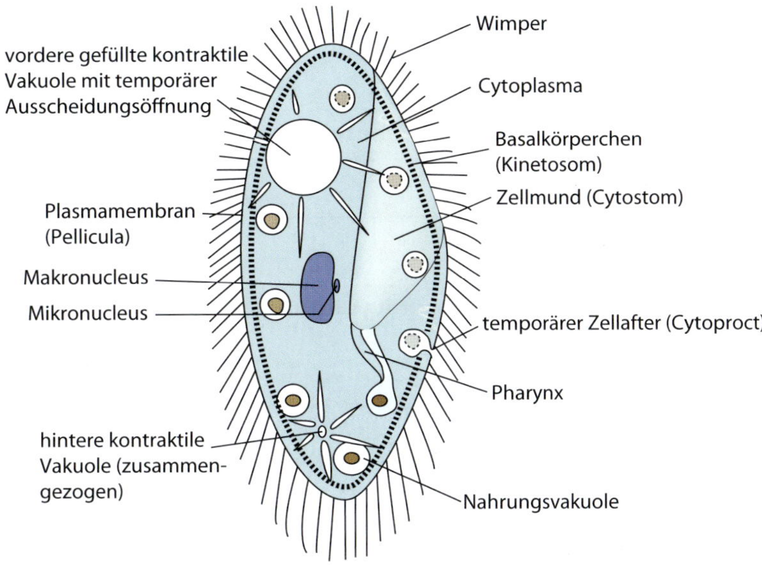

Schematischer Aufbau eines Pantoffeltierchens (*Paramaecium*)

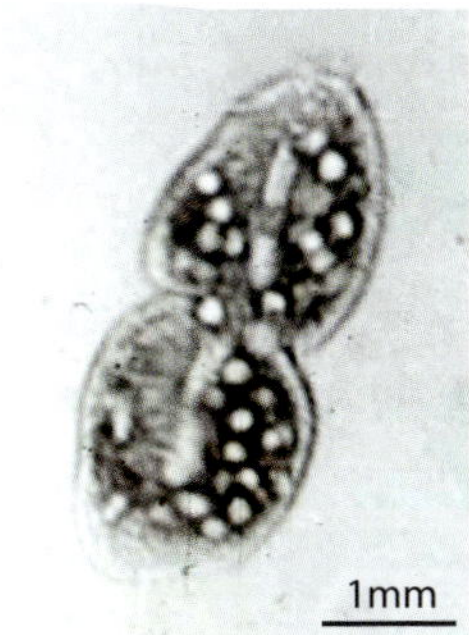

sich teilendes Pantoffeltierchen

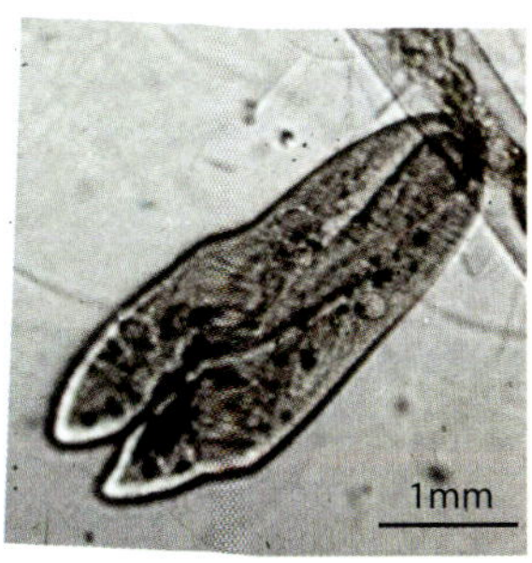

Konjugation

Unter den zahlreichen einzelligen Organismen bilden die Wimperntierchen (Ciliata) aufgrund ihrer bemerkenswerten Differenzierung der „Individualzelle" eine bedeutende Gruppe. Sie sind einzellige, heterotrophe Eukaryoten mit einem charakteristischen Wimpernkranz entlang ihrer gesamten Zelloberfläche. Einige können lokale morpholgische Veränderungen der Zellmembran ausbilden, wie beispielsweise ein Cytostom (eine Art Zellmund). Dieser kann Nahrungsbestandteile aufnehmen, die in eine Art zellulären „Verdauungskanal" münden, der in einem Cytoproct (Zellanus) endet.
Die ungeschlechtliche Fortpflanzung oder Agamogonie stellt eine besondere Form der Mitose dar, denn hier fehlt der Spindelapparat. Die Zelle teilt sich dabei quer, es kommt zur Auftrennung des Makro- und des Mikronucleus. Bei der geschlechtlichen Fortpflanzung oder Konjugation kommt es zur Verschmelzung zweier sexuell komplementärer haploider Zellen aus der Meiose zu einem diploiden Ei.

D. Richard, P. Chevalet, T. Soubaya, *Biologie in Farbtafeln*,
DOI 10.1007/978-3-642-32984-5_3,

Tafel 3.2 Die Systematik der Metazoa

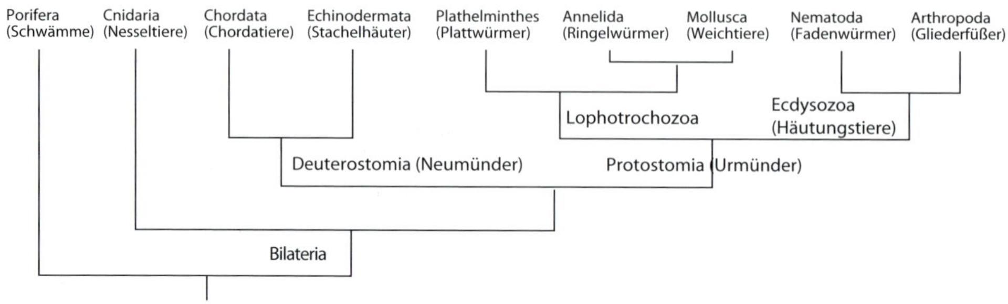

Phylogenetische Verwandtschaft zwischen einigen Stämmen (*Phyla*) der Metazoa

Die Metazoa (Vielzeller) sind heterotrophe, plurizelluläre, individuelle Eukaryoten, die keine Zellwand besitzen. Sie lassen sich in 30 monophyletische Gruppen oder *Phyla* (früher Abzweigungen) einteilen, die sich jeweils über gemeinsame morphologische Merkmale der zugeordneten Arten charakterisieren lassen. Diese schematischen Beschreibungen dienen der Wiedererkennung einer Art. Diese einfache Wiedererkennung unterscheidet sich von der Klassifizierung, bei der es darum geht herauszufinden: „Welcher anderen Spezies ist diese Art am nächsten?"

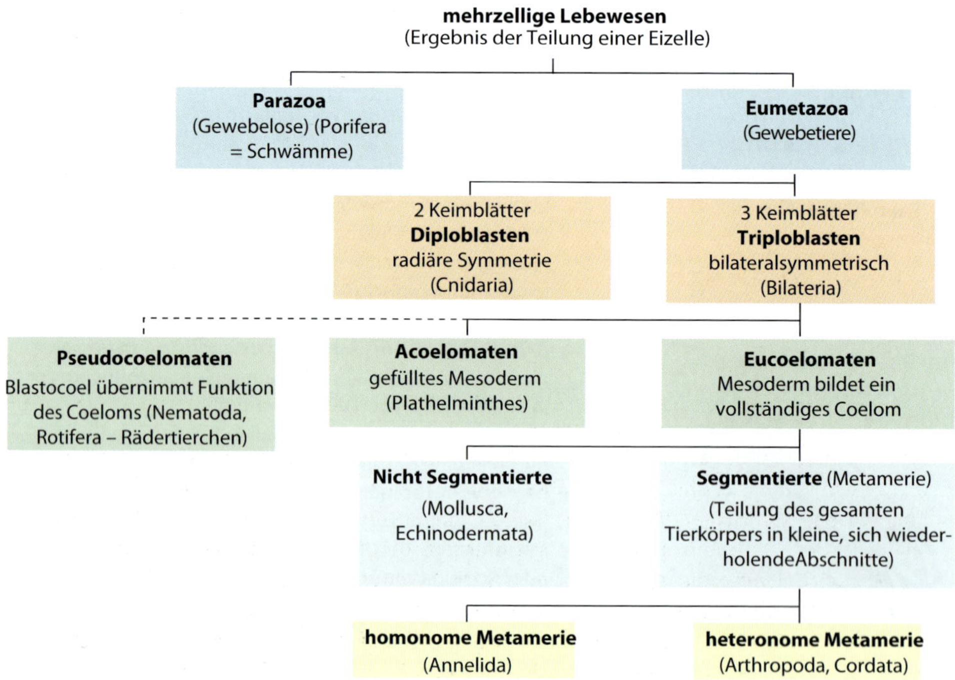

Einfacher Bestimmungsschlüssel der Metazoa anhand gemeinsamer morphologischer Merkmale

Tafel 3.3 Die Diploblasten

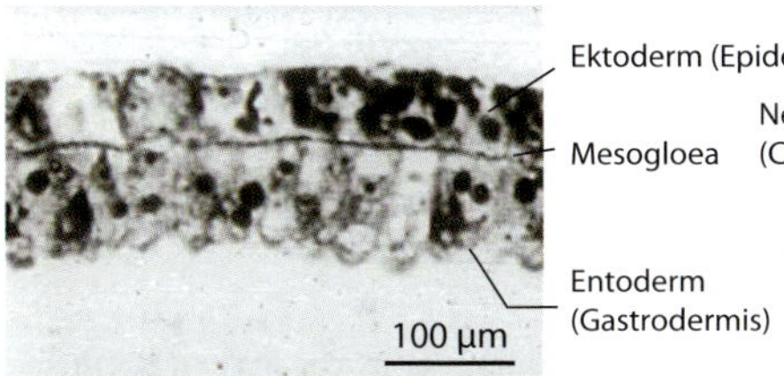

Schnitt durch die Körperwand des Süßwasserpolypen (LA)

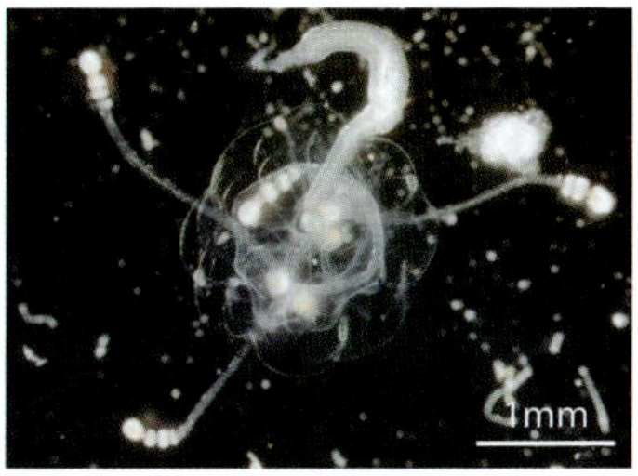

Meduse (Qualle)

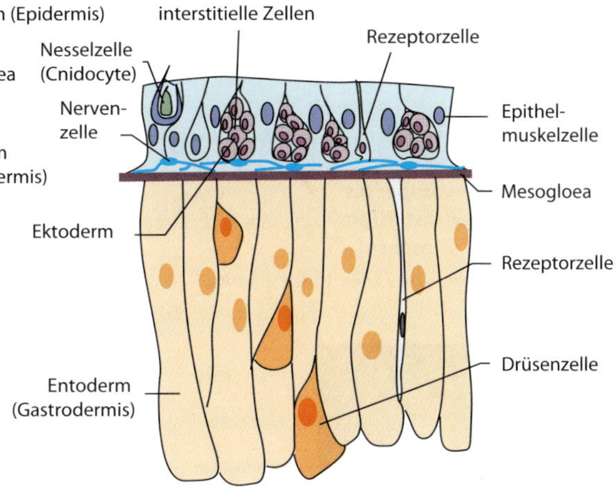

Schematischer Aufbau des inneren und äußeren Keimblattes (Körperwand) der Cnidaria

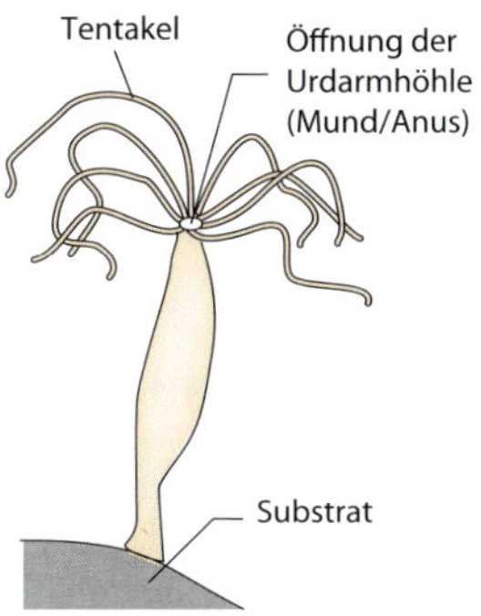

Süßwasserpolyp (Hydra)

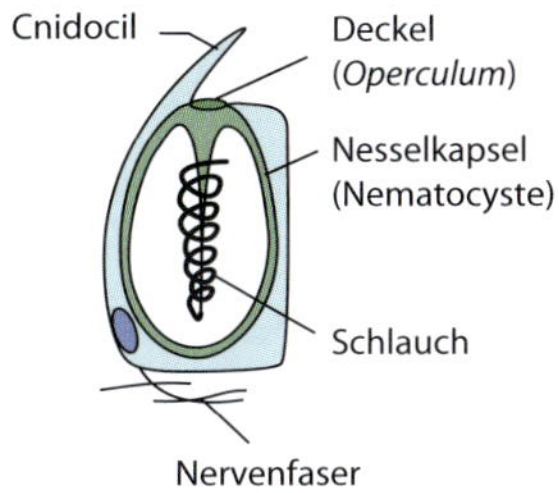

Nesselzelle (Cnidocyte)

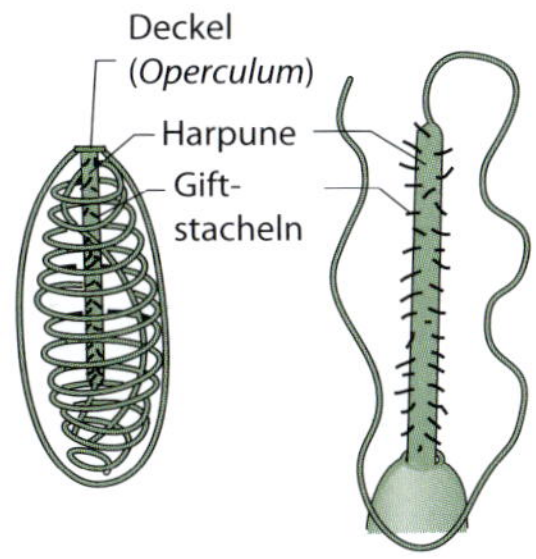

eingestülpter und ausgestoßener Schlauch

Die Cnidaria (Nesseltiere) besitzen echtes Gewebe und zwei Keimblätter, sie haben daher eine diploblastische Struktur. Diese zwei Blätter bestehen aus dem Entoderm und dem Ektoderm. Sie sind über eine Basalmembran, die Mesogloea, verbunden. Die Organe ordnen sich radiär in gerader Zahl, meist 4 oder 6, um die Achse an. Die Larvenform der Nesseltiere ist die Planulalarve. Charakteristisch für die Cnidaria sind die Nesselzellen (Cnidocyten) zum Beutefang. Jede Nesselzelle besitzt ein sensorisches Cnidocil, welches bei Beutekontakt die Öffnung des Deckels der giftgefüllten Nesselkapsel (Nematocyste) bewirkt. Die Harpune, die in die Nesselkapsel eintaucht und an der der mit Giftstacheln besetzte Schlauch befestigt ist, wird dann aus der Kapsel geschleudert. Die Stacheln bleiben an der Beute hängen und entlassen ihr Gift, das Actinocongestin, in die Beute. Der Generationswechsel besteht aus einer Abfolge von Polypen- und Medusenstadien.

3

Tafel 3.4 Die Entstehung des Mesoderms

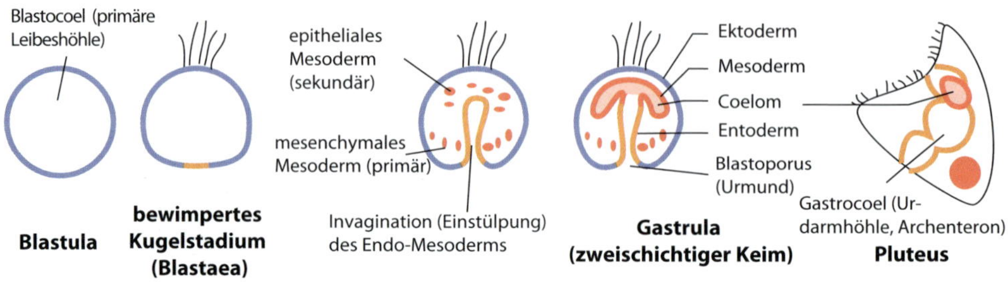

Entstehung des Mesoderms beim Seeigel durch Einstülpung (Invagination)

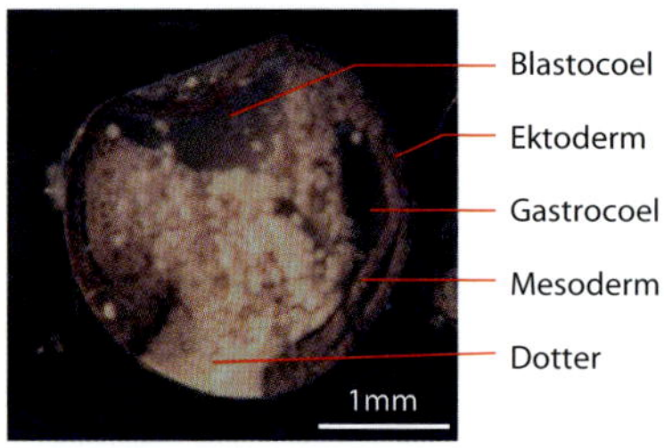

Gastrula der Amphibien (LS) Stadium mit beginnender Dotterbildung

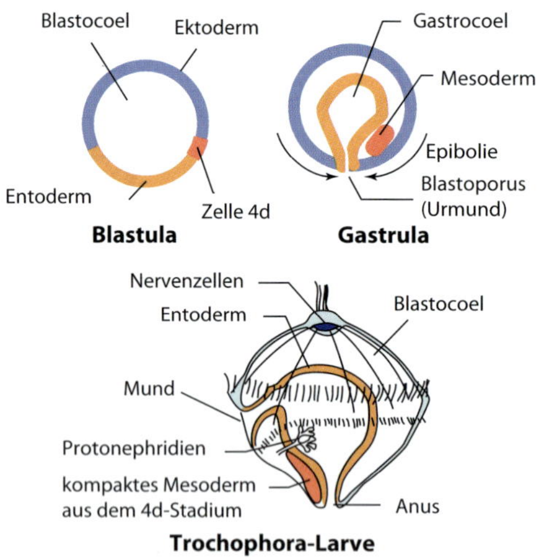

Entstehung des Mesoderms über Epibolie bei den Annelida

Bei den triploblastischen (drei Keimblätter) Eumetazoa (Echte Vielzeller) induziert die Teilung der Eizelle während der Gastrulation die Bildung des dritten Keimblattes (Mesoderm) zwischen dem Ektoderm und dem Entoderm. Diese Ausbildung des Mesoderms entsteht durch Invagination (Einstülpung) oder durch einmalige bzw. mehrmals stattfindende Epibolien.

So entwickelt sich bei den Echinodermata (Stachelhäuter) während der Gastrulation das Mesoderm durch Invagination des Endomesoderms am vegetativen Pol.

Bei den Annelida erfolgt die Gastrulation durch Epibolie. Ausgehend vom Blastoporus bildet sich eine lange Spalte, die über den Mund und den Anus an beiden Enden offen ist. Die Mesoteloblasten teilen sich und bilden zwei mesodermale Streifen. Diese verbreitern sich je nach Wachstum der Larve bauchwärts, zwischen dem Ektoderm und dem Entoderm. Der ventrale Abschnitt der mesodermalen Streifen formt sich zu einer Höhle (Coelom).

Bei den Lurchen (Amphibia) bildet sich das Mesoderm zunächst durch die Invagination des Endomesoderms. Anschließend wird der größte Teil der Endoblasten durch Epibolie des Gewebes, das sich aus den Urmundlippen zu einem Dotterdeckel verbreitert hat, bedeckt.

Tafel 3.5 Das Coelom

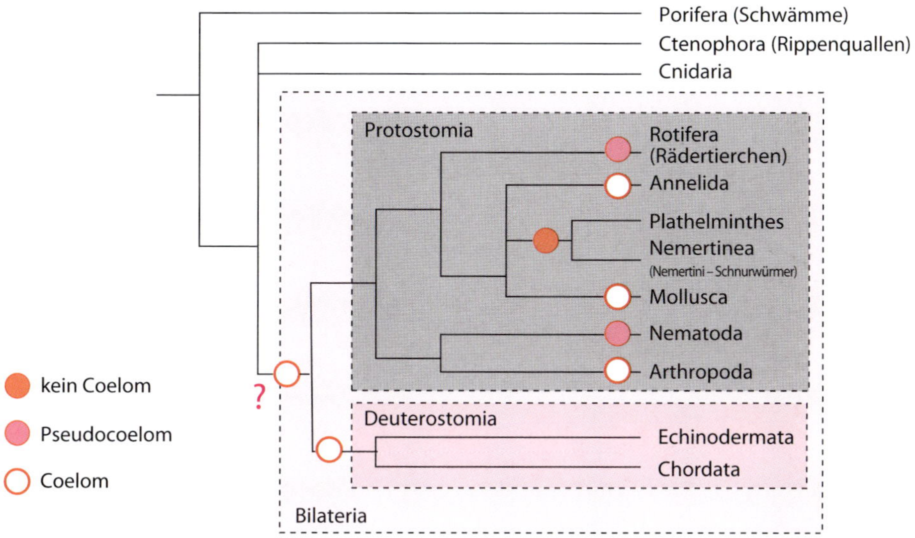

Das Vorhandensein eines Coeloms (sekundäre Leibeshöhle) ist bei den Eumetazoa kein Klassifikationskriterium. Diese Struktur kann in der Tat bei ganz unterschiedlichen Gruppen auftauchen oder durch zunehmende Rückbildung verschwinden. Bei den Coelomaten bildet das Mesoderm einen mit Flüssigkeit gefüllten funktionellen Hohlraum (Coelom). Die Entstehung dieser Coelomhöhle kann durch Enterocoelie (Echinoidea – Seeigel), durch Schizocoeli (Annelida) oder durch regionale Einhöhlung (Amphibia) erfolgen.

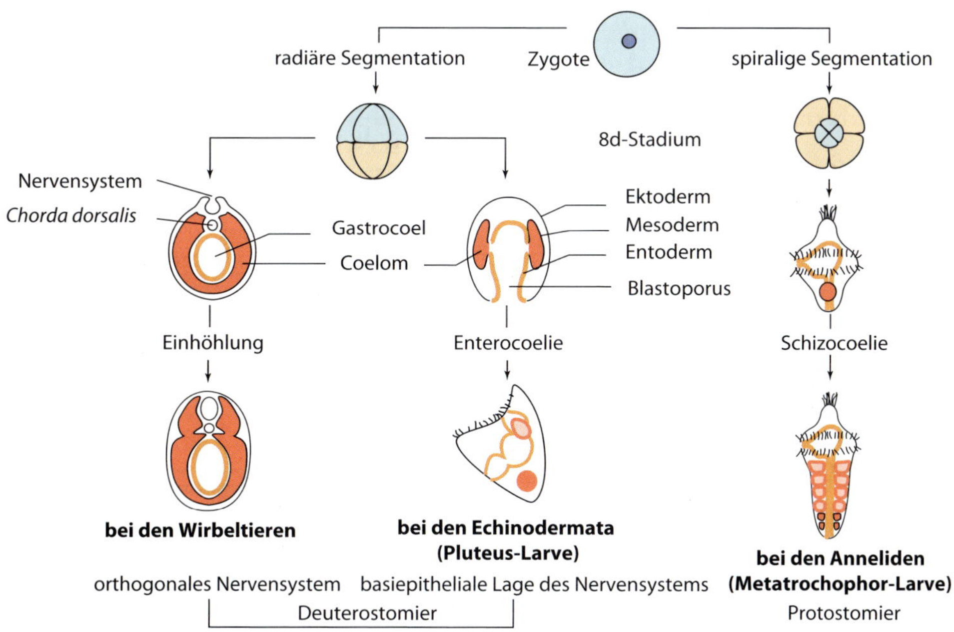

3

Tafel 3.6 Die großen Stufen der Evolution

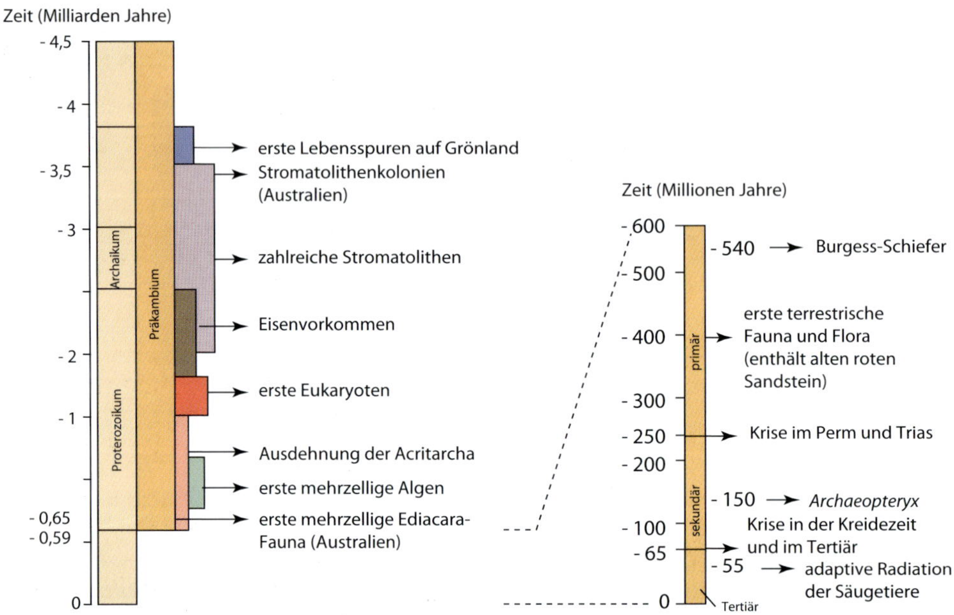

Die Erde entstand vor ca. 4,6 Milliarden Jahren und die ersten Lebenspuren traten schätzungsweise vor 3,85 Milliarden Jahren auf. Eukaryotische Zellen erschienen vermutlich vor 1,4 Milliarden Jahren, die Acritarcha bilden darunter die älteste Form, sie gingen ziemlich sicher aus dem Prozess der Endosymbiose hervor. Die ersten Hinweise auf mehrzelliges Leben liegen 1 Milliarde Jahre zurück und sind insbesondere mit dem Auftreten von mehrzelligen Algen verbunden. Die Besiedlung der Landmasse fand vermutlich vor 400 Millionen Jahren statt (*Rhynia*). Die darauffolgende Evolution ist charakterisiert durch einen globalen Anstieg der Biodiversität parallel zu einem unterschiedlich starken Artensterben, was der Zunahme der Biodiversität widerum entgegenwirkte.

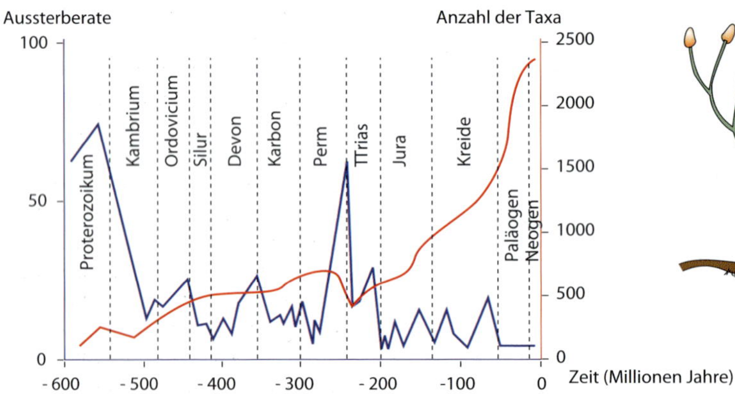

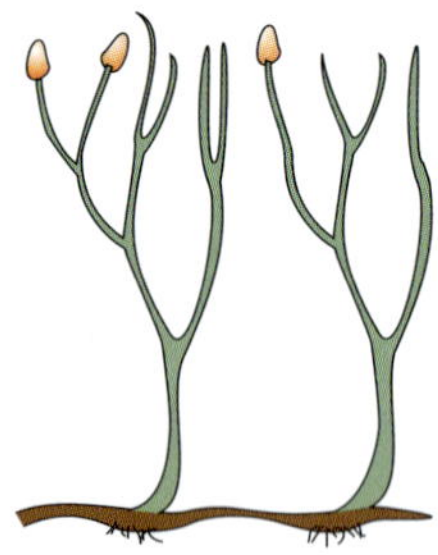

Rhynia

Tafel 3.7 Die Prinzipien zur Klassifizierung der Arten

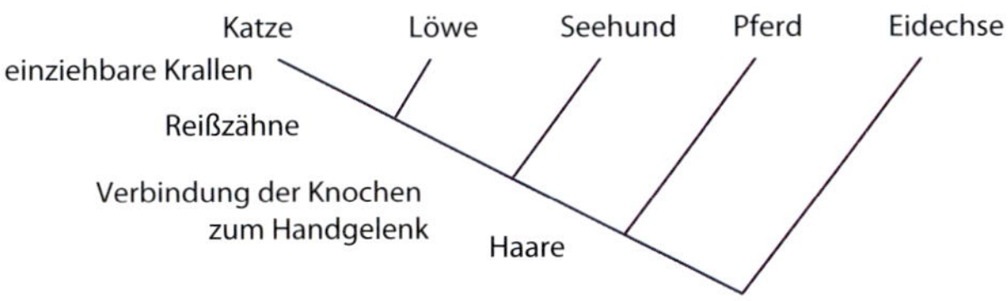

Kladogramm

Fossil eines *Archaeopteryx*

zu untersuchende Arten — Vergleichstier

	Mensch (M.)	Fledermaus (Fm.)	Vogel (V.)	Forelle (F.)
1 - Kiefer	0	0	0	0
2 - Gliedmaßen	1	1	1	0
3 - Zähne	0	0	1	0
4 - Kieferaufbau	1	1	0	0
5 - Dottervorräte des Eies	1	1	0	0
6 - Flügel	0	1	1	0

nichtinformative Merkmale
informative Merkmale

Merkmals-Matrix

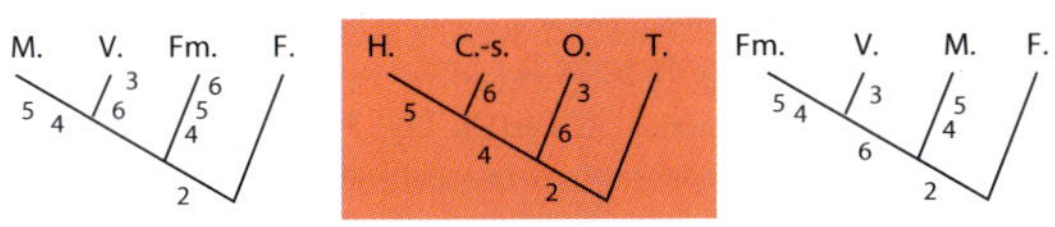

8 Evolutionsstufen — 6 Evolutionsstufen — 7 Evolutionsstufen

Ähnlichkeit aufgrund einer Konvergenz (Merkmale haben sich unabhängig voneinander entwickelt)

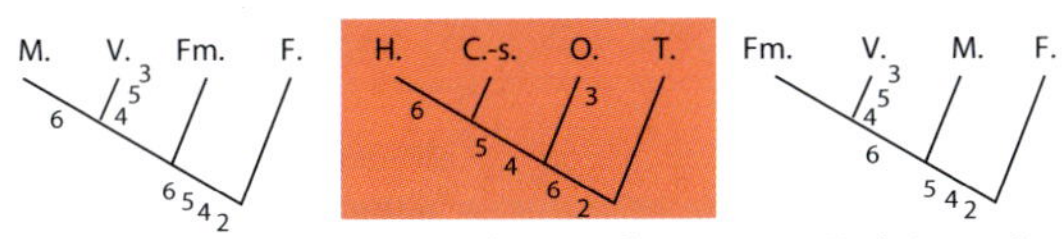

8 Evolutionsstufen — 6 Evolutionsstufen — 7 Evolutionsstufen

Ähnlichkeit aufgrund einer Reversion (Merkmale können von einem eingeleiteten Zustand wieder in den ursprünglichen Zustand zurückkehren)

Aufstellung von Kladogrammen

Die Notwendigkeit zur Klassifizierung der Arten entstand aus dem Bedürfnis heraus, sich über „dieselben Arten" verständigen zu können. Die primären Kriterien der Klassifizierung beruhen auf morphologischen Merkmalen, Lebensweisen, Reproduktionsformen etc. Inzwischen sind die Kenntnisse über den Evolutionsbegriff in die Prinzipien der Klassifizierung eingeflossen. Die kladistische Klassifizierung entspricht der Erforschung homologer Merkmale, denn es finden Vererbungen eines gemeinsamen, aber unbekannten Vorfahren statt.

Beispielsweise ist nicht eindeutig belegt, dass der *Archaeopteryx* als ältester bekannter Vogel der Vorfahr aller Vögel ist. Die Aufstellung eines Kladogramms berücksichtigt ausschließlich die dichotome Verzweigung. Eine monophyletische Gruppe beinhaltet einen hypothetischen Vorfahren und die Gesamtheit seiner Nachkommen. Man verwendet zur Aufstellung eines Kladogramms eine grundsätzlich verschiedene und außerhalb der monophyletischen Gruppe befindliche Vergleichsgruppe. Bezogen auf die gewählten Beispiele sind die Selektionsmerkmale, um Primaten, Fledertiere (Chiroptera) und Vögel zu klassifizieren, grundverschieden zum Vergleichstier: der Forelle.

Tafel 3.8 Die Kladistik

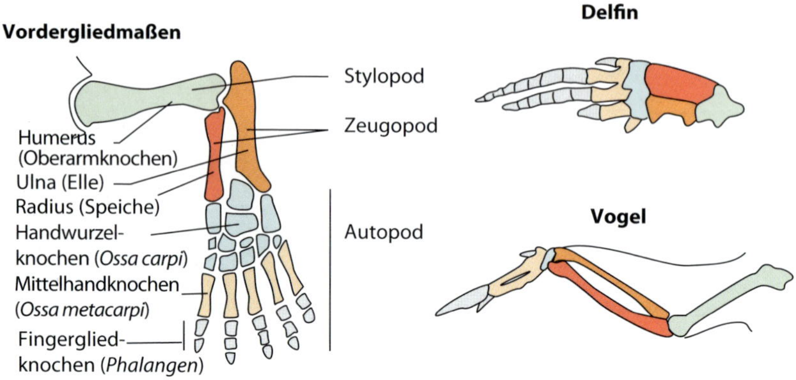

Homologiehypothese der Gliedmaßen der Tetrapoda

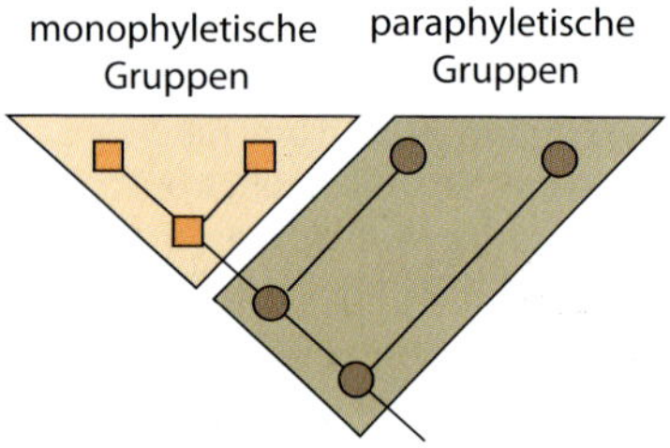

Die Einteilung auf der Basis vererbter Homologie von gemeinsamen abgeleiteten Merkmalen oder Synamorphien wird als monophyletische Gruppe bezeichnet. Demgegenüber sind Gruppen auf der Basis vererbter Homologie von gemeinsamen ursprünglichen Merkmalen oder Synplesiomorphien paraphyletisch.

Die Kladistik basiert auf dem Merkmalsvergleich zwischen den Spezies. Um Vergleiche zwischen den Spezies aufzustellen, muss das gewählte Merkmal gleich sein, dies wird als Homologiehypothese oder primäre Homologie bezeichnet. Demgegenüber wird die schlichte Gleichartigkeit zwischen zwei vererbten Merkmalen eines gemeinsamen Vorfahren als Homologie der Nachkommenschaft oder sekundäre Homologie bezeichnet. Die Homologiehypothese muss sich entweder auf phänotypische oder auf embryologische Merkmale stützen. In den genannten Beispielen haben die beiden jeweiligen Radien des Delfins und des Vogels an ihrer Seite einen weiteren Knochen, die Ulna, sowie distal die Handknochen und proximal den Humerus. Die Ähnlichkeit in der Entwicklung der Gliedmaßen und die gleichartigen Gelenkverbindungen erlauben die Gültigkeit der Homologiehypothese der Gliedmaßenknochen der Tetrapoda (Vierfüßer, Landwirbeltiere).

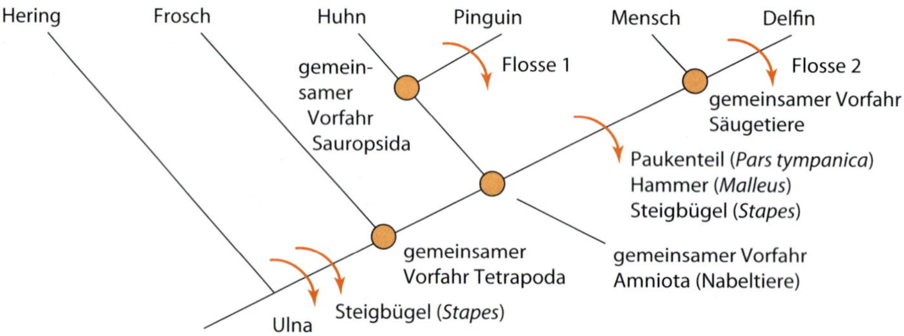

Phylogenese der Tetrapoda

Tafel 3.9 Die aktuelle Klassifikation der Arten

Haeckel (1894) 3 Reiche	Whittaker (1969) 5 Reiche	Woese et Fox (1977) 6 Reiche	Woese (1990) 3 Domänen
Tiere (Animalia)	Tiere (Animalia)	Tiere (Animalia)	Eukaryoten (Eukaryota)
Pflanzen (Plantae)	Pilze (Fungi)	Pilze (Fungi)	
	Pflanzen (Plantae)	Pflanzen (Plantae)	
Protozoen	Protisten (Protista)	Protisten (Protista)	
	Prokaryoten (Procaryota)	Archaeen (Archaea)	Archaeen (Archaea)
		Eubakterien (Eubacteria)	Bakterien (Bacteria)

Geschichtliche Einteilung der Lebewesen

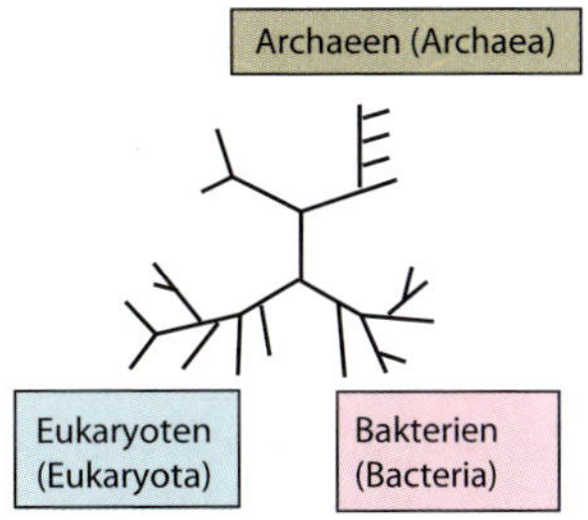

Domänen der Lebewesen

Die aktuelle Klassifizierung der Lebewesen ist zum einen mit der Entwicklung moderner molekularer Untersuchungsmethoden und zum anderen mit der Weiterentwicklung der Phylogenese (Darwin 1859, Hennig 1950) verbunden. Diese Klassifizierung beruht auf dem Verständnis der Homologie und dient der Einordnung der Organismen in einen phylogenetischen Stammbaum. Ein Vergleich von RNA-Sequenzen zeigt auf, dass sich die belebte Welt in drei große Domänen einteilen lässt: die Archaeen (Archaea), die Bakterien (Bacteria) und die Eukaryoten (Eukaryota). In früheren Klassifikationen bildeten die Fische eine eigene spezifische Gruppe, die aquatische Arten mit besonderen Merkmalen wie Hautschuppen, Flossen, Kiemen etc. zusammenfasste. Das abgebildete aktuelle Kladogramm zeigt, dass die Fische eine paraphyletische Gruppe bilden, bestehend aus der Gesamtheit der Craniota, außerhalb der Tetrapoda.

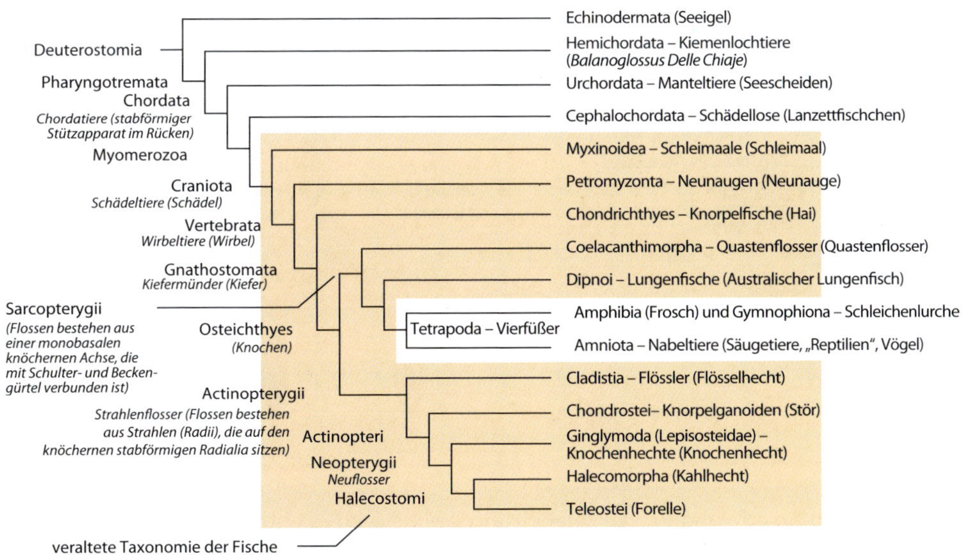

Aktuelle Klassifikation der frühen Fische

Tafel 3.10 Die Pilze

Eumycetes werden im allgemeinen Sprachgebrauch auch als „Pilze" bezeichnet. Es handelt sich um ein- oder mehrzellige sporenbildende Eukaryoten mit einer chitinhaltigen Zellwand, in der keine Cellulose vorhanden ist. Sie lassen sich in Schlauchpilze oder Ascomycetes (Hefen, Trüffel, Morcheln), Ständerpilze oder Basidiomycetes (Champignons) und Jochpilze oder Zygomycetes (einige Morcheln) einteilen. Das Gewebe ist faserig und ohne Zelldifferenzierung. Sie betreiben keine Photosynthese. Ihre Lebensweise ist meistens terrestrisch, parasitisch oder symbiotisch. Bestimmte Arten leben in Symbiose mit Grünalgen und bilden Flechten.

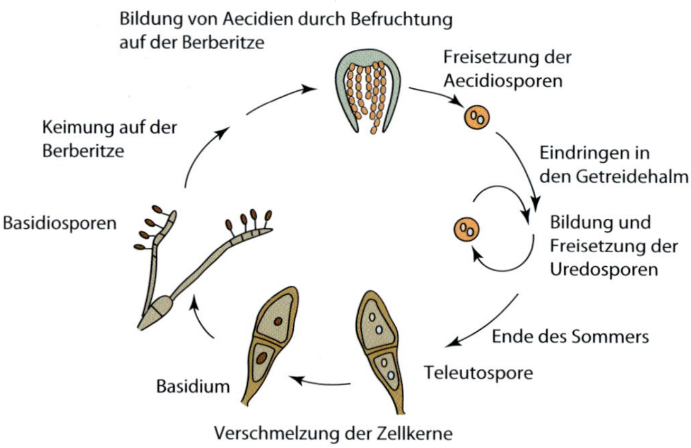

Entwicklungszyklus des Getreideschwarzrostes (*Puccina graminis*)

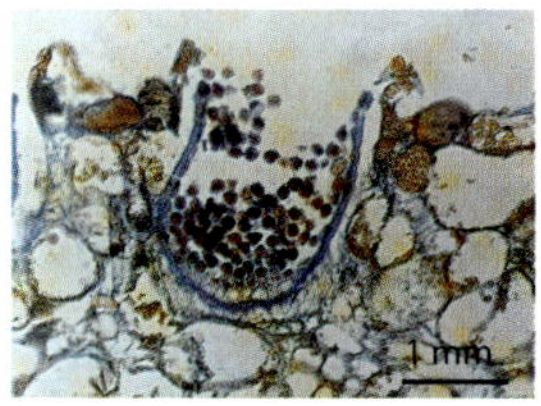

Aecidiosporen auf einem Berberitzenblatt

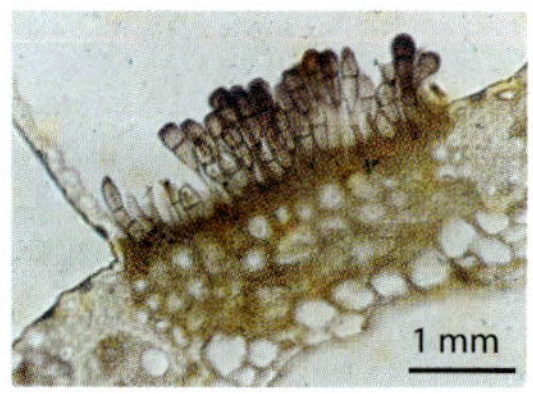

Teleutosporen auf einem Getreidehalm

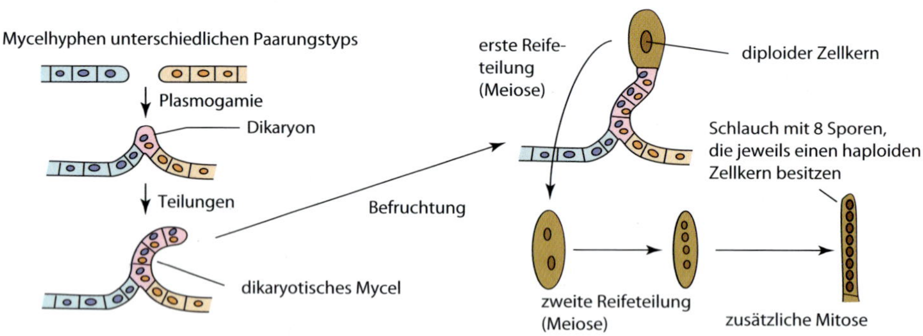

Die Befruchtung erfolgt durch Verschmelzung zweier Hyphen unterschiedlichen Paarungstyps. Es entsteht ein dikaryotisches Mycel (2 Zellkerne). Die Zellkerne verschmelzen, und es entsteht eine Zygote mit einem doppelten Chromosomensatz. Die anschließende Meiose führt zur Bildung von haploiden Sporen.

Tafel 3.11 Die Bryophyta (Moose)

Torfmoos

Sporophyten des Widertonmooses (*Polytrichum*)

Mit den Bryophyta sind allgemein die Moose und Laubmoose gemeint. Es sind Pflanzen ohne ein echtes Wurzelsystem und ohne Gefäßsystem. Der Gametophyt trägt Blätter. Der Sporophyt ist am Gametophyten befestigt und trägt eine Sporenkapsel. Die darin enthaltenen Sporen werden durch Öffnung des Deckels freigesetzt. Der Entwicklungszyklus der Moose ist durch eine Dominanz des Gametophyten gekennzeichnet. Die männlichen Gametophyten besitzen fruchtbare Spitzen in Form eines Körbchens, das durch sterile Härchen abgetrennte Antheridien enthält. Im Innern der Antheridien entwickeln sich die Spermatozoiden. Diese Gameten lagern sich zu einer leicht spiralartigen Form mit jeweils einer Flagelle am Ende zusammen. Die weiblichen Gametophyten tragen flaschenförmige Archegonien mit einem Bauch- und einem Halsteil. Der Bauchteil umschließt die Eizelle.

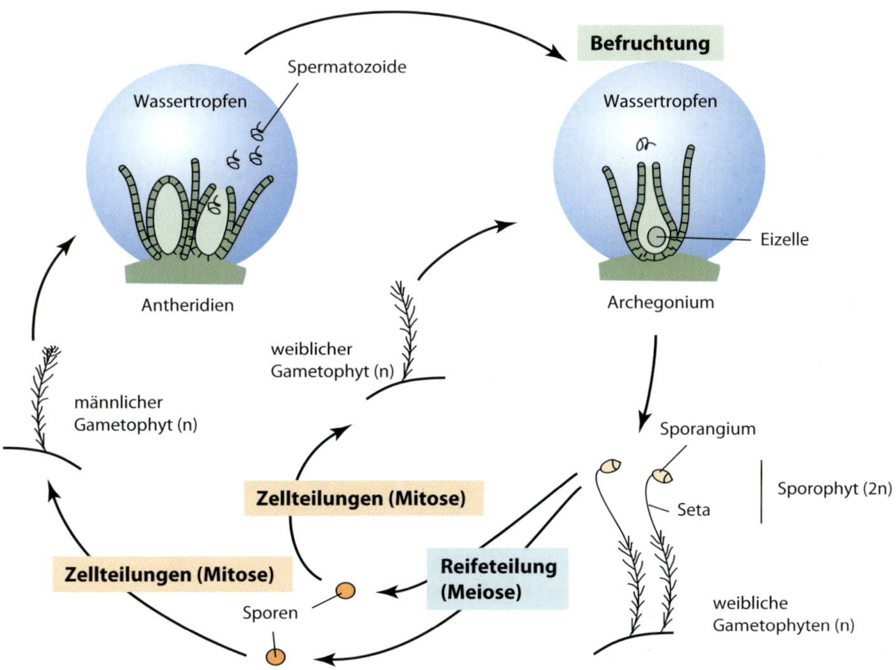

Entwicklungszyklus des Widertonmooses (*Polytrichum*)

Tafel 3.12 Die Farnpflanzen

Tüpfelfarn (*Polypodium*)

Sich entwickelnde Sori

Es handelt sich in der Regel um krautige Pflanzen deren Blätter (Farnwedel) an der Unterseite Anhäufungen von Sporangien tragen. Der Sporophyt stellt eine selbstständige Pflanze dar und gliedert sich in Achse, Blätter und Wurzel. Der unterirdische Teil der Sprossachse verläuft horizontal und bildet ein Rhizom mit Blattauswüchsen. Die Adventivwurzeln schieben sich der Länge nach in die Sprossachse. Die Sporangien haben die Form eines kleinen gestielten Beutels, der einen Kern enthält, der von einer hölzernen Schale geschützt wird. Mit zunehmender Reifung verformt sich der Kern aufgrund von Dehydratation und bewirkt die Aufsprengung der Schale des Sporangiums, was zur Freisetzung der Sporen führt. Der Gametophyt wird bei den Farnpflanzen Prothallium genannt. Er entwickelt sich aus haploiden Sporen, die bei der Keimung ein chlorophyllhaltiges Filament bilden, das zu einem flächigen chlorophyllreichen Lappen heranwächst. Auf dessen Unterseite befinden sich mehrzellige Rhizoide, welche die Hydromineral-Ernährung des Prothalliums gewährleisten. Das Prothallium ist zweigeschlechtlich, es verfügt über Fortpflanzungsorgane zur Bildung von Gameten.

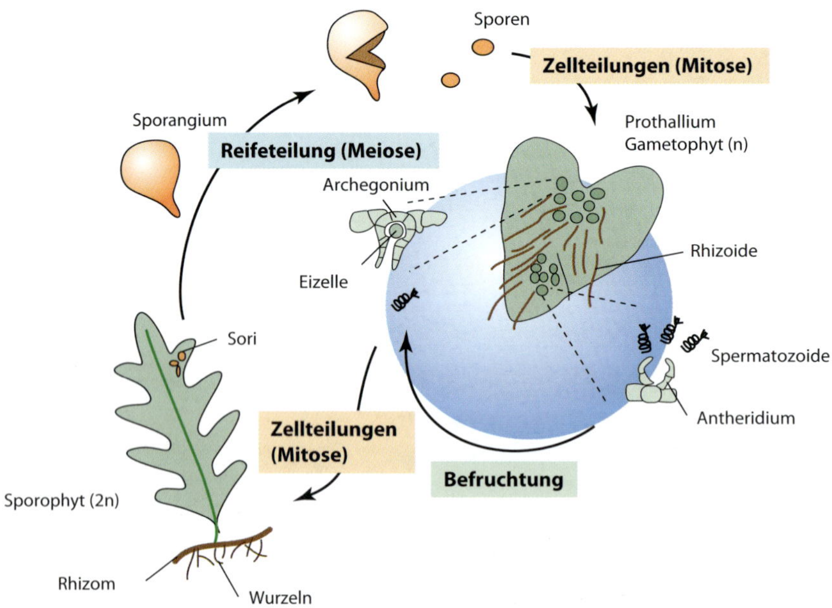

Entwicklungszyklus der Tüpfelfarne (*Polypodium*)

Tafel 3.13a Die Samenpflanzen

Die Spermatophyta (Samenpflanzen) bilden eine Pflanzengruppe, die zur Entwicklung von Samen fähig ist und deutlich sichtbare Fortpflanzungsorgane besitzt. Bei den Nadelholzgewächsen (Pinophyta) sind diese Organe die Samenzapfen, bei den Bedecktsamern (Magnoliopsida) die Blüten. Die am weitesten verbreiteten Klassen sind derzeit die Nadelholzgewächse und die Bedecktsamer.

Entwicklungszyklus der Nadelholzgewächse

Weibliche Samenzapfen der Nadelholzgewächse

Die Kiefer ist zweihäusig (diözisch). Die männlichen Fortpflanzungsorgane bilden kleine Zapfen, aus denen fruchtbare beflügelte Pollen hervorgehen. Die weiblichen Zapfen tragen an ihrer Achse Schuppen mit Eizellen, die durch Deckblätter voneinander abgegrenzt sind. Die Befruchtung geht von der generativen Zelle aus, die sich in zwei Spermakernzellen teilt, von denen nur eine die weibliche Eizelle befruchtet. Diese Zygote entwickelt sich über den coenocytischen Embryo zu einer großen Samenanlage mit einem Suspensor (Embryoträger).

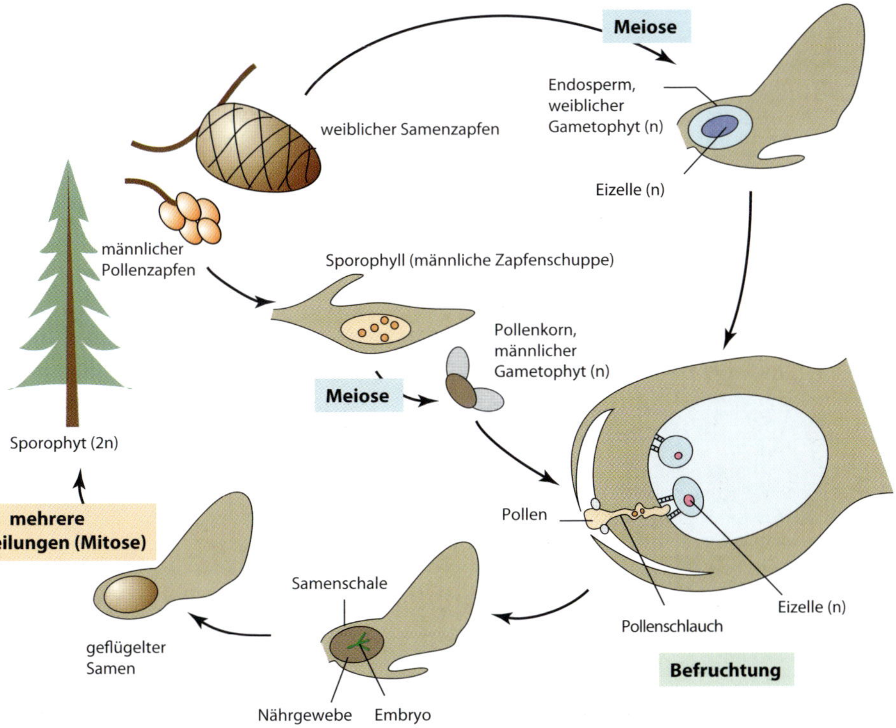

Entwicklungszyklus der Kiefer (*Pinus*)

Tafel 3.13b Die Samenpflanzen

Entwicklungszyklus der Bedecktsamer (Mangnoliopsida)

Knabenkraut der Gattung Orchis

Bedecktsamer (Magnoliopsida) besitzen folgenden Blütenaufbau:

- die unfruchtbaren Kelchblätter (Sepalen) bilden den Kelch (Calyx), die Kronenblätter (Petalen) formen die Krone (Corolla). Ihre Gesamtheit wird als Blütenhülle bezeichnet.
- die fruchtbaren Staubblätter (Stamina) des Androeceums und die fruchtbaren Fruchtblätter (Karpelle) des Gynoeceums dienen der Gametophytenbildung.
- In den Staubblättern teilen sich die Zellen, durchlaufen eine Meiose und entwickeln sich zu zwei- und dreizelligen Pollen. Im Fruchtknoten sind die Samenanlagen in eine Placenta eingebettet. Jede Samenanlage besitzt ein oder zwei Integumente, die einen *Nucellus* umhüllen, der in seinem Inneren den Embryosack trägt.

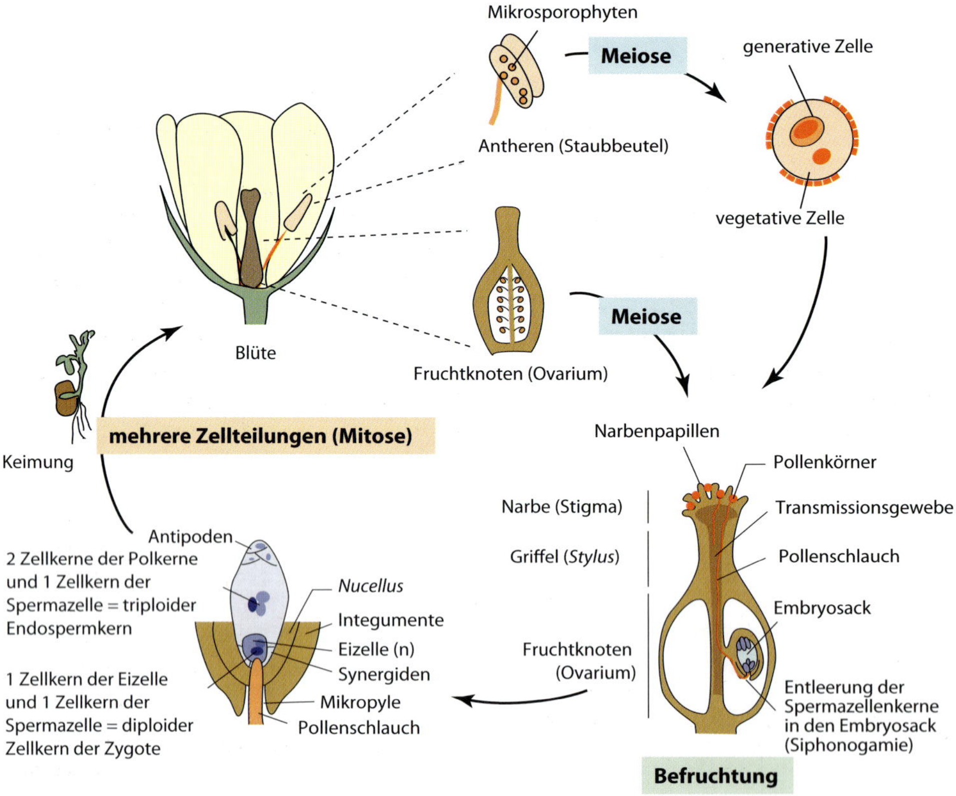

Entwicklungszyklus der Sumpfdotterblume (*Caltha palustris*)

Tafel 4.1 Die DNA – Trägerin der genetischen Information

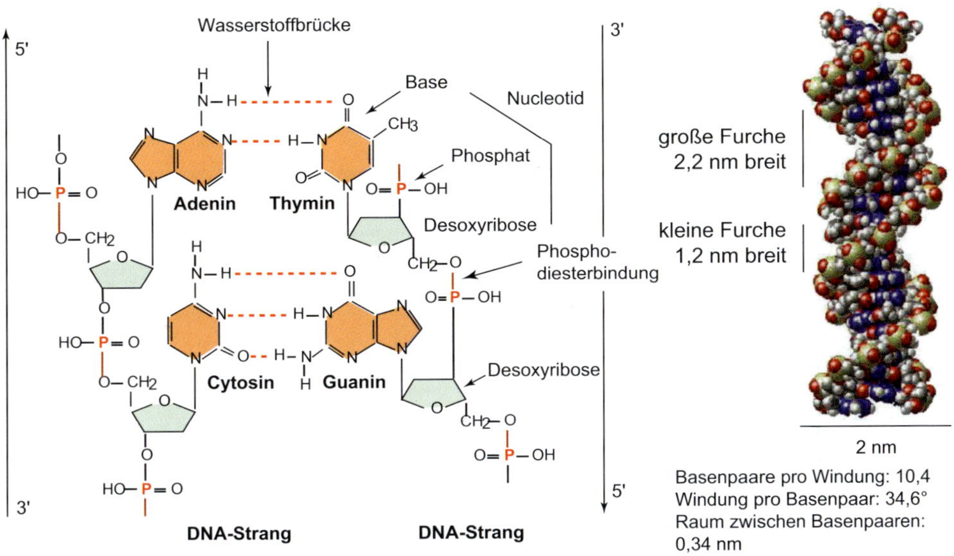

Die DNA (Desoxyribonucleinsäure) ist ein Makromolekül aus zwei ineinander gewundenen Strängen; diese bilden jeweils eine Kette aus den vier Nucleotidmonophosphaten, die über Phosphodiesterbindungen verknüpft sind. Ein Nucleotid besteht aus einer Phosphatgruppe, dem Zuckermolekül und einer von vier Basen: Adenin, Guanin, Cytosin und Thymin. Die ersten beiden sind Purinbasen, die letzten beiden sind Pyrimidinbasen. Die Abfolge der Nucleotide richtet sich nach dem codierenden Strang, der in 5′ → 3′-Richtung gelesen wird, also vom Phosphat- zum OH-Ende (Leserichtung des Moleküls). Die beiden Stränge winden sich in entgegengesetzter Richtung umeinander, man bezeichnet sie als antiparallel. Sie bilden eine Doppelhelix mit einer vollständigen Windung (360°) von 3,4 nm. Wasserstoffbrücken zwischen den komplementären Basen stabilisieren die Helix. In den eukaryotischen Zellen wird die DNA während des Zellzyklus an Strukturproteinen (Histone) stark gefaltet, diese DNA-Form wird als Chromosom bezeichnet.

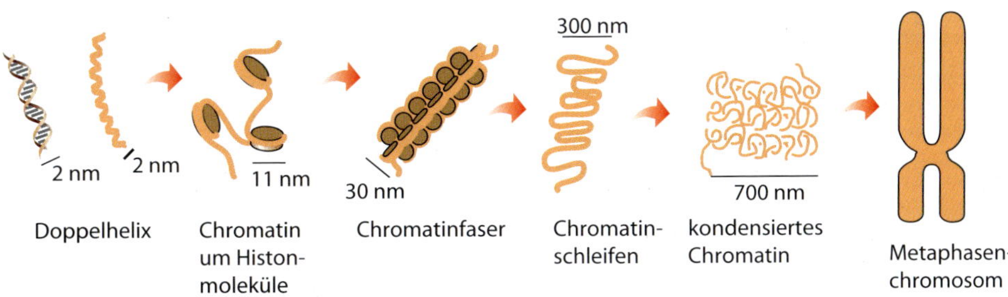

Struktureller Aufbau des genetischen Materials in eukaryotischen Zellen

D. Richard, P. Chevalet, T. Soubaya, *Biologie in Farbtafeln*,
DOI 10.1007/978-3-642-32984-5_4, © Springer-Verlag Berlin Heidelberg 2013

Tafel 4.2 Das eukaryotische Gen

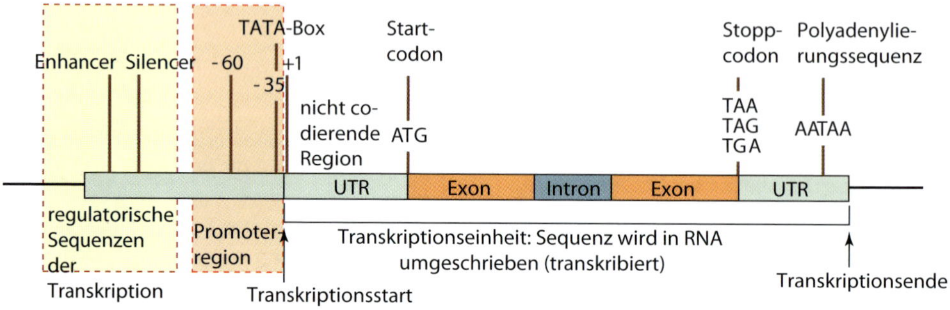

Struktur des Eukaryotengens

Auf molekularer Ebene wird ein Gen definiert als ein DNA-Abschnitt, der die Proteinsynthese oder die funktionelle RNA-Synthese steuert. Hierfür enthält es Sequenzen, die in RNA umgeschrieben werden, und solche, die an der Regulation der Transkription und der Translation beteiligt sind. Eukaryotische DNA besteht aus codierenden Abschnitten (Exons) und nicht codierenden Sequenzen (Introns), Letztere werden während der Reifung der *messenger*-RNA entfernt. Die Sequenzen zur Proteinsynthese werden von einem Start- und einem Stoppcodon begrenzt. Diese werden wiederum von einer nicht translatierenden Region flankiert, der UTR (*untranslated region*), die für die Stabilität der mRNA sorgt und an der Translationsregulation beteiligt ist. Außerdem steht die Transkription unter der Kontrolle von Regulatorsequenzen, die sich vor der Promotorregion befinden. Die Genexpression kann außerdem durch Änderungen in der DNA-Struktur modifiziert werden.

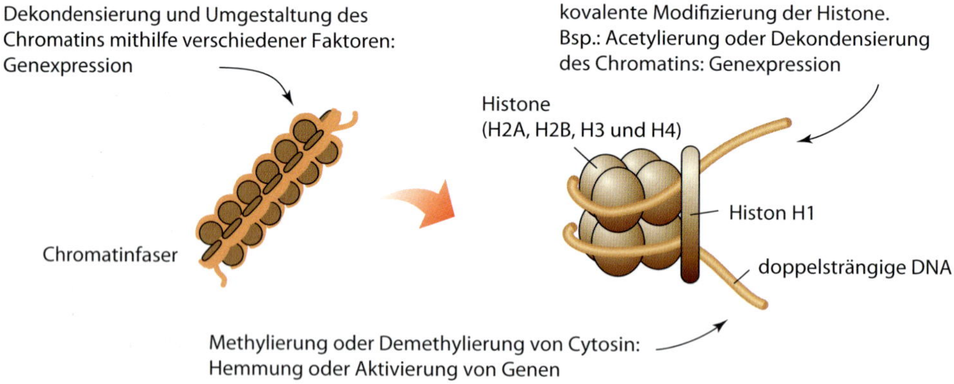

Strukturmodifikationen des genetischen Materials

Tafel 4.3 Die DNA-Replikation bei Eukaryoten

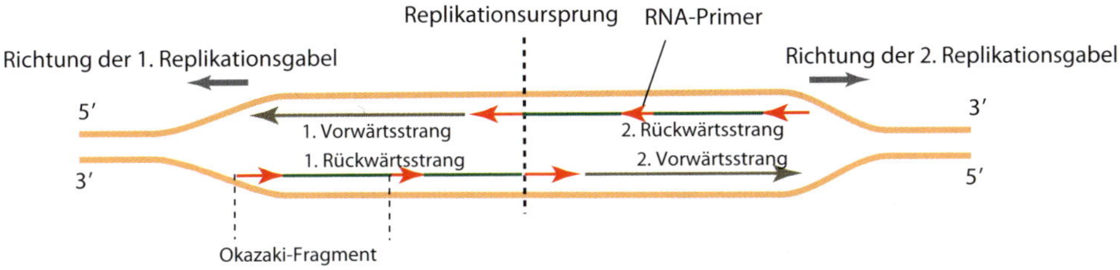

Die DNA-Replikation ist semikonservativ. Nach Öffnung der DNA-Doppelhelix wird jeder der beiden Stränge als Matrize zur Synthese des neuen DNA-Stranges verwendet. Die Replikation erfolgt ausgehend vom selben Replikationsursprung in zwei Richtungen. Die Replikationsgabeln bewegen sich entlang des DNA-Matrizen-Stranges in 3′-5′-Richtung. Die Replikation ist asymmetrisch. Ein Strang wird kontinuierlich synthetisiert (Vorwärtsstrang), während der andere anhand von Okazaki-Fragmenten stückweise zusammengesetzt wird (Rückwärtsstrang).

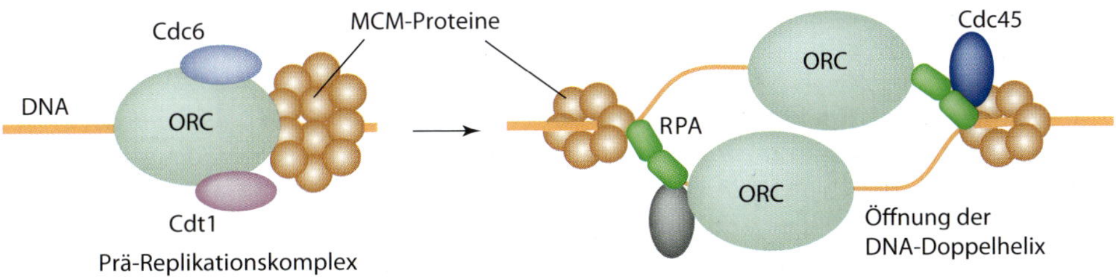

Die Replikation startet mit der Bindung von Proteinkomplexen, den ORC (*origin recognition complex*), an den Replikationsursprüngen, welche den Prä-Replikationskomplex rekrutieren.

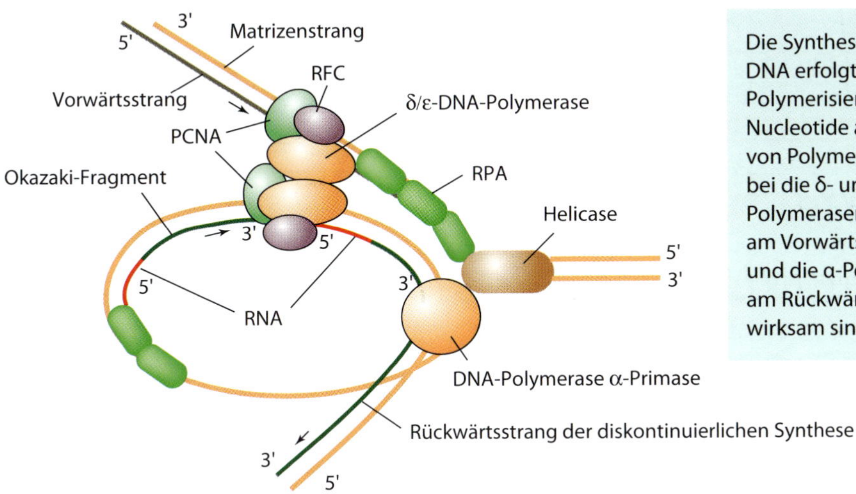

Die Synthese der DNA erfolgt durch Polymerisierung der Nucleotide anhand von Polymerasen, wobei die δ- und ε-DNA-Polymerasen jeweils am Vorwärtsstrang und die α-Polymerase am Rückwärtsstrang wirksam sind.

Tafel 4.4 Die Reparatursysteme der DNA

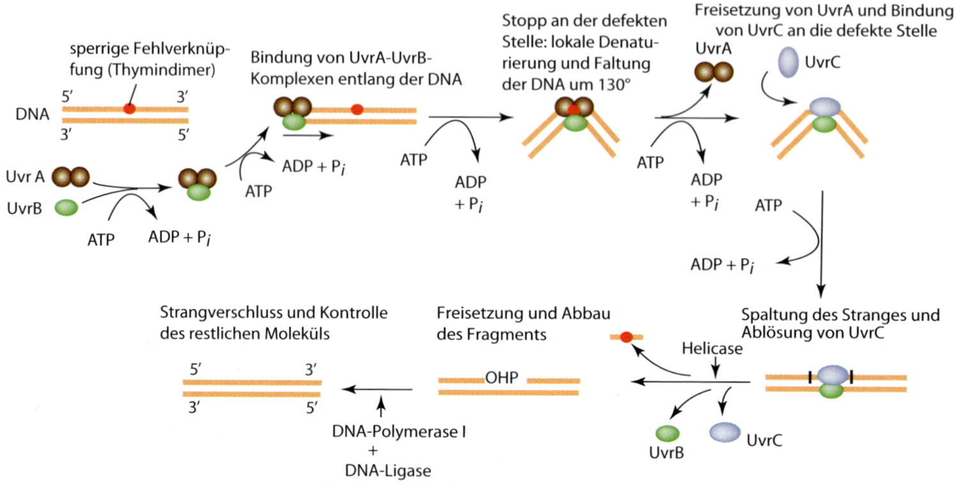

Nucleotid-Excisionsreparatur (NER)

Bestimmte Ereignisse können Schäden an der DNA verursachen. Es existieren verschiedene Reparatursysteme, um diese zu reparieren. Die Nucleotid-Excisionsreparatur greift bei schweren Schäden der DNA-Doppelhelix ein. Die Basen-Excisionsreparatur (BER) findet bei Depurinierungen, Desaminierungen oder Methylierungen statt, während die Mismatch-Reparatursysteme bei Schäden wirken, die im Zuge der Replikation entstanden sind.

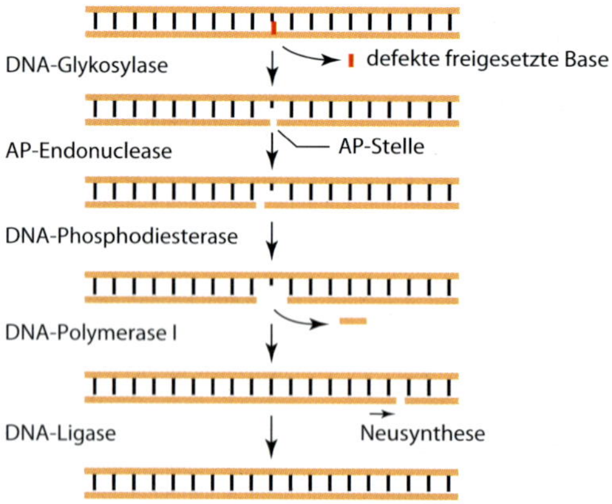

Basen-Excisionsreparatur

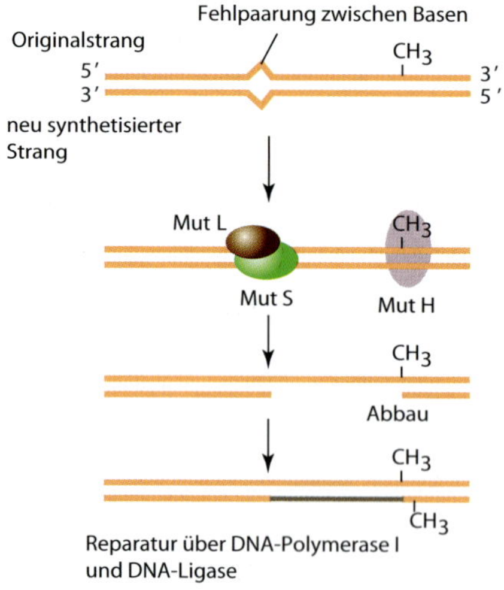

Mismatch-Reparatur

Tafel 4.5 Die Genexpression

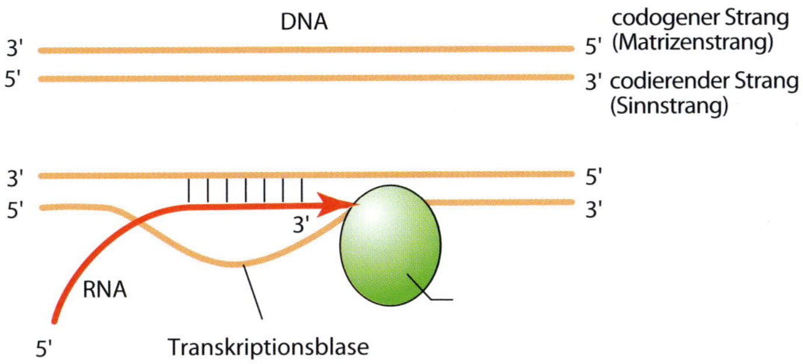

Sowohl bei den Eukaryoten als auch bei den Prokaryoten drückt sich die genetische Information in Form von Proteinen oder funktioneller RNA wie der Transfer-RNA, der ribosomalen RNA oder der interferierenden RNA aus. In allen Fällen wird die DNA während der Transkription in RNA umgeschrieben. Die RNA-Information wird anschließend durch den Translationsvorgang in Proteine umgesetzt.

RNA-Typ	Zelluläre Funktion
messenger-RNA (mRNA)	Informationsmolekül zur Proteinsynthese
Transfer-RNA (tRNA)	Transport von Aminosäuren zur Synthese der mRNA
ribosomale RNA (rRNA)	- strukturelle Funktion in den Ribosomen, - an der Bildung von Peptidbindungen während der Translation beteiligt - beteiligt an der korrekten Bindung der Ribosomen an die Startcodons während der Translation
kleine Kern-RNA (sn-RNA)	alternatives Spleißen bei den Eukaryoten
interferierende RNA (iRNA und miRNA)	Kontrolle der Genexpression bei den Eukaryoten

Wichtigste RNA-Vertreter und ihre Funktionen

zweiter Buchstabe

erster Buchstabe	U	C	A	G	dritter Buchstabe
U	UUU Phe UUC Phe UUA Leu UUG Leu	UCU Ser UCC Ser UCA Ser UCG Ser	UAU Tyr UAC Tyr UAA Stop UAG Stop	UGU Cys UGC Cys UGA Stop UGG Trp	U C A G
C	CUU Leu CUC Leu CUA Leu CUG Leu	CCU Pro CCC Pro CCA Pro CCG Pro	CAU His CAC His CAA Gln CAG Gln	CGU Arg CGC Arg CGA Arg CGG Arg	U C A G
A	AUU Ile AUC Ile AUA Ile AUG Met	ACU Thr ACC Thr ACA Thr ACG Thr	AAU Asn AAC Asn AAA Lys AAG Lys	AGU Ser AGC Ser AGA Arg AGG Arg	U C A G
G	GUU Val GUC Val GUA Val GUG Val	GCU Ala GCC Ala GCA Ala GCG Ala	GAU Asp GAC Asp GAA Glu GAG Glu	GGU Gly GGC Gly GGA Gly GGG Gly	U C A G

Genetischer Code

Tafel 4.6 Die Transkription bei Eukaryoten

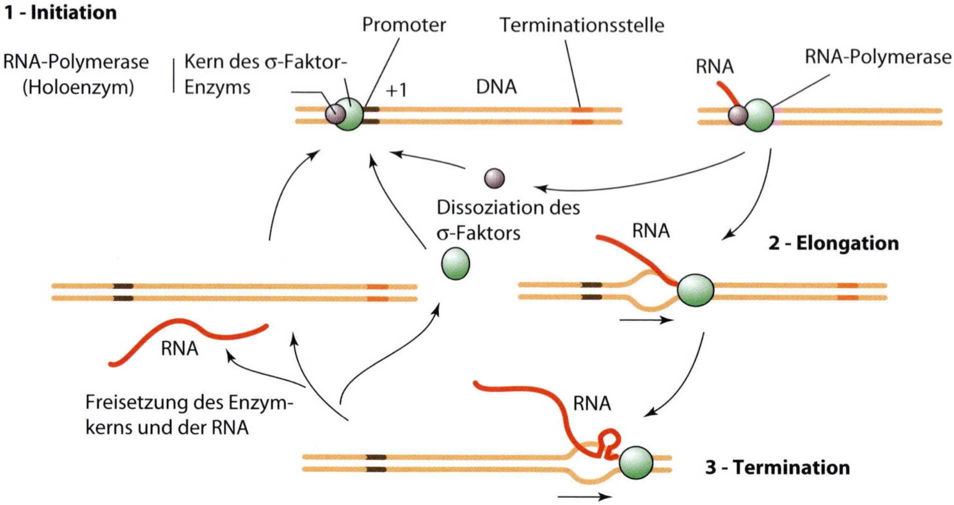

Vorgang der Transkription bei den Prokaryoten

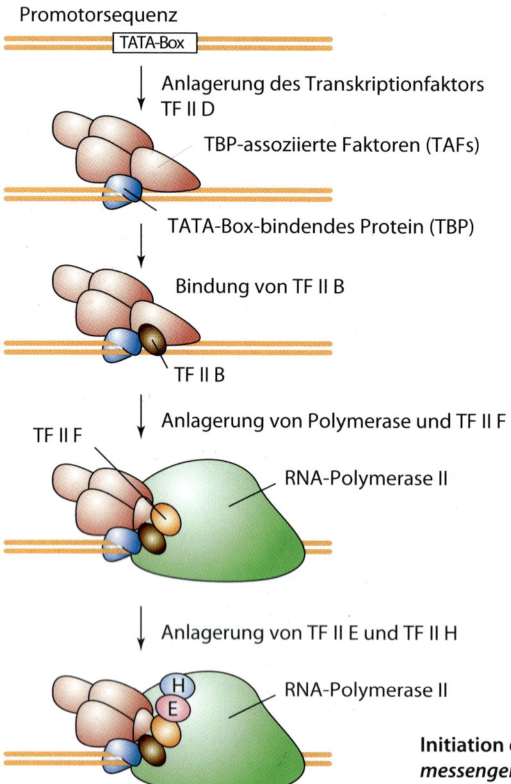

Transkription ist die Synthese eines RNA-Stranges an einem DNA-Matrizenstrang. Sie gliedert sich in drei aufeinanderfolgende Phasen, die sich zyklisch wiederholen: die Initiation, die Elongation und die Termination. Bei den Eukaryoten binden während der Initiation Transkriptionsfaktoren (TF = *transcription factor* I, II oder III, in Abhängigkeit vom jeweiligen Enzym) und rekrutieren eine RNA-Polymerase an der Promotorregion. Sie bilden zusammen den basalen Transkriptionskomplex.

Initiation der Transkription von *messenger*-RNA durch RNA-Polymerase II bei den Eukaryoten

Tafel 4.7 Die Reifung der prä-messenger RNA

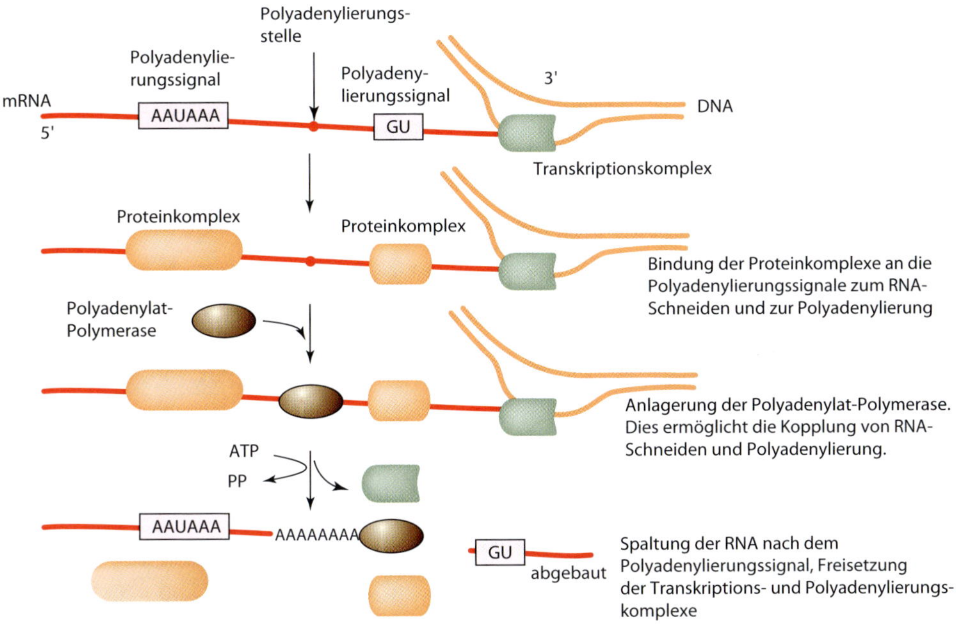

Polyadenylierung der mRNA

Bei den Eukaryoten wird die mRNA über Vorstufen, prä-*messenger*-RNAs, gebildet. Diese durchlaufen zunächst mehrere Reifeschritte: die Modifizierung der 5'- und 3'-Enden = „Kappe", die Polyadenylierung am 3'-Ende und das Spleißen. Beim Spleißen fügen sich die Exon-Abschnitte durch Entfernen der Introns aneinander. Dieser Vorgang findet in RNA-Protein-Komplexen, den Spleißosomen, statt.

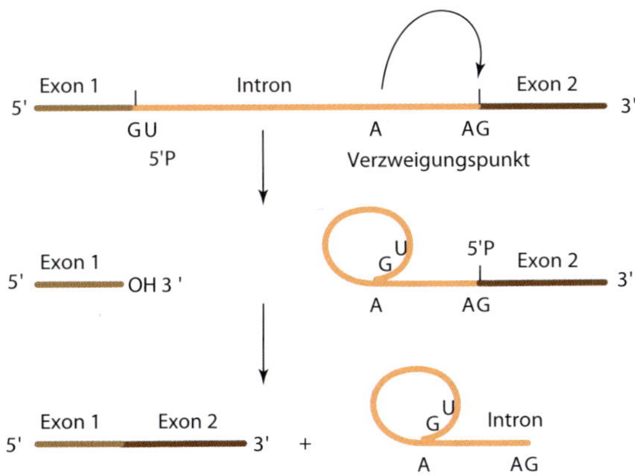

Spleißen von hn-RNA

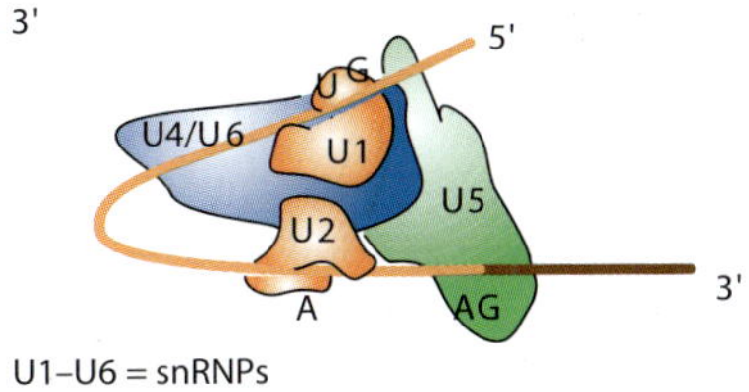

Spleißosom

Tafel 4.8 Die Translation bei Eukaryoten

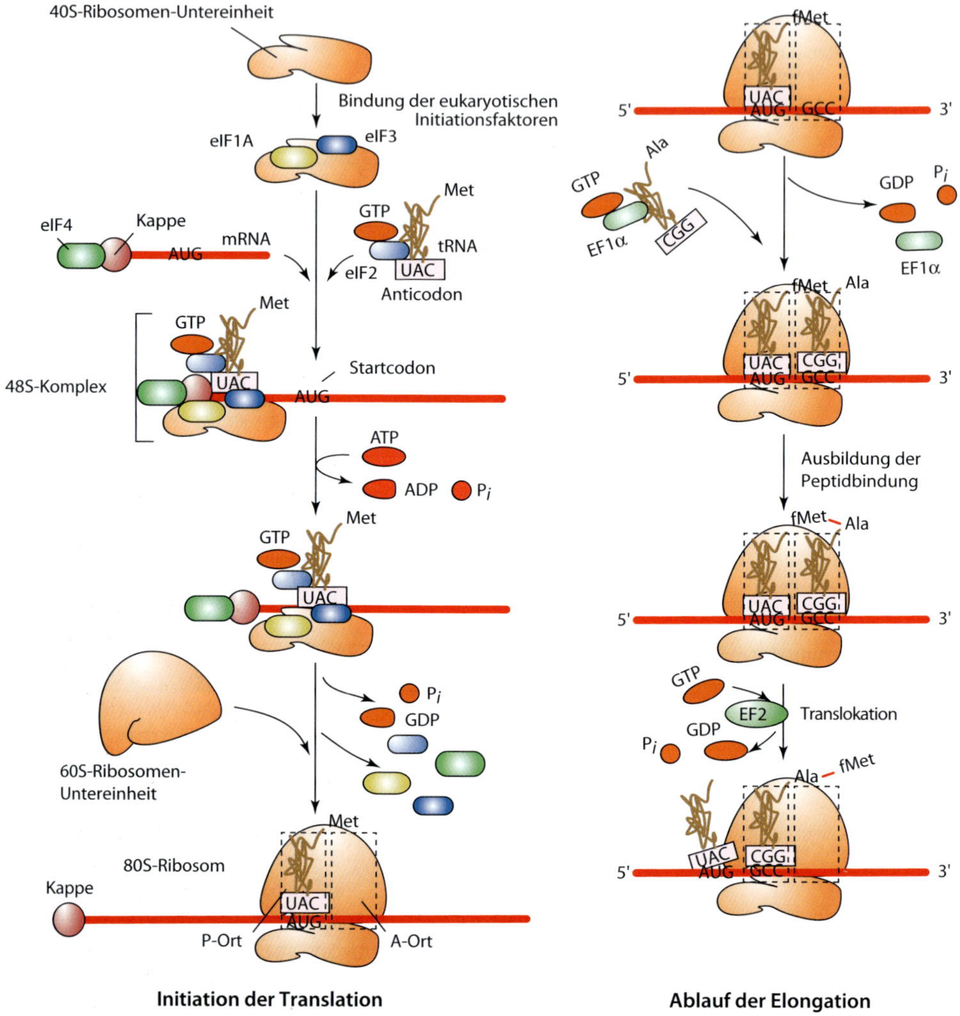

Die Translation ist die Phase der Proteinbiosynthese, bei der die genetische Information in Form von mRNA in Aminosäuresequenzen übersetzt wird (decodiert). Dieser Prozess gliedert sich in drei Abschnitte: Initiation, Elongation und Termination. Er erfordert die Anwesenheit einer Transfer-RNA (tRNA) und findet in den Ribosomen statt.

Tafel 4.9 Die Kontrolle der Genexpression auf der Ebene der Transkription

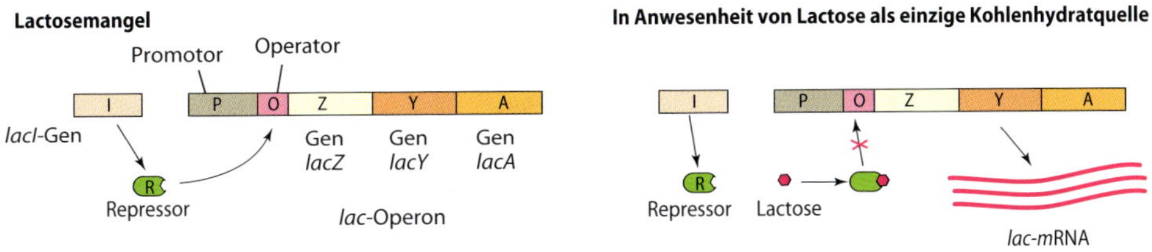

Negative Regulation des *lac*-Operon bei den Prokaryoten

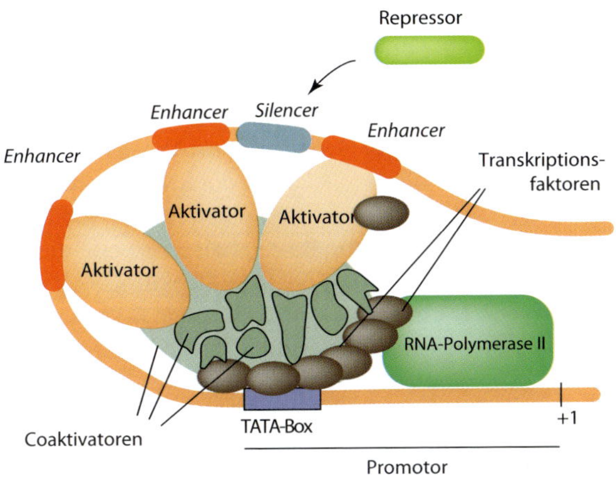

Wirkungsweise der eukaryotischen Transkriptionsfaktoren

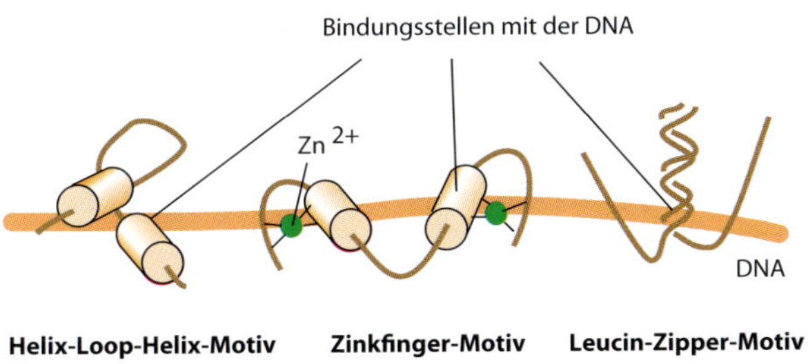

Struktur der DNA-Bindungsmotive von Transkriptionsfaktoren

Bei den Prokaryoten stellt die Regulation der Genexpression einen wichtigen Mechanismus zur Anpassung an Umweltveränderungen dar. Die Kontrolle geht dabei von Umweltfaktoren in der Umgebung des Mikroorganismus aus, die entweder in die Initiation oder in die Termination der Transkription eingreifen.

Bei den Eukaryoten spielt die Überwachung der Genexpression eine essenzielle Rolle für die Entwicklung und Aufrechterhaltung der Homöostase. Wie bei den Prokaryoten stellt die Transkription den ersten möglichen Kontrollpunkt dar. Transkriptionsfaktoren beeinflussen die Rekrutierung der Initiationskomplexe, indem sie an regulatorische RNA-Sequenzen binden. Die DNA gabelt sich und formt eine Blase, die es den Transkriptionsfaktoren ermöglicht, mit dem Initiationskomplex zu interagieren. Die Transkriptionsfaktoren besitzen sehr strukturierte DNA-Bindungsdomänen aus mindestens einer α-Helix, die mit der großen Furche der DNA-Doppelhelix wechselwirken: dem Zinkfinger-Motiv, dem Helix-Loop-Helix-Motiv und dem Leucin-Zipper-Motiv.

Tafel 4.10 Die posttranskriptionelle Kontrolle der Genexpression

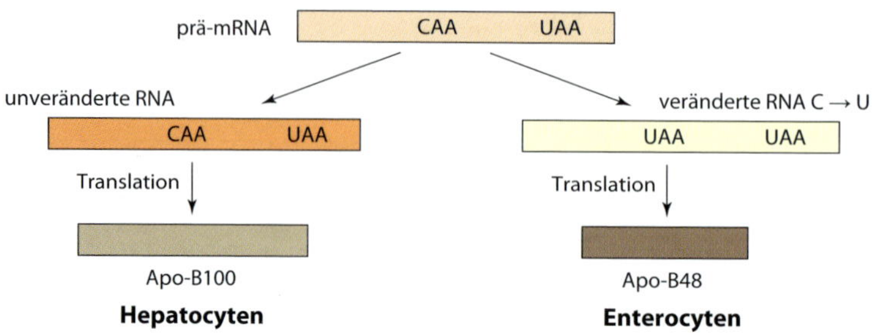

Umgestaltung der für Apolipoprotein B codierenden RNA

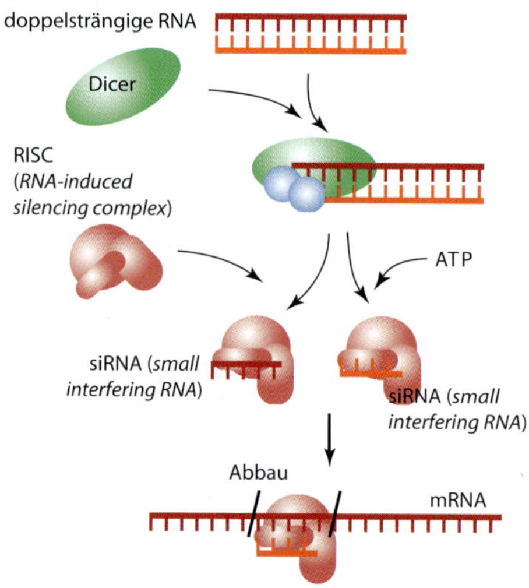

Abbau der mRNA durch RNA-Interferenz: Rolle der siRNA

Bei den Eukaryoten existieren neben transkriptionellen verschiedene posttranskriptionelle Mechanismen zur Regulation der Genexpression. Diese basieren auf der Modifikation der RNA-Struktur oder auf dem Abbau von mRNA. So führt bei den Säugetieren beispielsweise die Veränderung der RNA-Struktur zur Synthese zweier Apolipoprotein B-Varianten (hepatisches Apo-B100 und intestinales Apo-B48). Das Phänomen der RNA-Interferenz (RNAi) wird durch Bindung von exogenen (viral) oder endogenen (z. B. Transposons) Faktoren über einen Nucleus-Komplex, den Dicer, an doppelsträngige RNA, ausgelöst. Die RNA wird in kleine Fragmente gespalten, die wiederrum von den Proteinkomplexen RISC abgebaut werden. RE-BP (*response element-binding proteins*) binden an instabile mRNA-Abschnitte und verhindern deren weiteren Abbau.

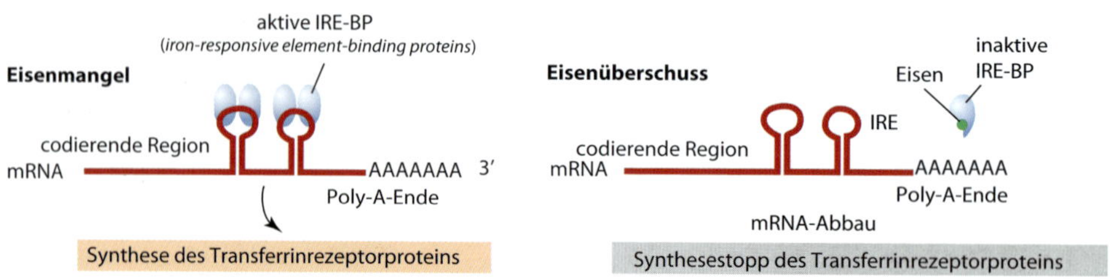

Synthese des Transferrinrezeptorproteins: Regulation des mRNA-Abbaus

Tafel 4.11 Die Kontrolle der Translation bei Eukaryoten

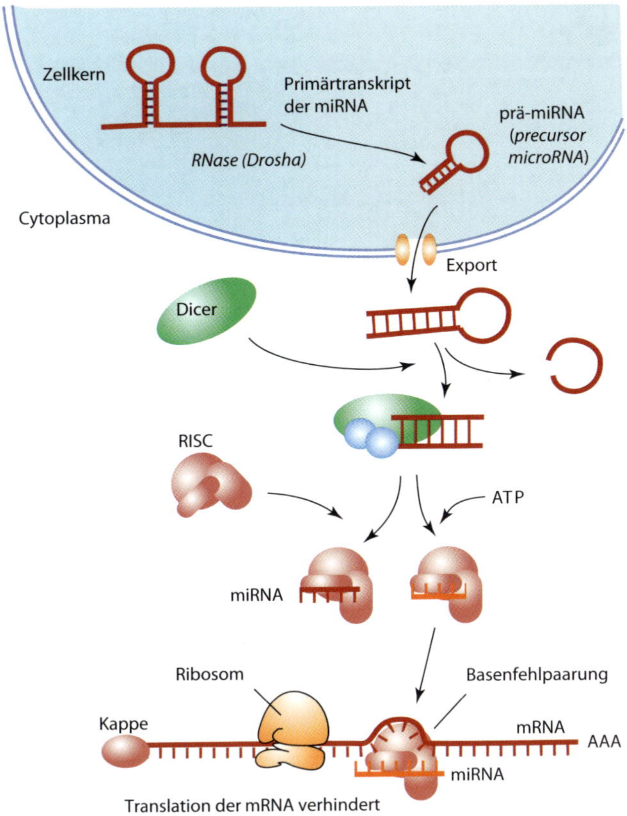

Hemmung der Translation durch RNA-Interferenz: Rolle der miRNA

Die Kontrolle der Translation kann bei den Eukaryoten auf verschiedene Weise erfolgen: durch microRNA (miRNA), durch regulatorische Proteine oder durch Inhibitionsfaktoren. microRNAs sind RNA-Produkte, die zum Teil komplementäre Nucleotide besitzen, die sich zu einer sekundären Struktur, der Haarnadel, zusammenfügen können. Nach der Transkription wird die miRNA zunächst von der Ribonuclease Drosha bearbeitet und ins Cytoplasma exportiert, wo sie von der sekundären Ribonuclease Dicer zu einem Doppelstrang umgelagert wird. RISC baut dann die miRNA zu einem Einzelstrang ab und bleibt an diesen Strang gebunden. Dieser Komplex lagert sich an die mRNA an und blockiert die Translation.

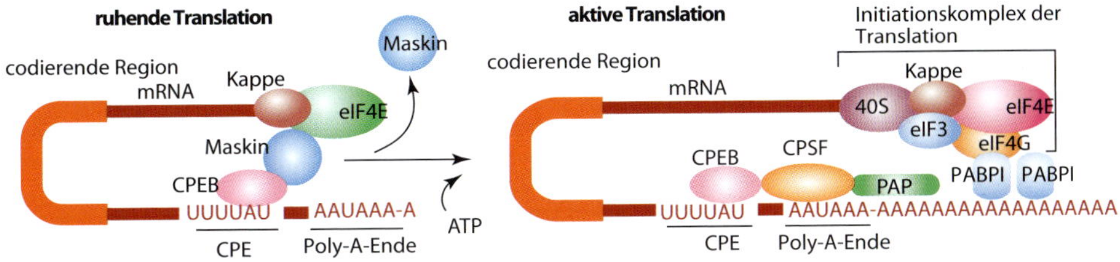

Kontrolle der Polyadenylierung und der Translation im Cytoplasma

Tafel 4.12 Die posttranslationale Modifikation

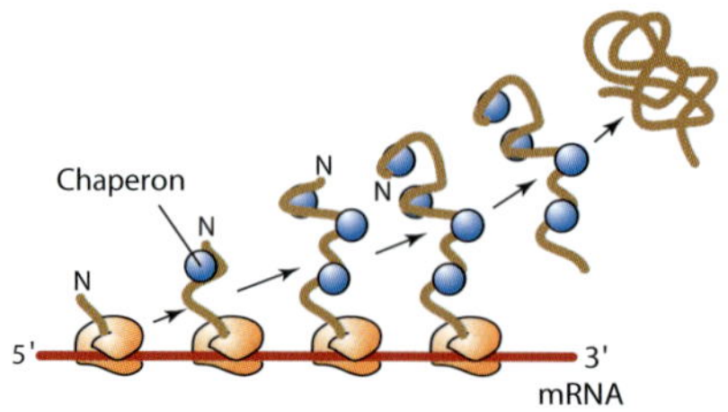

Chaperone verhindern unerwünschte Aggregationen während der Translation

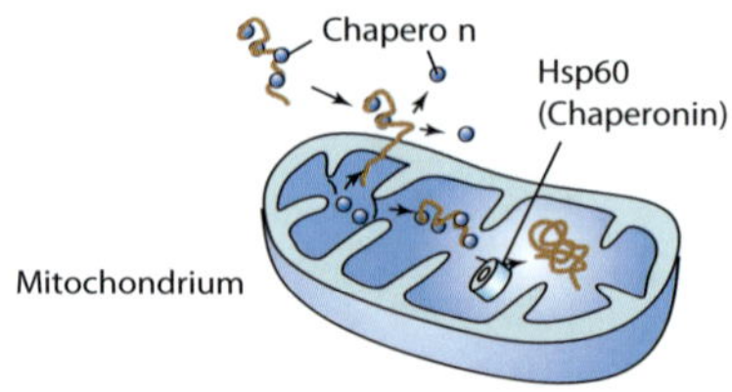

Transport der synthetisierten Proteine in ihre Zielorganellen mithilfe der Chaperone

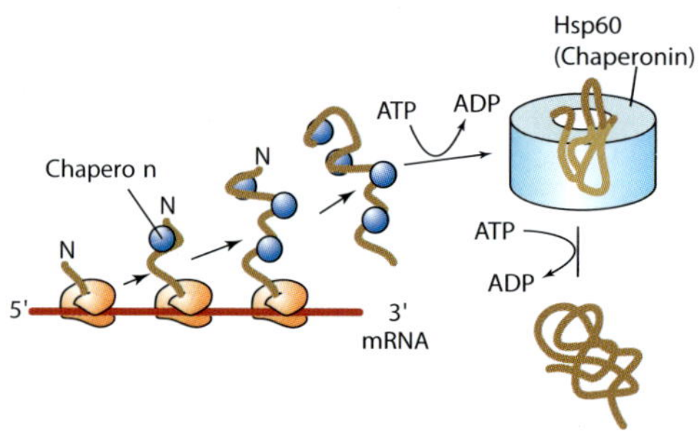

Hsp60 besitzt eine Fass-Struktur, welche die korrekte Proteinfaltung erleichtert

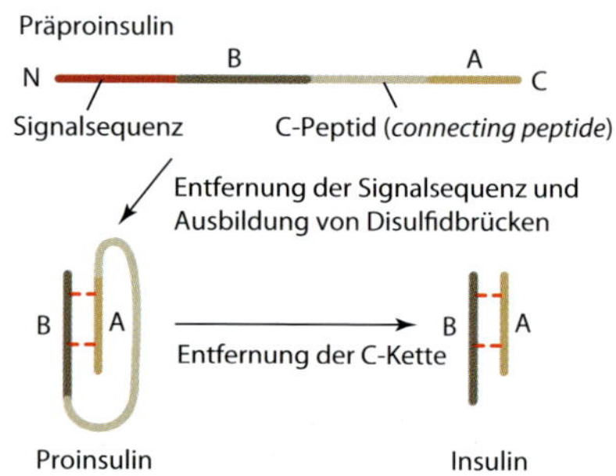

Biosynthese von Insulin

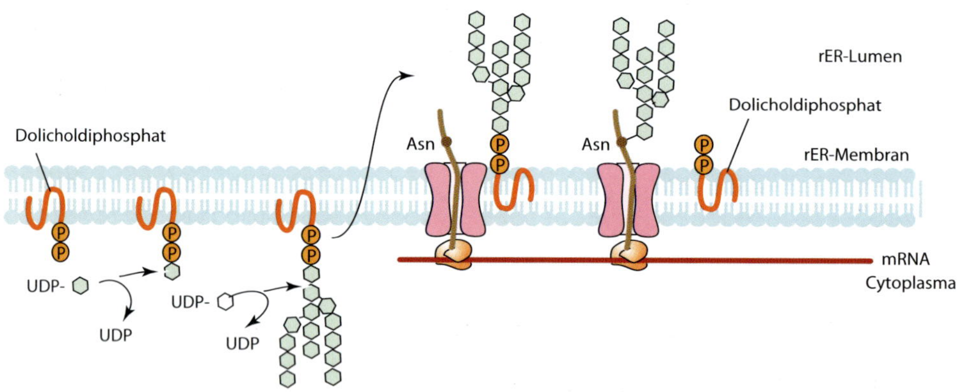

N-Glykosylierung eukaryotischer Proteine

Die Physiologie der Ernährung

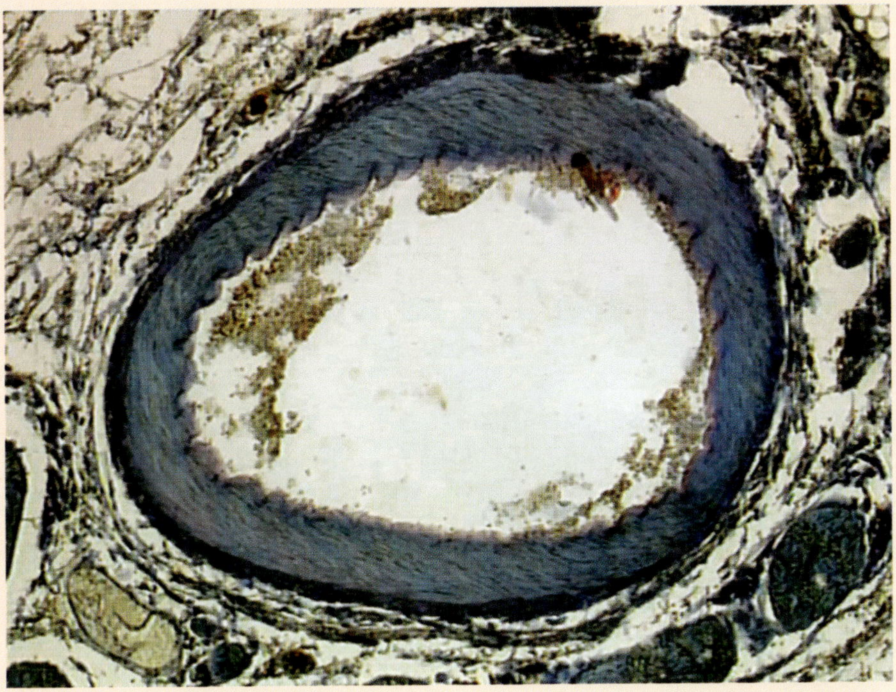

Querschnitt einer Arteriole (LA)

Inhalt

Tafel 5.1 Der Xylemsaft

Substanzen	Anteil am Xylemsaft (variiert saisonal und in Abhängigkeit von der Spezies)	
Wasser	93–99 % der Masse	
Mineralien	Kationen: K^+ ~ 90 µg/ml Ca^{2+} ~ 17 µg/ml Mg^{2+} ~ 27 µg/ml Na^+ ~ 60 µg/ml NH_4^+, Mn^{2+}, Fe^{2+}, Cu^{2+}, Zn^{2+} etc.	Anionen: PO_4^{3-} ~ 130 µg/ml NO_3^- ~ 10 µg/ml Cl^-, SO_4^{2-} etc.
Organische Verbindungen	Aminosäuren (Glutamin, Asparagin, Glutaminsäure, Methionin, Arginin etc.) ~ 700 µg/ml Kohlenhydrate (Saccharose): Im Frühjahr besitzt der Ahornbaum einen Anteil von 0–2,5 % Zucker an der gesamten Pflanzenmasse.	

Allgemeine Zusammensetzung des Xylemsaftes

Pflanzen nehmen ihre benötigten Nährstoffe aus der Umwelt auf. So gelangen Mineralien gewöhnlich über die Wurzeln in die Pflanze und bilden in den Leitbahnen den Xylemsaft. Die Zusammensetzung des Xylemsaftes ist abhängig von der Art und der Konzentration der gelösten Substanzen. Der Saft wird stetig in der Pflanze verteilt, er ist lebensnotwendig. Der Xylemsaft ist eine wässrige Flüssigkeit, mit einem Stoffanteil von maximal 1–5 g/l. Er enthält Mineralien und organische Verbindungen, insbesondere Aminosäuren und zuweilen Zucker aus dem Zellstoffwechsel.

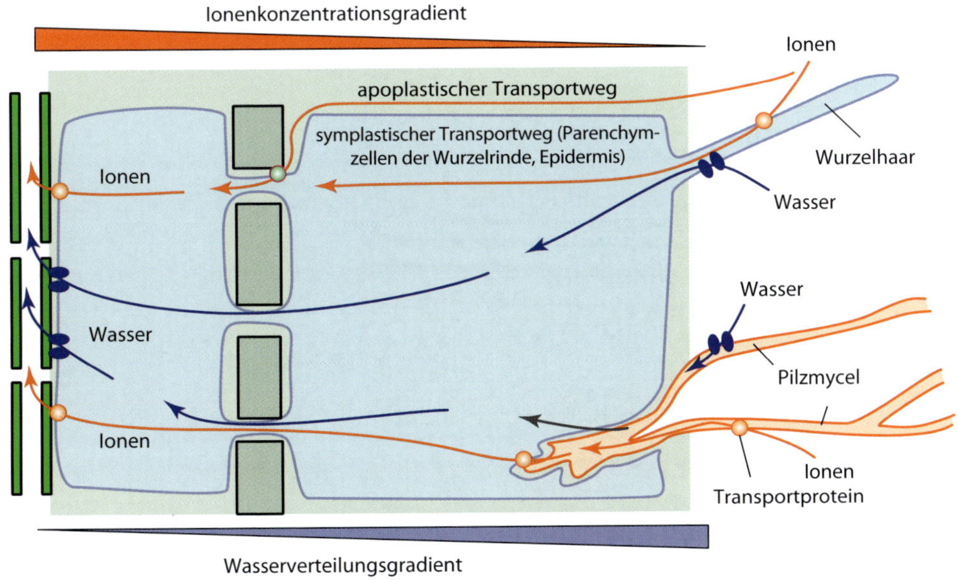

Physiologische Voraussetzungen zur Bildung des Xylemsaftes

D. Richard, P. Chevalet, T. Soubaya, *Biologie in Farbtafeln*,
DOI 10.1007/978-3-642-32984-5_5,

5

Tafel 5.2 Der Phloemsaft

Substanzen	Anteil am Phloemsaft (variiert saisonal und in Abhängigkeit von der Spezies)	
Wasser	93–99 % der Masse	
Mineralien	Kationen: K^+ ~ 1540 µg/ml Ca^{2+} ~ 21 µg/ml Mg^{2+} ~ 85 µg/ml Na^+ ~ 120 µg/ml Mn^{2+}, Fe^{2+}, Zn^{2+} etc.	Anionen: PO_4^{3-} ~ 130 µg/ml NO_3^- ~ 0 µg/ml Cl^-, SO_4^{2-} etc.
Organische Verbindungen	Kohlenhydrate (Saccharose, Raffinose): 154.000 µg/ml Aminosäuren (Glutamin, Asparagin, Glutaminsäure, Arginin etc.) ~ 13.000 µg/ml Polyole (Mannitol, Sorbitol) Carbonsäuren (Malat, Citrat, Oxalat)	

Allgemeine Zusammensetzung des Phloemsaftes

Der Phloemsaft ist eine wässrige Lösung, die im Pflanzeninnern zirkuliert, um die Assimilate (Photosyntheseprodukte) zu den Organen zu transportieren. Er wird in den chlorophyllhaltigen Blättern gebildet. Der Anteil an gelösten Stoffen ist im Phloemsaft 180-fach höher als im Xylemsaft. Die organischen Bestandteile machen 10–25 % der Flüssigkeitsmenge aus. Der Phloemsaft besteht aus Wasser, Kohlenhydraten, Aminosäuren, Ionen und Carbonsäuren, der pH-Wert ist leicht alkalisch (7,5–8,5). Die transportierten organischen Verbindungen sind löslich und wirken nicht reduzierend. Als besonderes Merkmal besitzen pflanzliche Gefäße keine Lipide.

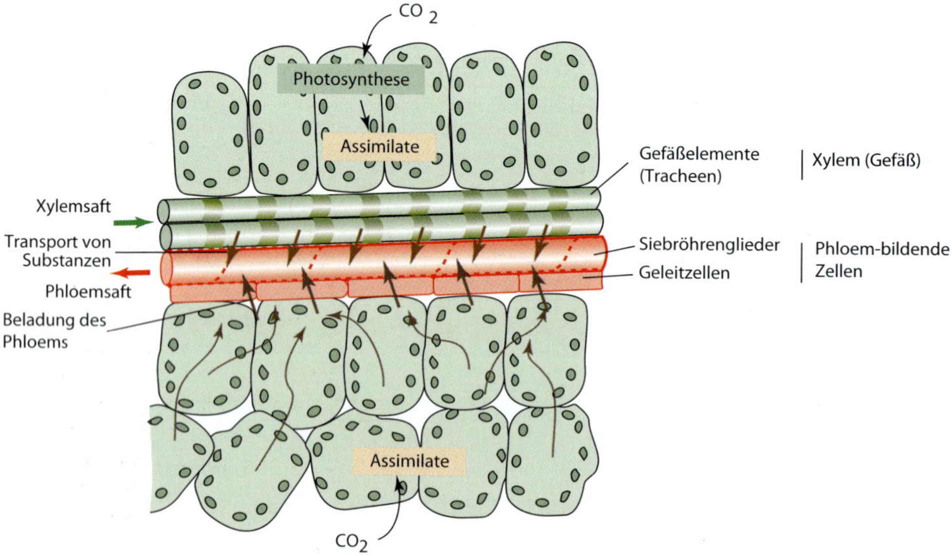

Mechanismen zur Bildung des Phloemsaftes

Tafel 5.3 Die Funktionsweise der Stomata

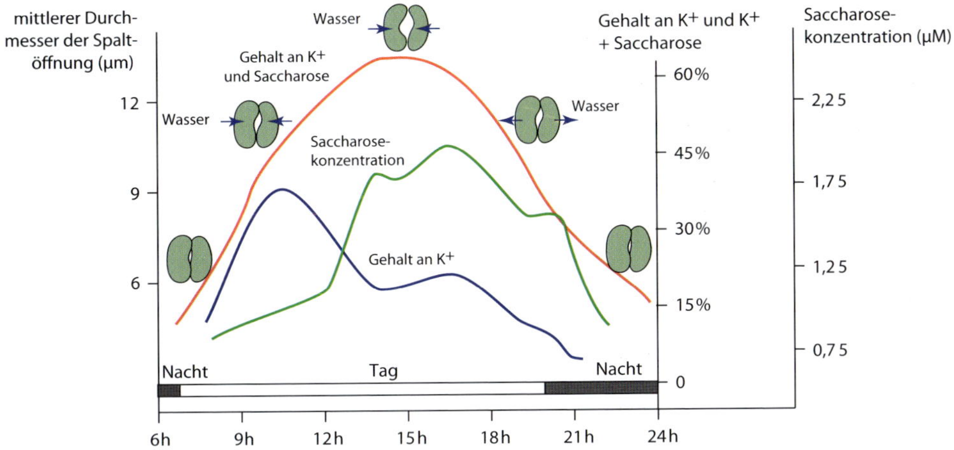

Regulation der Spaltöffnung über das Wasserpotenzial

Die Pflanze reguliert ihren Wasserhaushalt über die Spaltöffnungen. Wasserverluste entstehen bei der Transpiration, der Photosynthese, der Atmung und der Photorespiration. Bei den C_3- und C_4-Pflanzen sind die Stomata tagsüber geöffnet und nachts geschlossen (umgekehrt zu den CAM-Pflanzen). Die Öffnung der Stomata kann zusätzlich zur hormonellen Regulation über den Turgor der Schließzellen durch die Luftfeuchtigkeit und durch die Sonneneinstrahlung gesteuert werden.

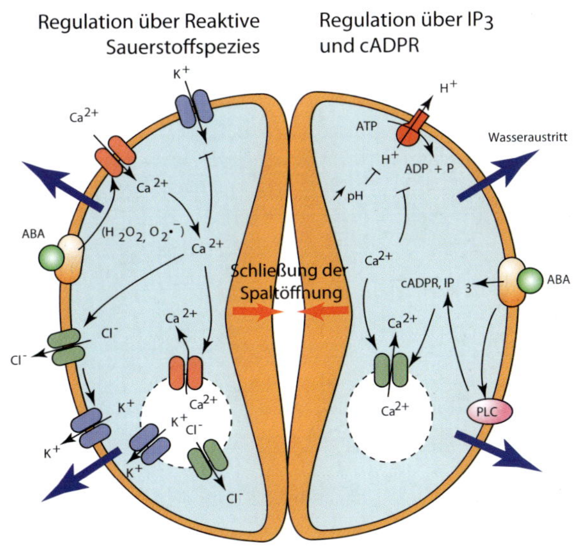

Regulation der Schließzellen über ABA

Unter starkem Wassermangel bildet die Pflanze Abscisinsäure (ABA), ein Phytohormon, das die Schließung der Spaltöffnungen veranlasst. In den Schließzellen vermittelt ABA über zwei verschiedene Signalwege (Reaktive Sauerstoffspezies und IP_3) die Freisetzung von Calcium. Es kommt zur Ausschleusung von intrazellulärem K^+ und Cl^-, was zur Bildung eines Wasserpotenzials vom Cytosol Richtung Zellwand führt und damit den Austritt von Wasser und die Schließung der Spaltöffnung bewirkt.

Tafel 5.4 Der Transport des Pflanzensaftes

Leitgefäße (Querschnitt eines Holunderstängel – LA)

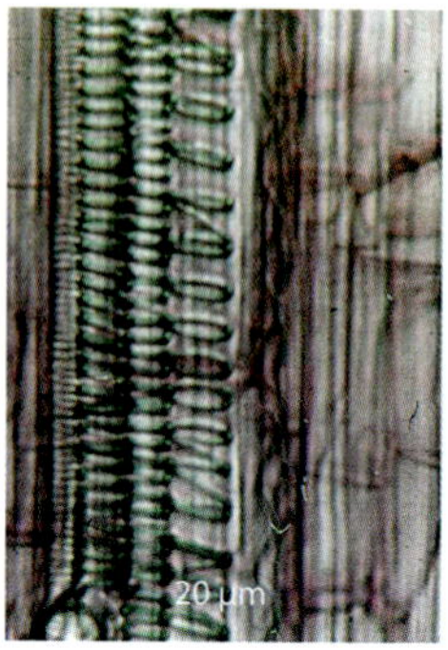

Leitgefäße (Längsschnitt – LA)

Das pflanzliche Gefäßsystem wie das der Angiospermen besitzt ein doppeltes und parallel funktionierendes Transportsystem, das nach unten und nach oben offen ist. Das Xylem und das Phloem besitzen jeweils leitende Elemente, gefüllt mit Xylemsaft bzw. Phloemsaft. Die Elemente sind dabei an Transport- und Verteilungsvorgänge des Pflanzensaftes zu den Organen angepasst.

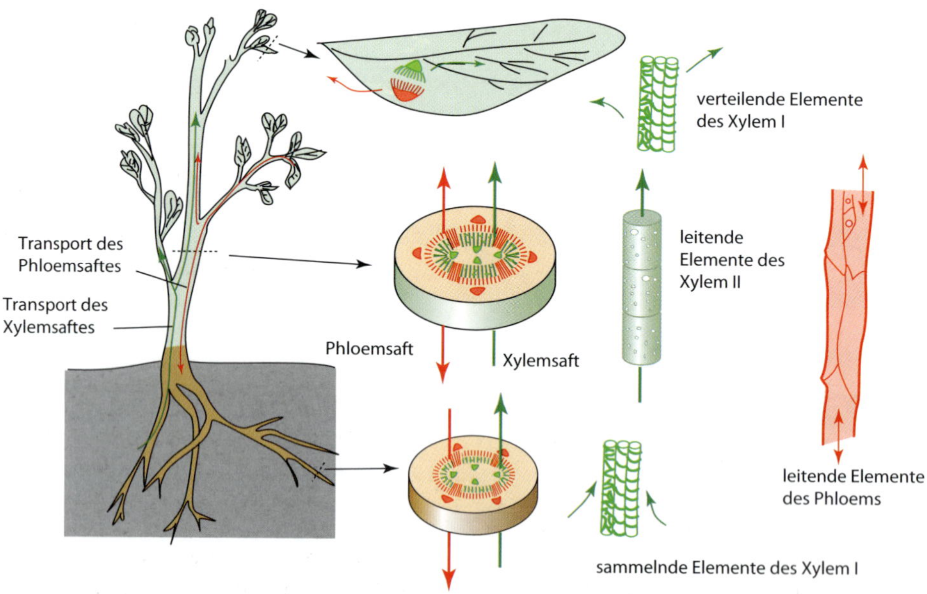

Transport des Pflanzensaftes in einer jungen zweikeimblättrigen Pflanze (Übergangsstruktur vom primären (I) zum sekundären (II) Stadium)

Tafel 5.5 Der Motor des Stofftransportes

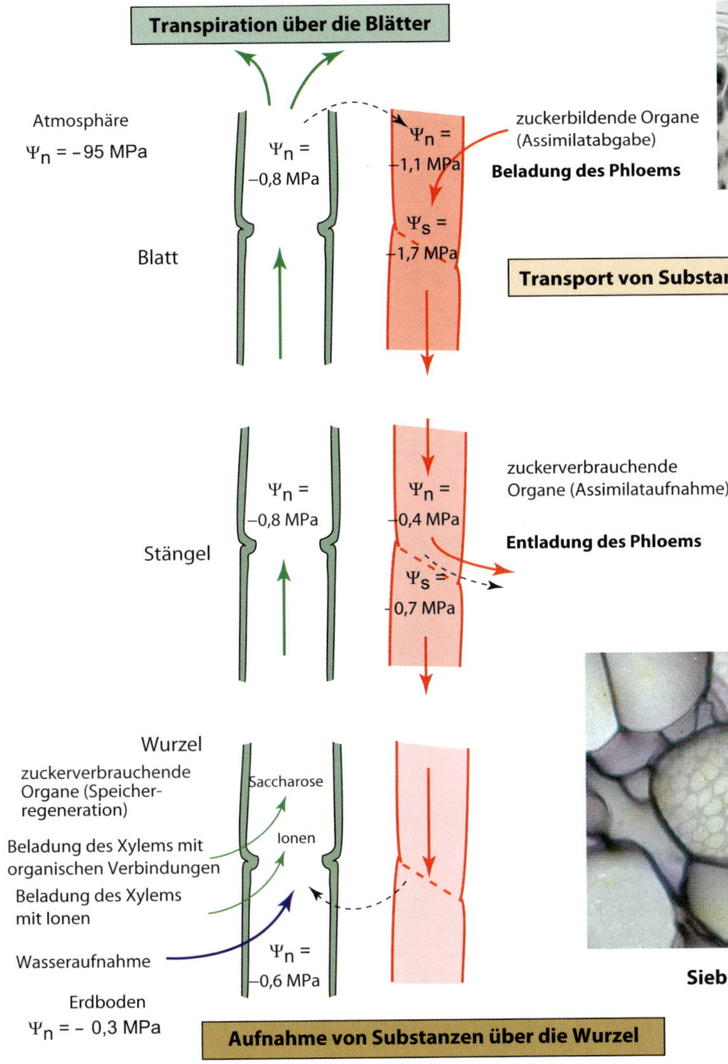

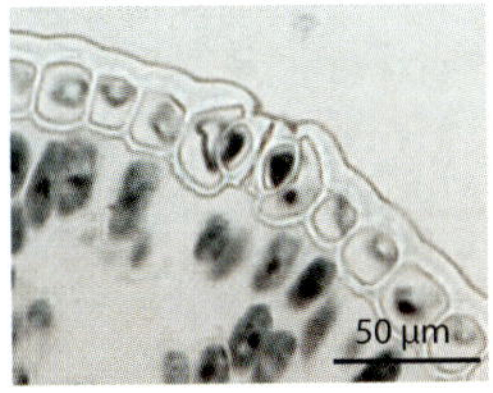

Spaltöffnung (LS – LA)

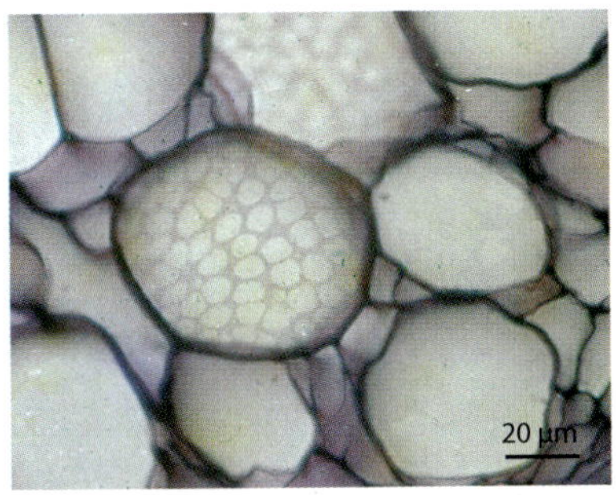

Siebröhre (LS – LA)

Der Transport von Xylem- und Phloemsaft beruht im Prinzip auf drei Faktoren: der Transpiration über die Blätter, der Saugkraft der Wurzeln und dem Stoffaustausch zwischen den Organen. Die Transpiration über die Blätter übt einen Unterdruck auf den Xylemsaft aus. Die Stoffaufnahme über die Wurzeln baut einen Druck auf die Flüssigkeitssäule auf und verursacht einen Wassereinstrom aus dem Boden. Die im Transportsystem des Phloems stattfindenden Stoffaustauschprozesse könnten durch den Transport von Substanzen bedingt sein.

Tafel 5.6 Das Blut

Das Blut ist eine zirkulierende Körperflüssigkeit, die vielfältige Funktionen wie den Transport von Sauerstoff, Nährstoffen, Hormonen und Wärme ausübt. Darüber hinaus vermittelt das Blut die Immunabwehr und reguliert das osmotische und hydrostatische Gleichgewicht.

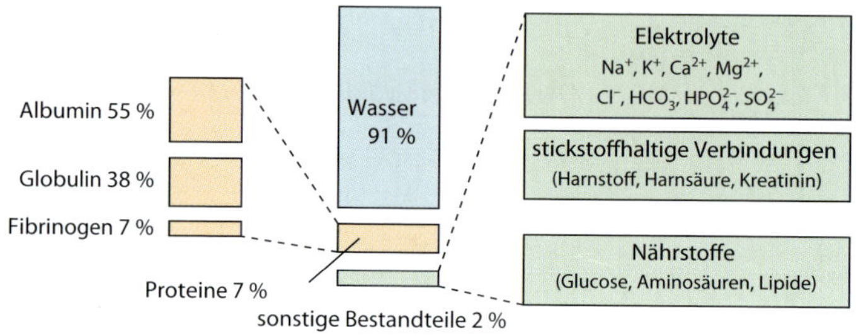

Die Hauptbestandteile des Blutplasmas

Das Blut besteht zu 55 % aus Plasma, der flüssigen Phase des Blutes. Es enthält zum größten Teil Wasser, mit den darin gelösten Substanzen, wobei hier insbesondere die Proteine wichtige Funktionen ausüben.

Die zellulären Blutbestandteile lassen sich in drei Zelltypen einteilen: die Erythrocyten (rote Blutkörperchen), die Leukocyten (weiße Blutkörperchen) und die Thrombocyten (Blutplättchen). Dabei dienen die Erythrocyten dem Transport von Sauerstoff, die Leukocyten sind beteiligt an der Immunantwort sowie an der Wundheilung und die Thrombocyten spielen eine Rolle bei der Aufrechterhaltung der Homöostase.

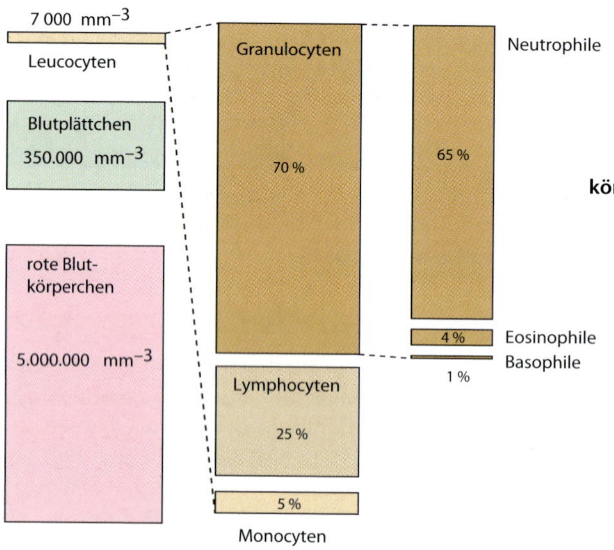

Die zellulären Blutbestandteile

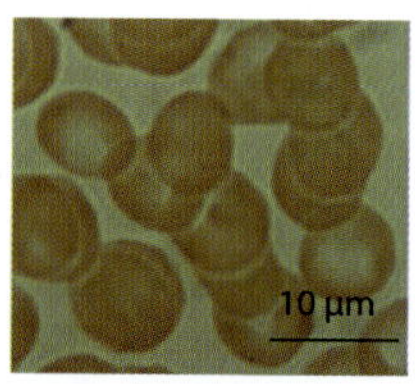

rote Blutkörperchen (LA)

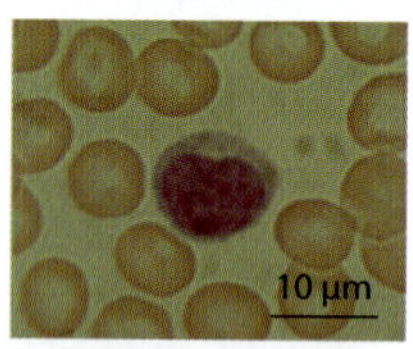

Monocyten (LA)

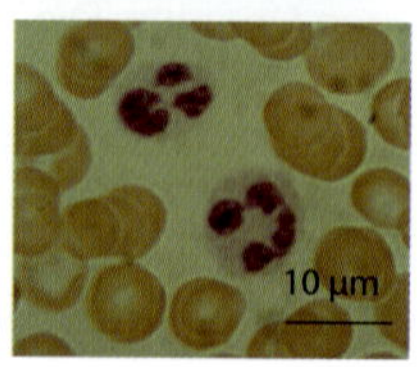

Polynucleäre Zellen (LA)

Tafel 5.7 Die Anatomie des Säugetierherzens

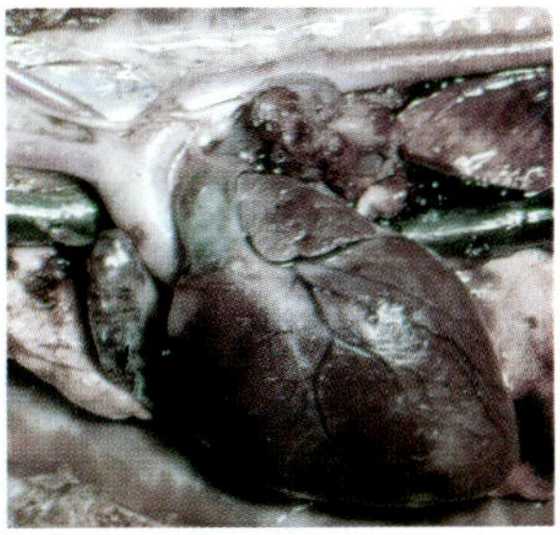

Herz einer Maus (Vorderansicht)

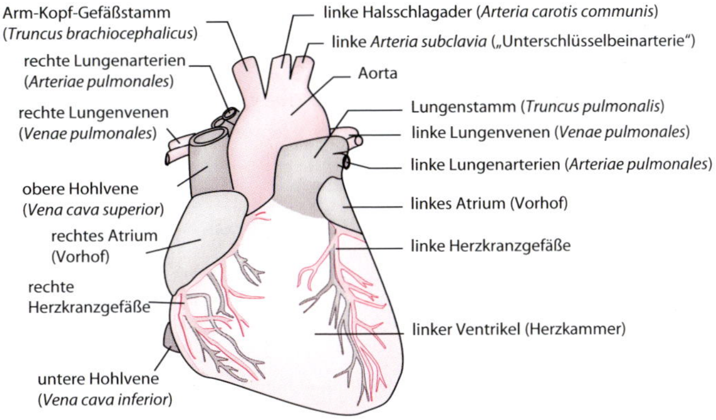

Das Herz ist ein Hohlorgan, welches aufgrund rhythmischer Kontraktionen das Blut durch den Körper pumpt. Es besitzt eine rechte und eine linke Herzhälfte, die jeweils unabhängig voneinander arbeiten. Die Herzhälften bestehen aus zwei miteinander verbundenen Hohlräumen, dem Atrium (Vorhof) und dem Ventrikel (Herzkammer).

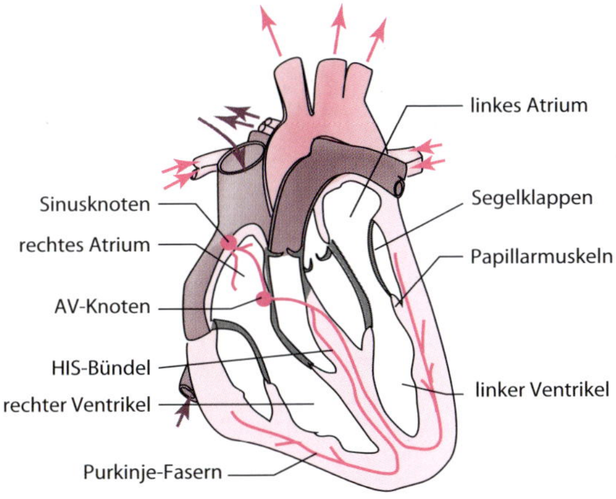

Herz im Längsschnitt

Das Herz besitzt mehrere Zelltypen. Die Herzmuskelzellen bilden die Herzmuskulatur und damit den größten Teil der Herzwand. Sie sind verantwortlich für die Ausführung der Herzkontraktion. Bestimmte Herzmuskelzellen sind autorhythmisch und damit Impulsgeber für die Herzkontraktion. Bindegewebszellen bilden die Herzscheidewand und die Herzklappen, die dazu dienen, einen Blutrückfluss zu verhindern.

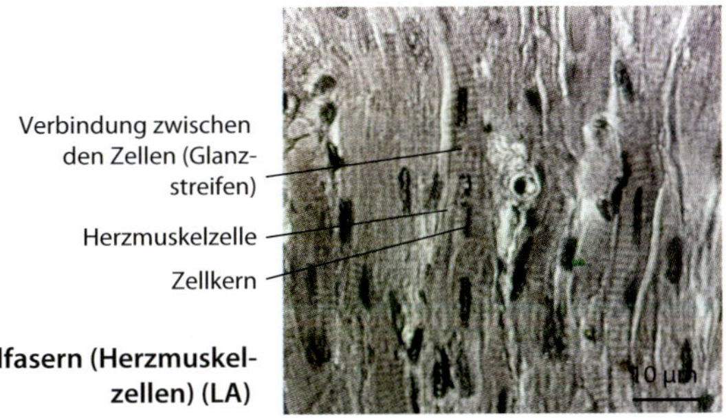

Herzmuskelfasern (Herzmuskelzellen) (LA)

Tafel 5.8 Die Herzphasen beim Menschen

Über die Venen gelangt das Blut in die Vorhöfe, von wo aus es über die Ventrikel in die Arterien ausgeworfen wird. Die Aktivität des Herzens wird durch die Abfolge zweier Phasen bestimmt: die Diastole und die Systole. Die Phasen sind jeweils charakterisiert durch das Öffnen und Schließen der Segel- und Taschenklappen.

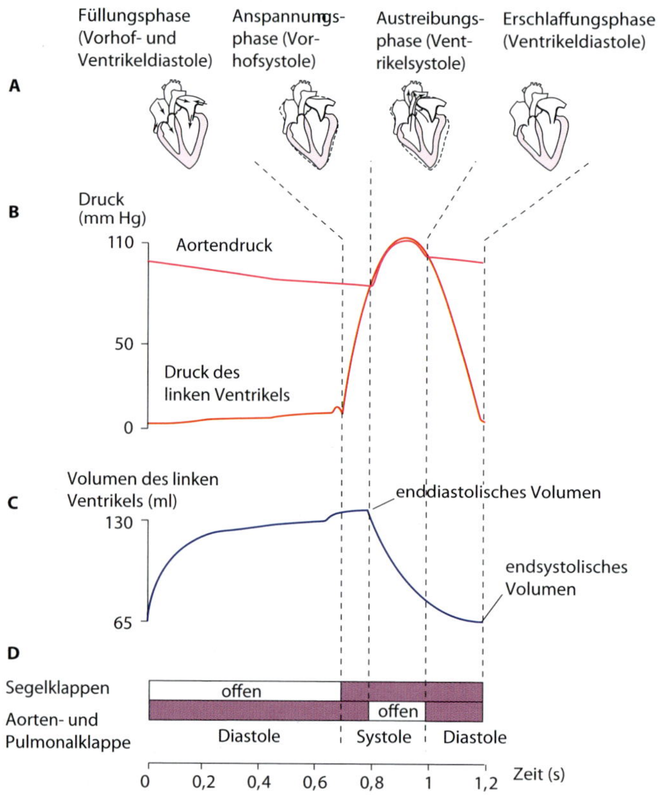

Der Herzzyklus A: Herzphasen, B: Aortendruck und Druck im linken Ventrikel, C: Volumen des linken Ventrikels, D: Stellung der Herzklappen

Phase 1: Die Füllung des linken Ventrikels wird durch Druckunterschiede und der Öffnung der Mitralklappe ermöglicht.

Phase 2: Die Schließung der Mitralklappe bewirkt einen Druckanstieg in den mit Blut gefüllten linken Ventrikel.

Phase 3: Nach Öffnung der Aortenklappe erfolgt der Auswurf des Bluts über die Aorta.

Phase 4: Erschlaffung der Herzkammern nach dem Schluss der Taschenklappen.

Die Herzleistung ist abhängig vom Durchsatz des Herzens. Dieser wird durch die Herzfrequenz und das Schlagvolumen bestimmt. Die Regulation der Herzleistung erfolgt über intrakranielle (Venenzufluss) und extrakranielle (Nerven, Hormone) Mechanismen.

Tafel 5.9 Die Blutgefäße

Es gibt drei Blutgefäßtypen: Arterien, Venen und Kapillaren. Die Gefäßwände bestehen aus mehreren Schichten (Tunica), die je nach Gefäßtyp eine unterschiedliche Dicke besitzen. Alle Gefäße können Blut transportieren und in Abhängigkeit von ihrer Struktur spezielle Funktionen erfüllen.

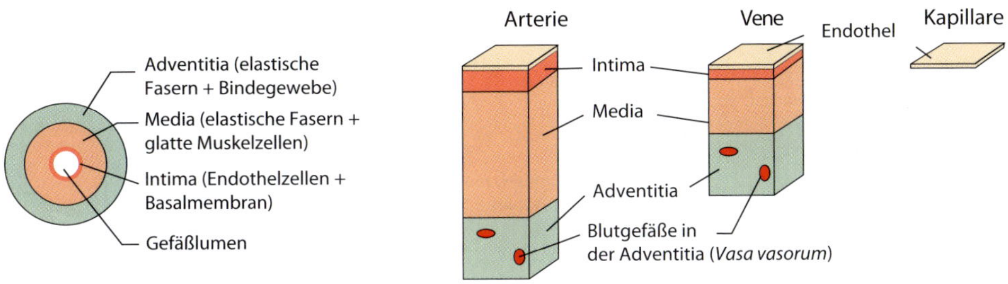

Aufbau der Blutgefäße

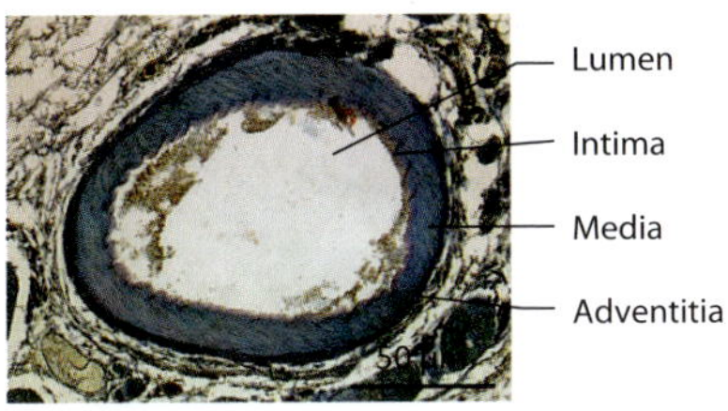

Arteriole (LS-LA)

Die ausgeprägten glatten Muskelfasern in den arteriellen Gefäßwänden sind verantwortlich für die vasomotorischen Eigenschaften der Arterie. Über die Variation des Gefäßdurchmessers kann der arterielle Druck eingestellt und aufrechterhalten werden. Arterien bilden ein Druckreservoir.

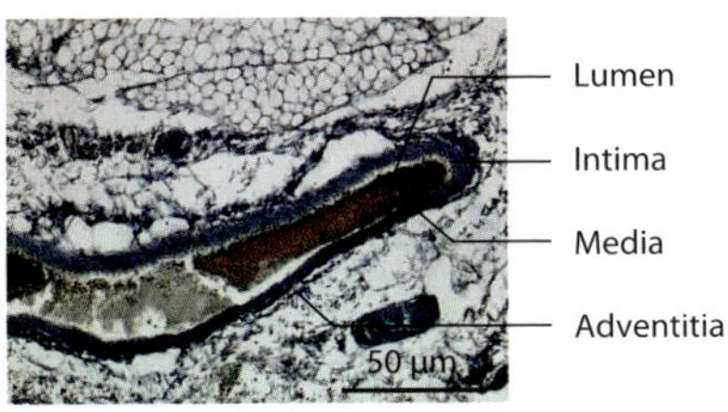

Venole (LS-LA)

Venen besitzen eine dünne Media, mit wenig glatten Muskelzellen, aber vielen elastischen Fasern. Sie verfügen über einen schwachen Strömungswiderstand, haben aber durch ihre ausgeprägte Dehnbarkeit ein großes Fassungsvermögen. Venen bilden ein Volumenreservoir.

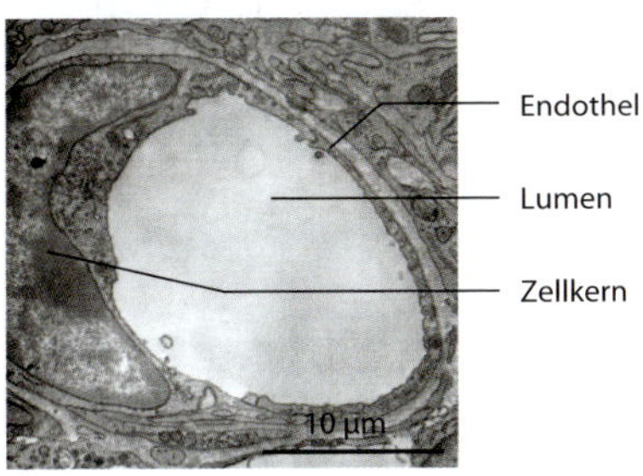

Kapillare (LS-TEM)

Kapillaren bestehen lediglich aus einer dünnen Endothelschicht. Dadurch können über Diffusion Stoffe zwischen dem Blut und der interstitiellen Flüssigkeit ausgetauscht werden. Die niedrige Strömungsgeschwindigkeit in diesem Gefäßtyp begünstigt den Stoffaustausch.

Tafel 5.10 Kreislaufsysteme

Im Tierreich reicht der Transport von Körperflüssigkeiten von einer einfachen Durchmischung der interstitiellen Flüssigkeit bis hin zu einer Kompartimentierung, in der sich die eingeschlossene Flüssigkeit bewegt. Bei den Wirbeltieren (Vertebrata) gibt es ein lymphatisches System zur Gewebedrainage.

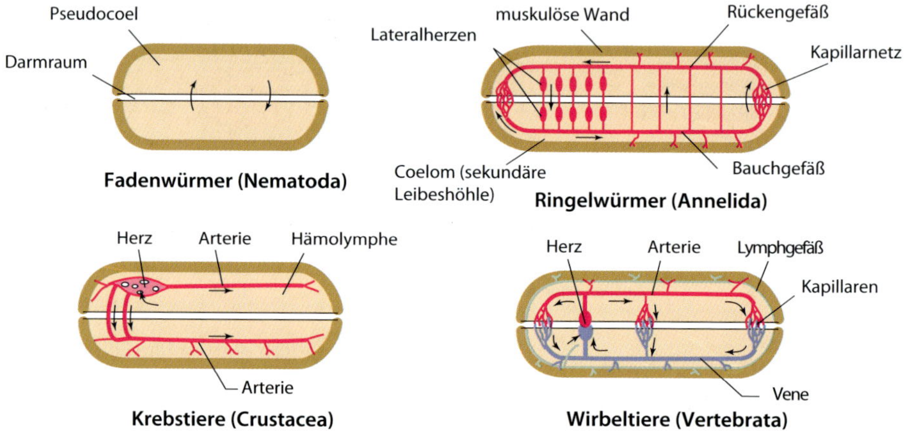

Verschiedene Körperkreisläufe

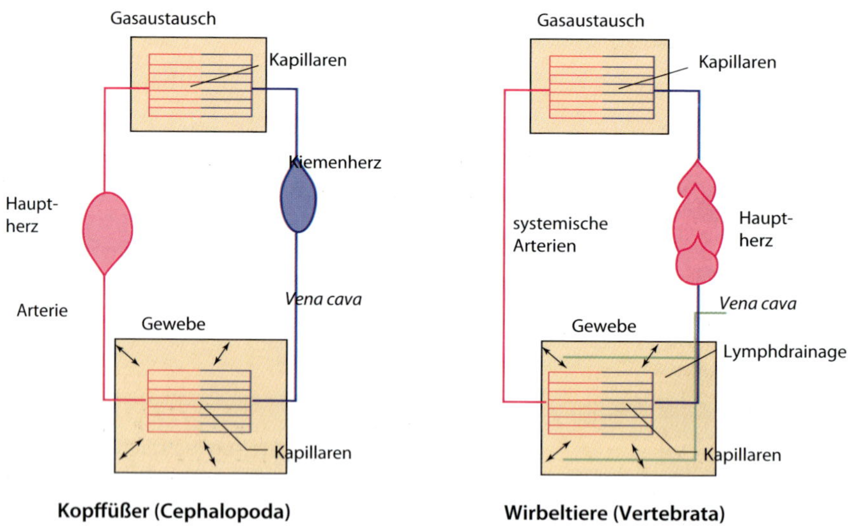

Geschlossener Blutkreislauf: Auftreten des Lymphsystems

Tafel 5.11 Der Aufbau des Herzens

Das Herz bestimmt den Flüssigkeitstransport im Körper.

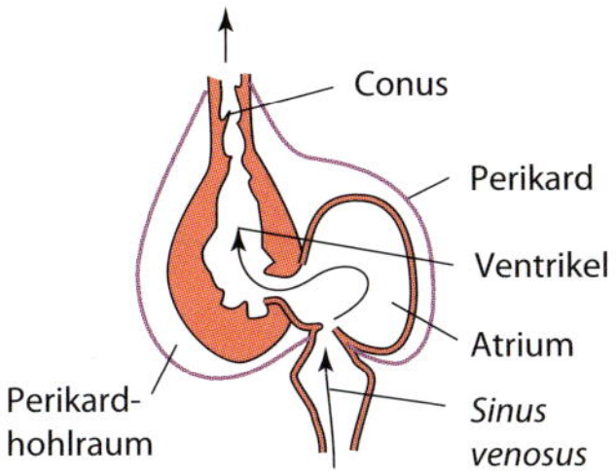

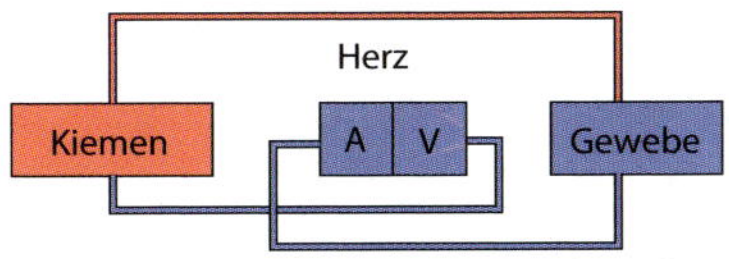

Das Herz der Echten Knochenfische (Teleostei) besitzt zwei Kammern. Es pumpt sauerstoffarmes Blut aus den Körpergeweben zu den Kiemen.

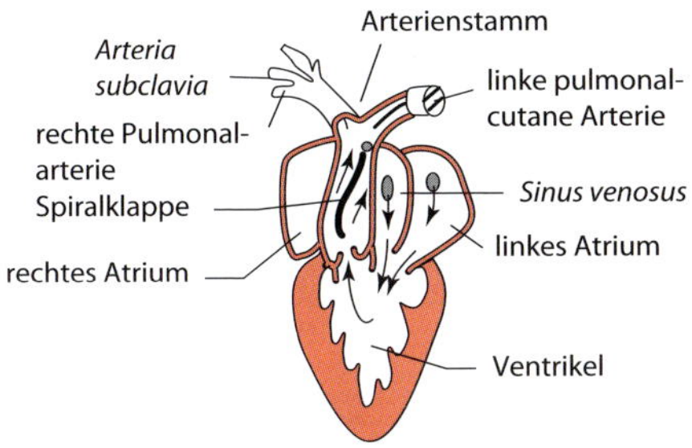

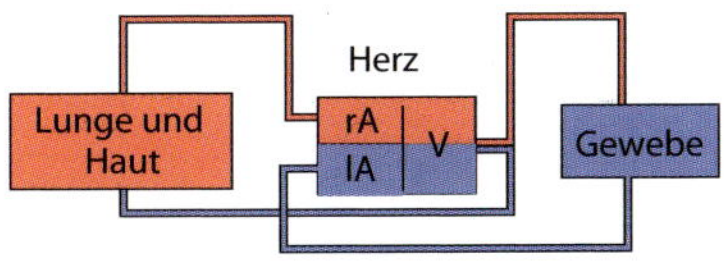

Das Amphibienherz ist partiell getrennt. Es transportiert Mischblut, also sauerstoffreiches Blut aus Lunge und Haut und sauerstoffarmes Blut aus dem Körper, durch einen Ventrikel in die Körpergewebe.

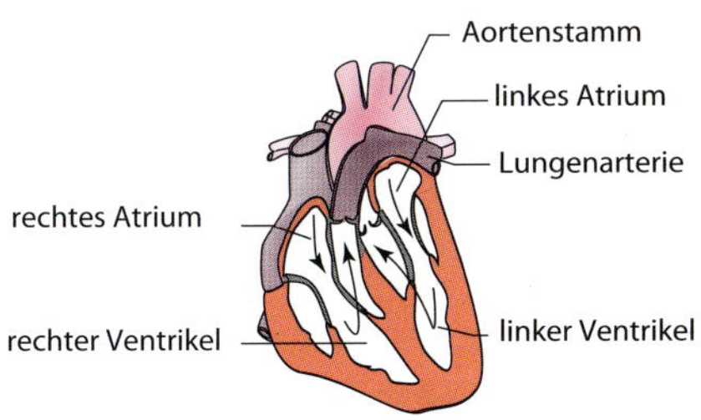

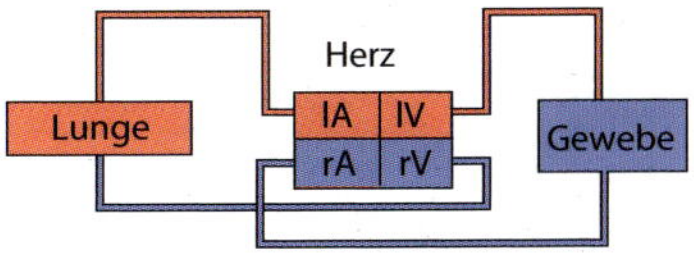

Beim Säugetierherz sind Körper- und Lungenkreislauf vollständig voneinander getrennt. Das Herz besteht aus vier Kammern.

Tafel 5.12 Der arterielle Druck

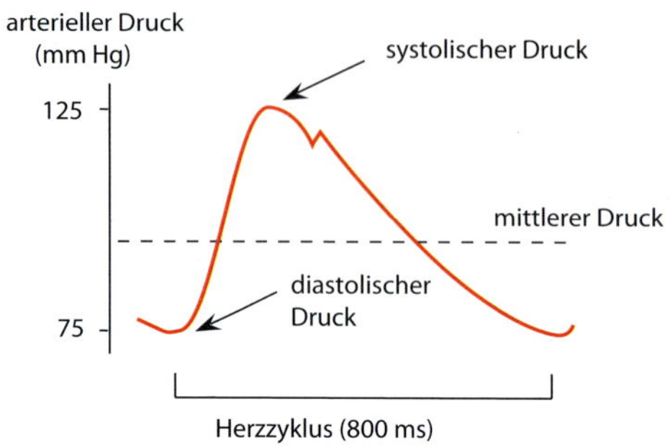

Arterielle Druckverhältnisse während eines Herzzyklus

Triebkraft der Blutzirkulation ist der Druckunterschied zwischen der Aorta und den Hohlvenen. Der arterielle Druck besteht aus dem Blutdruck der großen Körperarterien. Als arterieller Druck wird derjenige Blutdruck bezeichnet, der in den großen Körperarterien vorherrscht. Dieser Druck ist aufgrund der aufeinanderfolgenden Herzphasen, Systole und Diastole, pulsierend.

Der arterielle Druck ist abhängig vom Herzminutenvolumen und vom peripheren Widerstand. Das Herzminutenvolumen wird durch die Herzfrequenz und das Herzschlagvolumen bestimmt, der Widerstand wird über den Durchmesser der Arteriolen reguliert. Der arterielle Druck wird somit über mehrere Faktoren gesteuert.

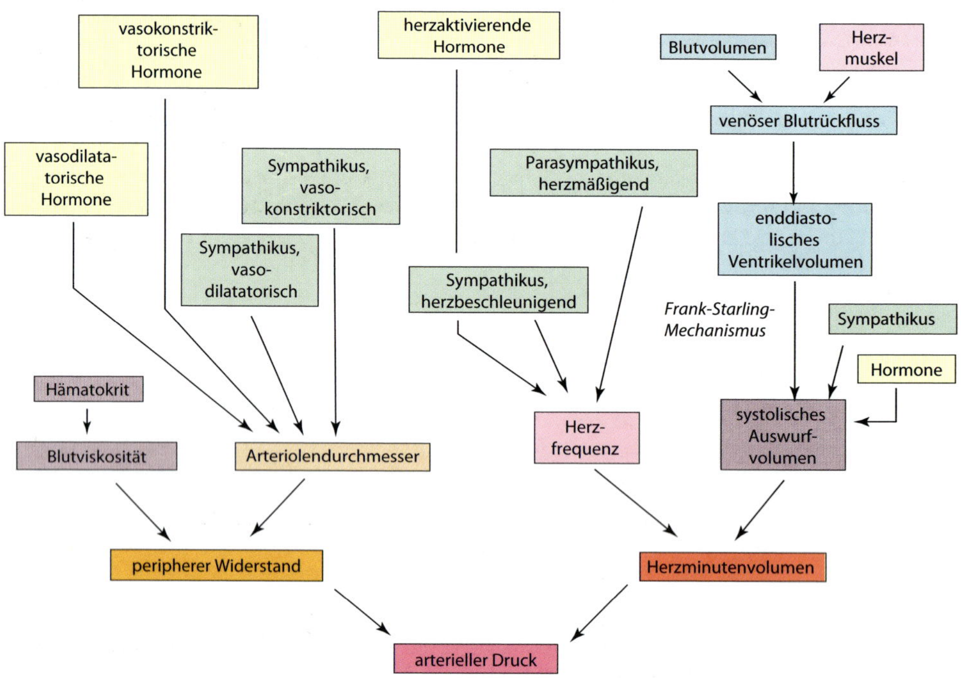

Regulation des arteriellen Blutdrucks

Tafel 6.1 Die Homöostase

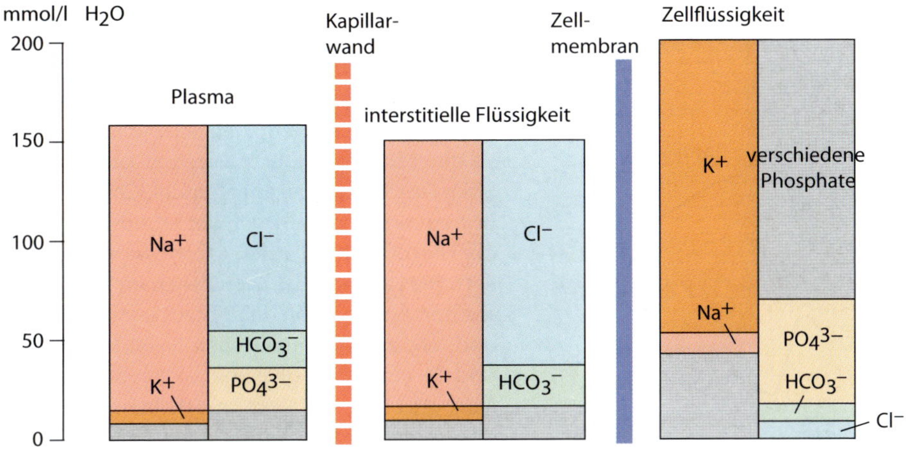

Elektrolytzusammensetzungen in unterschiedlichen Flüssigkeitskompartimenten beim Menschen

Die Zellen von Vielzellern bilden in ihrer Gesamtheit eine durch Zellmembranen abgetrennte wässrige Lösung. Die Flüssigkeit in den Zellen wird als Zellmilieu bezeichnet. Diese Kompartimentierung führt zu einem hohen Stoff- und Flüssigkeitsaustausch im Innern des Organismus. Die Funktion der Zelle hängt entscheidend von der Stabilität des inneren Milieus ab. Die Aufrechterhaltung dieses Milieus gegenüber externen Einflüssen wird als Homöostase bezeichnet. Sie ist von dynamischer Natur: Die Erhaltung eines gegebenen Parameters gegenüber einer äußeren Veränderung erfordert eine Kompensation oder Gegenreaktion. Ein solches System ist ein regulierendes System. Das Grundprinzip zur Regulation einer Variablen oder eines Systems ist der Regelkreis, bestehend aus drei Grundparametern: dem Messglied, der Regeleinrichtung und dem Stellglied.

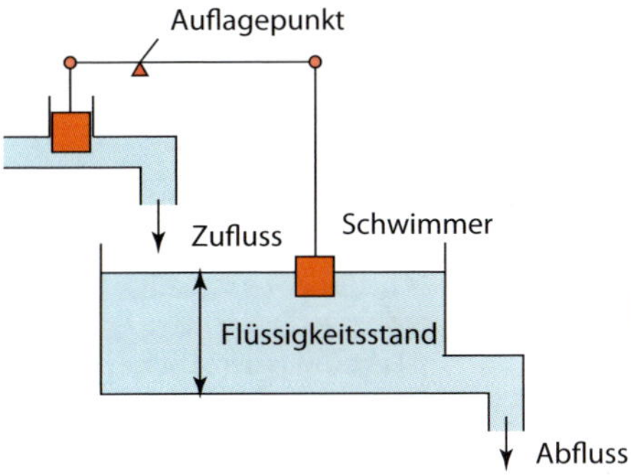

Modell der Gegenregulation zur Aufrechterhaltung einer Variablen

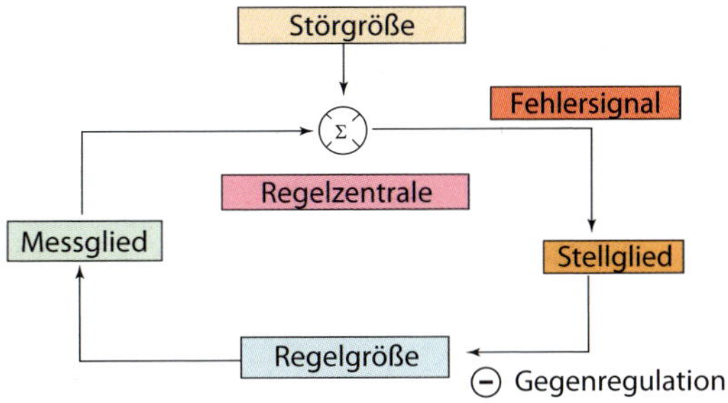

Bestandteile des Regelkreises

D. Richard, P. Chevalet, T. Soubaya, *Biologie in Farbtafeln*,
DOI 10.1007/978-3-642-32984-5_6, © Springer-Verlag Berlin Heidelberg 2013

Tafel 6.2 Die Glykämie

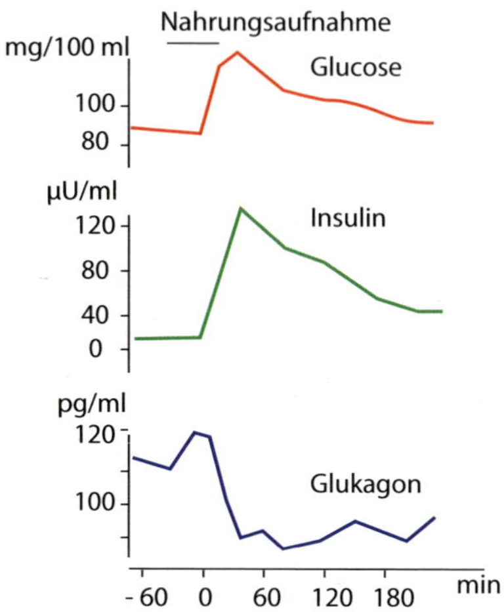

Glucose-, Insulin- und Glukagonverlauf im Blut nach einer stärkehaltigen Mahlzeit

Glucose ist der Hauptenergielieferant im menschlichen Organismus. Glykämie beschreibt die Menge an Glucose im Blut. Diese unterliegt tagesabhängigen Schwankungen, so steigt sie nach einer Mahlzeit an und sinkt beim Fasten oder bei anhaltender körperlicher Bewegung. Innerhalb weniger Stunden wird der Glucosespiegel auf den Normwert reguliert. Die Langerhans'schen Zellen im Pankreas messen Änderungen des Blutzuckerspiegels und schütten bei einer Hyperglykämie Insulin und bei einer Hypoglykämie Glukagon aus. Über die Leber, die Skelettmuskeln und über das Fettgewebe wird die Freisetzung von Glucose aus den Zellen bzw. die Aufnahme von Glucose in die Zellen erreicht.

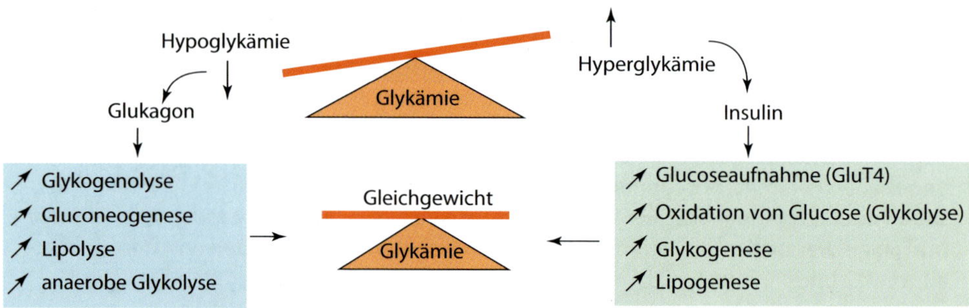

Reaktionen auf einen veränderten Blutzuckerspiegel

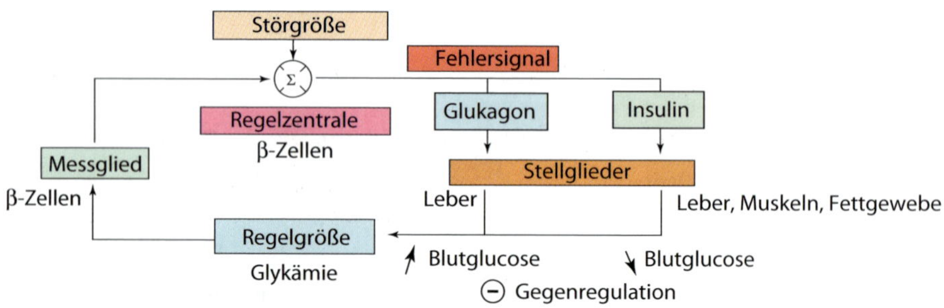

Regelkreis am Beispiel der Blutglucoseregulation

Tafel 6.3 Die Calcämie

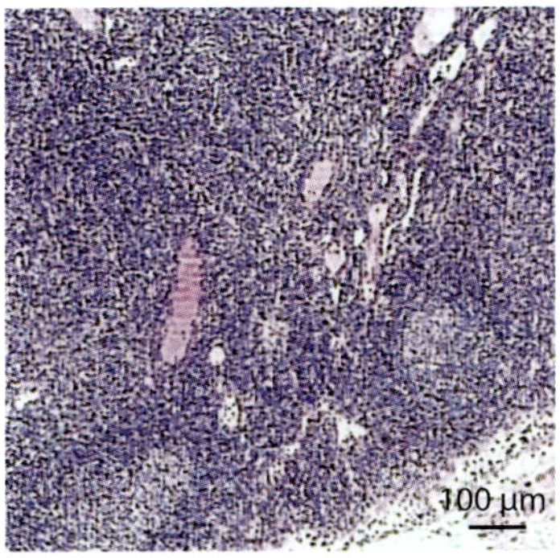

Parathyreoidea (LA)

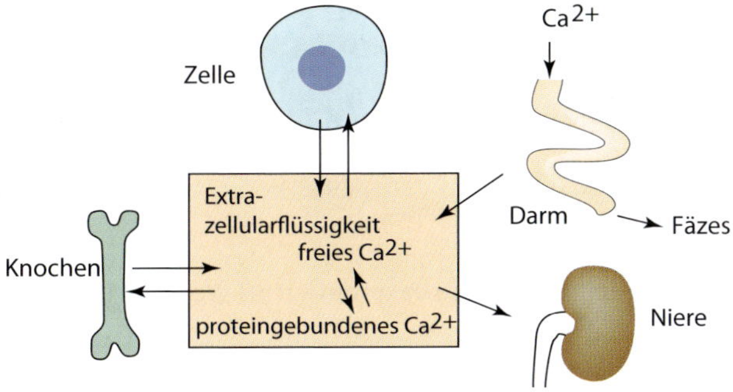

Calcium im Körper

Calcium ist ein Spurenelement, das in allen Kompartimenten des Körpers vorliegt und dort vielfältige Funktionen ausübt: Muskelkontraktion, Zellmotilität, Aufrechterhaltung der Zellmembranintegrität, intrazelluläre Signaltransduktion, Aufbau des Skeletts, Homöostase und Erregungsleitung. Die Calciumkonzentration im Blut wird über drei Hormone reguliert (Parathormon, Calcitonin und Calcitriol). Das Parathormon wird in den Nebenschilddrüsen (Parathyreoidea) bei Hypocalcämie gebildet. Als Gegenspieler wird Calcitonin bei Hypercalcämie in den parafollikulären Zellen der Schilddrüse (Thyreoidea) synthetisiert. Calcitriol liegt hauptsächlich im Darm vor und stimuliert die Absorption von Calcium und Phosphor. Es wirkt tendenziell hypercalcämisch.

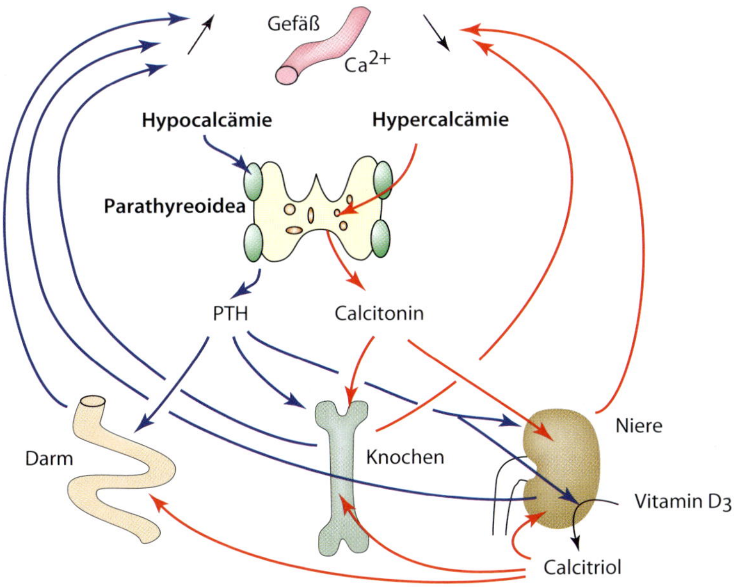

Wirkung der Hormone bei Hypo- und Hypercalcämie

Tafel 6.4 Der pH-Wert

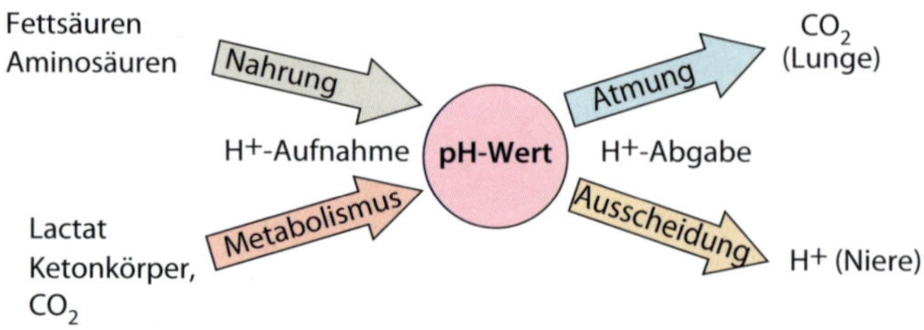

Einflussfaktoren auf pH-Wert und Protonenfluss bei Gesunden

Der pH-Wert ist definiert als der negative dekadische Logarithmus der H^+-Konzentration: $pH = -\log[H^+]$. Das arterielle Blut besitzt einen leicht alkalischen pH-Wert von 7,4. Werte außerhalb des Normbereichs von 7,38–7,42 führen im Organismus entweder zu einer Alkalose oder zu einer Azidose. Der gesunde Stoffwechsel verursacht einen sauren pH-Wert (Ernährung, Katabolismus, die Hydratation von CO_2 führt zur Bildung von Kohlensäure und deren Dissoziation zu H^+ und HCO_3^-). Protonen können über die Abatmung von CO_2 und über die Ausscheidung von H^+ über die Niere aus dem Körper entfernt werden. pH-Wert-Änderungen werden über Blutpuffersysteme in Schach gehalten (Plasmaproteine, Phosphatpuffer, Kohlensäure-Bikarbonat). Der Kohlensäure-Bikarbonat-Puffer stellt dabei ein „offenes" System dar: Kohlensäure (H_2CO_3) als Säure und Bikarbonation (HCO_3^-) als Base können von der Niere und der Lunge zurückgehalten oder beseitigt werden.

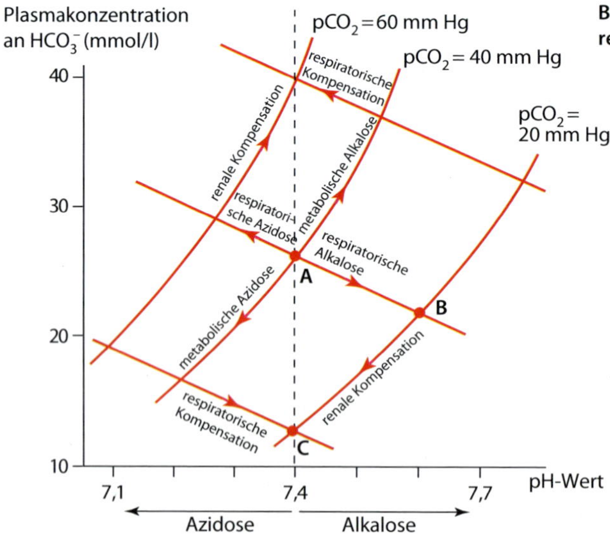

Verhältnis von CO_2/HCO_3^-/pH-Wert bei Azidose und Alkalose

Beispiel für eine respiratorische Alkalose:

Situationsbeginn ist Punkt A.

Bei Auftreten einer Alkalose sinkt der pCO_2 (Situation Punkt B in der Grafik).

Der Organismus kompensiert die Alkalose mit einer erhöhten Ausscheidung von HCO_3^- über die Niere (Situation Punkt C in der Grafik).

Bei einer medikamentösen Behandlung tritt sofort die finale Situation, Punkt C, ein.

Der Patient befindet sich in einer kompensierten respiratorischen Alkalose.

Tafel 6.5a Die Osmoregulation

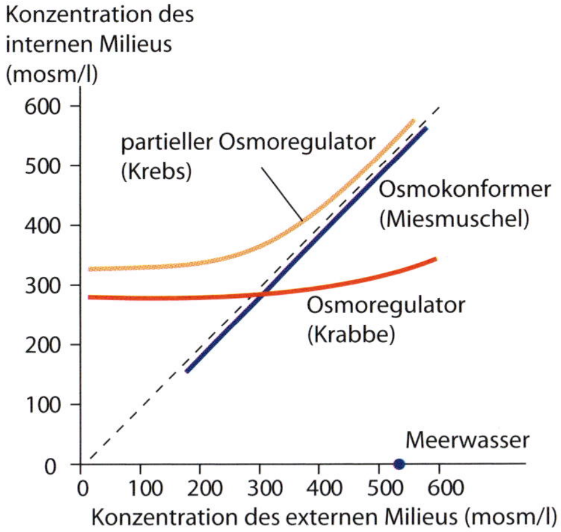

Anpassungsstrategien der Tiere gegenüber Schwankungen der Osmolarität

Osmolarität ist definiert als die Menge gelöster Teilchen pro Liter und wird angegeben in mosm/l. Der osmotische Druck (π) ist der Druck, der eine wässrige Lösung durch eine semi-permeable Membran transportiert. Tiere reagieren unterschiedlich auf Änderungen des osmotischen Drucks im umgebenden Milieu. Tiere, die sich dem äußeren Milieu anpassen, werden als Osmoregulatoren bezeichnet, und Tiere, die ihr internes Milieu nicht aktiv steuern, sind Osmokonformer. Im Meer lebende Wirbeltiere neigen zum Verlust von Wasser und zur Aufnahme von Salz. Bei den Echten Knochenfischen werden überschüssige Ionen über den Darm und über Chloridzellen in den Kiemen entfernt. Bei den Vögeln erfolgt die Elimination über Salzdrüsen im Kopf. In Süßwasser lebende Wirbeltiere nehmen Salz auf und scheiden Wasser über einen stark verdünnten Urin aus.

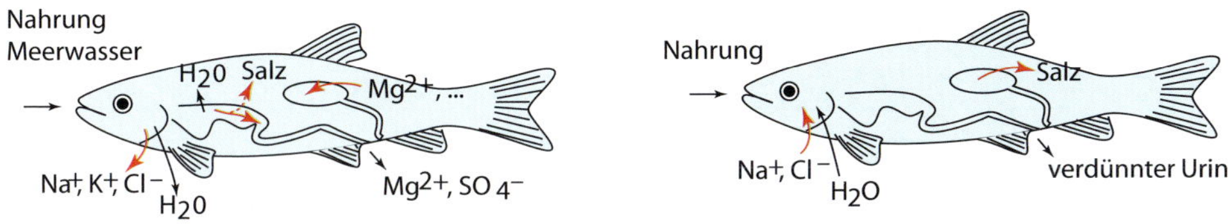

Osmoregulation bei einem marinen Echten Knochenfisch (links) und einem in Süßwasser lebenden Echten Knochenfisch (rechts)

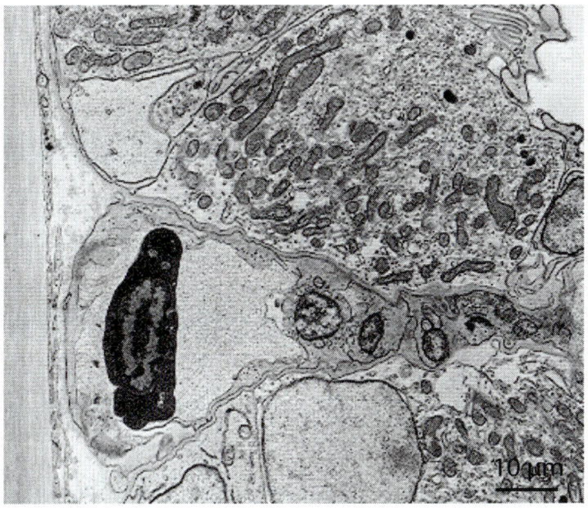

Chloridzelle bei Echten Knochenfischen (TEM)

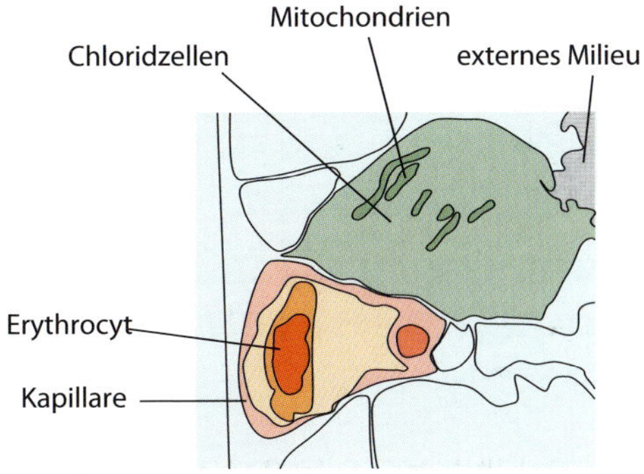

6

Tafel 6.5b Die Osmoregulation

Dreizehenmöwe (Rissa tridactyla)

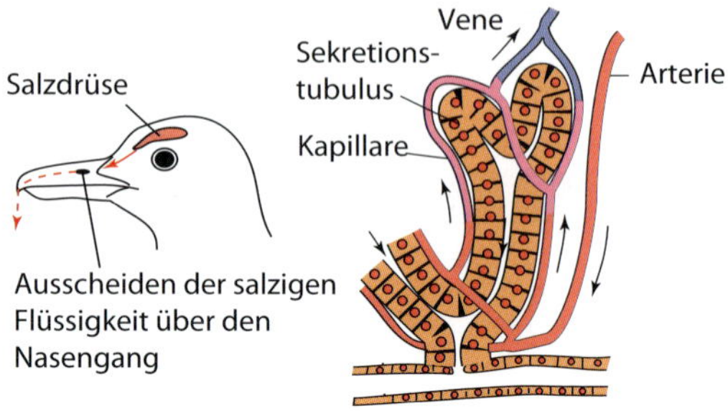

Salzdrüsen bei Meeresvögeln

An Land herrscht kein osmotischer Druckunterschied zwischen innerem und äußerem Milieu. Wasserverluste treten lediglich durch Dehydratation auf. Die Nephronen sind bei den Säugetieren die wasser- und elektrolytregulierende Einheit. Ein Großteil des in den Glomeruli gefilterten Wassers wird in den Tubuli rückresorbiert. Die Aufkonzentration des Urins basiert auf dem osmotischen cortico-papillären Gradienten, der durch die aktive Rückresorption von Na^{+} im aufsteigenden Ast der Henle-Schleife entsteht. Dieser Prozess wird über die Hormone ANF, Aldosteron und ADH reguliert.

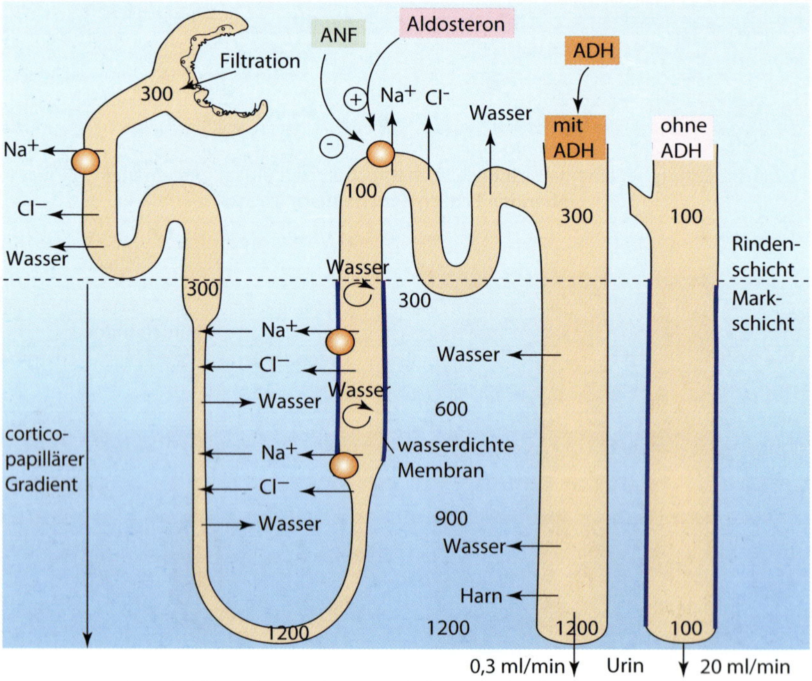

Renale Elektrolyt- und Wasserrückresorption bei Säugetieren

Tafel 6.6 Die Thermoregulation

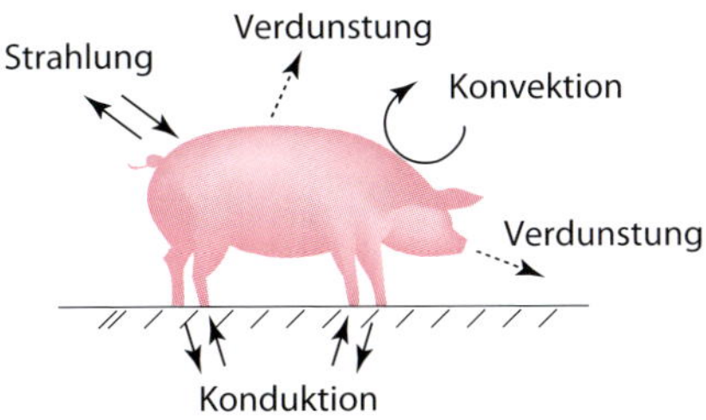

Wärmeaustausch zwischen einem Organismus und seiner Umgebung

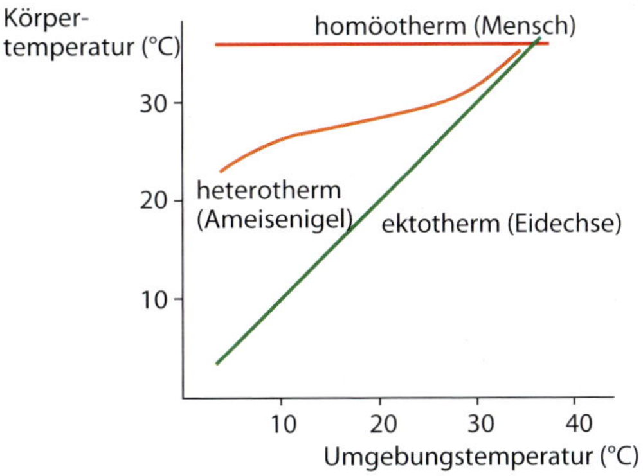

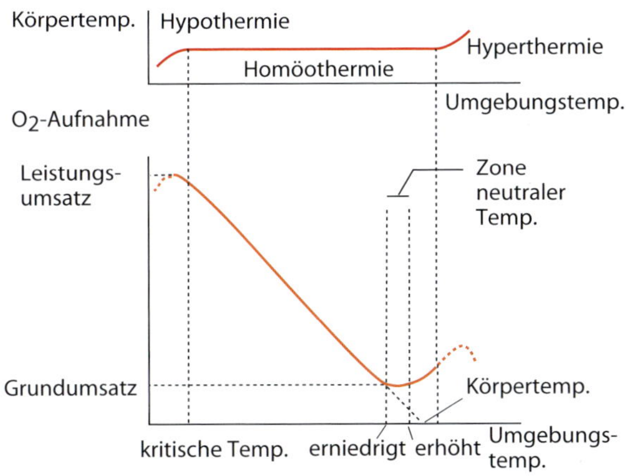

O_2-Aufnahme in Abhängigkeit von der Umgebungstemperatur bei den Endothermen

Der tierische Organismus produziert Wärme. Die Ektothermen haben einen schwachen Metabolismus und erwärmen ihren Körper hauptsächlich über die Absorption von Wärme aus der Umgebung. Endotherme verfügen über einen ausreichenden Metabolismus um eigene Körperwärme zu bilden. Über die Aufnahme und den Verbrauch von Kalorien halten sie ihre Körperwärme konstant. Eine Erhöhung der Körperwärme kann durch Frieren oder Abbau von Fettgewebe durch UCP erzielt werden. UCP entkoppelt die Atmungskette von der ATP-Synthese.

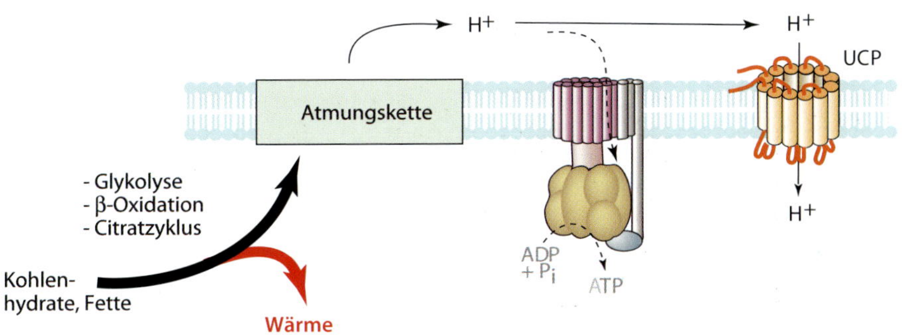

Entkopplung der Atmungskette und der ATP-Bildung über UCP

Tafel 6.7 Das Hydro-Mineral-Gleichgewicht bei Pflanzen

Der verfügbare Wassergehalt des Bodens ist der begrenzende Faktor für das Pflanzenwachstum. Trockene Luft fördert zusätzlich die Verdunstung. Um ihren Wasserhaushalt im Gleichgewicht zu halten, müssen Pflanzen eine adäquate Wasserversorgung sicherstellen und die Verluste minimieren.

Die Menge an verfügbarem Wasser ist von der Kapazität der Pflanze abhängig, das gespeicherte Bodenwasser „herauszusaugen". Die Saugkraft der Pflanze muss größer sein als das Rückhaltevermögen des Bodens.
Die Pflanze sichert sich eine entsprechende Entnahme über

- die Erhöhung der Saugkraft anhand des Wasserpotenzials zwischen Wurzel und Boden;
- die Entwicklung des Wurzelwachstums, um entsprechend ihrer Bedürfnisse mehr Wassermenge aufzunehmen;
- die Symbiose mit Pilzen, die Sammel- und Erkundungsfunktionen übernehmen. Aufgrund der Symbiose entsteht ein Wasserpotenzialgradient von 0,1 MPa, welcher das Eindringen von Bodenwasser in die Pflanze über die Rhizodermis bewirkt.

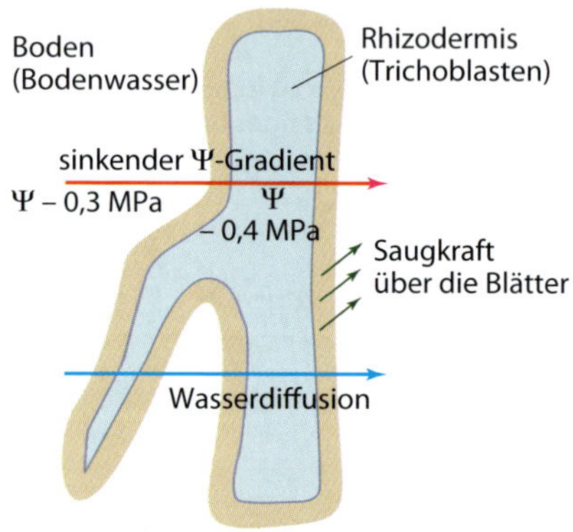

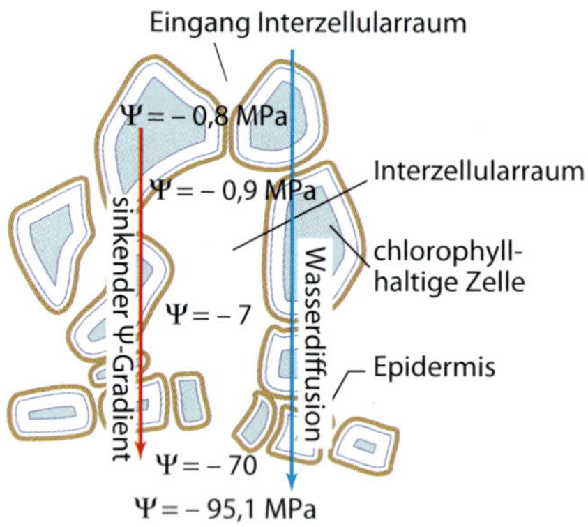

Der Wasserverlust der Pflanze ist im Wesentlichen an die Transpiration über die Spaltöffnungen der Blätter gebunden. Diese findet statt, solange das Wasserpotenzial zwischen Luft und Blattgewebe auf 90 MPa sinkt. Dieser Potenzialunterschied ist auch das Maß für den Grad der Stomataöffnung, die wiederum die Verdunstungsmenge bestimmt. Über die Regulation der Spaltöffnungen kann die Pflanze den Wasserverlust steuern.

Spaltöffnungen werden auch über Licht (rot und blau) gesteuert. Es fördert tagsüber den Stoffaustausch über die Photosynthese. Abscisinsäure (ABA) hemmt die Öffnung der Stomata und regeneriert darüber das Wassergleichgewicht.

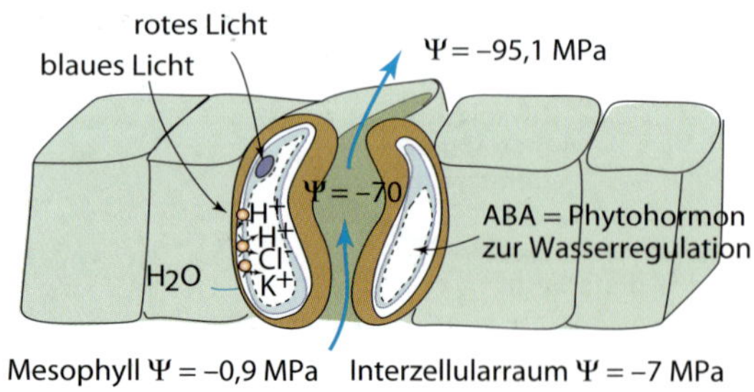

Tafel 7.1a Die Nahrungsaufnahme

Tiere müssen zur Aufrechterhaltung ihrer Körperfunktionen Nahrung aufnehmen. Anhand ihrer Ernährungsform können Tiere klassifiziert werden. Osmotrophe Tiere nehmen Energie in Form gelöster Teilchen zu sich. Phagotrophe Tiere ernähren sich von festem organischem Material und werden je nach bevorzugter Partikelgröße in Filtrierer, Makrokonsumenten und Trinker (Sauger) eingeteilt.

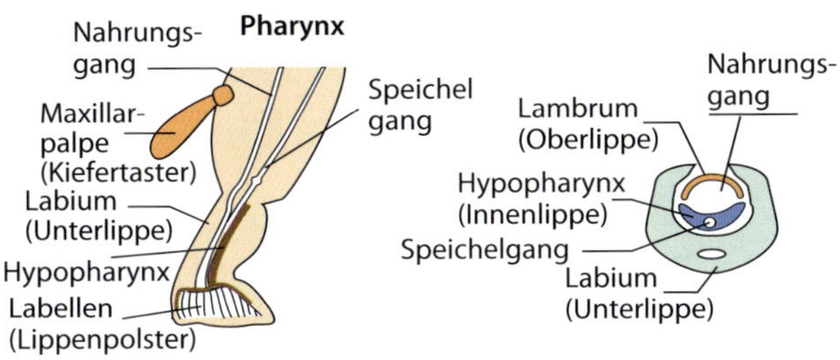

Mundwerkzeuge der Fliege

Ziesel

Kohlweisling (Lepidoptera)

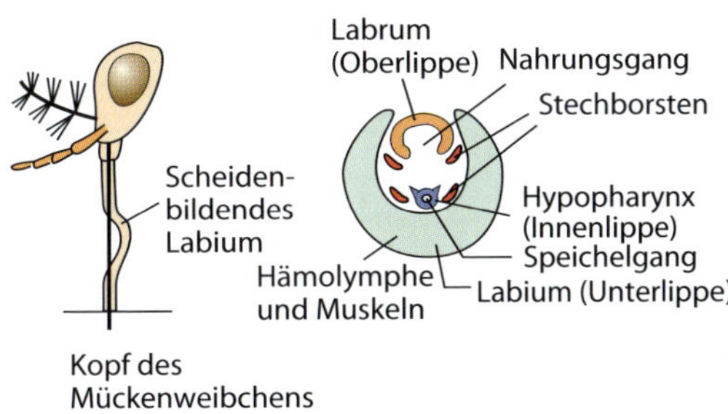

Mundwerkzeuge der Stechmücke

Säftesauger wie Schmetterlinge (Lepidoptera), Zweiflügler (Diptera), Kolibris und milchsaugende Jungsäugetiere entnehmen anderen Organismen die sezernierten organischen Flüssigkeiten. Bei der Fliege erfolgt die Nahrungsaufnahme über den unteren Teil des Rüssels, den Labellen.

Stechend-saugende Tiere müssen zunächst ein Loch in den Wirt stechen, bevor sie die Flüssigkeit einsaugen können. Abhängig vom Wirt werden die Säftesauger eingeteilt in Hämatophagen (Blutsauger) und Pflanzensaftsauger (Zikaden, Blattläuse, Wanzen). Die Tiere besitzen dafür speziell ausgebildete Mundwerkzeuge (Stechborsten).

D. Richard, P. Chevalet, T. Soubaya, *Biologie in Farbtafeln*,
DOI 10.1007/978-3-642-32984-5_7,

Tafel 7.1b Die Nahrungsaufnahme

Filtrierer nehmen sehr kleine Partikel auf, verglichen mit denen, die bei einer tierischen Ernährung in den Körper gelangen. So gehört der Bartenwal mit der Aufnahme kleiner Krebse ebenso zu den Filtrierern wie die Miesmuschel, die Mikroorganismen über die Kiemenfilter aufnimmt. Filtrierer werden nach Art der Partikelaufnahme in drei Typen eingeteilt:

- Limnivoren (Aufwuchsfresser) nehmen Sand und Bodensatz auf und entziehen ihm die enthaltenen organischen Partikel und Mineralien (Regenwürmer);
- Detritivoren (Debrisfresser) nehmen totes organisches Material auf, nachdem sie die Flüssigkeit abgepresst haben (Polychaeta);
- Suspensivoren (Suspensionsfresser) nehmen Flüssigkeit mit gelösten Partikeln auf. Das Tier filtert das Wasser und absorbiert die aufkonzentrierten Nährstoffe über den Darmtrakt.

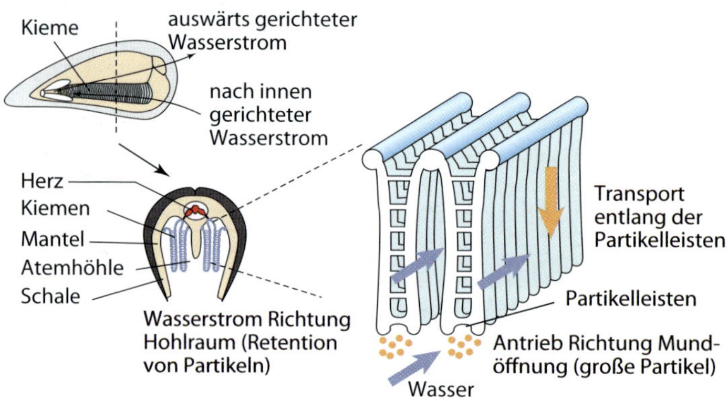

Filtration bei der Miesmuschel

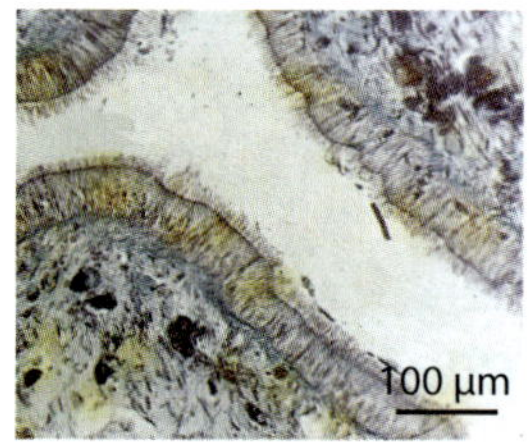

Wimpernepithel der Miesmuschelkiemen

Makrokonsumenten nehmen die Nährstoffe in Form von festen, großen Partikeln zu sich. Diese Art der Ernährung ist sowohl bei den Pflanzen als auch bei den sessilen oder mobilen Tieren anzutreffen.

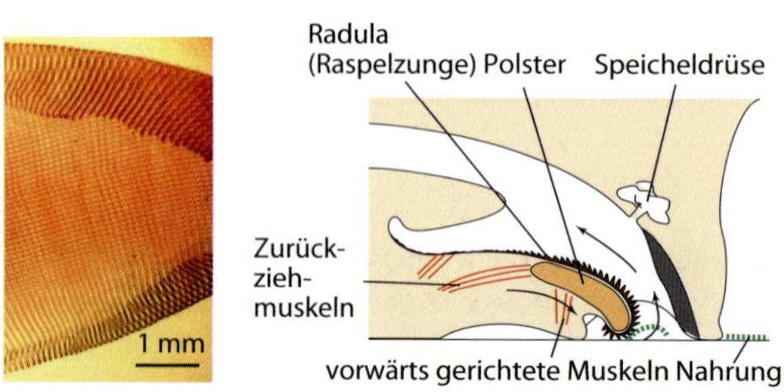

Radula der Schnecke und Nahrungsaufnahme

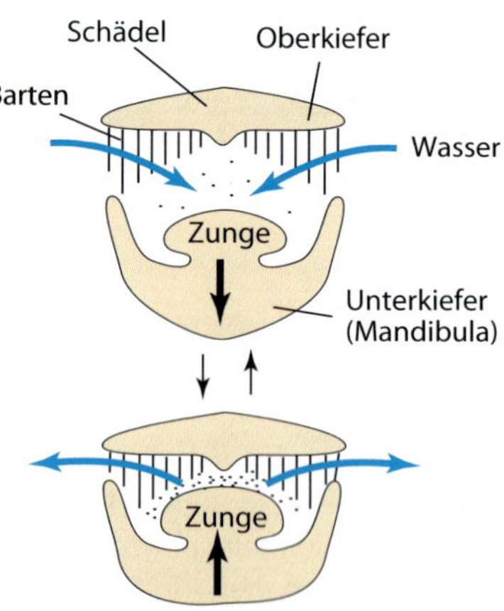

Filtermechanismus der Bartenwale: Rolle der Barten

Tafel 7.2 Der Verdauungstrakt der Säugetiere

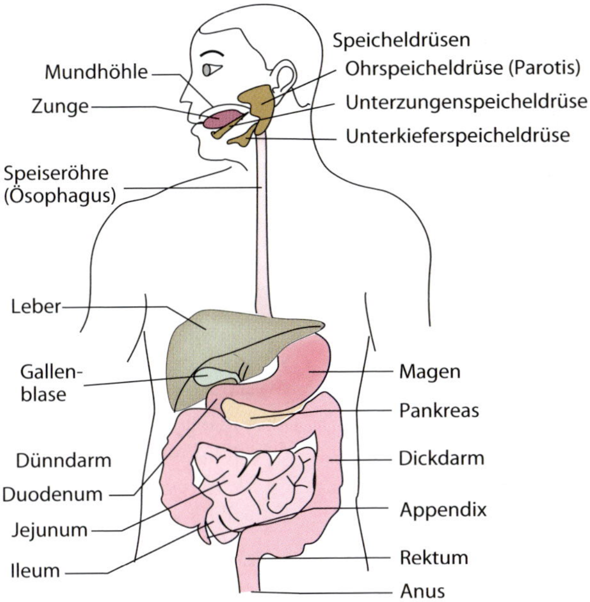

Menschlicher Verdauungstrakt

Der Verdauungstrakt besteht zum einen aus den Organen, die das Verdauungsrohr bilden (Mund, Ösophagus, Magen und Darm), und zum anderen aus den angrenzenden Verdauungsorganen (Speicheldrüsen, Leber und Pankreas). Die Nahrung wird über den Mund aufgenommen. Die Wandmotorik der Organe, die das Verdauungsrohr bilden, ermöglicht die Passage durch den gesamten Verdauungstrakt. Dabei wird die Nahrung mechanisch zerkleinert und enzymatisch verdaut.

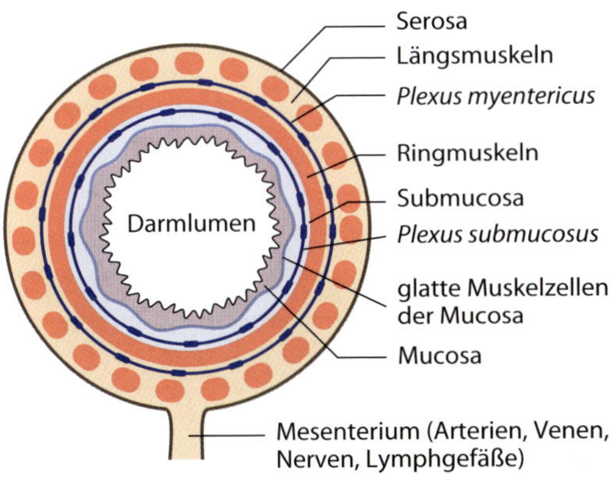

Aufbau der Darmwand

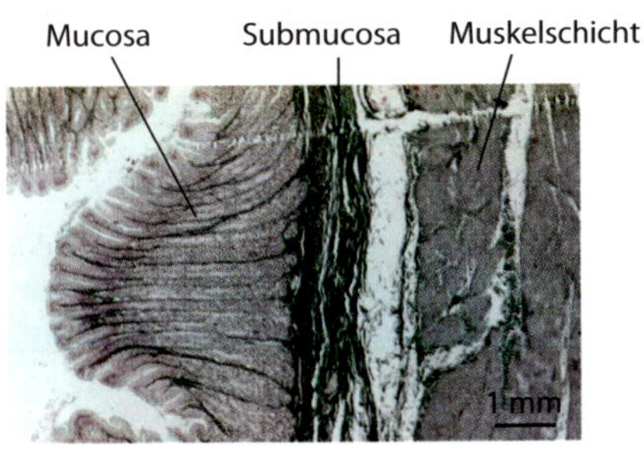

Magenwand (QS-LA)

Die Wände des Verdauungstraktes sind aus vier ringförmig angeordneten Schichten aufgebaut: Mucosa, Submucosa, Muskelschicht und Serosa. Der Aufbau der Mucosa variiert innerhalb der verschiedenen Abschnitte des Verdauungstraktes.

Tafel 7.3 Die Verdauung

Die Verdauung ist der Prozess, bei dem die aufgenommene Nahrung in ihre molekularen Bestandteile zerlegt wird. Sie erfolgt im Verdauungstrakt anhand mechanischer (Kauen, Durchmischung) und biochemischer Vorgänge. Die biochemische Verdauung beruht auf der Wirkung von zahlreichen Enzymen aus verschiedenen Sekretionsorganen wie Speicheldrüsen, Magen, Pankreas und Milz.

Sekretions-produkt	Organ	nicht-enzymatische Elemente	Enzyme	Wirkung
Speichel	Speicheldrüsen	Na^+, K^+, Cl^-, HCO_3^-	Amylase	Hydratation, Kohlenhydratabbau
Magensaft	Magen	H^+, Cl^-	Pepsin	Ansäuern, Proteinhydrolyse
Pankreassaft	Pankreas	HCO_3^-	Amylase, Lipase, Protease etc.	Alkalisierung, Hydrolyse von Kohlenhydraten, Lipiden und Proteinen
Galle	Leber	Gallensalze		Fettemulsion

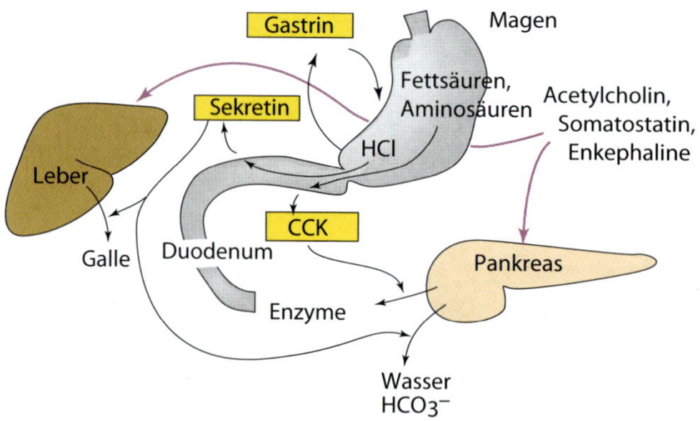

Die Enzymsekretion wird durch drei Hormone reguliert: Sekretin, Cholecystokinin (CCK) und Gastrin.

Verdauungsenzyme sind spezifisch für ein Substrat, welches sie in kleinere Bestandteile „schneiden". Diese werden über das Darmepithel in den Körper aufgenommen.

Funktion und Lokalisation von Verdauungsenzymen

Substrat	extrazelluläres Enzym	Enzym der Mikrovilli	Spaltprodukt
Polysaccharide	α-Amylase		Glucose
Disaccharide		Lactase, Invertase	Glucose
Triglyceride	Lipase		Fettsäuren, Monoglyceride
Proteine	Pepsin, Trypsin	Endo- und Aminopeptidase	Aminosäuren, Di- und Tripeptide

Tafel 7.4a Die Resorption im Darm

Die Resorption ist gekennzeichnet durch die Aufnahme von Nährstoffen aus dem Lumen des Verdauungstraktes in den Blutkreislauf. Dieser Prozess findet in den verschiedenen Abschnitten des Verdauungstraktes statt, insbesondere im Dünndarm. Zur Erleichterung der Resorption ist der Dünndarm mit einer vergrößerten Oberfläche ausgestattet.

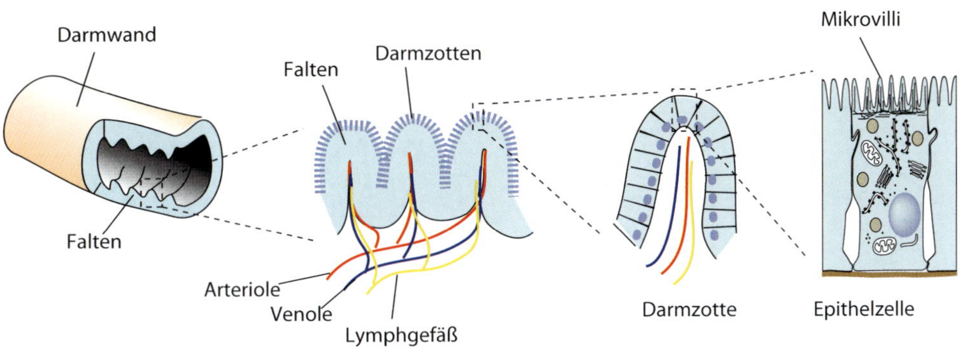

Vergrößerung der Darmoberfläche durch Falten und Darmzotten

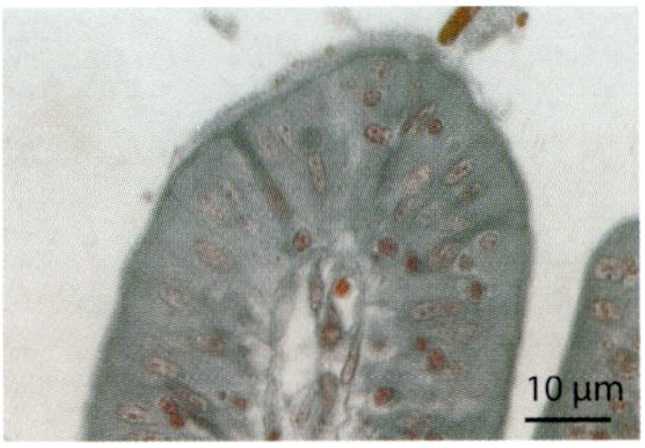

Darmzotte (LA)

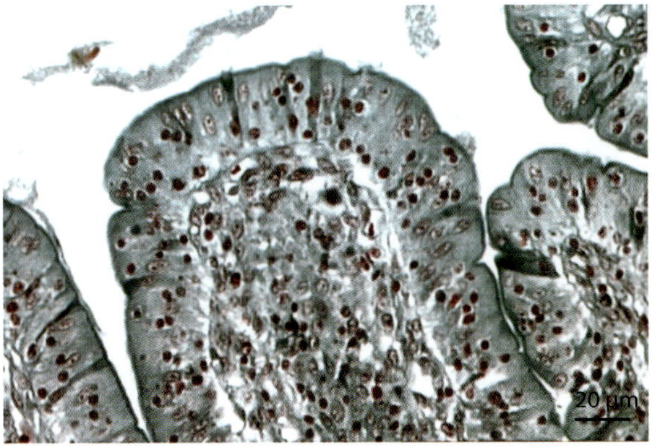

Darmzotte (LA)

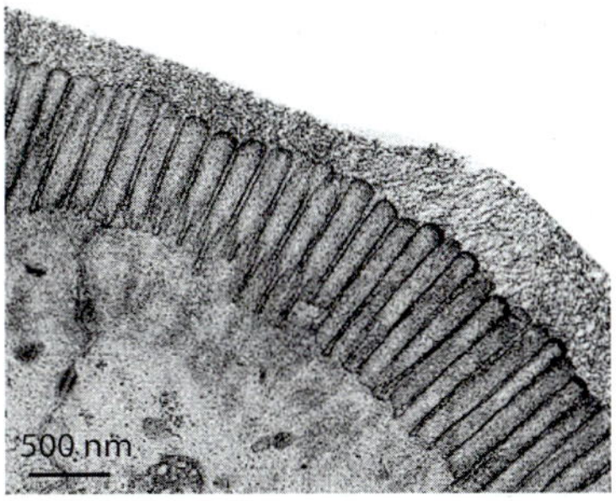

Mikrovilli und Glykokalyx (TEM)

Tafel 7.4b Die Resorption im Darm

Die Nährstoffe werden über verschiedene Mechanismen aufgenommen. Lipide gelangen über einfache Diffusion in den Körper, bestimmte Aminosäuren und Glucose werden über den Natrium-Co-Transport aufgenommen, während andere Elemente über erleichterte Diffusion oder Endocytose resorbiert werden.

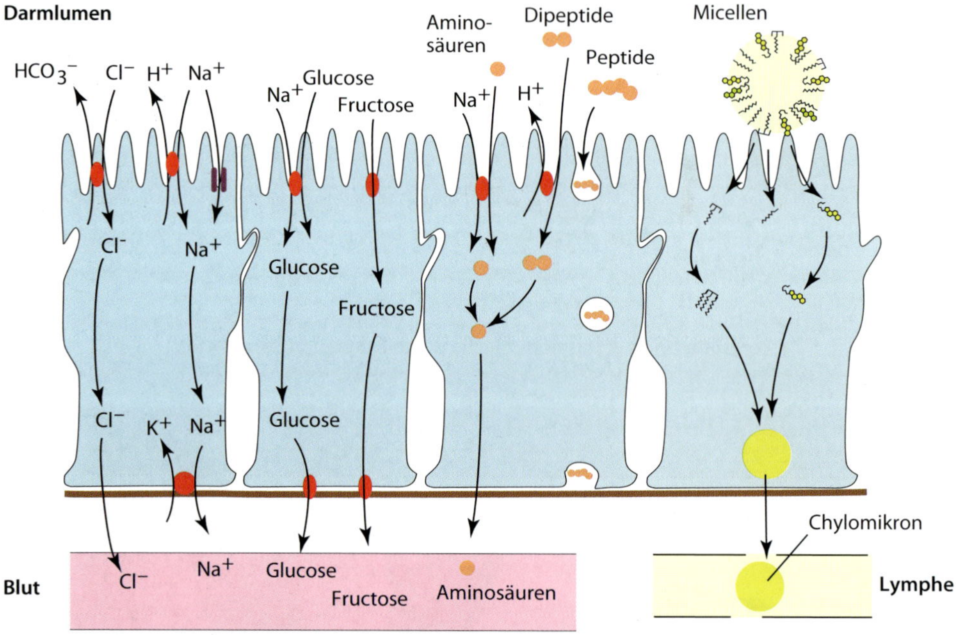

Mechanismen der Nährstoffaufnahme im Darm

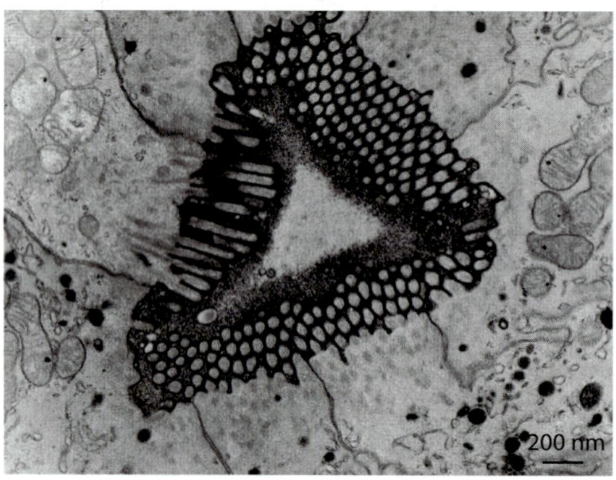

Mikrovilli und Schlussleisten (*tight junctions*) **der Epithelzellen (TEM)**

Tafel 7.5 Energiestoffwechsel

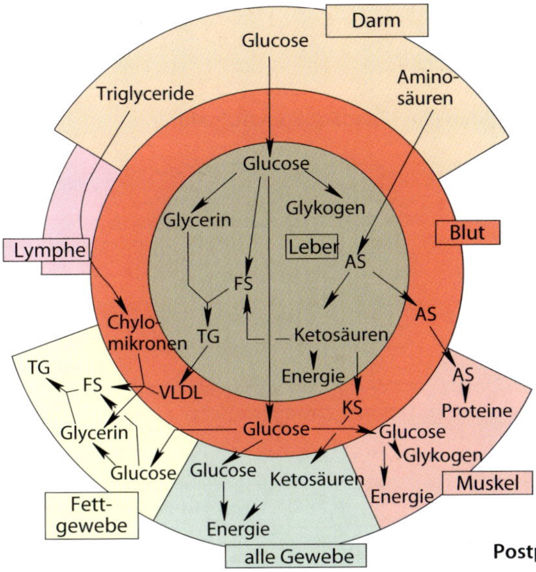

Postprandialer Stoffwechsel

Auf Grundlage der Nährstoffquelle und -verfügbarkeit unterteilt man zwei Formen der Energiegewinnung: den postprandialen und den Hungerstoffwechsel. Der postprandiale Stoffwechsel findet nach Nahrungsaufnahme statt und basiert einzig auf der Resorption der Nahrungsbestandteile im Darm. Diese Phase ist gekennzeichnet durch die Gewinnung von Energie und ihrer Speicherung in Form von Glykogen und Triglyceriden.

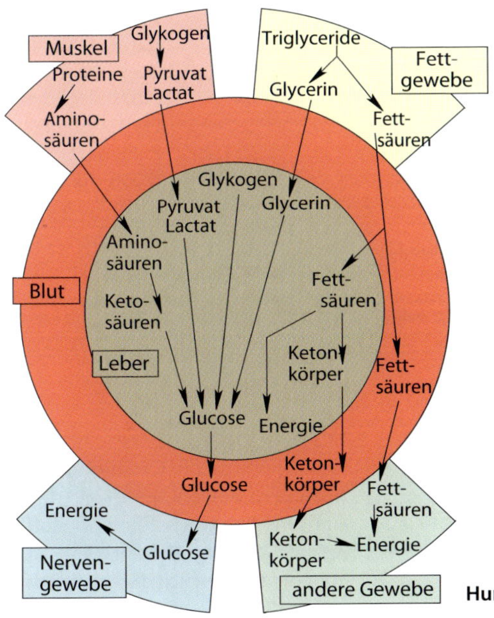

Hungerstoffwechsel

Beim Hungerstoffwechsel greift der Körper auf seine Reserven zurück, da keine exogene Nährstoffzufuhr stattfindet. Die Mobilisierung der Reserven geht einher mit der Einsparung von Glucose und ihrer Verteilung an die glucoseverbrauchenden Gewebe.

Tafel 7.6 Der Nährstoffbedarf

Nahrung enthält energiereiche und katabole sowie lebensnotwendige Nährstoffe. Hauptnährstoffe sind Kohlenhydrate, Fette und Proteine (Letztere in Form von Aminosäuren).

Hauptnährstoffe: Zufuhrempfehlung und Folgen einer inadäquaten Aufnahme

Nährstoff	tägl. Zufuhrempfehlung	Mangelerscheinungen	Folgen einer überhöhten Zufuhr
Kohlenhydrate	125–175 g	Hypoglykämie, Azidose, Gewichtsverlust	Übergewicht, intestinale Fermentation
Fette	80–100 g	Gewichtsverlust	Übergewicht, Risiko für Herz-Kreislauf-Erkrankungen
Proteine	50–80 g	Muskelatrophie, Wachstumsverzögerung, Ödeme	Übergewicht, intestinale Störungen, Gicht

Die wichtigsten Vitamine und ihre Funktion

Vitamine (tägl. Bedarf in mg)		Funktion
Fettlöslich	A – Retinol (1,5)	Synthese der Sehpigmente, Wachstum, Stoffwechsel
	D – Cholecalciferol (0,01)	intestinale Calciumresorption
	E – Tocopherole (5–15)	Antioxidans
	K – Phyllochinon (1)	Blutgerinnung
wasserlöslich	B_1 – Thiamin (1,4)	Kohlenhydrat- und Lipidstoffwechsel
	B_2 – Riboflavin (1,8)	Zellstoffwechsel
	(PP) – Niacin (15–20)	allgemeiner und zellulärer Stoffwechsel
	C – Ascorbinsäure (60–100)	Antioxidans, Hydroxylierung

Die wichtigsten Mineralstoffe in der Ernährung

Mineralstoffe (tägl. Bedarf in mg)	
Makronährstoffe	Calcium (500–1000) Natrium (2000) Magnesium (300) Phosphor (800) Kalium (2000–4000)
Mikronährstoffe	Eisen (10–18) Mangan (7) Zink (15) Fluor (2) Jod (0,2)

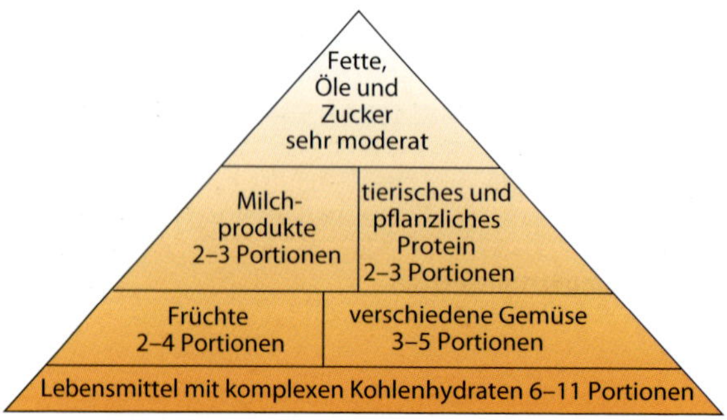

Beispiel einer Ernährungspyramide (USA 1992)

Ein ausgeglichener Ernährungszustand ist erreicht, wenn die aufgrund von Wachstum und Stoffwechsel benötigten Nährstoffe über die Nahrung gedeckt werden. Auf der Basis von Studien wurden empfohlene Nahrungsmittelportionen in Form einer Ernährungspyramide herausgegeben.

Tafel 7.7 Die Aufnahme von gelösten Stoffen aus dem Boden

Die Lösung im Boden stellt ein Reservoir dar, aus dem die Pflanze Mineralien, Wasser und Ionen (K^+, Ca^{2+}, Cl^- etc.) zieht, sie bilden den Xylemsaft in den Leitbahnen des Xylems. Die Aufnahme erfolgt über die Wurzelhaare oder über Mycelfilamente der Mykorrhiza. In der Wurzel findet eine Selektion statt, sodass sich die Zusammensetzung des Pflanzensaftes von jener der Bodenlösung unterscheidet.

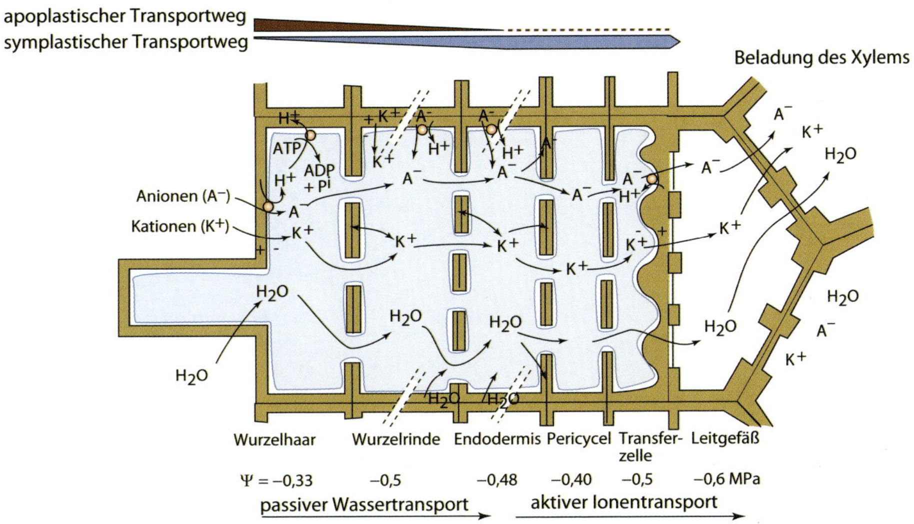

Die Wasseraufnahme beruht auf der Differenz im Wasserpotenzialgradienten von 0,3 MPa zwischen Boden und Xylem. Dieser Gradient entsteht durch den aktiven Transport von Ionen in das Innere der Leitbahnen und der Wasserverdunstung über die Blätter. Der Wassertransport stellt somit einen passiven Vorgang aufgrund der Beladung des Xylems dar.

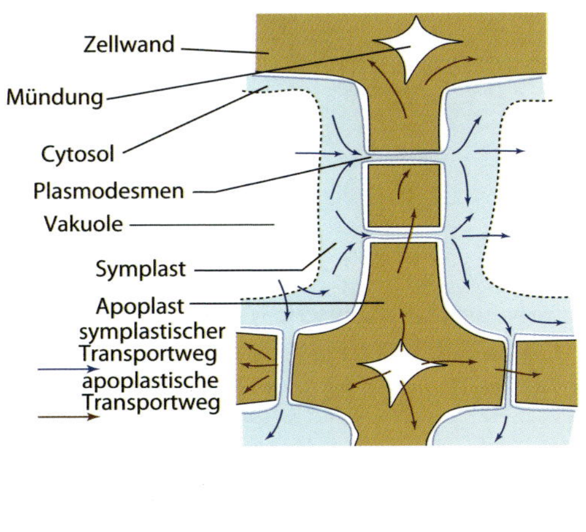

Ionen dringen über die Membran der Wurzelhaare in die Wurzel ein. Hier findet über spezifische Transportproteine (Ionenkanäle, Permeasen, Carrier) die gezielte Selektion der aufgenommenen Moleküle statt. Wasser und Ionen fließen entlang des apoplastischen und symplastischen Transportweges des Rindenparenchyms der Wurzel. Im Endoderm ist nur der symplastische Transport möglich. Ionen des apoplastischen Transportweges können nicht passieren, das Endoderm stellt eine letzte „Grenzkontrolle" dar. Außerhalb des Endoderms existieren beide Transportwege nebeneinander.

Tafel 7.8 Die Aufnahme von Stickstoff aus dem Boden

Pflanzen besitzen im Gegensatz zu Tieren die Fähigkeit, mineralisch gebundenen Stickstoff zu reduzieren. Diese Assimilation ist an bestimmte Stoffwechselwege gebunden, bei denen Enzymkomplexe die Reduktion der über die Wurzel aufgenommenen Mineralien katalysieren.

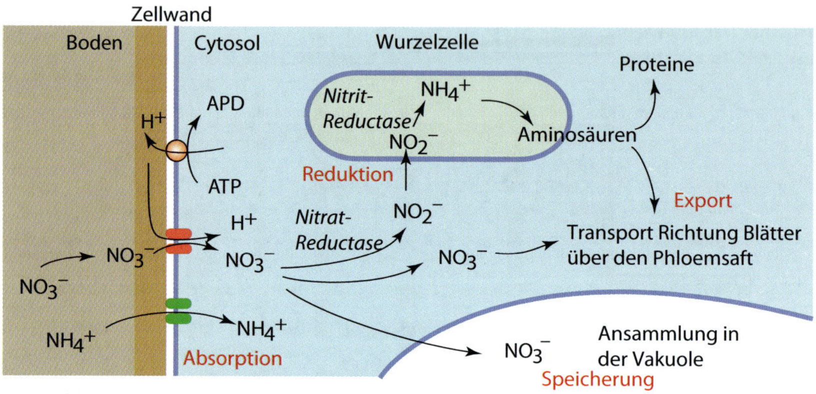

Aufnahme und Verstoffwechselung von Stickstoff aus dem Boden

NH_4^+-Ionen gelangen über Ionenkanäle aufgrund des elektrochemischen Gradienten passiv in die Wurzel, während NO_3^--Ionen über den Co-Transport von H^+ das Pflanzeninnere erreichen. Das erst genannte System ist konstitutiv, während das andere erst durch NO_3^- induziert wird.

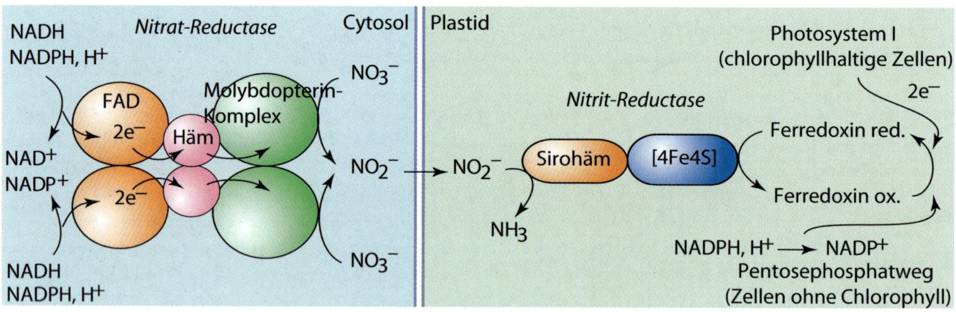

Schritte bei der Nitratreduktion

NH_4^+ wird schnell an Kohlenstoffgerüste gebunden und in organische Moleküle umgewandelt. Für die Nutzung von NO_3^- sind zunächst zwei Reduktionen nötig:

- Die Reduktion von NO_3^- zu NO_2^- im Cytosol: Diese Reaktion wird von einem Enzymkomplex, der Nitrat-Reductase, katalysiert.
- Die Reduktion von NO_2^- zu NH_3 in den Chloroplasten der Blätter und den Plastiden der Wurzeln: Sie wird durch die Nitrit-Reductase katalysiert.

Tafel 7.9 Die Stickstofffixierung

Stickstoff ist der Hauptbestandteil der Luft. Bestimmte Pflanzenarten sind durch eine Symbiose mit Bakterien fähig, diese Stickstoffform zu nutzen. Dank der Fixierung kann N_2 in NH_3 reduziert und dann weiter in Form von organischen Stickstoffverbindungen für die Pflanze verfügbar gemacht werden.

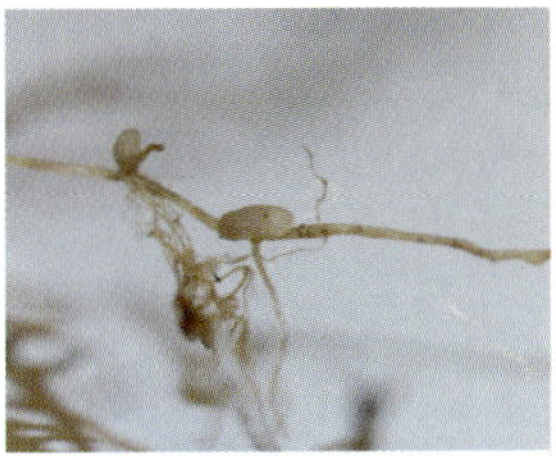

Wurzelknöllchen an einer Kleewurzel

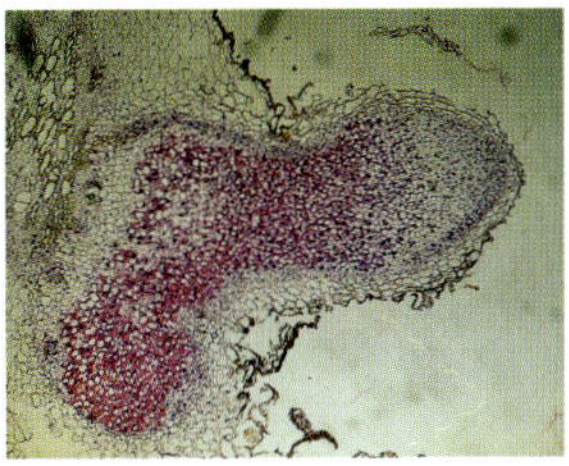

Wurzelknöllchen (QS-LA)

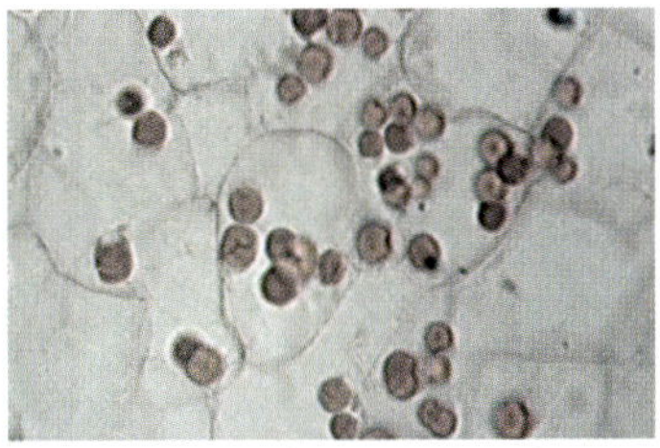

Bakteroide in den Zellen der aktiven Zone eines Wurzelknöllchens

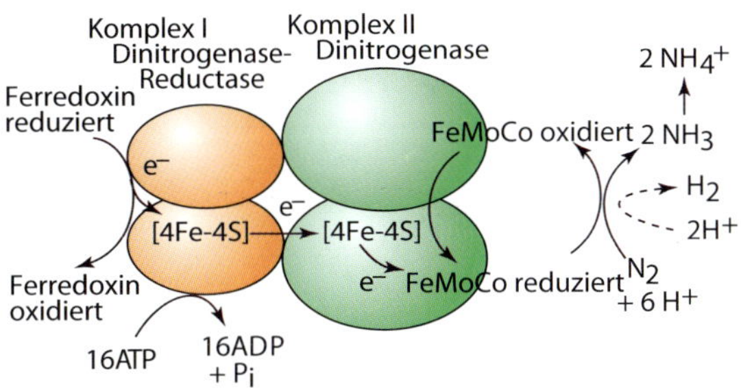

$$N_2 + 16ATP + 6e^- + 6H^+ \longrightarrow 2NH_3 + 16ADP + 16P_i$$

Nitrogenase

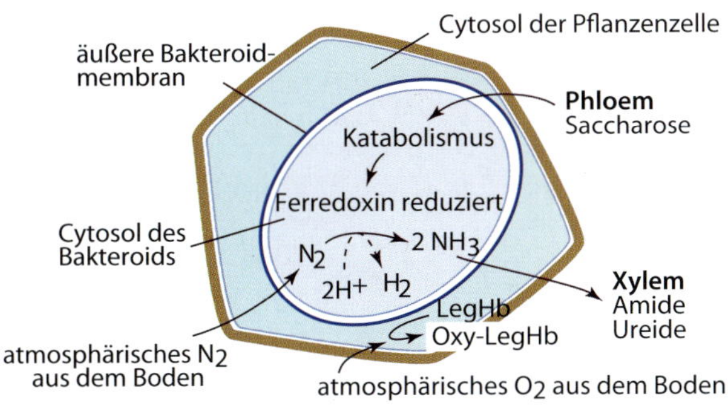

Wechselwirkung zwischen dem Bakteroid und der Pflanze

Der Nitrogenase-Enzymkomplex befindet sich im Cytoplasma der Bakterien und besteht aus zwei heterogen Proteineinheiten. Die erste enthält Dinitrogenase-Reductase mit einem 4Fe-4S-Kern, während die zweite Einheit eine Dinitrogenase besitzt, bestehend aus zwei 4Fe-4S-Kernen und dem Eisen-Schwefel-Molybdän-Cofaktor.

Nitrogenase wird durch O_2 inaktiv. Knöllchenbakterien besitzen Leghämoglobin, ein lösliches Protein im Cytosol der Pflanzenzelle, das eine hohe Affinität für O_2 aufweist und damit die Aufrechterhaltung der Nitrogenaseaktivität ermöglicht. Diese Fixierung überlagert die allgemeine Hypoxie durch die Zellatmung in den Mitochondrien der Wirts- und der Bakterienzelle.

Tafel 8.1 Die Funktionsweise des Atmungsapparates

Die Zellatmung kommt durch den Verbrauch von Sauerstoff und den Ausstoß von Kohlendioxid zum Ausdruck. Für den Organismus bedeutet die Atmung den Austausch der zwei Atemgase zwischen dem inneren und äußeren Milieu. Dieser ist abhängig von den chemisch-physikalischen Eigenschaften der Elemente und findet an spezialisierten und unspezialisierten Oberflächen statt.

1 - partielle Erneuerung
(Hohltiere, Tracheen der Insekten)

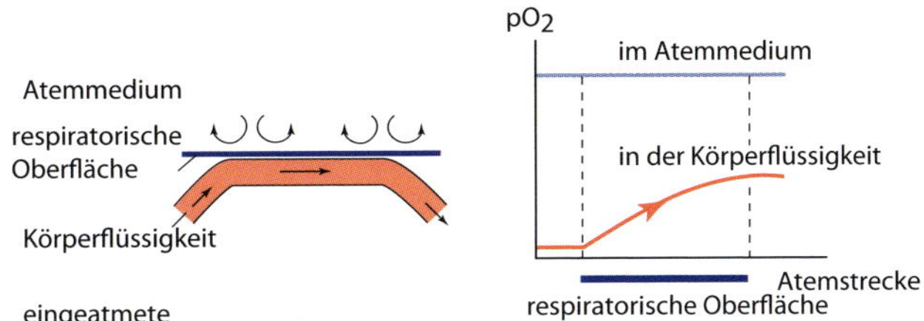

2 - Erneuerung beider Milieus
(Wirbeltierlunge)

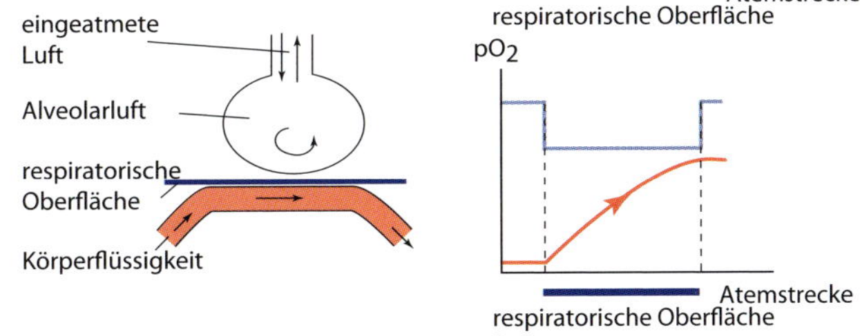

3 - Gleichstromprinzip
(Kiemen der Wirbellosen)

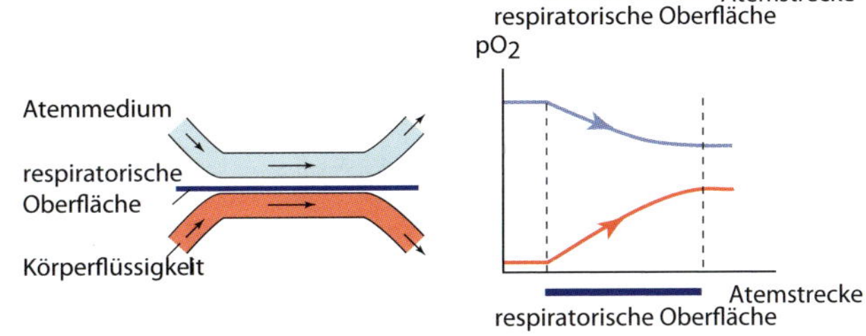

4 - Gegenstromprinzip
(Kiemen der Echten Knochenfische)

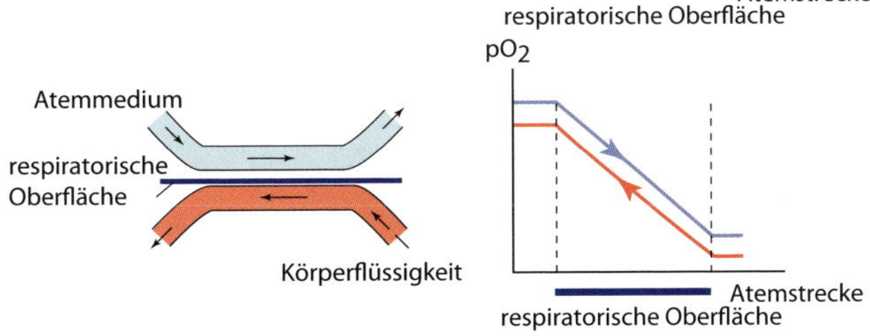

5 - Kapillarsystem
(Vogellunge)

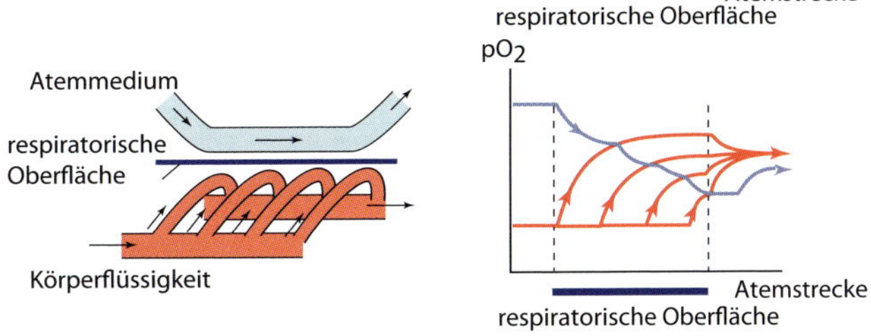

D. Richard, P. Chevalet, T. Soubaya, *Biologie in Farbtafeln*,
DOI 10.1007/978-3-642-32984-5_8, © Springer-Verlag Berlin Heidelberg 2013

Tafel 8.2a Die Kiemen

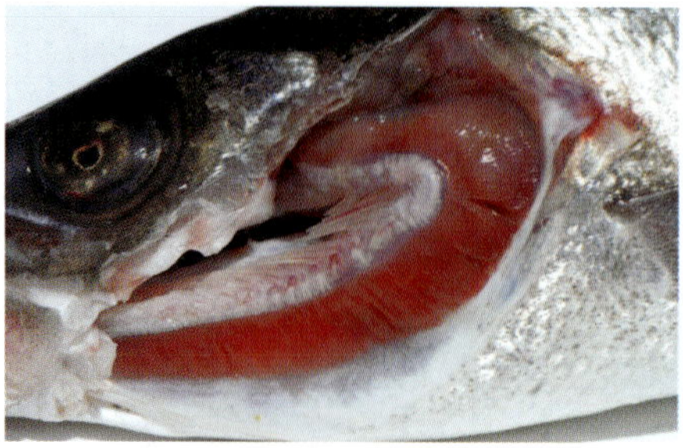

Kiemen einer Makrele
(Gehörorgan entfernt)

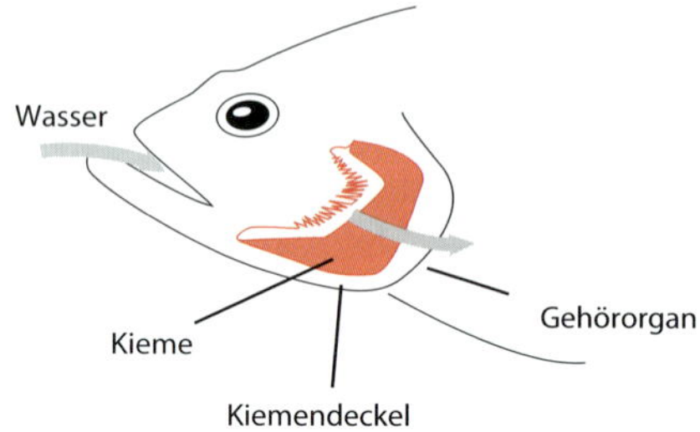

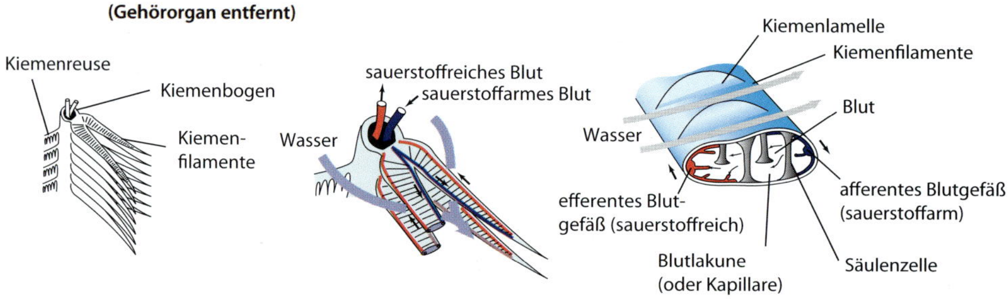

Funktionsweise der Kiemen bei den Echten Knochenfischen

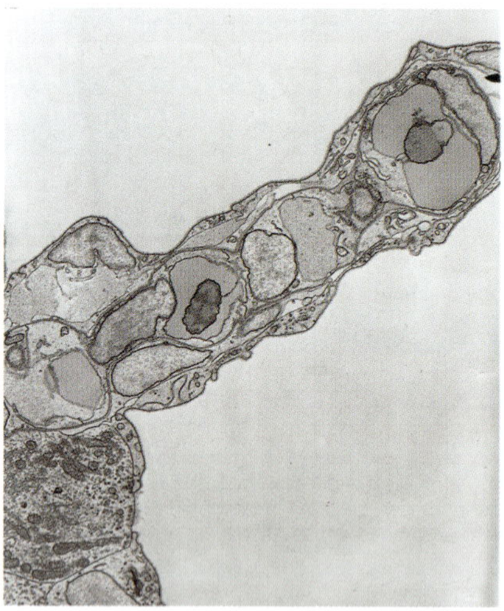

Kiemenlamelle bei den Echten Knochenfischen (LS-TEM)

Die Kieme ist eine örtliche Ausstülpung der Körperoberfläche, spezialisiert auf den Gasaustausch. Dieses Organ ist in vielen aquatischen Stämmen (Annelida, Mollusca, Crustacea, Vertebrata) zu finden. Bei den Echten Knochenfischen bestehen die Kiemen aus einer Abfolge von Kiemenfilamenten, welche senkrecht am Kiemenbogen befestigt sind. Die Anreicherung des Blutes mit Sauerstoff findet in den sekundären Falten der Kiemenlamellen statt, die mit einem Kapillarnetz durchzogen sind.

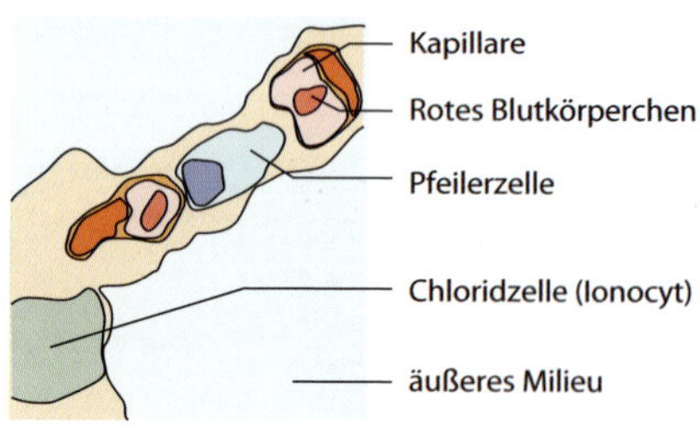

Tafel 8.2b Die Kiemen

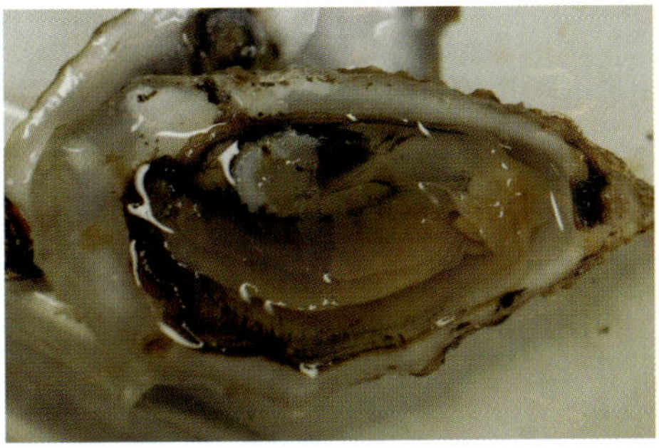

Kiemen der Auster

Die Kiemen der Weichtiere (Mollusca) bilden kammartige Ausstülpungen. Sie sind abgeflacht, mit Lamellen besetzt und werden von afferenten und efferenten Gefäßen durchzogen. Sie sind oben an den Visceralorganen befestigt und hängen frei in die Atemhöhle hinein. Cilien auf der Oberfläche der Lamellen sorgen mit ihrem Wimpernschlag für die Wasserverteilung und den Kontakt des Wassers mit den Kiemen. Die Fließrichtung der afferenten Blutgefäße verursacht in der Hämolymphe einen dem einfließenden Wasser entgegengerichteten Strom.

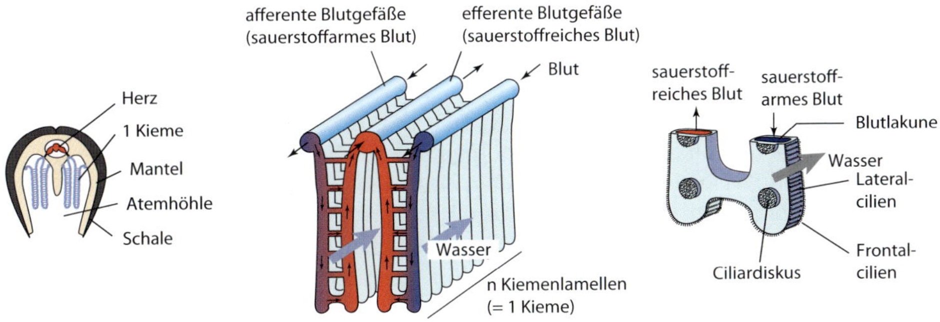

Funktionsweise der Kiemen bei den Weichtieren

Die Kiemen der Krebstiere (Crustacea) liegen im Allgemeinen geschützt in den paarigen Kiemenhöhlen, hier ist die Zufuhr mit Frischwasser durch die Schlagbewegung der Fortsätze gesichert. Bei den Zehnfußkrebsen (Decapoda) werden die Kiemen von Thoraxfortsätzen getragen. Wasser strudelt durch die Rippen und den hinteren Teil des Carapax in die Kiemenhöhlen und verlässt sie vorn zwischen den Maxillipeden. Der Wasserstrom wird durch die schnellen Schlagbewegungen des Scaphognathit (großer Exopodit der zweiten Maxillen) unterstützt. Diese Zirkulation kreuzt zum Teil das Gefäßnetz der Kiemen und erzeugt einen Gegenstrom.

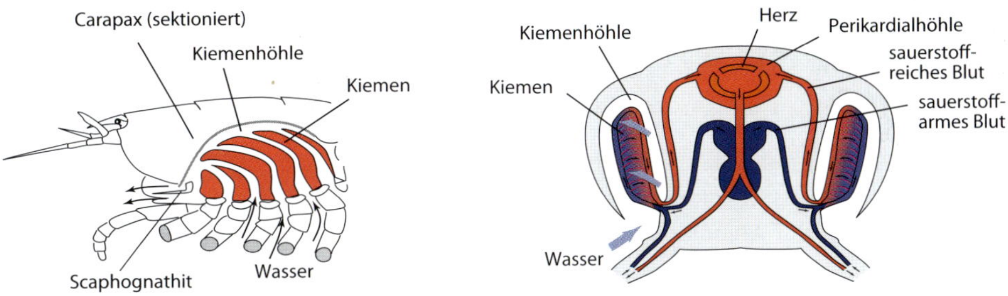

Kiemenanordnung bei den Zehnfußkrebsen (Crustacea)

Tafel 8.3a Die Atmung bei den Säugetieren

Lungenfunktion

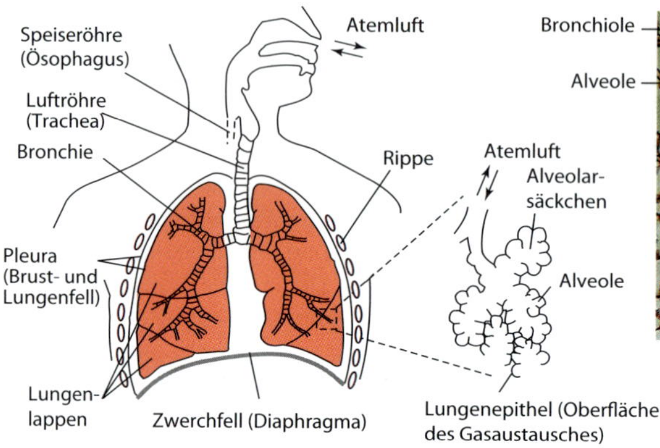

Sitz der Lunge im menschlichen Thorax

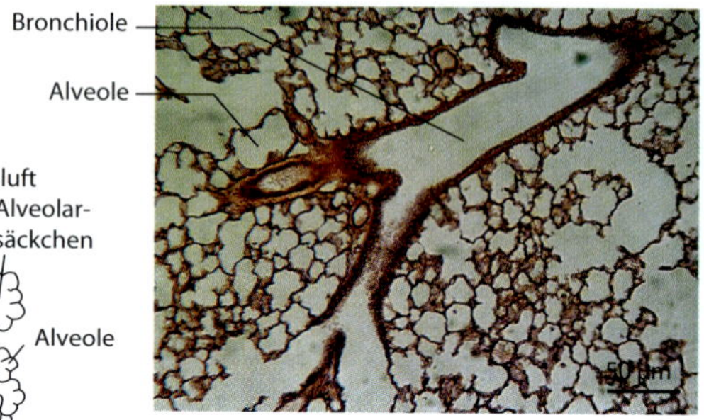

Mauslunge (LA)

8

Die Säugetierlunge befindet sich beim Menschen im Thoraxraum und besteht aus lockerem Parenchym, das mit Luftröhren und Blutgefäßen durchzogen ist. Der Austausch von Luft entsteht durch Einatmung frischer Luft in die Lunge und durch Verdrängung (Ausatmung) der verbrauchten Luft mittels Muskelanspannung im Thorax. Der Kontakt von Luft und Blut erfolgt in den Alveolen. Das sind kleine Säckchen mit einer sehr dünnen Wand, die an Kapillaren grenzt. Über die Luftröhre, Bronchien und Bronchiolen wird Luft in die Kapillaren transportiert. Die große Austauschoberfläche der Alveolen und die geringe Austauschstrecke ermöglichen einen schnellen und effizienten Gasaustausch. Das Alveolarepithel besitzt zwei Zelltypen: die Pneumocyten I und die Pneumocyten II. Pneumocyten I sind flache Zellen, an denen zusammen mit dem Kapillarendothel der eigentliche Gasaustausch stattfindet. Die Pneumocyten II sind größer als die Pneumocyten I, sie produzieren den *Surfactant*. Dieser Lipoproteinkomplex wird kontinuierlich gebildet und bedeckt, erneuert die Alveolaroberfläche.

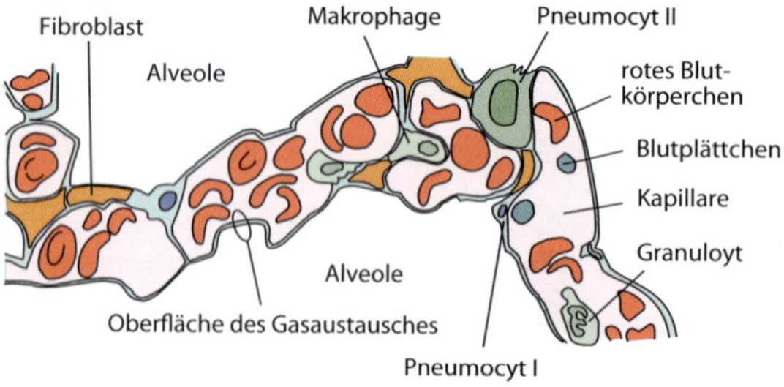

Struktur der Alveolarwand

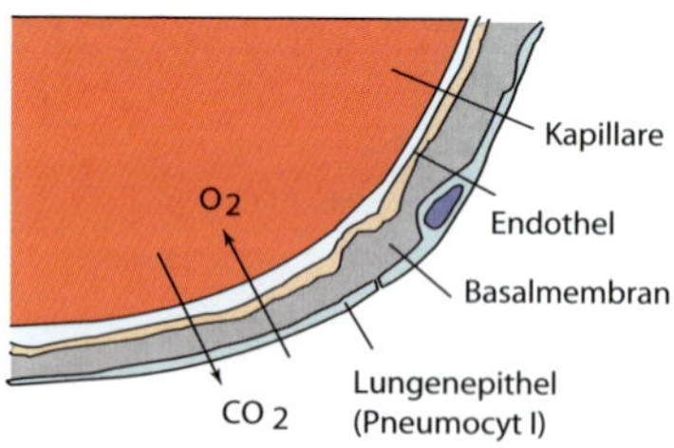

Detailansicht der Gasaustausch-Oberfläche

Tafel 8.3b Die Atmung bei den Säugetieren

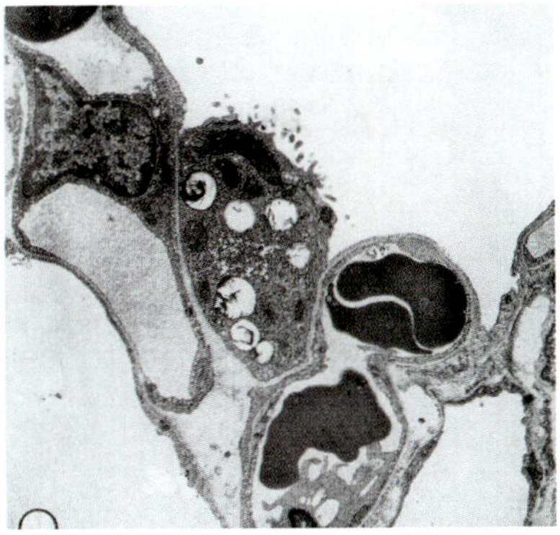

Lungenwand (TEM)

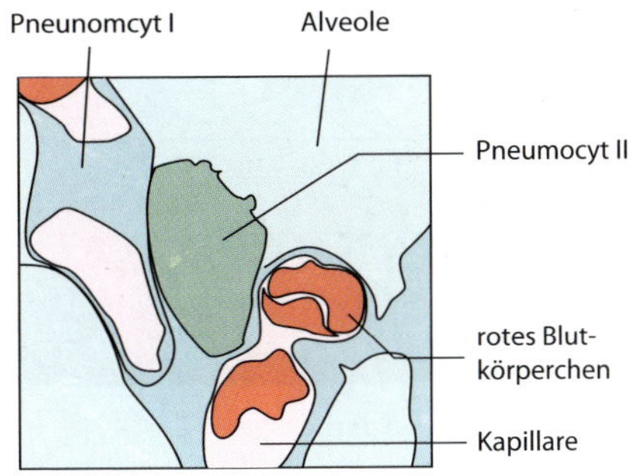

Ventilation der Lunge

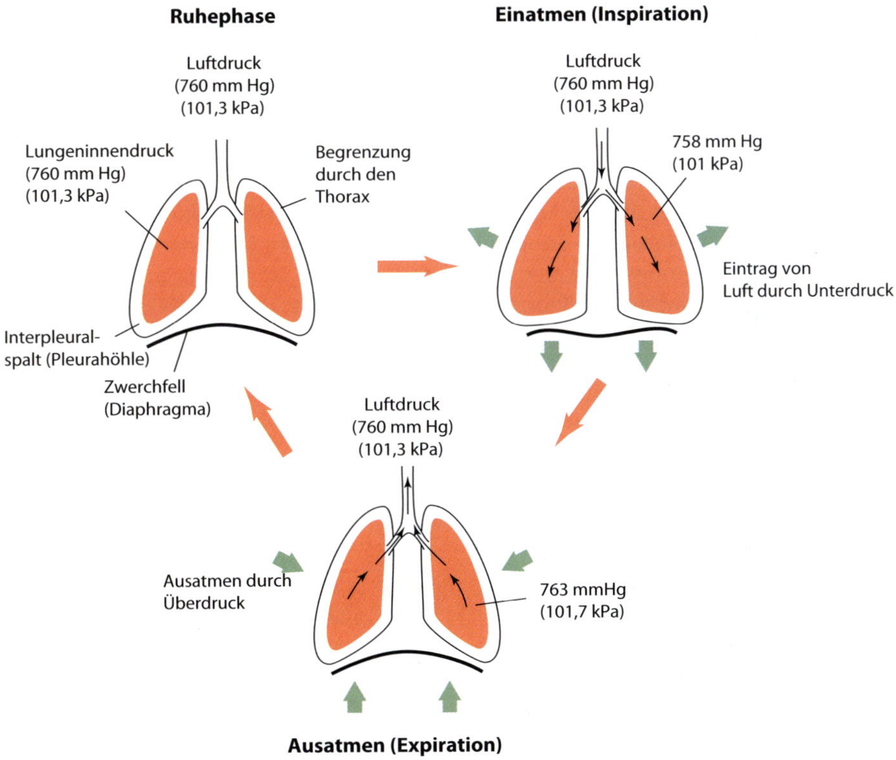

Tafel 8.4a Die Diversität der Lungen

Spinne

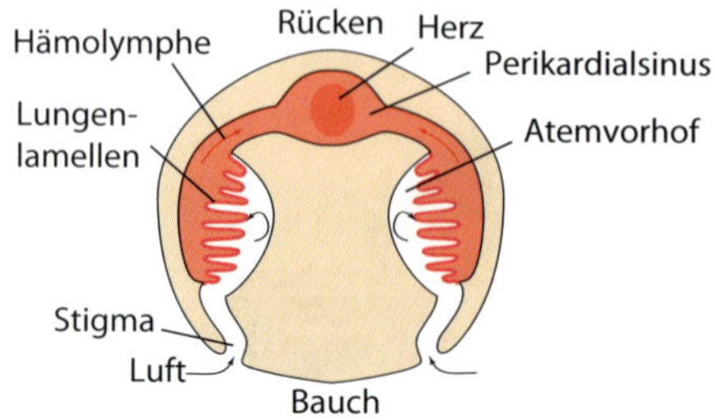

Lunge der Spinnentiere (Arachnida)

Landlebewesen schützen ihre Atmungsoberflächen vor Austrocknung mit einer Ausstülpung des Integuments. Es entsteht ein Lungenhohlraum, der nur über zum Teil komplexe Luftwege mit der Umgebung verbunden und sonst nach außen abgegrenzt ist. Die Austauschoberfläche besteht aus einer dünnen, gut durchbluteten Epithelschicht. Sie steht im Austausch mit der inneren wasserdampfgesättigten Atmosphäre. Die Atemgase befinden sich dann gelöst in einem feinen, feuchten Häutchen um die Epithelschicht. Diese Lungenhöhlen sind charakteristisch für Landwirbeltiere (Tetrapoda), kommen aber auch bei bestimmten Wirbellosen (Invertebrata) (Schnecken/Gastropoda, Spinnentiere/Arachnida) vor. Bei den wirbellosen Landtieren enden die Ausstülpungen des Integuments in einfachen Strukturen, den Sackgassen, die nur über eine einzige Öffnung mit der Umgebung verbunden sind. Diese Strukturen sind nicht belüftet. Skorpione und eine Vielzahl der Spinnen besitzen eine oder mehrere Lungenpaare auf der Bauchseite im Unterleib. Bei den Lungenschnecken (Wellhornschnecke, Nacktschnecke) wird die Luft im Innern der Lunge stetig erneuert. Amphibien führen ihren Gasaustausch in den sackförmigen Lungen mithilfe des Mundbodens durch, der durch Anspannung Luft in die Lunge presst.

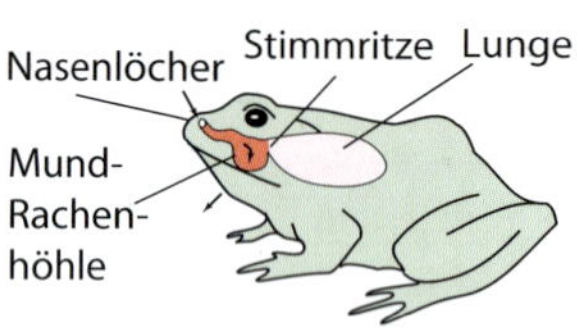

a) Füllung der Mundhöhle

c) Füllung der Lunge durch den Mund-Rachen-Druck

b) Entleerung der Lunge

d) Bewegung des Mundbodens (Mundhöhlenatmung)

Tafel 8.4b Die Diversität der Lungen

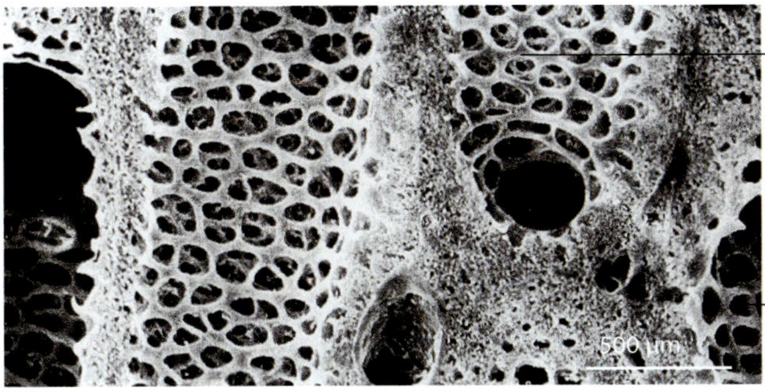

Vogellunge (TEM)

Die Vogellunge weist aufgrund ihrer Anpassung an das Fliegen gegenüber den Landwirbeltierlungen strukturelle und funktionelle Besonderheiten auf. Die Vogellunge besitzt keine Alveolen, sondern Bronchien mit kontraktilen Luftsäcken, die außerhalb der Brusthöhle liegen. Die Sauerstoffanreicherung findet in den sehr feinen Luftkapillaren statt. Diese zweigen sich von den parallel verlaufenden Parabronchien ab, die ihrerseits den Bronchien entstammen. Die Ventilation wird durch die koordinierte Kontraktion der Luftsäcke unterstützt, welche die Luft durch den Wechsel von Unterdruck und Überdruck in Bewegung halten. Sie erfolgt durch mindestens zwei aufeinanderfolgende Zyklen. Im Gegensatz zu den alveolären oder parenchymatösen Lungen fließt der Luftstrom hier nur in eine Richtung, kontinuierlich und ohne dass Restluft in der Lunge zurückbleibt. Diese komplexe mechanische Ventilation macht eine Unterstützung durch den Brustraum nicht nötig, dieser bleibt aufgrund von Zwischenrippenverbindungen unverformt.

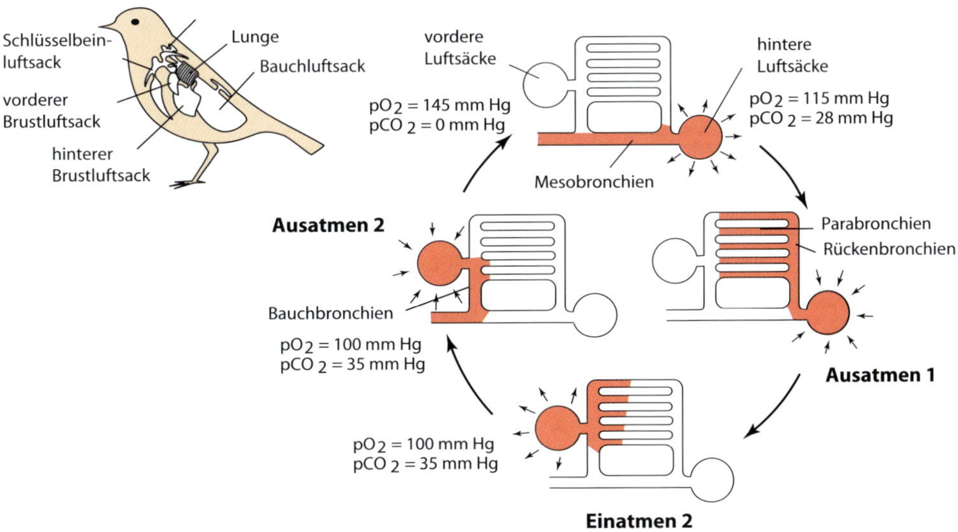

Ventilationsprinzip bei den Vögeln

Tafel 8.5 Die Tracheen

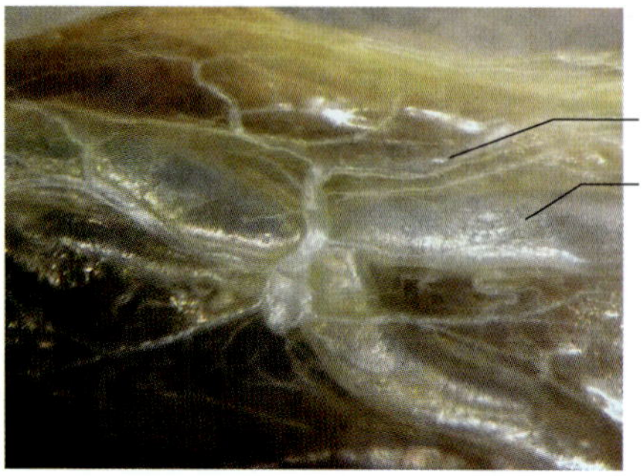

Tracheensystem auf der Oberfläche des Verdauungstraktes von Insekten

Maikäferlarve

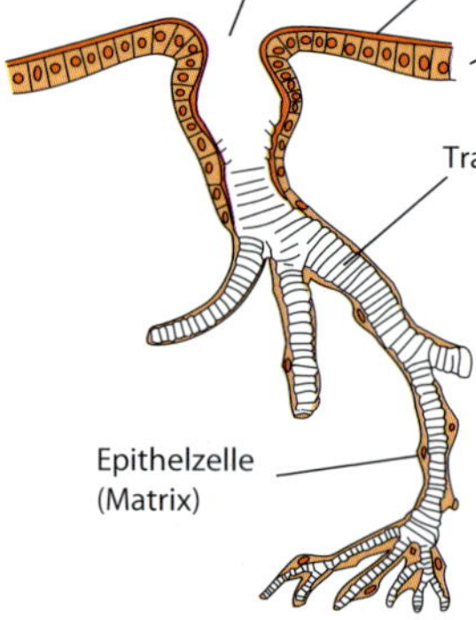

Tracheenstruktur bei Insekten

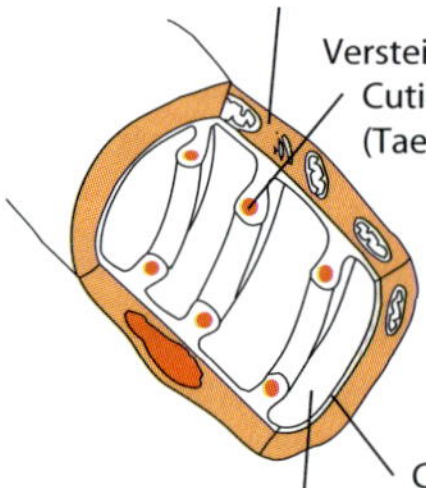

Tracheenwand

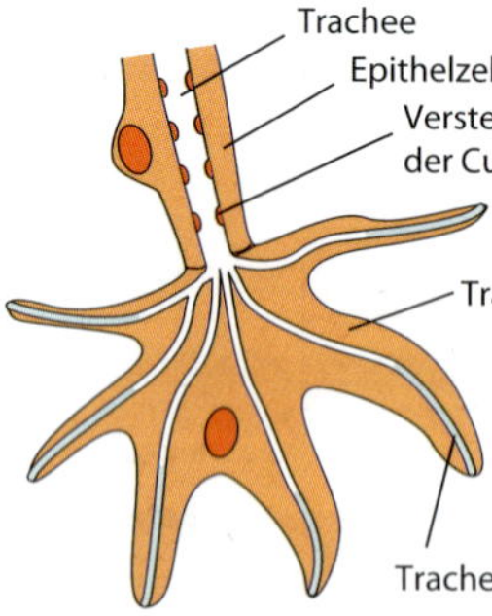

Verzweigung der Trachee in Tracheolen

Bei den meisten Gliederfüßern (Arthropda) wird der Sauerstoff im gasförmigen Zustand sofort durch das Tracheensystem in die Nähe der Zellen transportiert. Dadurch ist weder eine spezialisierte Austauschoberfläche noch ein inneres Milieu nötig, um die Atemgase zu den Geweben (O_2) oder von diesen nach außen zu transportieren (CO_2). Die Tracheen sind epidermalen Ursprungs und aus Einstülpungen des Integuments entstanden, sie stehen mit der Außenwelt über die Stigmen in Verbindung. Der Gasaustausch findet über die Tracheenendzellen in den blind endenden Extremitäten des Tracheensystems statt.

Tafel 8.6 Die Atmungspigmente

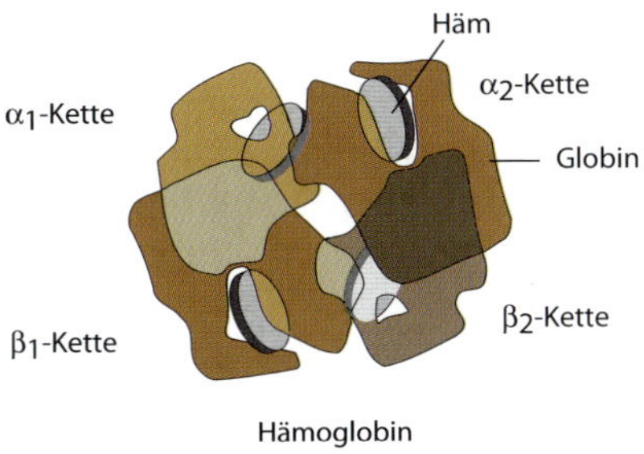

Struktur des Säuger-Hämoglobins

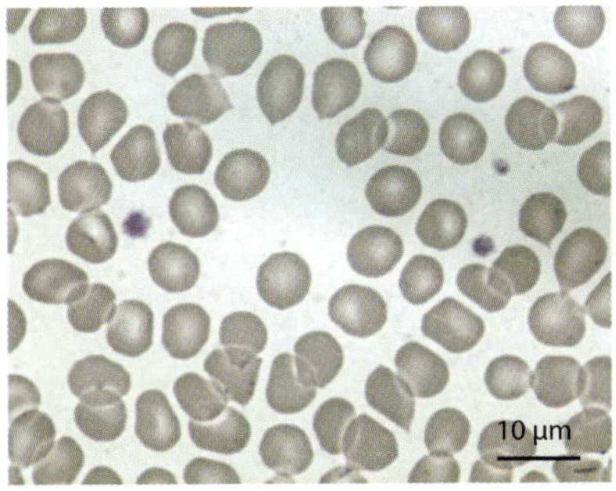

Rote Blutkörperchen in menschlichem Blut (LA)

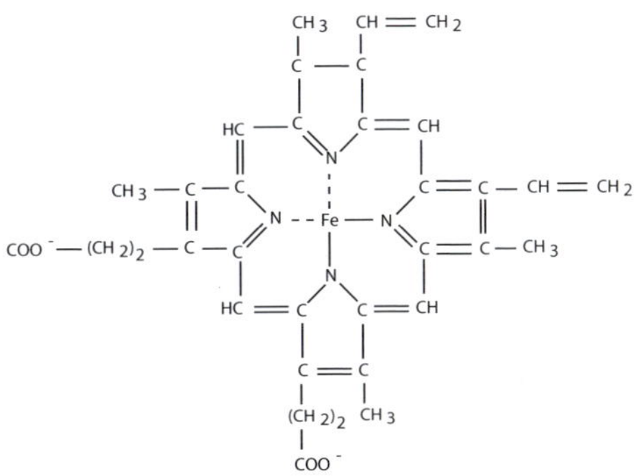

Häm-Molekül des Hämoglobins

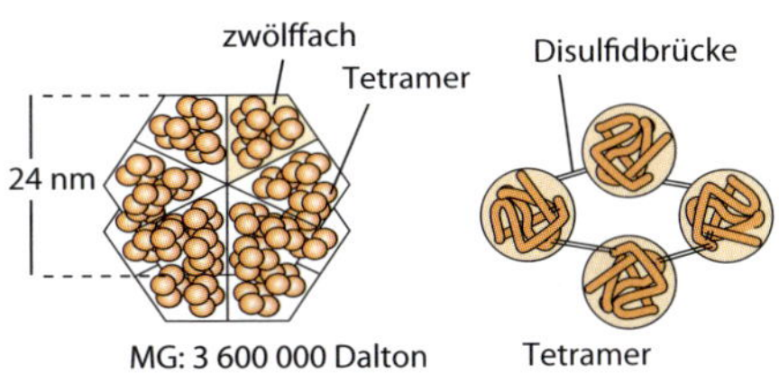

Hämoglobin der Ringelwürmer

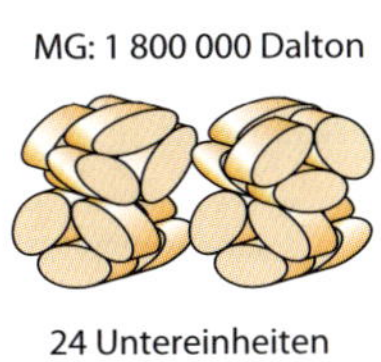

Hämocyanin beim Skorpion

Die schwache Löslichkeit von Sauerstoff erfordert die Anwesenheit eines spezifischen Transportproteins, das Sauerstoff im Atmungstrakt bindet und im Gewebe wieder freilässt. Diese Moleküle sind Hetero-Proteine. Sie besitzen ein oder mehrere Metallionen (Cu^{2+} oder Fe^{2+}) in Verbindung mit Polypeptidketten, was zur Färbung des Mediums führt, in dem sie sich befinden. Sie werden daher Atempigmente genannt. Die Häm-Pigmente bestehen aus ein oder mehreren Polypeptidketten, wovon jede über ein Eisenion (Fe^{2+}) in der Mitte des Protoporphyrins verfügt. Das Protoporphyrin besteht aus vier untereinander verbundenen Pyrrolringen. Das Eisenion verbindet das Häm-Molekül mit der Globinkette. Bei den Gewebetieren (Eumetazoa) können die Atempigmente zirkulieren (Hämoglobin und Chlorocruorin) oder sich im Gewebe (Myoglobin) befinden. Hämoglobin kann sich intrazellulär (rote Blutkörperchen der Wirbeltiere) oder extrazellulär (bei den meisten Wirbellosen) aufhalten. Die blaue Farbe der Hämocyanine kommt durch Kupfer (Cu^{2+}) zustande. Diese Atempigmente befinden sich stets in Lösung und lassen sich in zwei Strukturtypen einteilen: Bei den Gliederfüßern (Arthropoda) sind die Moleküle aus mehreren Ketten aufgebaut, die jeweils aus 650 Aminosäuren bestehen und ein aktives Ende besitzen. Bei den Weichtieren (Mollusca) verfügt jede Kette über mehrere aktive Stellen, und die Ketten sind in Form von Hexameren zusammengefasst.

Tafel 8.7 Der Atemgastransport

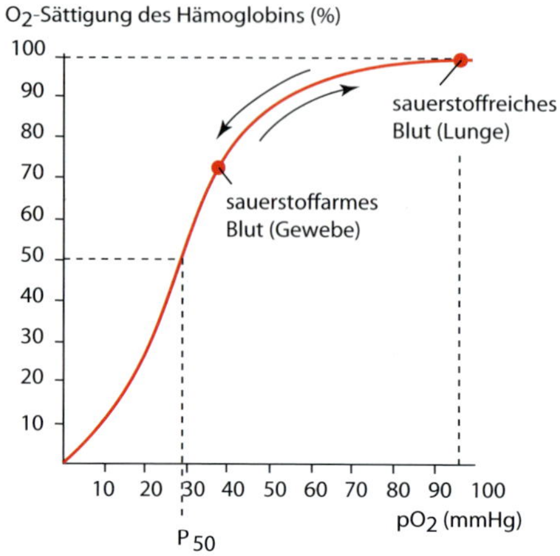

O_2-Sättigungskurve des Hämoglobins in Abhängigkeit vom O_2-Partialdruck

Die Sauerstoffaffinität des Hämoglobins ist abhängig vom Sauerstoffpartialdruck. Die sigmoidale Kurvenform zeigt, dass die O_2-Bindung an gering oxidiertem Hämoglobin schwerer ist verglichen mit Hämglobin, an dem bereits reichlich O_2 gebunden hat. Dies ist auf die allosterischen Eigenschaften des Proteins zurückzuführen. Die Kurve impliziert eine Vorliebe für oxidiertes Blut. Die Sättigungskurve eines Pigments oder sein P_{50}-Wert sind von verschiedenen Parametern anhängig (Temperatur, pH-Wert, organische oder mineralische Substanzen). Der Bohr-Effekt beschreibt die kombinierte Wirkung des pH-Wertes und des pCO_2 auf den Sättigungsgrad. Bei den Knochenfischen (Osteichthyes) wird hingegen das Sättigungsplateau des Hämoglobins verändert (Root-Effekt).

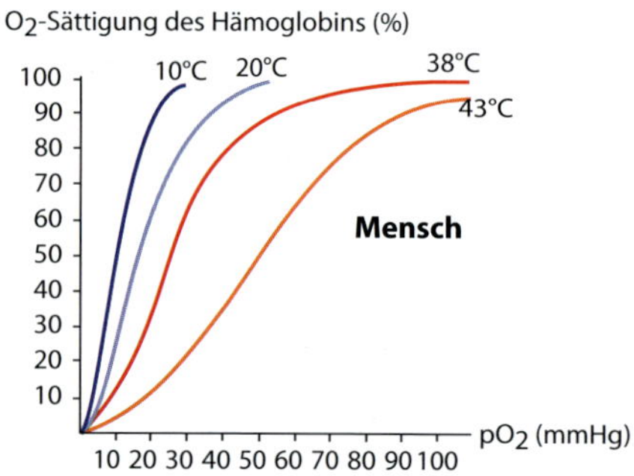

O_2-Sättigungskurve des Hämoglobins in Abhängigkeit von der Temperatur

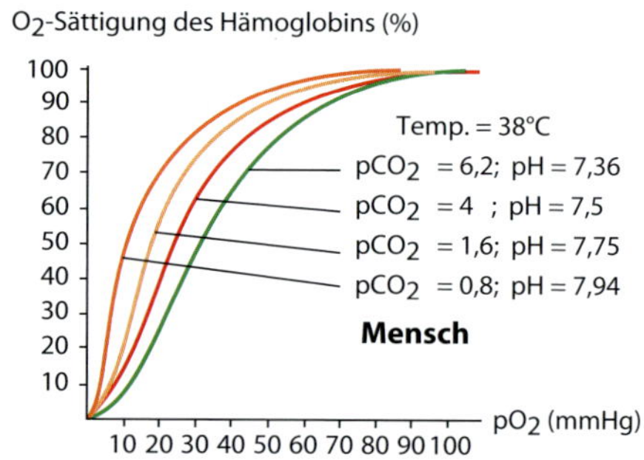

O_2-Sättigungskurve des Hämoglobins in Abhängigkeit vom pH-Wert

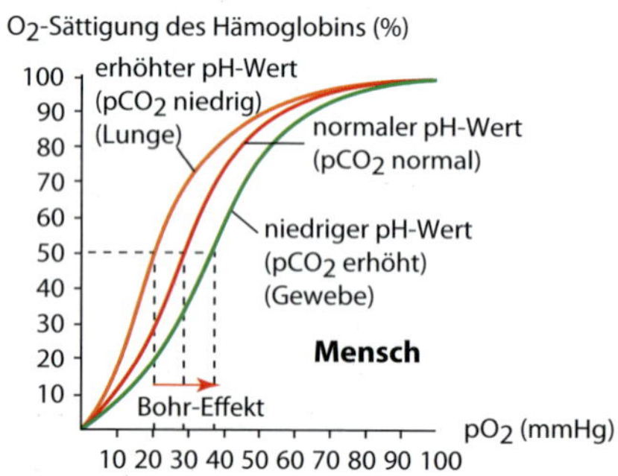

Bohr-Effekt

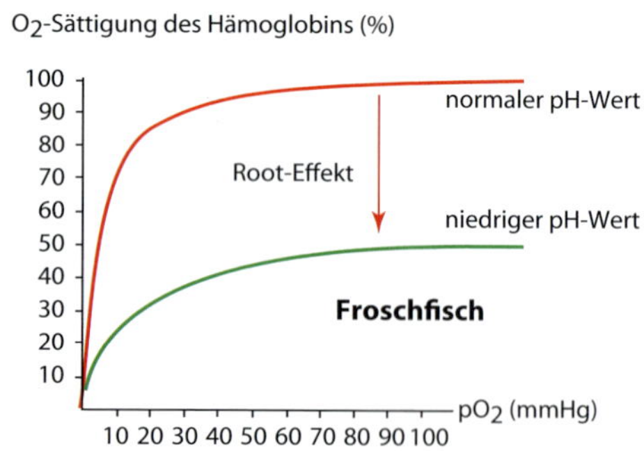

Root-Effekt

Tafel 8.8 Die Kontrolle des Gasaustauschs

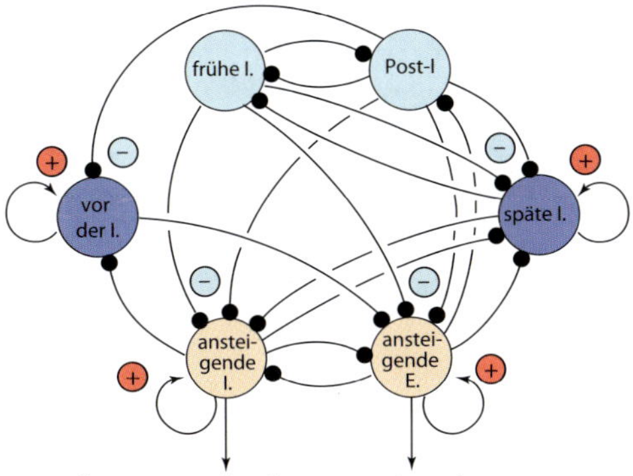

Erzeugung des Atemgrundmusters

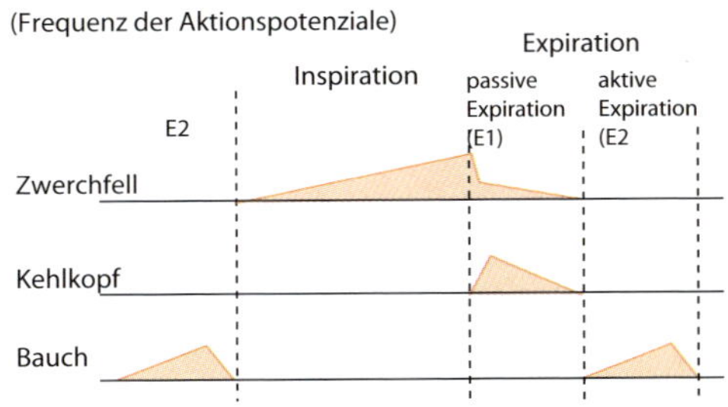

Aktivität der Zwerchfell-, Kehlkopf- und Bauchnerven während der Atemphasen

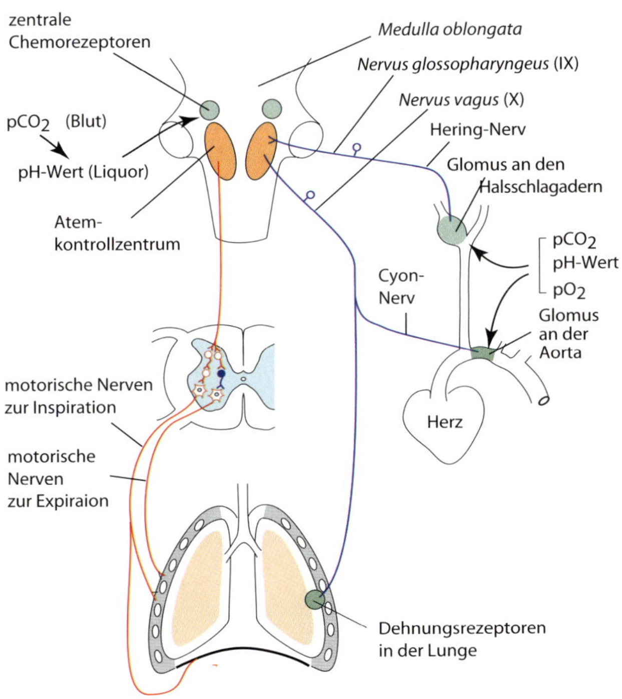

Kontrolle der Atmung durch Feedback-Information

Beim Menschen ist die Atmung eine autonome (unwillkürliche) Funktion des Nervensystems. Die Atmung beruht auf der rhythmischen Feuerung von Neuronen anhand des Atemgrundmusters in der *Medulla oblongata*. Die Abfolge von Ein- und Ausatmen besteht aus drei Phasen: der Inspirationsphase, in der die verantwortlichen Muskeln kontrahieren; einer Post-Inspirationsphase oder die Phase der passiven Expiration, in der die Muskelarbeit schrittweise eingestellt wird; einer aktiven Expirationsphase, in der die Zwischenrippen- und Bauchmuskeln kontrahieren. Diese rhythmische Aktivität kann durch Feedback-Informationen von Dehnungsrezeptoren im Thorax oder durch Chemorezeptoren im Aorten- und Carotidenglomus kontrolliert werden.

Tafel 9.1 Die Ausscheidung stickstoffhaltiger Verbindungen

Die prinzipiellen stickstoffhaltigen Abfallprodukte

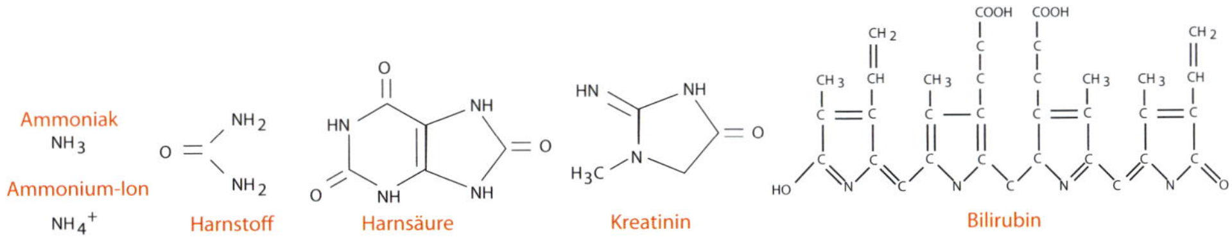

Im Stoffwechsel entsteht eine Vielzahl von Metaboliten, die teilweise ausgeschieden werden müssen. Die primären stickstoffhaltigen Verbindungen sind Aminosäuren, Nucleotide und bestimmte stickstoffhaltige Substanzen (Häm-Molekül, Kreatinin). Die endgültigen Abfallprodukte des Stickstoffs sind Ammoniak, Harnstoff und Harnsäure.

Abbau der Aminosäuren

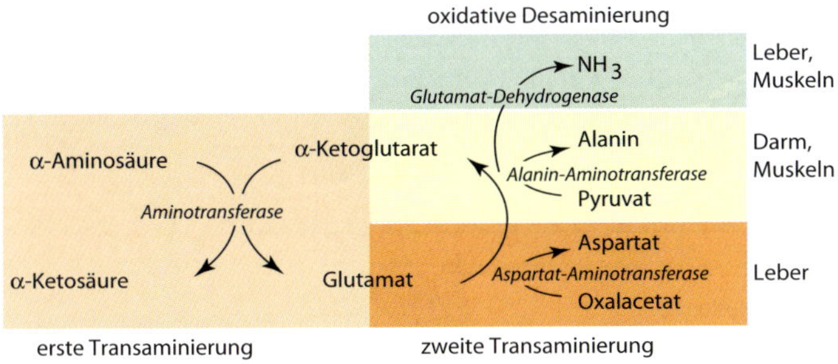

Der Abbau von Aminosäuren findet über Transaminierung und oxidative Desaminierung statt und führt zur Bildung von Ammoniak.

Harnstoffzyklus in den Leberzellen

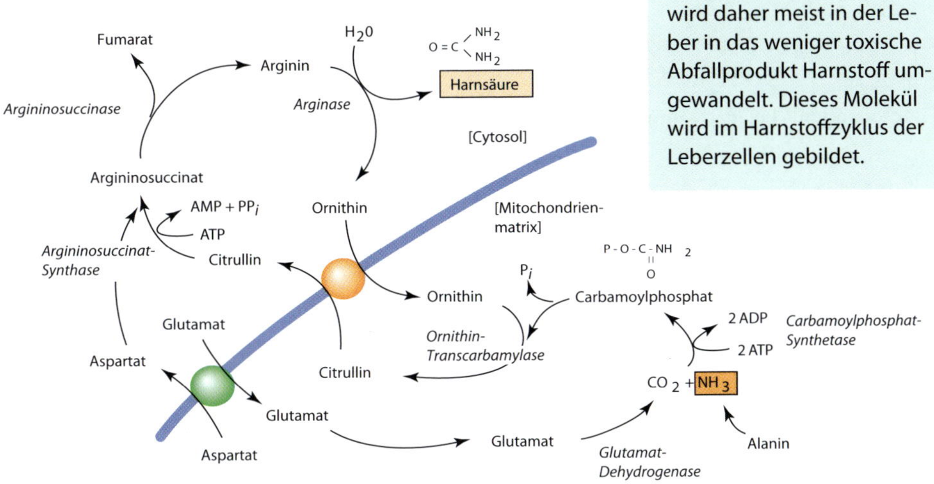

Ammoniak ist ein toxisches Stoffwechselprodukt und wird daher meist in der Leber in das weniger toxische Abfallprodukt Harnstoff umgewandelt. Dieses Molekül wird im Harnstoffzyklus der Leberzellen gebildet.

D. Richard, P. Chevalet, T. Soubaya, *Biologie in Farbtafeln*,
DOI 10.1007/978-3-642-32984-5_9, © Springer-Verlag Berlin Heidelberg 2013

Tafel 9.2 Die Ausscheidungsorgane

Obwohl die Exkretion über geeignete, nicht spezialisierte Austauschoberflächen realisiert werden kann, findet sie im Wesentlichen in spezifischen Ausscheidungsorganen statt. Es existieren drei Ausscheidungssysteme: die Protonephridien, die Nephridien und die Nephronen. Die Ausscheidungsorgane haben sich in Abhängigkeit von der Anwesenheit eines Coeloms unterschiedlich entwickelt.

Filtrationseinheit	Aufbau		Tierstamm	Bedeutung des Coeloms für das Ausscheidungsorgan
Protonephridien	isoliert	Zellen mit Wimpern	Rädertierchen (Rotifera) Plattwürmer (Plathelminthes)	kein Coelom
	gruppiert	Nephridien mit Solenocyten	Ringelwürmer (Annelida) Vielborster (Polychaeta)	Coelom vorhanden
Nephridien (Coelomoduct)	Metanephridien		Ringelwürmer (Annelida)	
	massive Organe	„Nieren"	Weichtiere (Mollusca)	Coelom zurückgebildet
		Coxaldrüsen	Kieferklauenträger (Chelicerata)	
		„Kopfniere"	Urinsekten (Apterygota)	
		Antennendrüsen	Krebstiere (Crustacea)	
Nephron	offen		Neunaugen (Petromyzonta)	
	geschlossen	kein Glomerulus	Seepferdchen (Hippocampi)	unabhängig vom Coelom
		Glomerulus	Wirbeltiere (Vertebrata)	

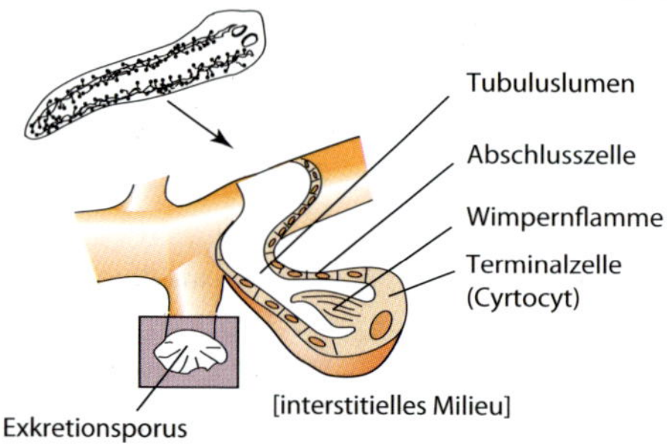

Protonephridie bei Plattwürmern

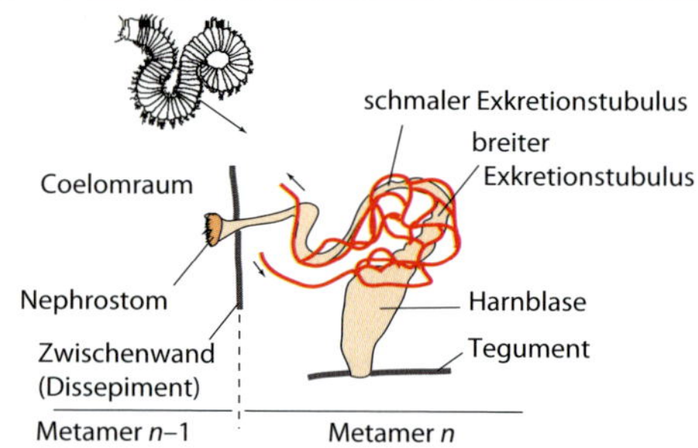

Metanephridium der Nereis

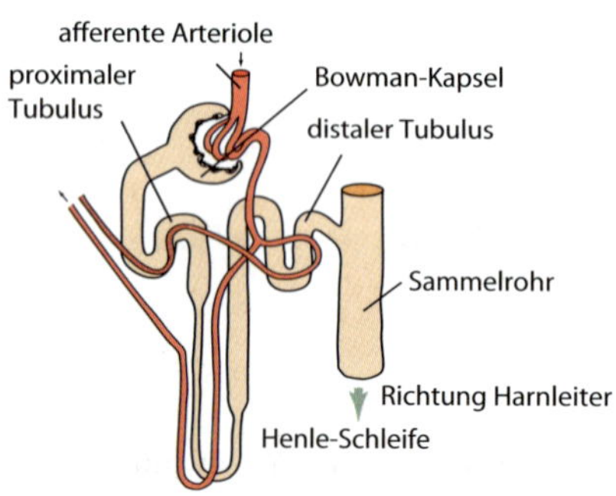

Nephron der Wirbeltiere

Die Protonephridien bestehen aus einfachen Exkretionskanälen (Tubuli), die in einer Terminalzelle mit einer Geißel enden. Die Bewegung der Geißel sorgt für den Transport der Flüssigkeit aus dem Tubuluslumen.

Die Metanephridien sind offene Exkretionskanäle zwischen dem Coelom und der Außenwelt.

Die Nephronen stellen bei den Wirbeltieren (Vertebrata) die Grundeinheiten der Niere dar. Sie bestehen aus Exkretionskanälen, deren Filterstrukturen die Glomeruli sind.

Tafel 9.3 Die Funktionsweise der Ausscheidungsorgane

Die Funktionsweise der Ausscheidungsorgane basiert auf drei Austauschmechanismen zwischen dem Organismus und dem äußeren Milieu: die Filtration, die Sekretion und die Resorption. Die Filtration stellt den ersten Schritt dar, um Flüssigkeiten und die darin gelösten Substanzen in die Exkretionskanäle zu verteilen. Das entstandene Produkt ist der Primärharn. Die Filtration beruht auf dem Druckunterschied zwischen dem Filterinnenraum und dem Tubulusbeginn. Die drei zugrundeliegenden Mechanismen sind: Überdruck, Unterdruck und Ionentransport.

Das Filtrat wird anschließend über Sekretion und/oder Resorption modifiziert. Resorption dient der Rückgewinnung bestimmter Filtersubstanzen. Die aktive Sekretion verbessert den Aufreinigungsgrad von bestimmten Substanzen.

Druckfiltration

Metanephridie bei den Ringelwürmern, offenes Nephron bei den Wirbeltierembryonen

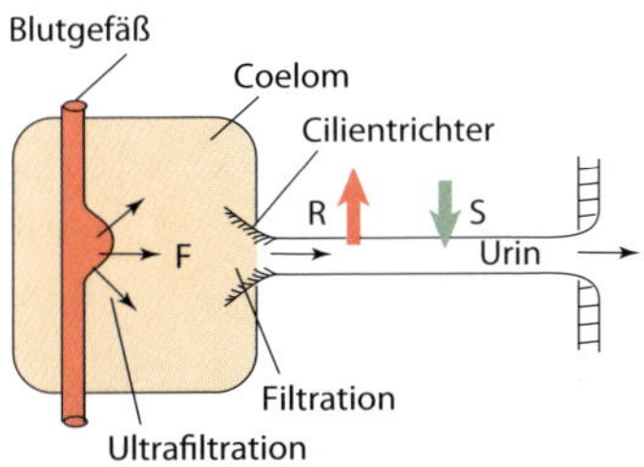

Nephron mit Glomerulus bei den Wirbeltieren, Antennendrüsen bei den Krebstieren, Coxaldrüsen bei den Spinnentieren

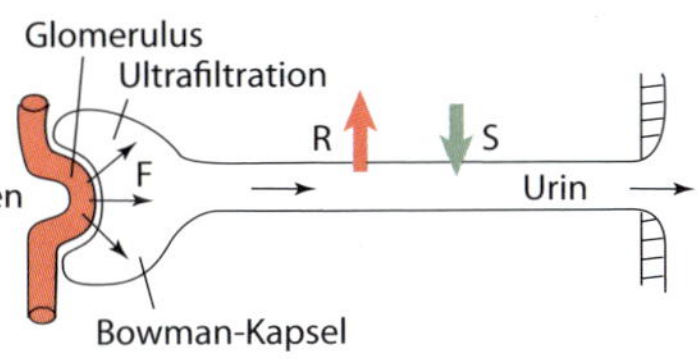

Filtration über Unterdruck

Protonephridie der Plattwürmer

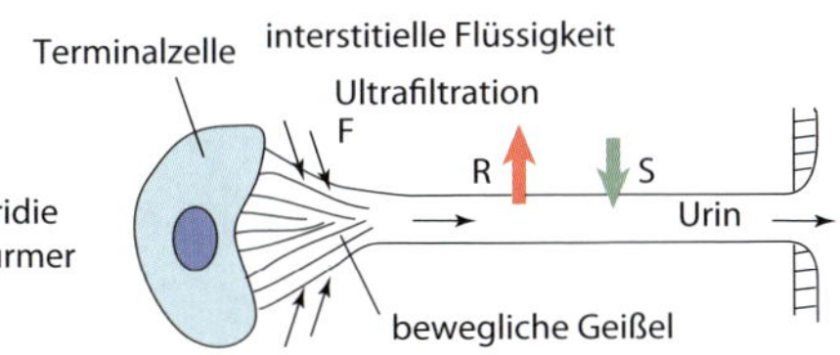

Filtration über Ionentransport

Nephron ohne Glomerulus bei den Wirbeltieren, Malphigi-Gefäße bei den Insekten

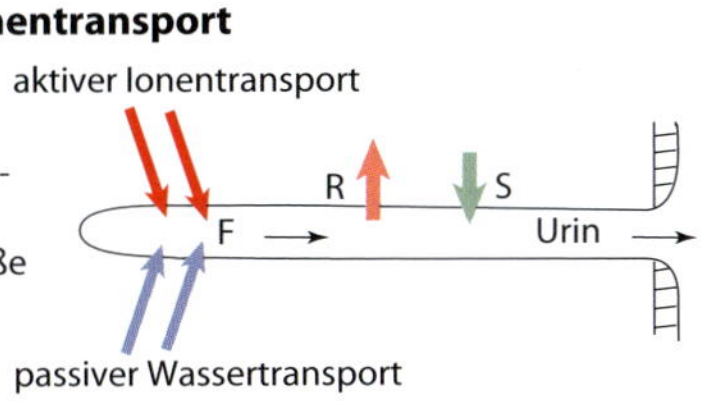

F: Filtration R: Resorption S: Sekretion

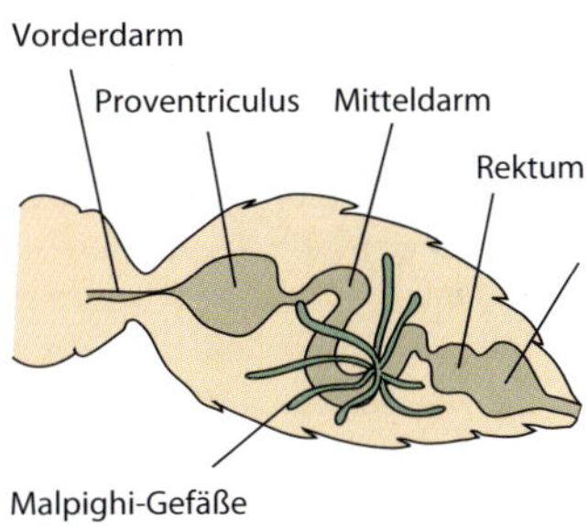

Malpighi-Gefäße im Insektenabdomen

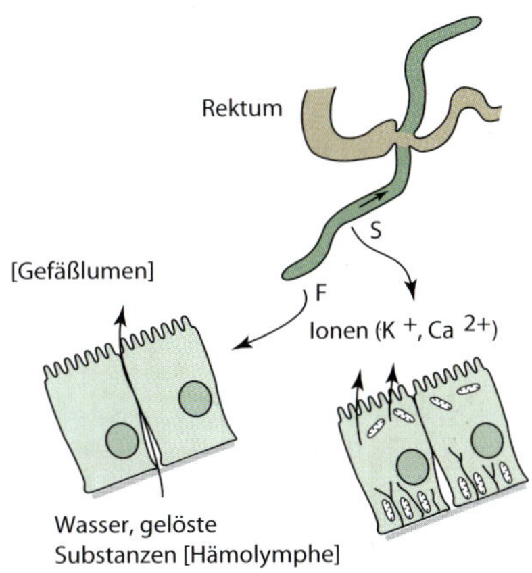

Resorption von Wasser und gelösten Substanzen in den Malpighi-Gefäßen

Tafel 9.4 Die Säugetierniere

Säugetiere (Vertebrata) besitzen als Hauptausscheidungsorgan die Niere. Sie ist bohnenförmig und befindet sich paarig hinter der Bauchhöhle. Über die Harnleiter sind die Nieren mit der Harnblase verbunden. Jede Niere ist von einer Bindegewebshülle umgeben und besteht aus zwei Gewebetypen, der Nierenrinde (Cortex) und dem Nierenmark (Medulla). Jede Niere wird von einer Nierenarterie und einer Nierenvene versorgt.

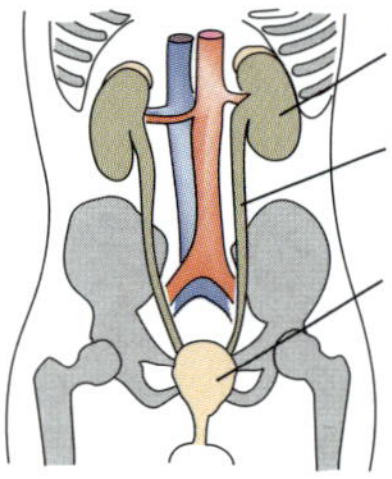

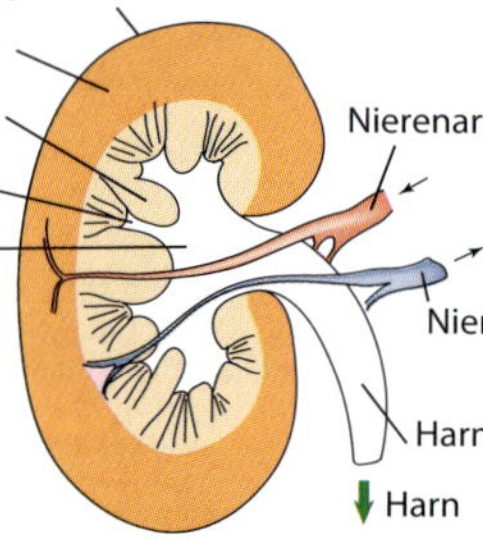

Die Grundelemente der Niere sind die Nephronen, von denen jede Niere ungefähr eine Million besitzt. In ihnen erfolgen die Bildung des Primärharns (Ultrafiltrat) und anschließend des Endharns. Die Nephronen befinden sich in der Nierenrinde, wobei bestimmte Bestandteile (Henle-Schleife und Sammelrohr) in das Nierenmark reichen. Der Endharn fließt in das Nierenbecken und wird über die Harnleiter in die Harnblase abtransportiert.

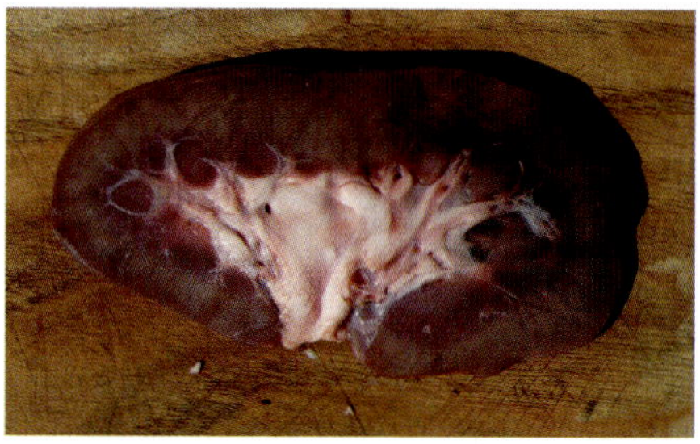

Schweineniere (LS)

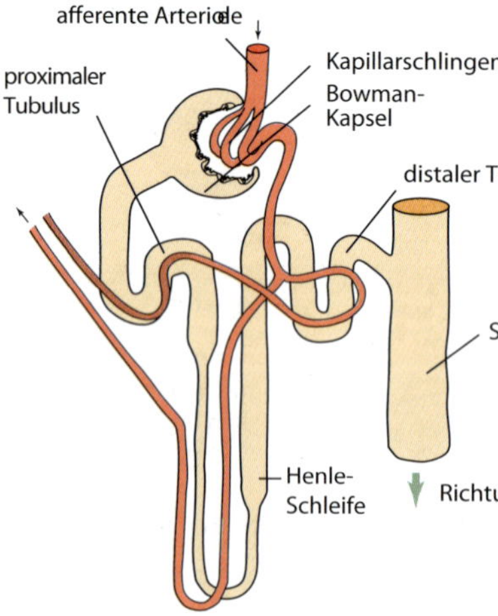

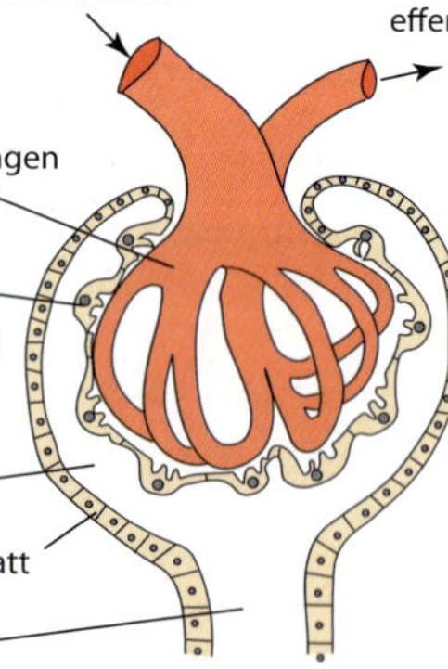

Glomerulus

Tafel 9.5a Die Funktionsweise des Nephrons

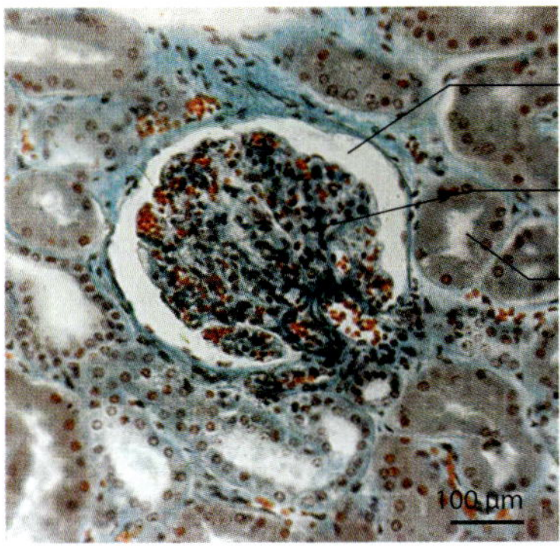

Der Glomerulus ist die Filtrationseinheit des Nephrons. Er besteht aus dem Kapillarknäuel, das eine Verlängerung der afferenten Nierenarteriole darstellt, und wird kapselförmig vom blinden Ende des Tubulus, der Bowman-Kapsel, umgeben. Das innere Blatt der Bowman-Kapsel besitzt verlängerte Zellen, die Podocyten, die in Kontakt mit dem fenestrierten (gefensterten) Endothel der Kapillargefäße stehen.

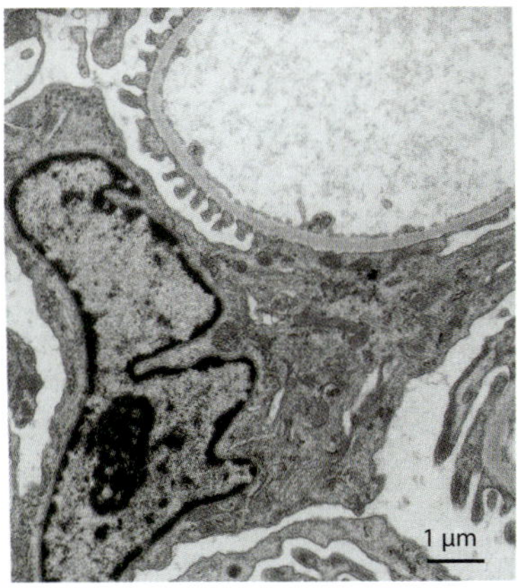

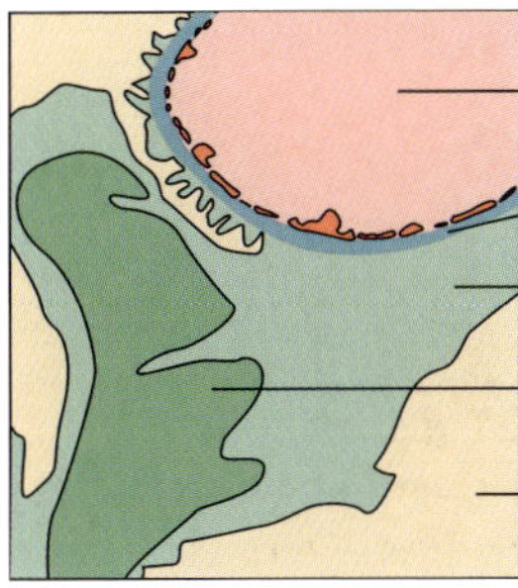

Die Filtration des Blutplasmas findet in den Glomeruli statt. Der Filtrationsdruck ist gegen die Kapsel gerichtet und hängt vom Blutdruck, vom kolloid-osmotischen Druck des Blutes und vom hydrostatischen Druck des Primärharns ab. Das Ultrafiltrat enthält alle Bestandteile des Bluts, bis auf die Proteine, die über die glomeruläre Barriere zurückgehalten werden.

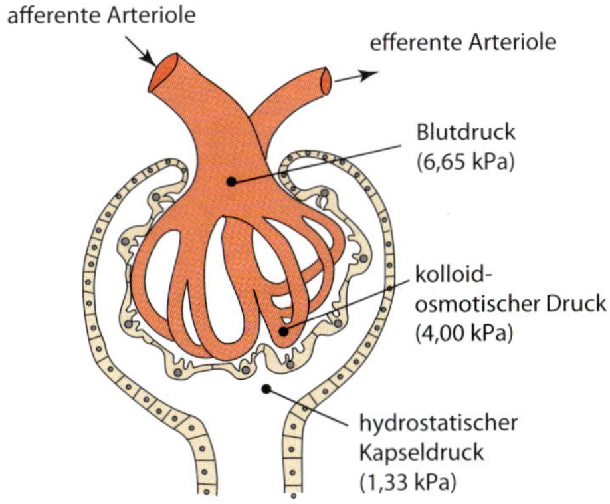

P. effizient = Blutd. – (Kapseld. + kolloid-osmotischer D.)
Filtrationsd. = 6,65 – (1,33 + 4,00) = 1,32 kPa

Tafel 9.5b Die Funktionsweise des Nephrons

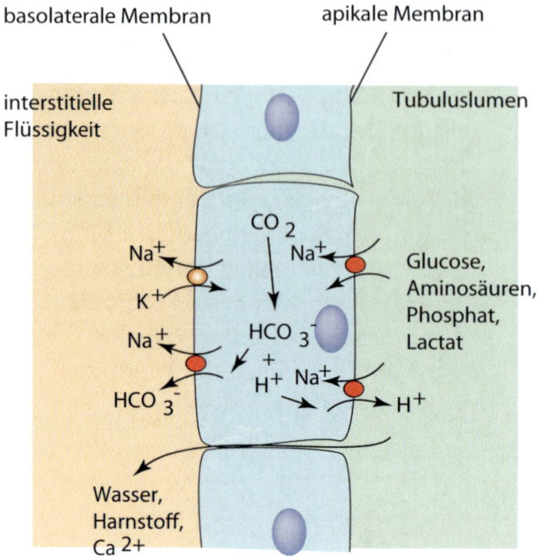

proximaler Tubulus

Im proximalen Tubulus werden Ionen sowie die für den Organismus notwendigen Substanzen (Glucose, Aminosäuren, Lactat, Pyruvat etc.) anhand eines transzellulären Na^+-Gradienten rückresorbiert. Der Gradient entsteht durch die Aktivität einer Na^+/K^+-Pumpe in der basolateralen Zellmembran.

Die Henle-Schleife und der distale Tubulus sind essenziell für die Aufkonzentrierung des Harns und damit zur Regulation des osmotischen Drucks im inneren Milieu. Im distalen Tubulus wird Na^+ rückresorbiert und K^+- und H^+-Ionen werden ausgeschieden. Aldosteron kontrolliert die Rückresorption von Na^+, während ADH die osmotischen Bewegungen des Wassers steuert.

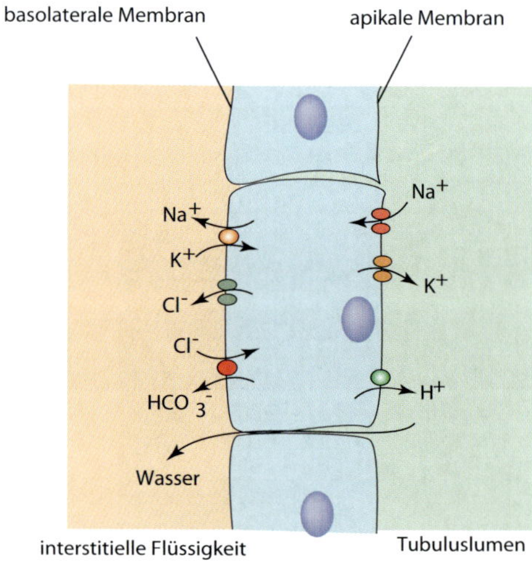

distaler Tubulus

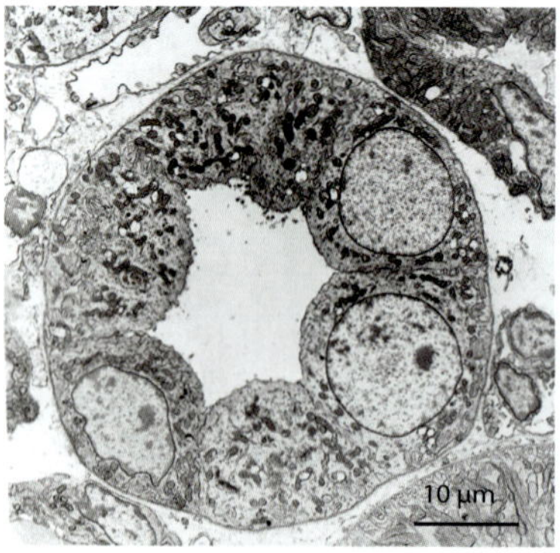

Sammelrohr (TEM)

Im Sammelrohr werden H^+-Ionen in Form von NH_4^+ ausgeschieden.

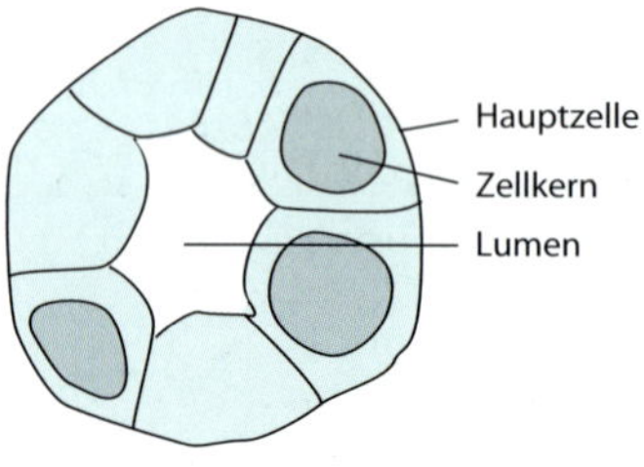

Tafel 9.6 Die Stickstoffausscheidung und der Lebensraum

Exkretionssystem	Beispiele	N_2 in Ammoniumverbindungen (95%)	Ammoniak	Harnstoff	Allantoinsäure	Allantoin	Harnsäure	Guanin	reiner N_2 (5%)
ammoniotelisch	aquatische Wirbellose Landasseln								
	Manteltiere								
	Echte Knochenfische								
ammonioureotelisch	Lungenfische Regenwürmer								
	Haie terrestrische Amphibien								
	Säugetiere (außer Primaten)								
	Primaten								
ureouricotelisch	Meereschildkröten Sphenodontia								
uricotelisch	terrestrische Insekten Vögel Schuppenkriechtiere								
amminouricotelisch	Krokodile								
Guaninausscheidung	Spinnentiere								

Die stickstoffhaltigen Stoffwechselabfallprodukte sind in den meisten Fällen Ammoniak (NH_3) und Harnsäure. Bei den Tieren führt der Abbau von NH_3 zur Bildung von Harnstoff und Harnsäure. Der Lebensraum und der zoologische Aufenthaltsort bestimmen die Exkretionsform. In aquatischen Lebensräumen werden die löslichen Verbindungen Ammoniak und Harnstoff gebildet. Landlebewesen scheiden Stickstoff entweder in Form von Harnstoff (Ureotelier) oder in Form von Harnsäure (Uricotelier) aus.

Amphibien durchlaufen eine Metamorphose vom aquatischen Larvenstadium zum landlebenden ausgewachsenem Tier. Diese Änderung des Lebensraums erfordert auch entscheidende Anpassungen des Ausscheidungssystems. Die Kaulquappe ist ammoniotelisch, während das ausgewachsene Tier ureotelisch ist. Mit der Zeit stellen die Leberzellen die Enzyme des Harnstoffzyklus her.

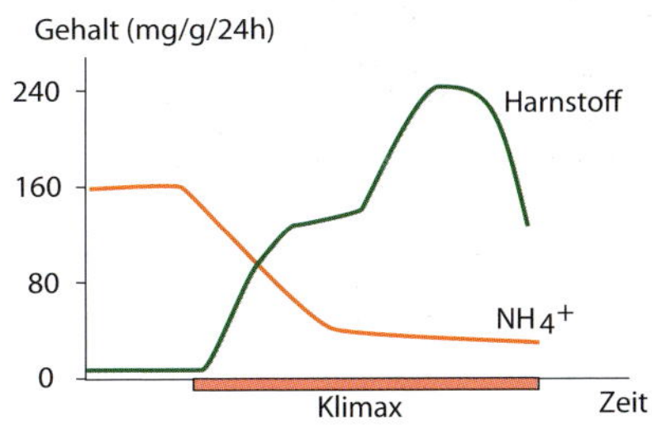

Die Reaktion auf äußere Reize

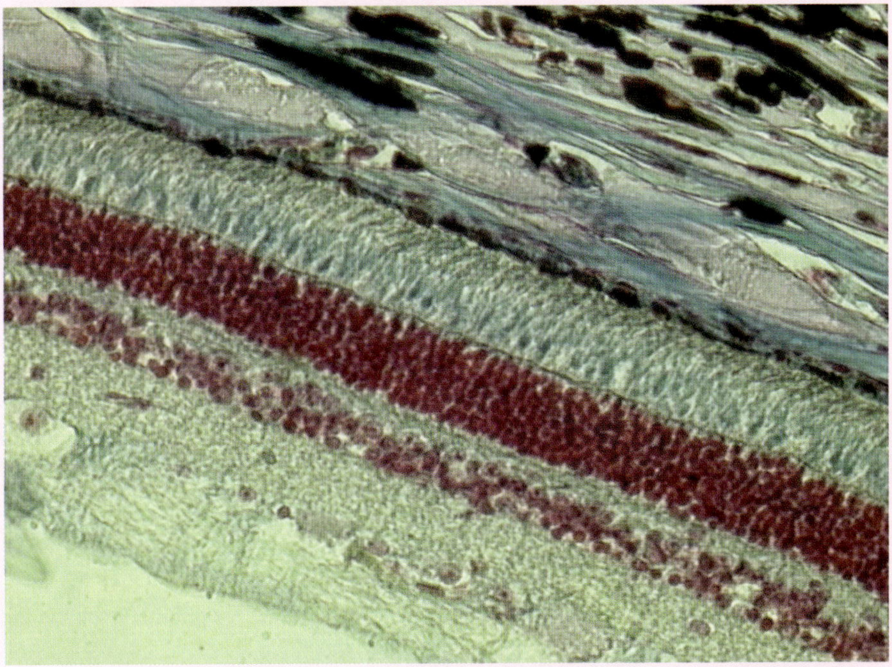

Schnitt durch die Netzhaut eines Säugetiers (LA)

Inhalt

Tafel 10.1 Die Funktionsweise sensorischer Systeme

Das Funktionsprinzip sensorischer Systeme ist den bisher betrachteten Systemen sehr ähnlich. Die Stimulation sensorischer Rezeptoren mit adäquaten Stimuli löst die Ausbreitung der sensorischen Information aus, die daraufhin decodiert und zentralnervös interpretiert wird.

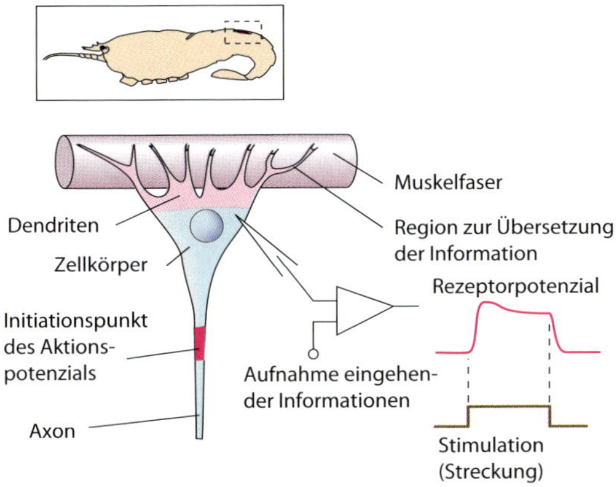

Informationscodierung im Dehnungsrezeptor eines Crustaceen-Muskels

Die Codierung der Information erfolgt an den Rezeptoren. Durch die Stimulation entsteht ein Rezeptorpotenzial, das durch die Rezeptorzelle fließt. Wenn der Strom eine ausreichende Stärke besitzt, löst er ein Aktionspotenzial an einer bestimmten Stelle der Membran aus: dem Initiationspunkt der Aktionspotenziale.

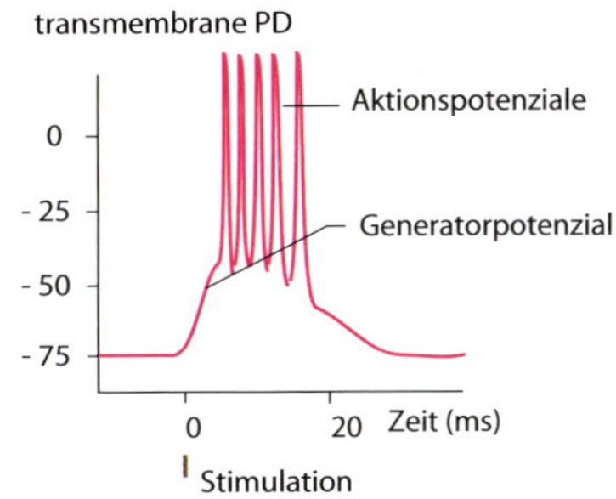

Aktionspotenziale bilden sich am Initiationspunkt, wenn die transmembrane Potenzialdifferenz einen bestimmten Schwellenwert überschreitet. Die Intensität der Stimulation wird als Frequenz der Aktionspotenziale codiert.

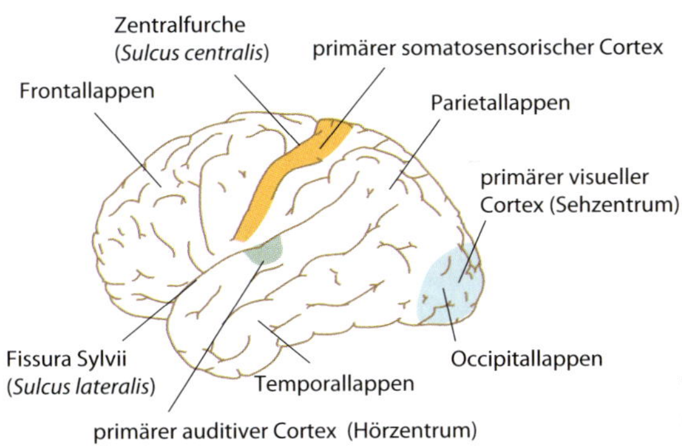

Bei den Säugetieren gelangen die sensorischen Informationen in Cortexregionen des Gehirns: in die primären somatosensorischen Rindenfelder.

Rindenfelder des Menschen zur Verarbeitung sensorischer, auditiver und visueller Reize

D. Richard, P. Chevalet, T. Soubaya, *Biologie in Farbtafeln*,
DOI 10.1007/978-3-642-32984-5_10, © Springer-Verlag Berlin Heidelberg 2013

Tafel 10.2 Die visuelle Wahrnehmung

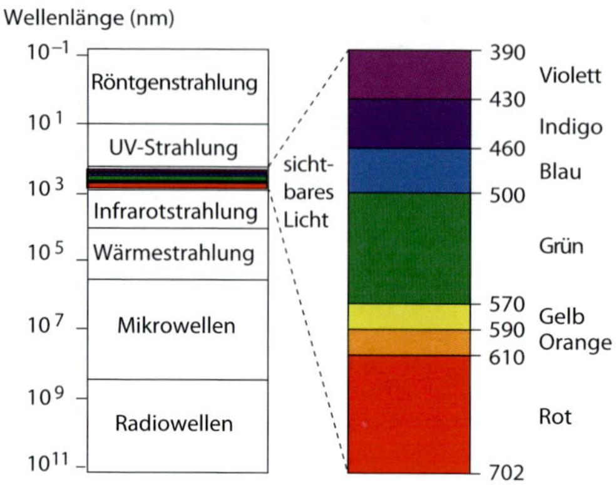

Wellenlängen der elektromagnetischen Wellen und des sichtbaren Lichts

Die optischen Reize, die unser Auge verarbeitet und durch die wir unsere Umwelt erkennen, sind elektromagnetische Wellen. Die meisten Lebewesen nehmen Wellenlängen zwischen 400 nm und 700 nm wahr. Die verschiedenen Wellenlängen werden vom Menschen als Farben (400 nm = violett, 700 nm = rot) „interpretiert".

Zerlegung des weißen Lichts in seine Spektralfarben: Entstehung eines Regenbogens

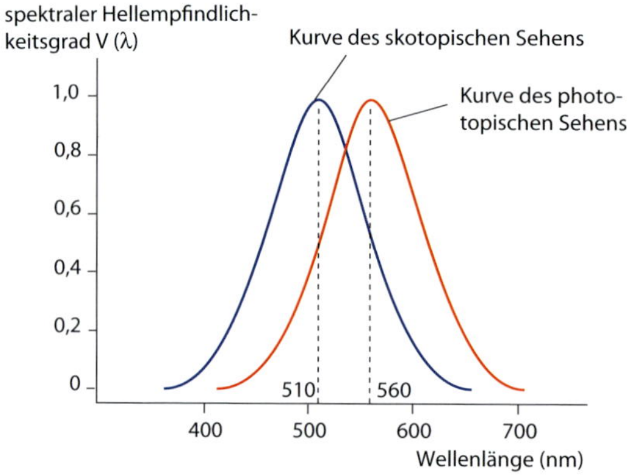

Hellempfindlichkeitskurven bei Tageslicht (phototopisches Sehen) und bei Dämmerung (skotopisches Sehen)

Die Sensibilität der visuellen Wahrnehmung hängt von der Wellenlänge des Lichts und von der umgebenden Helligkeit ab. Bei ausreichender Helligkeit (Tageslicht) liegt das Absorptionsmaximum bei 560 nm (phototopisches Sehen), während es sich bei schwachem Licht (Dämmerung/Nacht) bei 510 nm befindet (skotopisches Sehen).

Die Anpassung (Adaptation) des Sehvermögens an die Lichtverhältnisse ist in den stimulierten Regionen der Retina unterschiedlich. Beim zentralen Sehen findet eine schnelle Anpassung statt, der Schwellenwert des Sehreizes bleibt dabei erhöht. In den peripheren Gebieten der Retina erfolgt die Anpassung des Schwellenwertes langsamer, aber es wird nur die Energie einiger weniger Photonen benötigt, um einen Stimulus auszulösen.

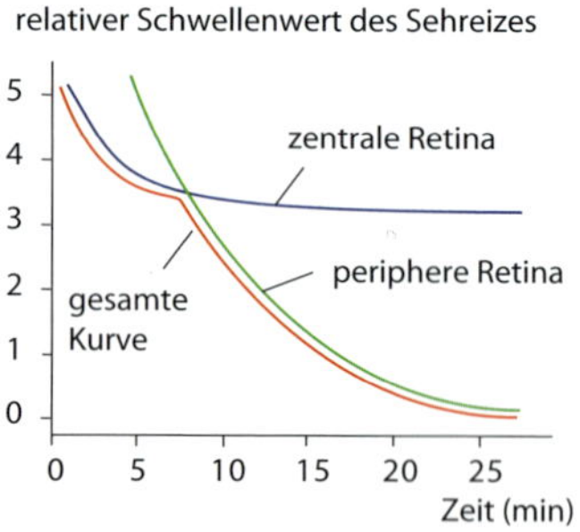

Anpassung an die Dunkelheit

Tafel 10.3 Das menschliche Auge

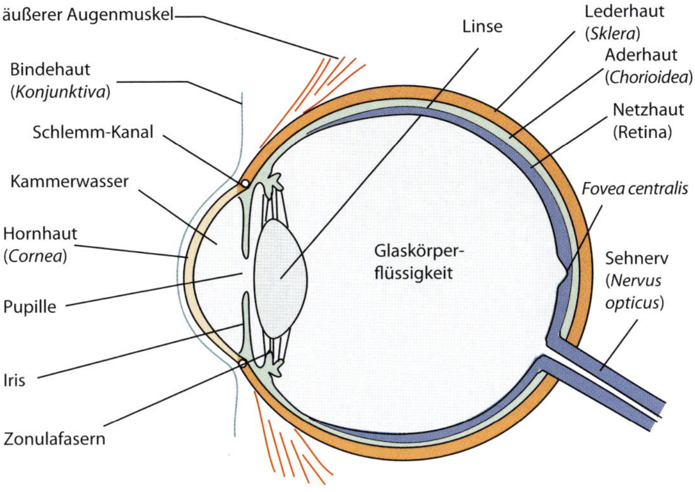

Längsschnitt des menschlichen Auges

Bei den Säugetieren ist das Auge nahezu kugelförmig, der vordere Abschnitt ist dabei durchsichtig. Das Auge wird durch die Lederhaut geschützt. Die Aderhaut versorgt das Auge und unterstützt die Erneuerung bestimmter Bereiche der Retina. In der Retina befinden sich die sensorischen Zellen und die vorderen Neurone.

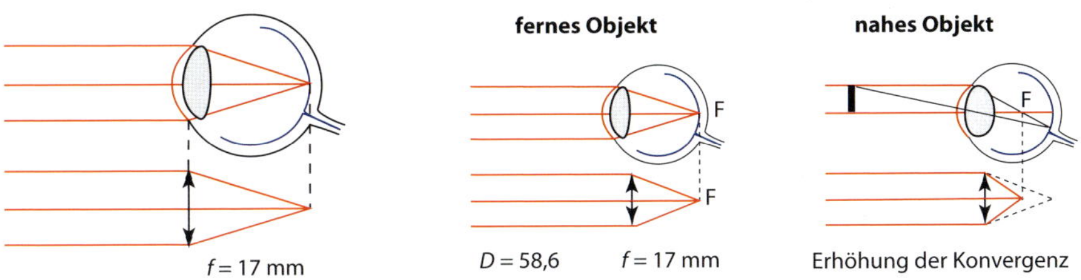

Der gesamte durchsichtige Apparat des Auges verhält sich wie eine Sammellinse von 17 mm Brennweite oder 58,6 Dioptrien. Beim Nahsehen steigt die Konvergenz der Linse, wodurch die Brennweite sinkt und das Bild des Objektes auf der Retina abgebildet wird.

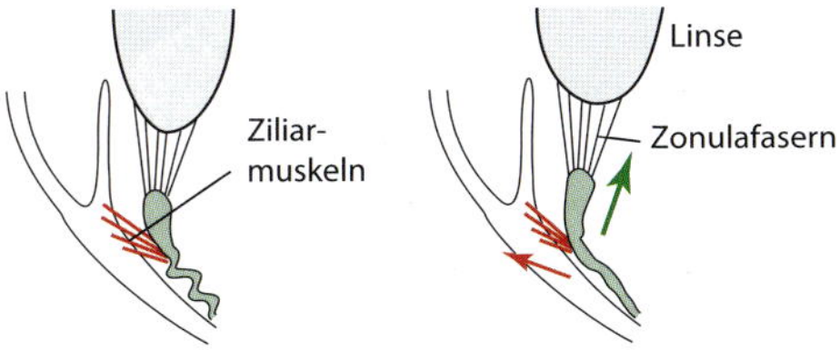

Ruhe
(Ziliarmuskeln entspannt)

Akkommodation
(Ziliarmuskeln kontrahiert)

Die Erhöhung der Linsenkonvergenz (Akkommodation) wird durch die Kontraktion der Ziliarmuskeln gesteuert. In Ruhe ziehen die Zonulafasern an der Linse und bewirken ihre Streckung. Bei einer Kontraktion der Ziliarmuskeln entspannen sich die Zonulafasern und die Linse kehrt in ihre kugelförmige Gestalt zurück.

Tafel 10.4 Die Retina

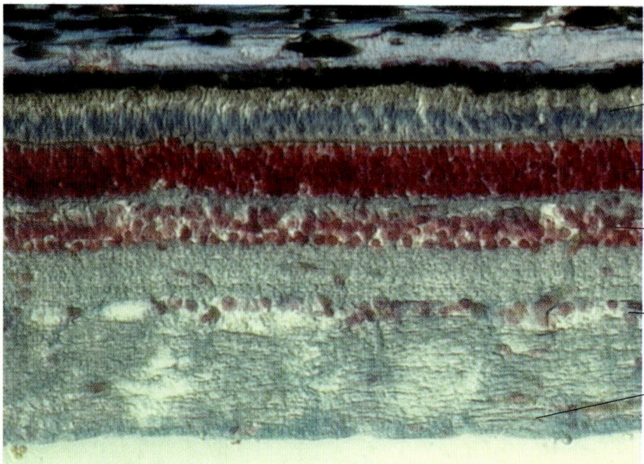

Schnitt durch die Retina von Säugetieren (LA)

Bei den Säugetieren muss das Licht in der Retina erst mehrere Nervenzellschichten durchdringen, bevor es auf die sensorischen Rezeptoren trifft: die Retina ist quasi „verkehrt herum" aufgebaut. Die Retinarezeptoren bestehen aus zwei Zelltypen: Stäbchen und Zapfen. Die sensorische Information wird auf bipolare Zellen übertragen und von dort auf die Ganglienzellen weitergeleitet. Diese Ganglienzellen besitzen lange Axone, welche die innere Fläche der Retina bedecken und sich schließlich zum *Nervus opticus* vereinen. Die horizontalen und amakrinen Zellen sind an der Verarbeitung der räumlichen Wahrnehmung beteiligt.

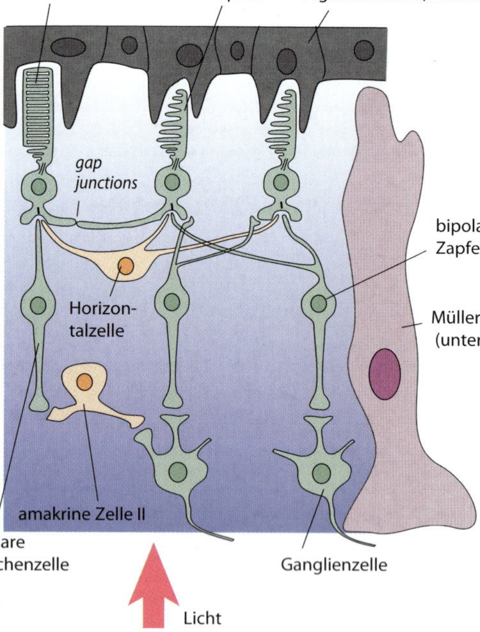

Tafel 10.5 Von den Photosensoren zum Auge

Die Sehpigmente der Tiere bestehen aus einem Opsinmolekül und einer vom Vitamin A abgeleiteten prosthetischen (chromophoren) Gruppe.

Die Rhodopsine

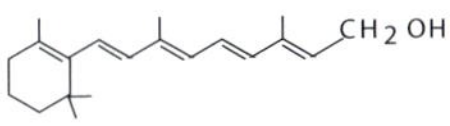

Retinol (Vitamin A)

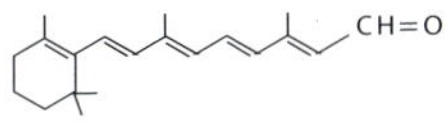

Retinal

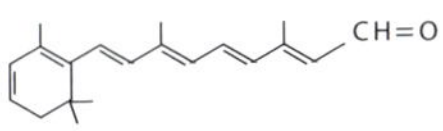

3,4-Dehydroretinal

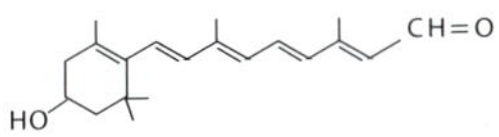

3-Hydroretinal

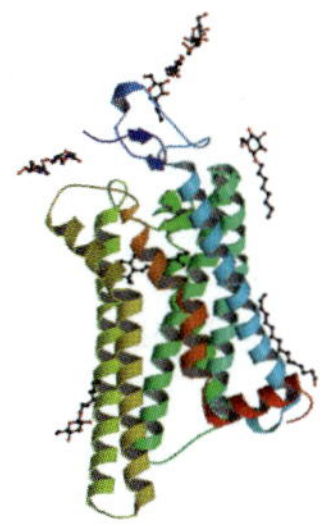

Kristallstruktur

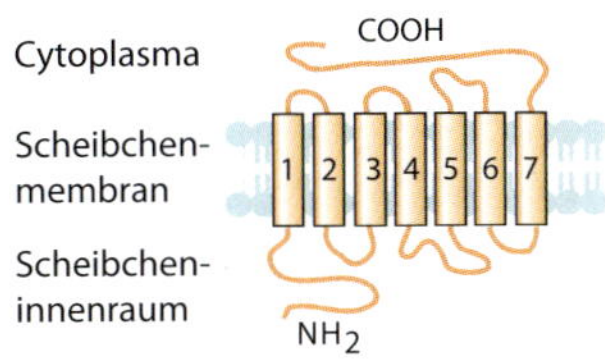

Lokalisation in der Membran

Die wichtigsten Vertreter der prosthetischen Gruppen

Opsin

Die beiden Sehrezeptortypen

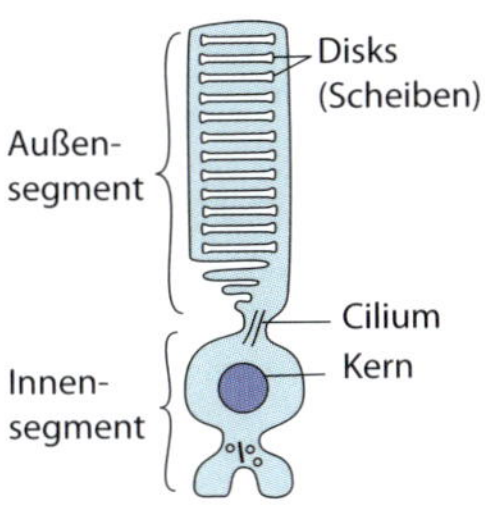

Cilienzelle (Stäbchen) der Wirbeltiere

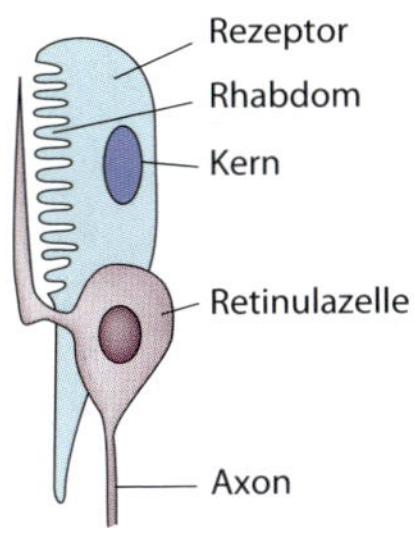

Photorezeptorzelle der Arthropoda

Im Laufe der Evolution sind zwei große Sehrezeptortypen entstanden:

- die diffenzierten Cilienzellen, in deren Cilien die photoelektrische Transduktion der Information stattfindet;
- Zellen mit Einstülpungen, in denen sich die photosensiblen Pigmente befinden. Sie bilden zusammen das Rhabdom. Diese Sehrezeptoren kommen hauptsächlich in Gliederfüßern vor.

Die zwei Augentypen

Konvex oder konkav gebogene Retinaoberflächen lassen sich in zwei anatomisch unterschiedliche Augentypen einteilen. Bei einer konkaven Retina wird ein Bild vor dieser Oberfläche durch die Existenz einer Sammellinse erzeugt (Kameraauge). Bei einer konvexen Retina wird jeder Rezeptor über einen senkrecht einfallenden engen Lichtstrahl auf der Retinaoberfläche stimuliert (Facettenauge bei den Gliederfüßern).

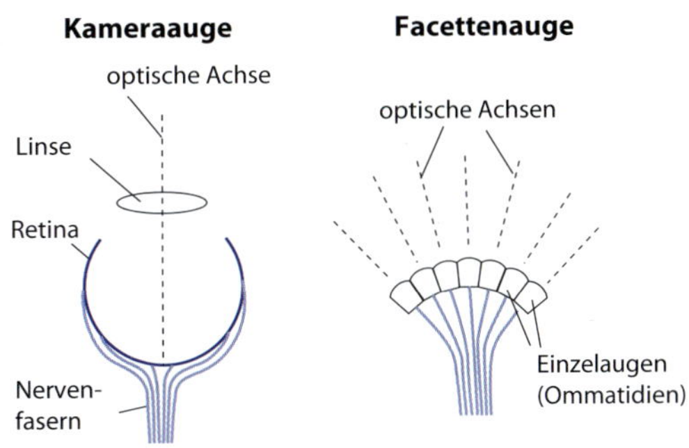

Tafel 10.6 Die photoelektrische Transduktion

Der "Dunkelstrom"

In den Rezeptorzellen der Retina besitzt nur die Membran des Innensegments Na^+/K^+-Pumpen, die ein Ruhepotenzial erzeugen können. Dagegen verfügt die Membran im Außensegment über keine Na^+/K^+-Pumpen, jedoch über Na^+-Kanäle, die bei Dunkelheit geöffnet sind. Es existiert daher ein kontinuierlicher Na^+-Strom zwischen den beiden Segmenten, der die Zelle depolarisiert. Das transmembrane Ruhepotenzial der Zellen ist mit –40 mV recht schwach.

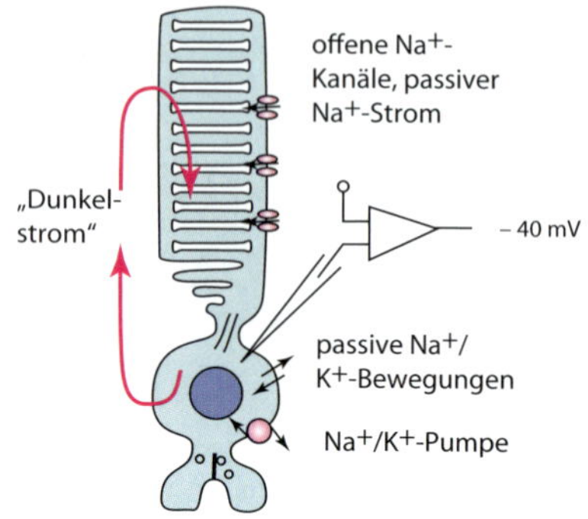

Kontrolle der Na^+-Kanäle des Außensegments

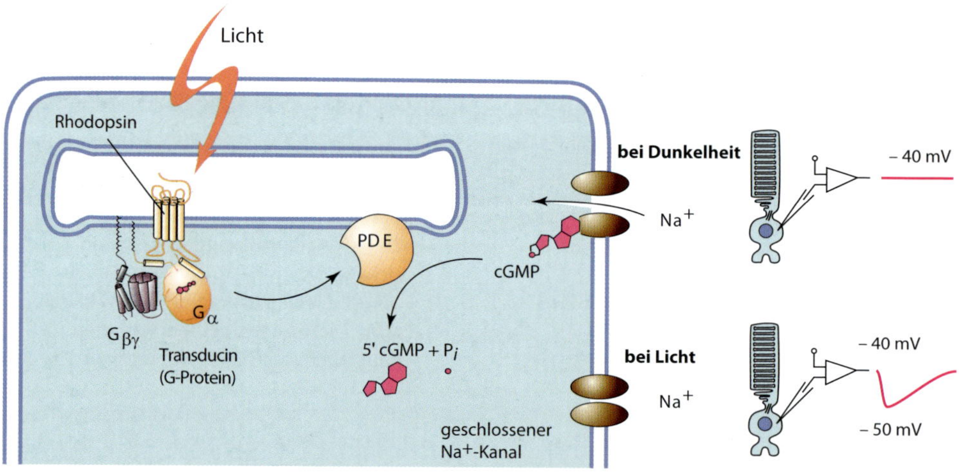

Der offene Zustand des Na^+-Kanals im Außensegment ist an die Anwesenheit von cGMP gebunden. Die lichtabhängige Aktivierung von Rhodopsin führt zur Aktivierung eines weiteren Proteins in der Scheibchenmembran: Transducin. Transducin ist ein G-Protein, es aktiviert eine Phosphodiesterase (PDE), die cGMP zu GMP abbaut und damit dessen intrazelluläre Konzentration verringert. Dies führt zum Schließen der Na^+-Kanäle, was aufgrund des verhinderten Dunkelstroms die Hyperpolarisation der Membran zur Folge hat. Zusammenfassend verstärkt diese Enzymkaskade den Effekt der Rhodopsinumwandlung und führt zur Veränderung des intrazellulären cGMP-Gehalts und damit zur Modifikation der transmembranen Potenzialdifferenz.

Tafel 10.7 Die Verarbeitung der visuellen Information in der Retina

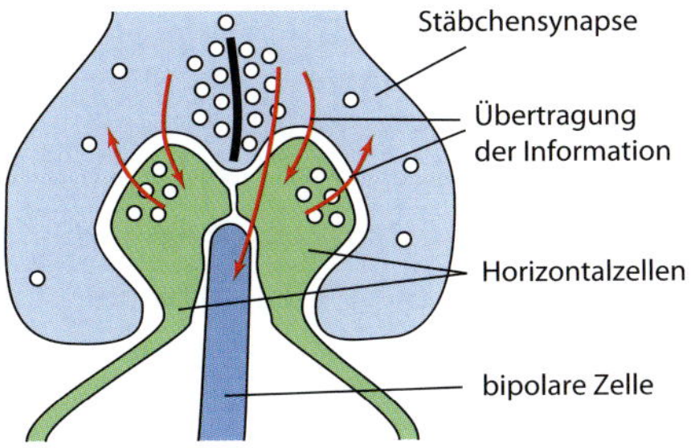

Die Lichtstimulation der Retinarezeptoren löst die Ausbildung eines Rezeptorpotenzials in Form einer Hyperpolarisation in den Zellen aus. Diese Information wird zugleich auf bipolare und horizontale Zellen übertragen. Dabei gewährleisten die horizontalen Zellen den Austausch der Information mit den benachbarten bipolaren Zellen.

Der Sehraum, der in den bipolaren Zellen eine Veränderung ihres Membranpotenzials auslöst, wird als rezeptives Feld bezeichnet. Dieses Feld ist konzentrisch und heterogen. Es gibt zwei bipolare Zelltypen:

- Bei ON-Bipolarzellen bewirkt eine Stimulation des Zentrums des rezeptiven Feldes eine Depolarisation (D), während die Reizung der Peripherie des rezeptiven Feldes eine Hyperpolarisation (H) auslöst;
- bei OFF-Bipolarzellen ist dieser Effekt genau umgekehrt

Diese in Form von Amplituden codierten Informationen werden auf Ganglienzellen übertragen. Diese codieren die eingehenden Informationen in Frequenzabfolgen um und übertragen sie über den *Nervus opticus* ins Zentralnervensystem.

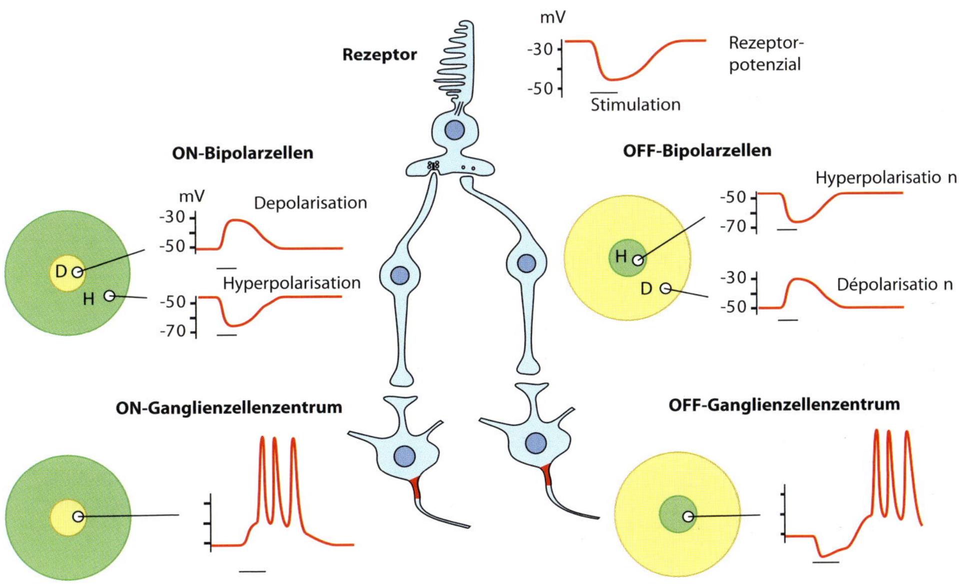

Tafel 10.8 Die Verarbeitung der visuellen Information im visuellen Cortex

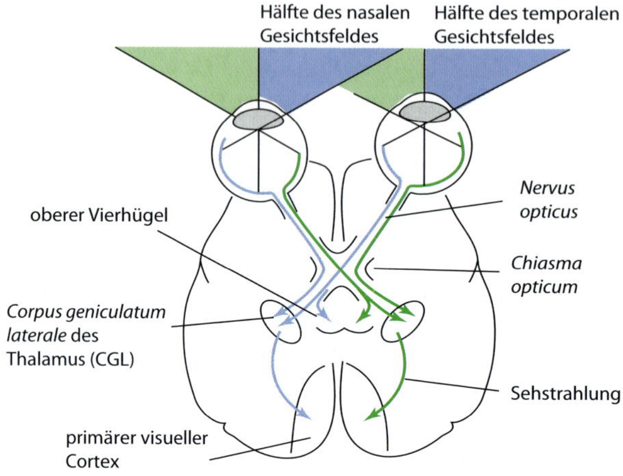

Verlauf der Sehbahnen und die visuelle Projektion

Bei den höheren Säugetieren leiten Nervenfasern die Informationen der linken Gesichtsfeldhälfte weiter und projizieren diese an die rechte Gehirnhälfte und umgekehrt. Im primären visuellen Cortex wird die Information sequenziell und partiell verarbeitet. Die sequenzielle Verarbeitung erfolgt durch die schrittweise Einbringung von spezifischen Objekteigenschaften. Diese wird durch eine parallele Verarbeitung verstärkt. Dabei behandeln mehrere, in funktionellen Säulen angelegte Neuronen dieselbe Information zur selben Zeit.

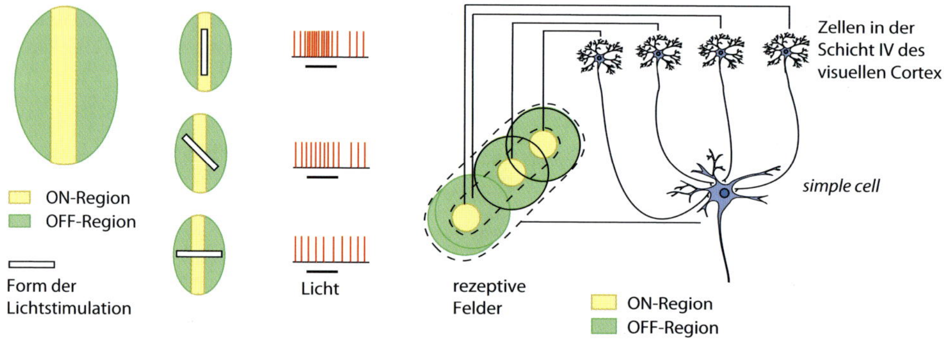

Sequenzielle Verarbeitung der Information, rezeptive Felder der *simple cells*

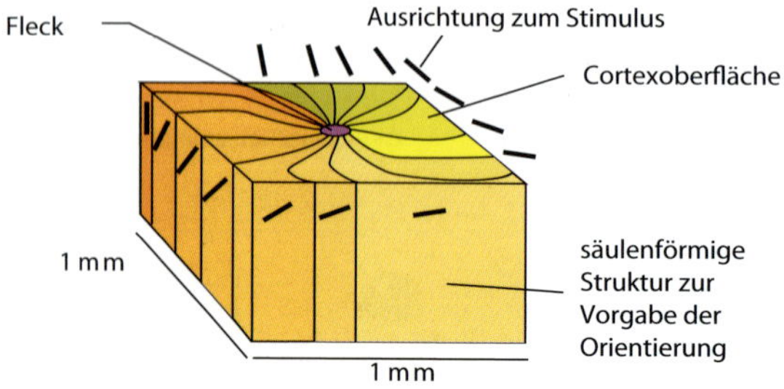

Parallele Verarbeitung der Information, säulenförmiger Aufbau der *simple cells* des primären visuellen Cortex

Tafel 10.9 Der Tastsinn

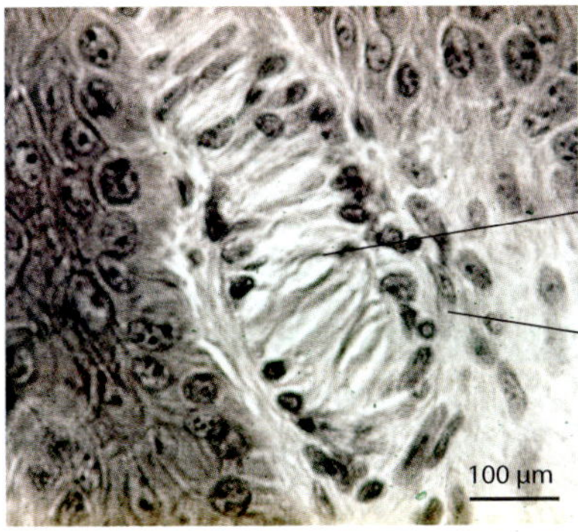

Meissner-Tastkörperchen (LA)

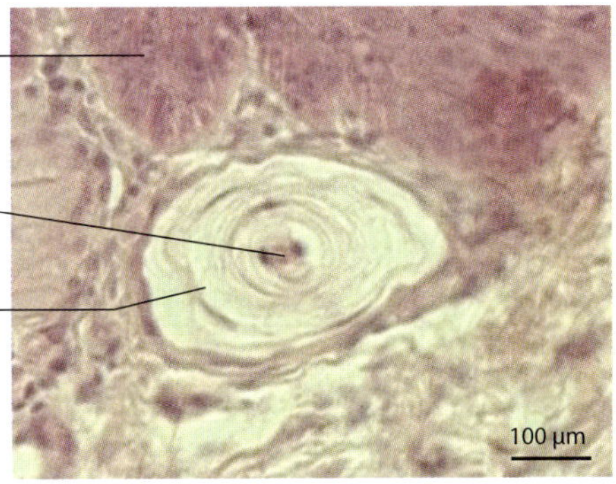

Pacini-Körperchen (LA)

Der Tastsinn erfasst drei unterschiedliche Empfindungen: den Druck, die leichte Berührung und die Vibration (10–1500 Hz). Diese werden bei den Wirbeltieren von 5 verschiedenen Mechanorezeptoren in der Haut wahrgenommen: den Merkel-Zellen, den Haarfollikelsensoren, den Meissner-Tastkörperchen, den Ruffini-Kolben und den Pacini-Körperchen. Diese Sensoren sind in Abhängigkeit von der Hautbeschaffenheit (behaart oder unbehaart) unterschiedlich in der Haut lokalisiert. Die Ruffini-Kolben und die Merkel-Zellen sind Drucksensoren. Die Meissner-Tastkörperchen und die Pacini-Körperchen reagieren vorallem auf Vibrationen der Haut.

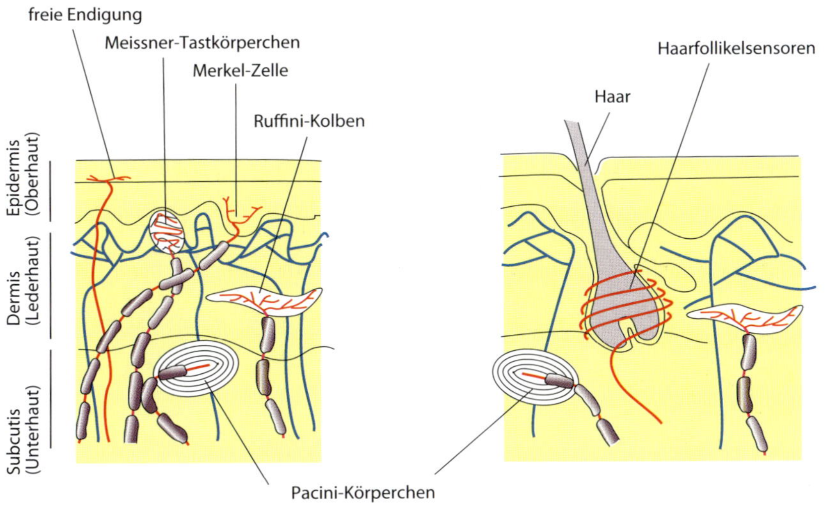

unbehaarte Haut **behaarte Haut**

Tafel 10.10 Die Codierung und Verarbeitung des Tastsinns

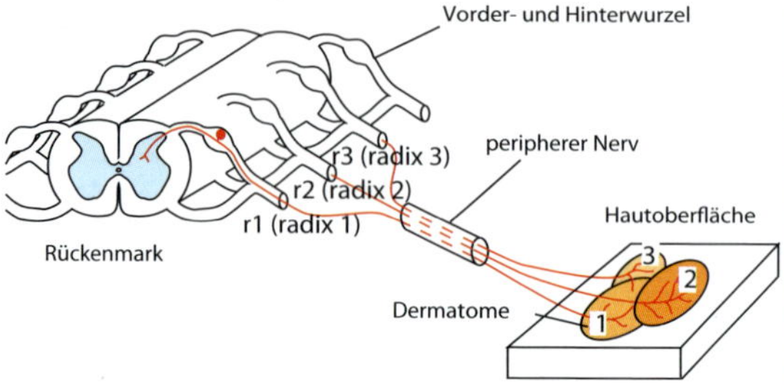

Bei den Wirbeltieren befinden sich die Zellkörper der sensiblen Neuronen in den Spinalganglien des Rückenmarks. Sie teilen sich in einen Ast, der zur Haut führt (Ort der Informationscodierung), und einen Ast, der zu den Umschaltstationen des Rückenmarks oder der *Medulla oblongata* verläuft.

Die affarenten Nervenbahnen gelangen über zwei unterschiedliche Systeme zu den primären sensorischen Rindenfeldern:

- Im lemniskalen System kreuzen sich die Bahnen in der *Medulla oblongata* und ziehen als *Lemnicus medialis* (mediale Schleife) weiter;
- im spinothalamischen Trakt kreuzen sich die Bahnen bereits im Rückenmark und steigen dort im anterolateralen System zum Gehirn auf.

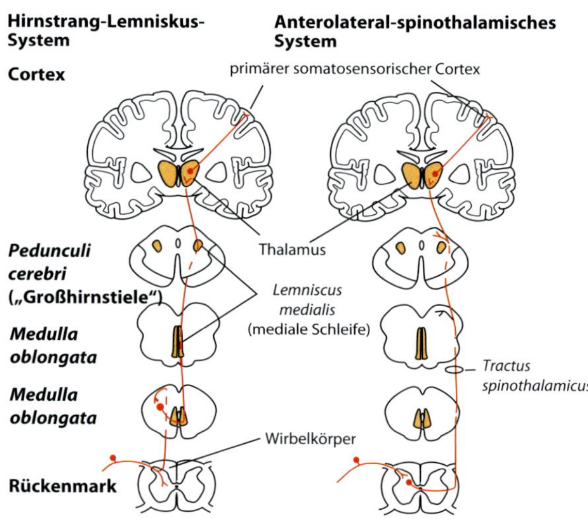

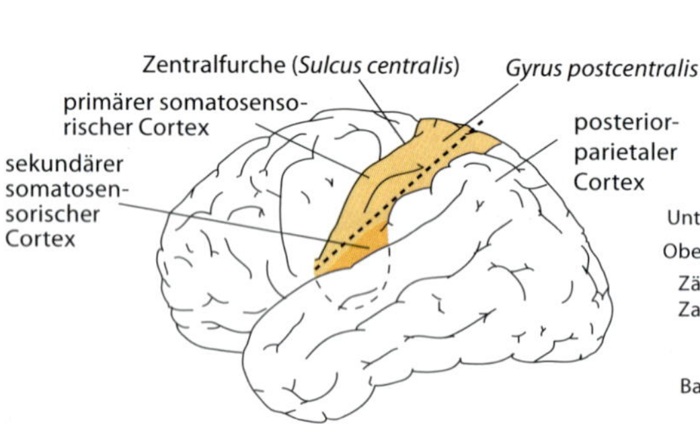

Lokalisation des primären somatosensorischen Cortex (seitliche Ansicht der Großhirnrinde)

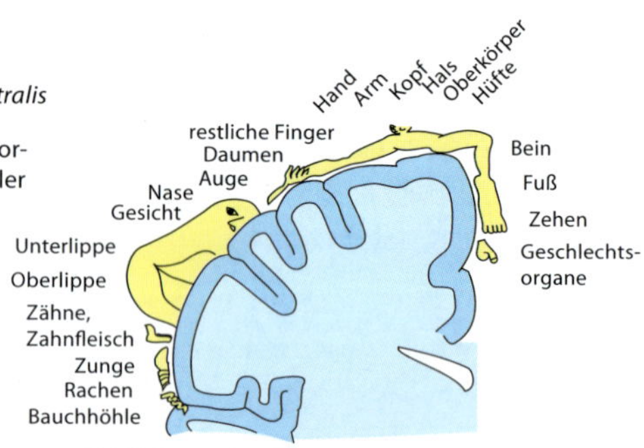

Abbildung der Körperregionen im somatosensorischen Cortex – sensorischer Homunculus (Frontalschnitt)

Tafel 10.11a Die Wahrnehmung der Lageposition

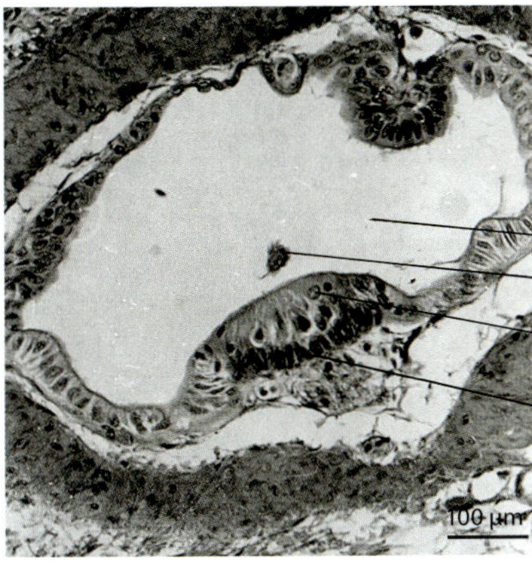

Seitenlinienkanal beim Katzenhai (LS – LA)

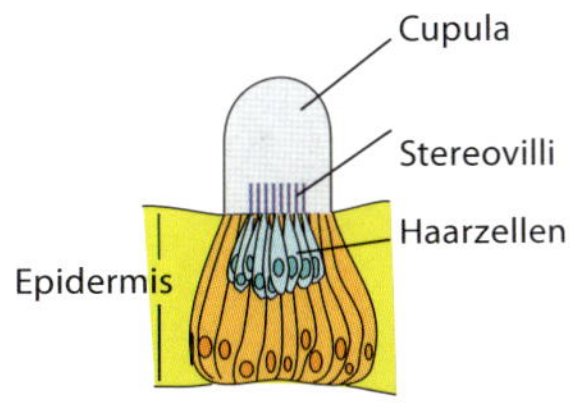

Aufbau des Seitenliniensystems beim Fisch

Die Wahrnehmung ihrer Lage ermöglicht den Tieren, sich im Raum zu orientieren und ihre natürliche Körperhaltung zu bewahren. Dies erfolgt anhand verschiedener Rezeptoren:

- Bei vielen Eumetazoa besteht das Wahrnehmungsorgan aus einer Statocyste mit Statolithen, die auf Lageveränderungen der Cilien sensorischer Zellen reagieren.
- Bei den landlebenden Wirbeltieren befindet sich dieser Organtyp mit den Bestandteilen *Sacculus*, *Utriculus* und den semizirkulären Gängen im Innenohr.
- Aquatische Wirbeltiere besitzen sensorische Zellen im Seitenlinienkanal.
- Bei den Säugetieren wird die Wahrnehmung der Schwerkraft von Organen unterstützt, die die relative Position von Körperabschnitten zueinander wahrnehmen (Propriozeption): die Muskelspindeln, die Golgi-Sehnenorgane und die Gelenkrezeptoren.

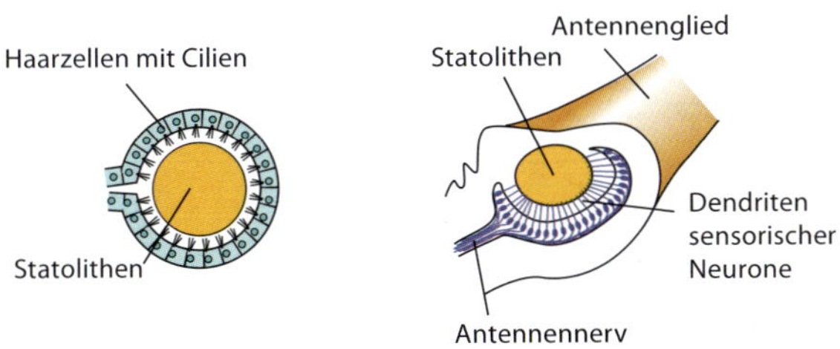

Jakobsmuschel **Languste**

Aufbau der Statocysten

Tafel 10.11b Die Wahrnehmung der Lageposition

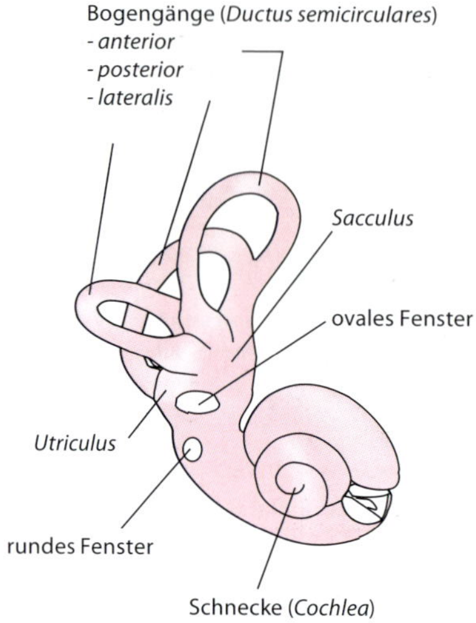

Aufbau des Innenohrs

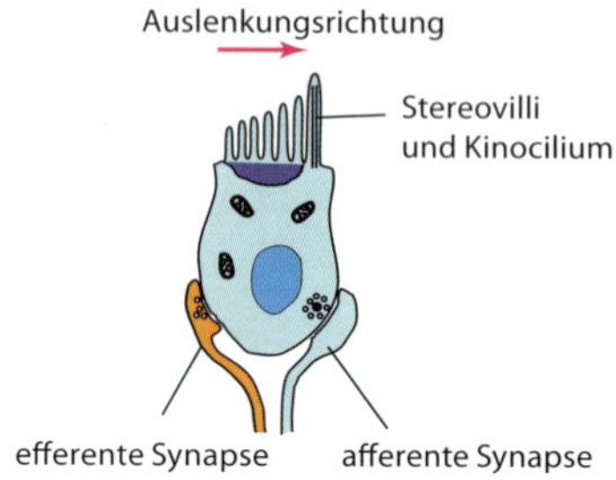

Haarzelle des Utriculus (Maculaorgan) bei den Säugetieren

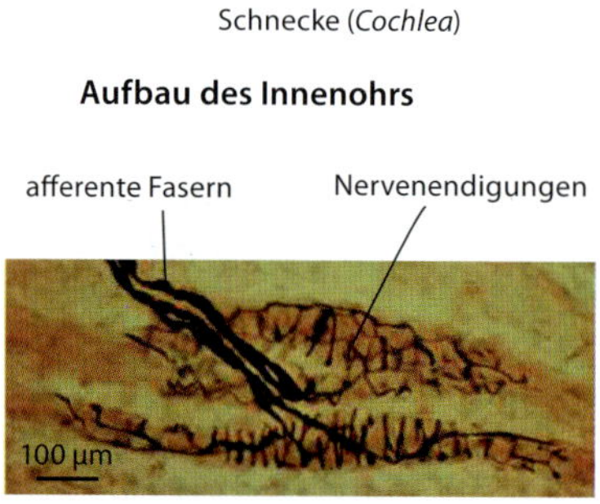

Muskelspindelmitte bei der Katze (LA)

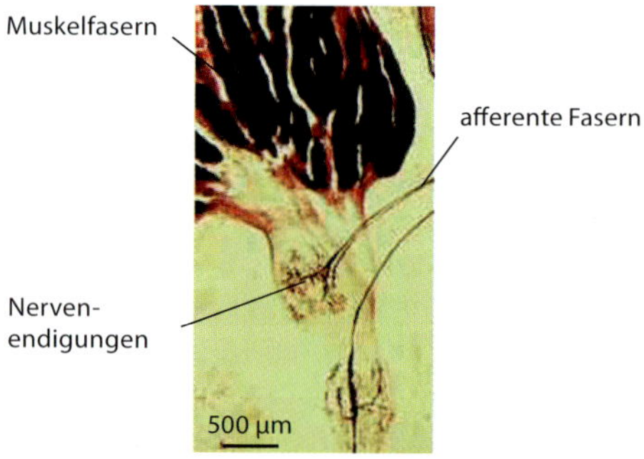

Golgi-Sehnenorgane (LA)

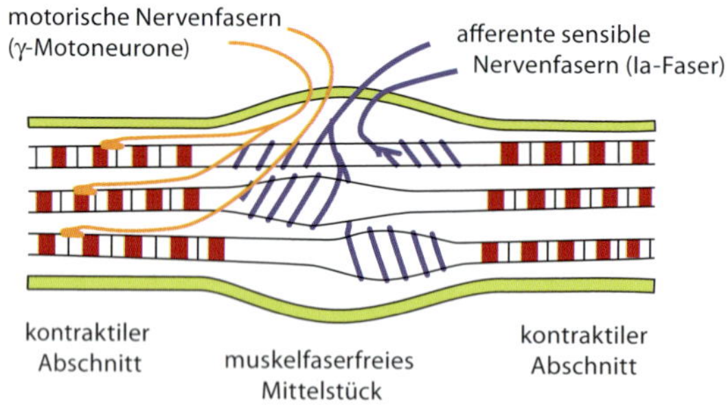

Muskelspindel

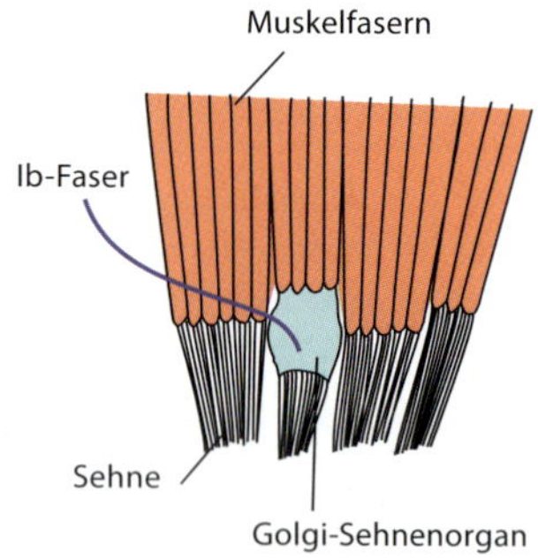

Golgi-Sehnenorgan

Tafel 10.12a Die Chemorezeption

Die Wahrnehmung chemischer Moleküle ist für die Zellen universal. Demgegenüber ist die Organisation in sensorischen Systemen vergleichsweise gering. Sie ist besonders gut bei Insekten und Wirbeltieren entwickelt. Man unterscheidet hier den Tast-, den Geschmacks- und den über Entfernungen reichenden Geruchssinn.

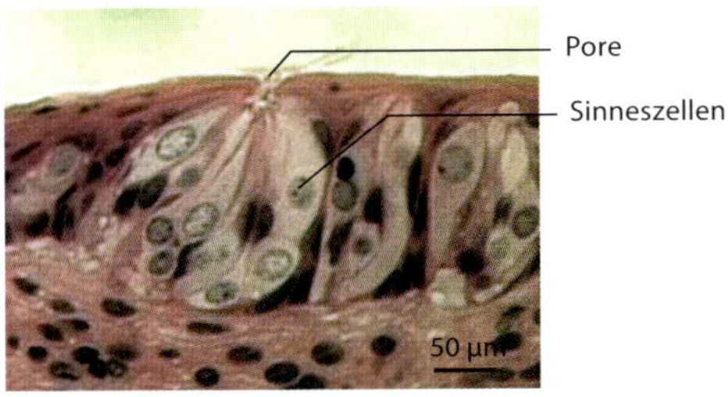

Geschmacksknospen auf der Säugetierzunge (LS – LA)

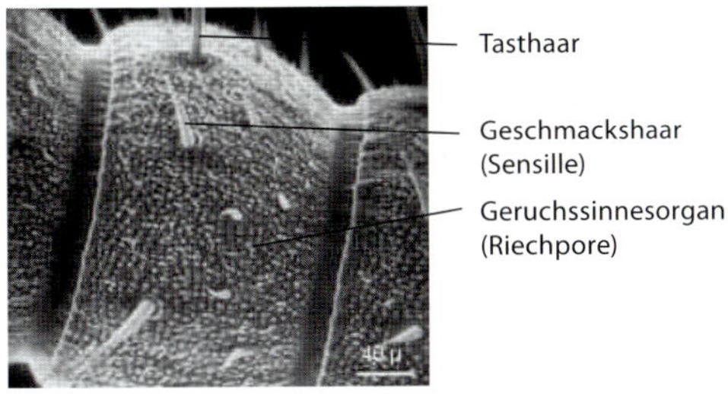

Antennenglied der Biene (TEM)

Der Geschmackssinn des Menschen beschränkt sich auf 5 Eigenschaften: salzig, süß, sauer, bitter und *umami* (aus dem japanischen für „schmackhaft"). Diese 5 Sinnesempfindungen beruhen auf 4 verschiedenen Membranrezeptortypen:

- Die Rezeptoren für süß und *umami* sind an G-Proteine gekoppelt und bewirken die Öffnung von Ca^{2+}-Kanälen;
- die Rezeptoren für Bitterstoffe funktionieren nach dem gleichen Prinzip, sie sind aber auf stimulierende Substanzen spezialisiert;
- saure Geschmacksstoffe binden an H^{+}-sensitive ASIC-Rezeptoren (*acid-sensing ionic channel*);
- salzige Substanzen wirken über Na^{+}-sensitive ASC-Rezeptoren (*amiloride-sensitive channel*)

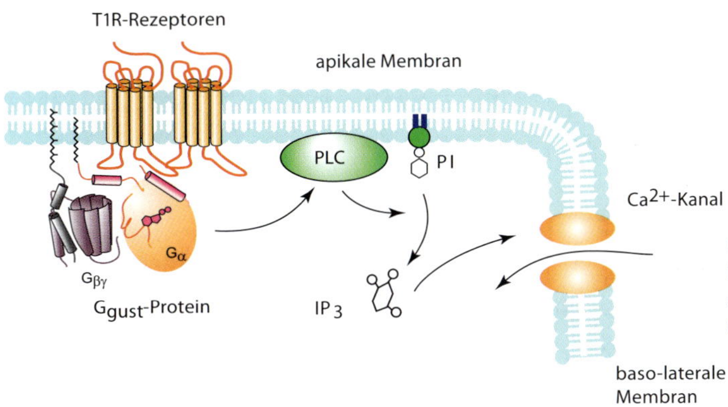

Signalkaskade an Rezeptoren für süße oder *umami*-Geschmacksstoffes

Tafel 10.12b Die Chemorezeption

Bei den Wirbeltieren befinden sich die Riechsensoren in der Nasenschleimhaut. Sie bilden die *Regio olfactoria*. Die Sensoren besitzen lange Cilien, die in die Schleimschicht hineinragen.

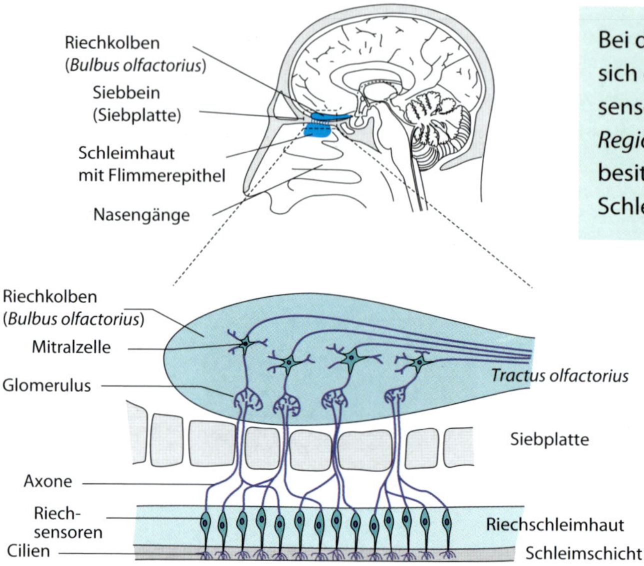

Aufbau und Lage des menschlichen Geruchsystems

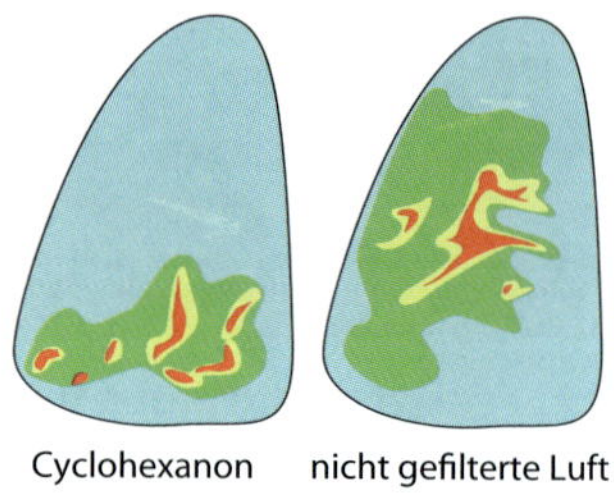

Messung der Aktivität des Rattenriechkolbens mit der 2-DG-Technik

Die Riechsensoren sind Rezeptoren aus 7 α-Helices. Es existieren ungefähr 1000 verschiedene Rezeptormoleküle, wobei jede Zelle nur einen einzigen Rezeptortyp exprimiert. Die Wahrnehmung eines Geruchs entspricht also den verschiedenen, in der *Regio olfactoria* verteilten, aktivierten Rezeptoren. Die Stimulation dieser Riechrezeptoren (Riechsensoren) führt zur Aktivierung eines G-Proteins (G_{olf}), das wiederum die Bildung von cAMP oder IP_3 induziert und damit zur Öffnung von Ca^{2+}-Kanälen führt. Die Information wird dann in die Glomeruli eingespeist und gelangt von dort zum orbitofrontalen Cortex.

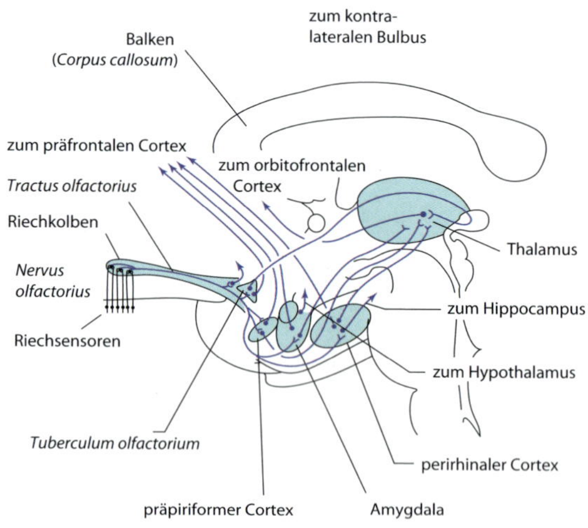

Tafel 10.13 Die Thermorezeption

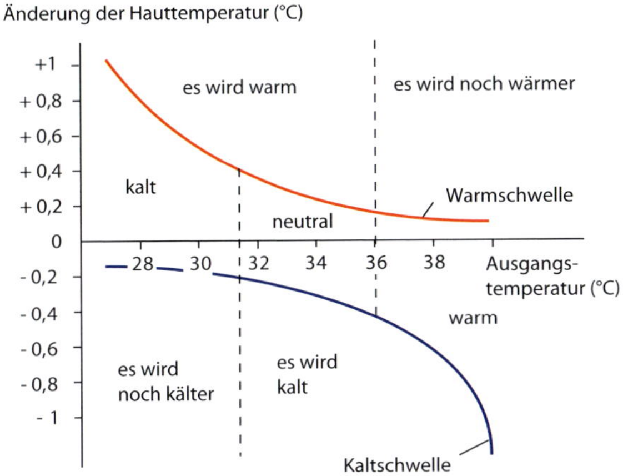

Wärme- und Kältewahrnehmungskurven in Abhängigkeit vom Adaptationsgrad

Beim Menschen existieren im Grunde nur zwei gegensätzliche Temperaturempfindungen, warm und kalt. Die Temperaturwahrnehmung hängt von der Anpassungsfähigkeit an die Umgebungstemperatur ab.

Die Thermorezeption erfolgt über thermosensible Moleküle, den TRPs (*transient receptor potential*). Gegenwärtig sind 9 TRP-Rezeptoren bekannt, davon sind 7 wärmesensibel und 2 kälteempfindlich.

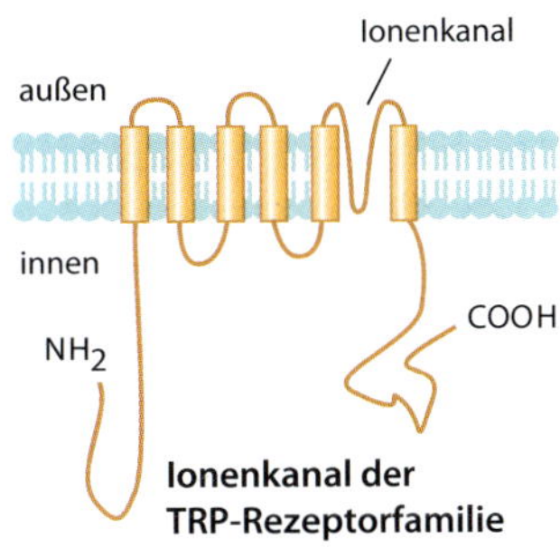

Ionenkanal der TRP-Rezeptorfamilie

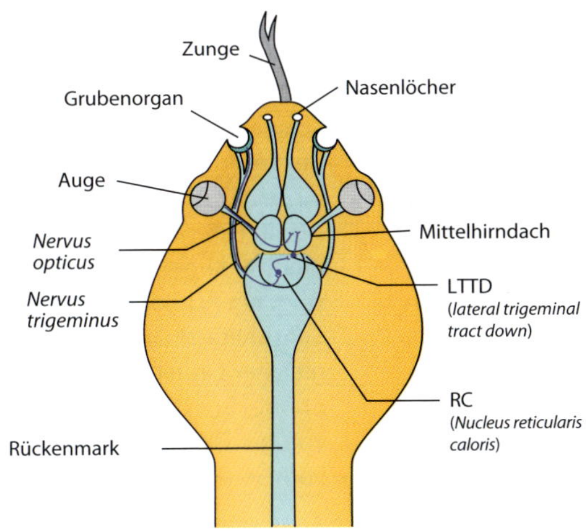

Manche Tiere sind in der Lage, kleinste Temperaturschwankungen wahrzunehmen. Klapperschlangen beispielsweise besitzen Grubenorgane vor den Augen, in denen sich die Rezeptoren befinden. Die sensorischen Informationen dieser Rezeptoren vereinen sich im Mittelhirndach mit den visuellen Informationen.

Tafel 10.14 Die akustische Wahrnehmung

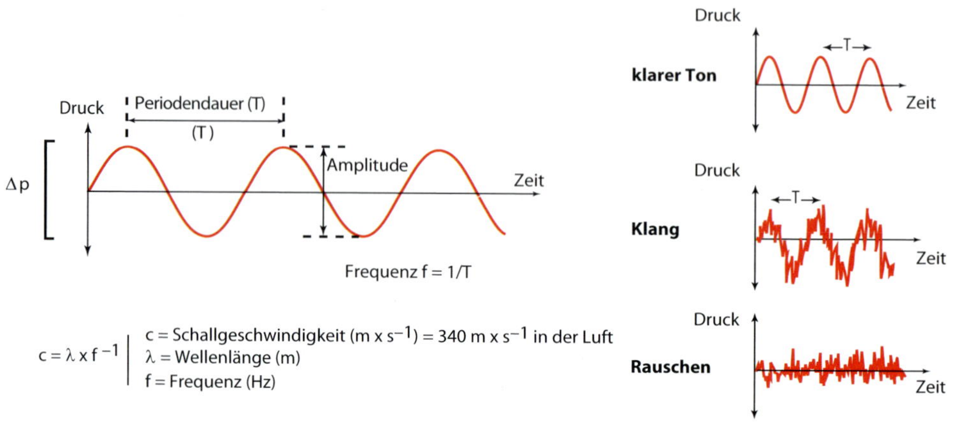

Charakteristik des Schalls

Schallwellen bilden die Stimuli des auditiven Systems. Sie entstehen durch Druckschwankungen in der Umgebung (Luft oder Wasser) und lassen sich durch Änderungen der Druckamplitude und der Frequenz beschreiben.

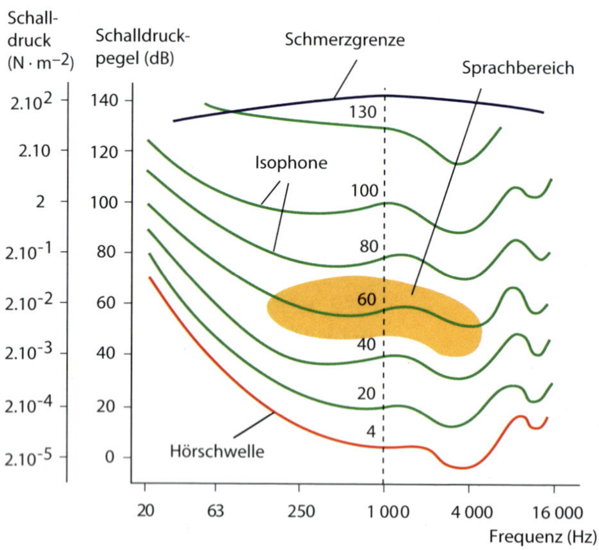

Audiogramm

Die menschliche Hörschwelle liegt bei ungefähr $2 \cdot 10^{-5}$ N · m^{-2} bzw. 4 dB (Dezibel). Dieser Schwellenwert ist von der Frequenz abhängig, diese Beziehung lässt sich in einem Audiogramm dargestellten. So zeigt ein Audiogramm Sensitivitätskurven mit gleicher Lautstärke (Isophone) in Abhängigkeit von der Frequenz und vom Schalldruck.

Tafel 10.15a Das Innenohr

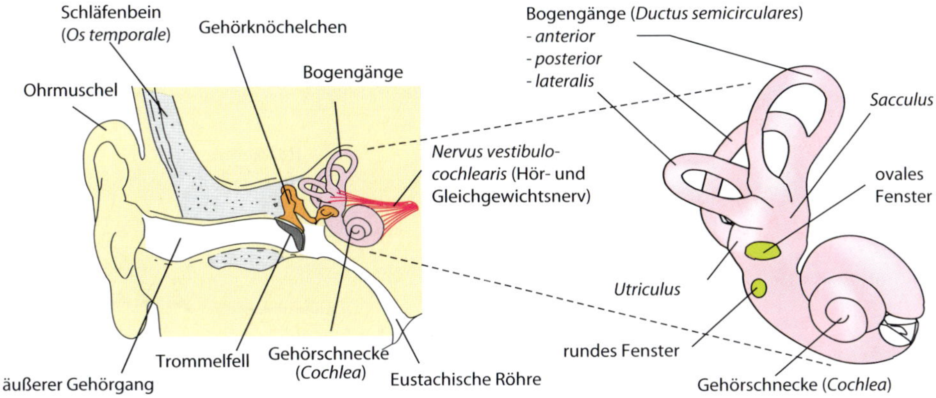

Aufbau des menschlichen Mittel- und Innenohrs

Bei den Säugetieren besteht das Ohr aus drei Abschnitten:

- das Außenohr, das die Schallwellen an das Mittelohr weiterleitet;
- das Mittelohr, das aus den drei Gehörknöchelchen Hammer, Amboss und Steigbügel besteht. Die anatomische Anordnung dieser Knochen ermöglicht die Übertragung und Verstärkung der Schallwellen an das Innenohr;
- das Innenohr setzt sich zusammen aus dem Gleichgewichtsorgan (Bogengänge) und der Gehörschnecke (*Cochlea*), dem Ort der eigentlichen auditiven Wahrnehmung. Die Gehörschnecke enthält drei schneckenförmig eingerollte Gänge: den Vorhofgang (*Scala vestibuli*), den Paukengang (*Scala tympani*) und den *Ductus cochlearis* (*Scala media*).

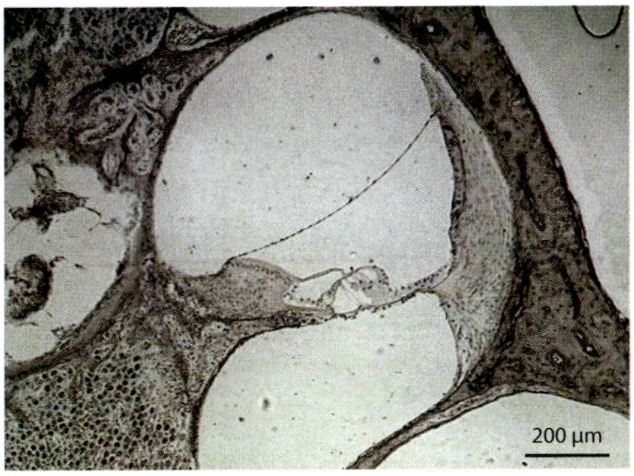

Gehörschnecke (*Cochlea*) der Säugetiere (LS – LA)

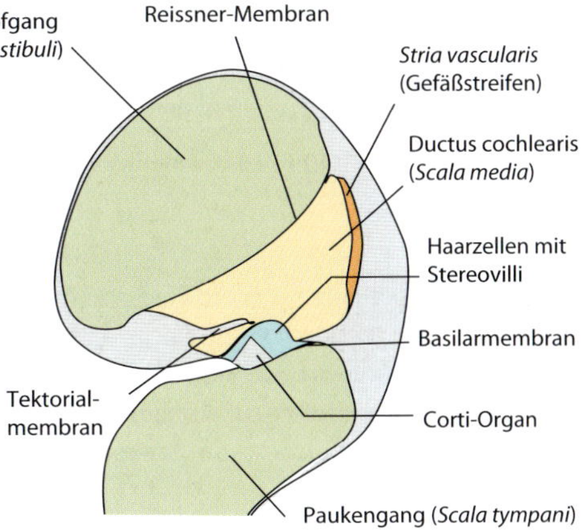

Tafel 10.15b Das Innenohr

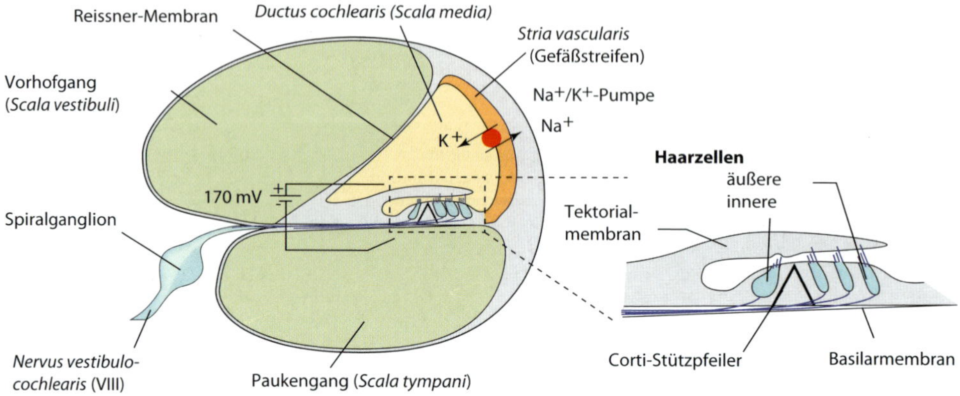

Querschnitt durch die Gehörschnecke

Der Vorhof- und der Paukengang sind mit Perilymphe gefüllt, die viel Na^+ enthält und somit dem inneren Milieu sehr ähnlich ist. Der *Ductus cochlearis,* welcher zentral liegt und am Ende geschlossen ist, enthält hingegen K^+-reiche Endolymphe. Diese Zusammensetzung wird durch Na^+/K^+-Pumpen in der gut durchbluteten *Stria vascularis* aufrechterhalten. Dieser unterschiedliche Ionengehalt führt zu einer Potenzialdifferenz von 170 mV zwischen dem *Ductus cochlearis* und dem Paukengang.

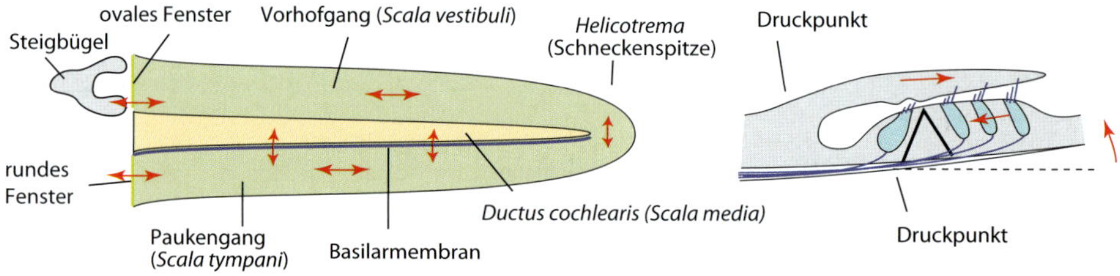

Übertragung der Schallwellen in der Gehörschnecke

Über das ovale Fenster werden die Schwingungen der Gehörknöchelchen auf den Vorhofgang übertragen. Die Bewegungen der Perilymphe werden dann am *Helicotrema* an den Paukengang und schließlich an das runde Fenster weitergeleitet. Die Gesamtheit dieser Bewegungen führt zur Auslenkung der Basilarmembran und der Tektorialmembran und bewirkt die Neigung der Stereovilli an den Haarzellen.

Tafel 10.16 Die Schallleitung

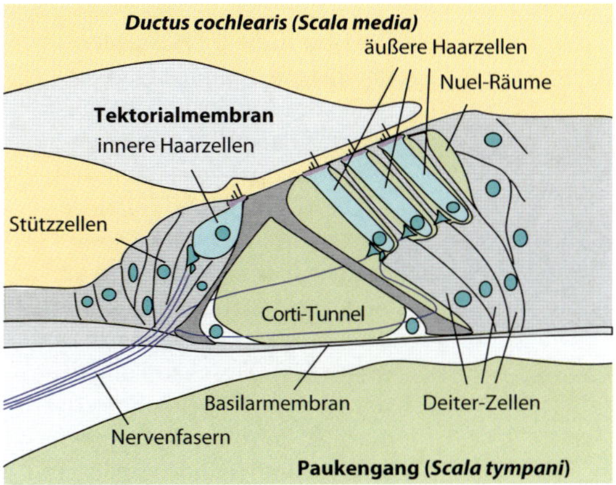

Die äußeren und inneren Haarzellen auf dem Corti-Organ bilden die Sinneszellen der Gehörschnecke. Dabei sind nur die inneren Haarzellen für die Codierung der sensorischen Information verantwortlich, die äußeren Haarzellen haben lediglich eine Verstärkerfunktion. Die baso-laterale Seite der Haarzellen steht in Kontakt mit der Perilymphe der Nuel-Räume, während die Cilien (Stereovilli und Kinocilium) frei in die Endolymphe des *Ductus cochlearis* (*Scala media*) ragen. Die Cilien können sich aufgrund der enthaltenen Actin- und Tropomyosinfilamente bewegen.

In Abhängigkeit von der Bewegungsrichtung bewirkt die Neigung der Cilien der inneren Haarzellen eine Hyper- oder eine Depolarisation. Bei einer Ausscherung der Cilien zum Kinocilium kommt es an der Spitze der Cilien zur Öffnung von K^+-Kanälen, was zwei Effekte nach sich zieht:

- die Depolarisation der Membran und damit die Auslösung eines Rezeptorpotenzials proportional zur Amplitude der Cilienneigung und damit zur Intensität des Schalls;
- die Öffnung von spannungsgesteuerten Ca^{2+}-Kanälen in der baso-lateralen Membran und damit die Depolarisation. Ca^{2+} bewirkt auch die Öffnung von K^+-Kanälen in der baso-lateralen Membran, was die Zelle wieder repolarisiert.

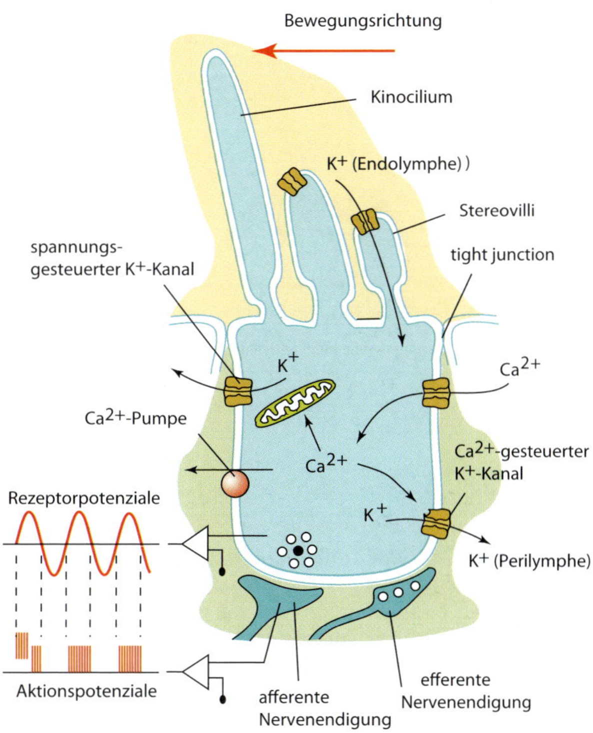

Tafel 10.17 Die Schallverarbeitung im ZNS

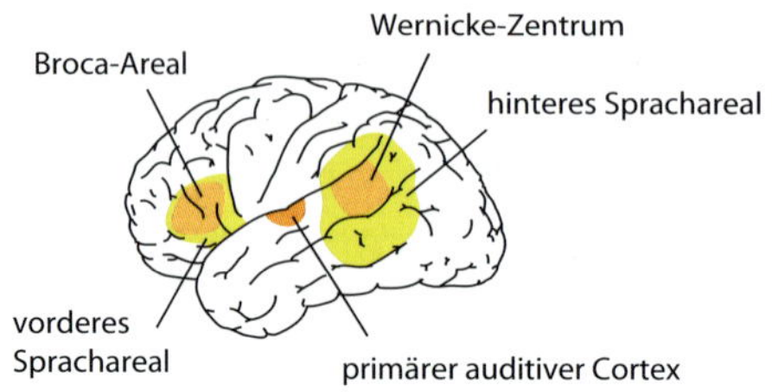

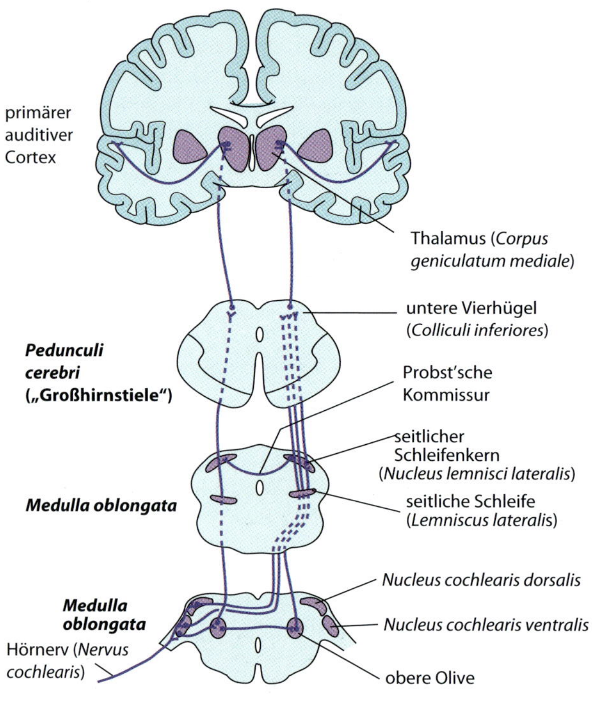

afferente Hörbahnen

Die Fasern, die die Haarzellen innervieren, stammen von Neuronen des Spiralganglions. Die von den Haarzellen ausgehenden Nervenbahnen bilden zum Teil den Hörnerv und verlaufen zum *Nucleus cochlearis.* Dieser besteht aus einem dorsalen und einem ventralen Kern. Die Fasern des ventralen Kerns ziehen weiter zum Olivenkernkomplex, während die Nervenbahnen des dorsalen Kerns auf die Gegenseite kreuzen und den seitlichen Schleifenkern innervieren. Beide Nervenstränge ziehen jeweils weiter zum unteren Vierhügel und von dort über den *Corpus geniculatum mediale* des Thalamus zum primären auditiven Cortex im Schläfenlappen (*Lobus temporalis*).

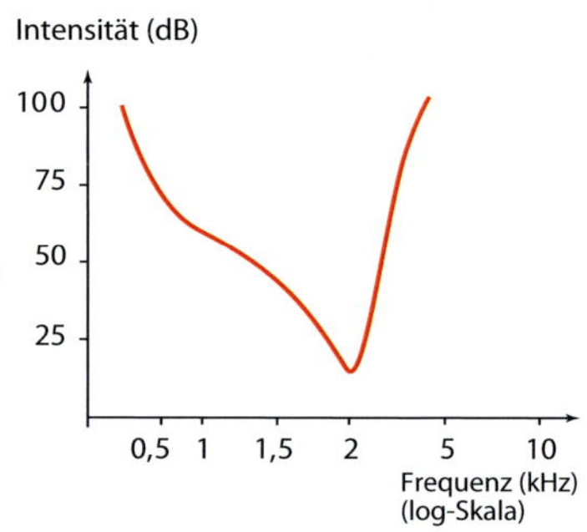

Sensibilitätskurve einer Nervenfaser im *Nucleus cochlearis*

Die afferenten Fasern des *Nucleus cochlearis* nehmen verschiedene Schallfrequenzen wahr, was durch die Zusammenwirkung verschiedener sensorischer Fasern, die ihren Ursprung in der *Cochlea* haben, entsteht. Die oben gezeigte Kurve (Sensibilitätskurve) zeigt die Abhängigkeit des Schwellenwertes eines Neurons von der Frequenz. Bei einer charakteristischen Frequenz bedarf es der geringsten Schallintensität, um die Zellen im *Nucleus cochlearis* anzuregen. Ausgehend von der charakteristischen Frequenz bewirken niedrigere und höhere Frequenzen eine deutlich höhere Schallintensität, um die Zellen anzuregen.

Tafel 10.18 Der Schmerz

Einwirkungen auf den Körper wie Verletzungen, werden als Schmerz wahrgenommen. Die Reizaufnahme erfolgt durch Rezeptoren, die sogenannten Nozisensoren. Dabei handelt es sich um freie Endigungen feiner Nervenfasern. Sie können entweder direkt (Einstich, Schnitt, Verbrennung) oder indirekt über allogene Substanzen aus dem umliegenden Gewebe stimuliert werden. Außerdem führen afferente Schmerzinformationen zur Ausschüttung von Substanz P (SP), die auf den Entzündungsherd wirkt.

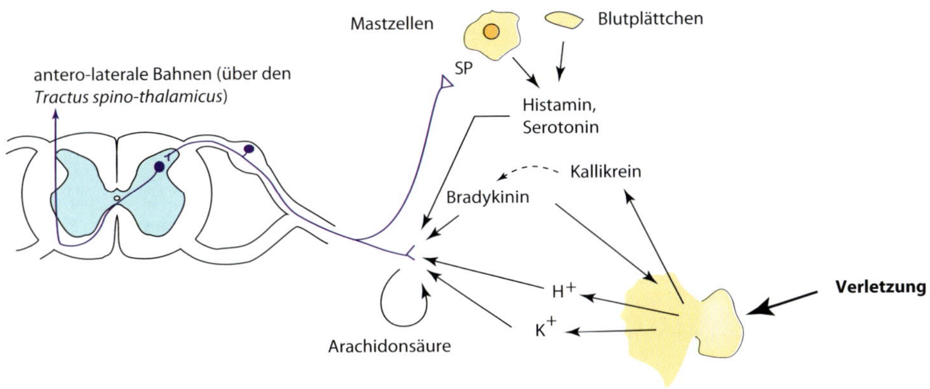

Reizung von Nozisensoren aufgrund einer Verletzung

Es handelt sich entweder um TRP-Rezeptoren (*transient receptor potential*), um Rezeptoren für saure Liganden (ASIC – *acid-sensitive ion channel*) oder um purinerge Rezeptoren.

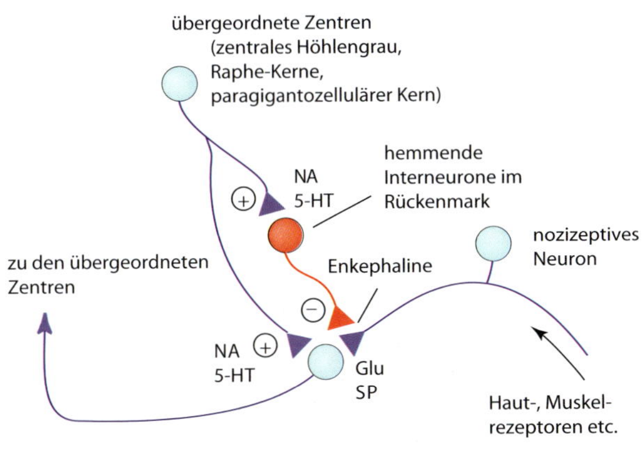

Die propriozeptiven Informationen laufen zum primären somatosensorischen Cortex und in diffuser Form zu zahlreichen Gehirnstrukturen. Ein besonderes Merkmal dieser afferenten Bahnen ist, dass sie auf der Ebene des Rückenmarks moduliert werden können. Diese Kontrolle kann durch große Fasern erfolgen, die selbst keine nozizeptiven Informationen übertragen, oder sie kann von Nervenbahnen des Hirnstamms durchgeführt werden, die Serotonin (5-HT) und Noradrenalin (NA) ausschütten.

Kontrolle der nozizeptiven Information durch übergeordnete Zentren

Tafel 10.19 Die Voraussetzungen zur Blütenbildung

Die Blüte markiert den Beginn der Ausgestaltung der Reproduktionsorgane. Ihre Ausbildung setzt ein, sobald die entsprechenden klimatischen Bedingungen vorherrschen und die Pollenüberträger aktiv sind. Das Klima ist der Hauptinitiator zur Auslösung der Blüte. Bei vielen Pflanzen in Gebieten mit ausgeprägten Temperaturunterschieden zwischen Sommer und Winter findet eine Vernalisation statt. Die tiefen Wintertemperaturen verleihen der Pflanze die Blütenkapazität, ohne jedoch die Blüte auszulösen. Die Vernalisation findet auf der Ebene der DNA-Methylierung statt. Dabei werden die FRI-Gene (*Frigida*) und FLC-Gene (*flowering locus C*) gehemmt. Sie sorgen für die Umwandlung der vegetativen Meristeme in generative Meristeme, aus denen die Blütenorgane hervorgehen.

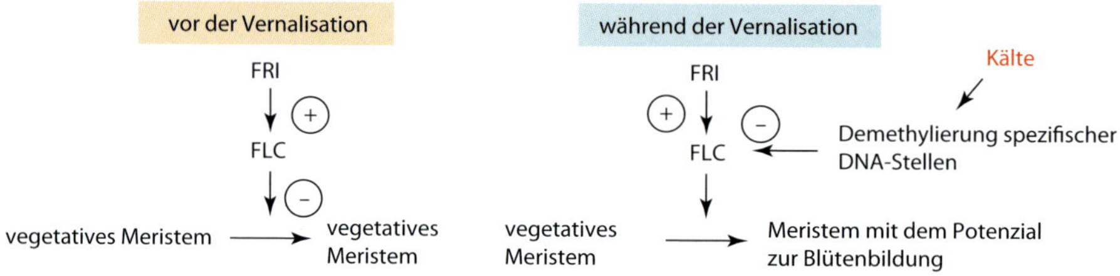

Bedingungen der Vernalisation bei *Arabidopsis thaliana*

Das vernalisierte Meristem erfährt daraufhin eine Induktion durch die Photoperiode, also durch das Verhältnis von Hell/Dunkel gegenüber einer kritischen Schwellenenergie. Kurztagpflanzen blühen, wenn die Photoperiode unter der kritischen Schwellenenergie liegt, während die Langtagpflanzen erst zu blühen beginnen, wenn die Photoperiode den Schwellenwert überschritten hat.

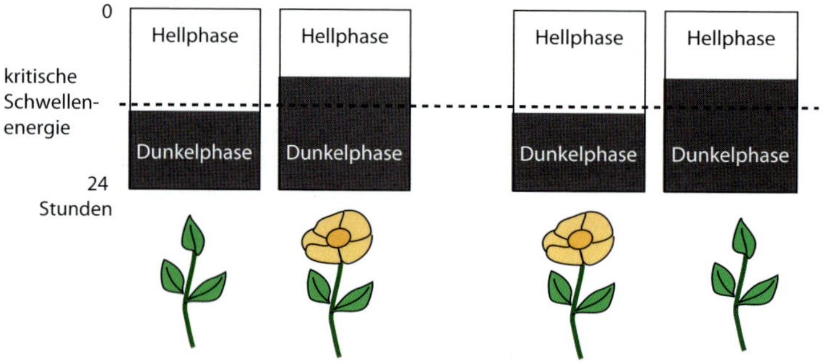

Kurztagpflanzen
Nicotiana (Tabak),
Xanthium (Spitzklette),
Pharbitis (Trichterwinde)

Langtagpflanzen
Arabidopsis (Acker-Schmalwand),
Sinapsis (Senf),
Hyoscyamus (Bilsenkraut)

Das Gen CO (*Constans*) greift in die Auslösung der Blütenbildung ein. Seine Expression unterliegt der circardianen Rhythmik und wird vom Lichteintrag bestimmt. Es codiert für eine mRNA, deren Konzentration in Abhängigkeit von der Hell-/Dunkelphase schwankt.

Tafel 10.20 Die Initiation der Keimung

Die Keimung stellt einen wichtigen Prozess in der Entwicklung der Pflanze dar. Das Wachstum der Keimorgane wird durch Rehydratation und durch Licht ausgelöst. Das Licht wird durch Phytochrome (P) im roten Bereich eingefangen. Diese Chromoproteine können Licht im Wellenlängenbereich von maximal 600 nm als Pr (*red*) sowie im maximalen Bereich von 730 nm als Pfr (*far red*) absorbieren. Die beiden Strukturen unterscheiden sich durch ihren *cis/trans*-Konformationszustand.

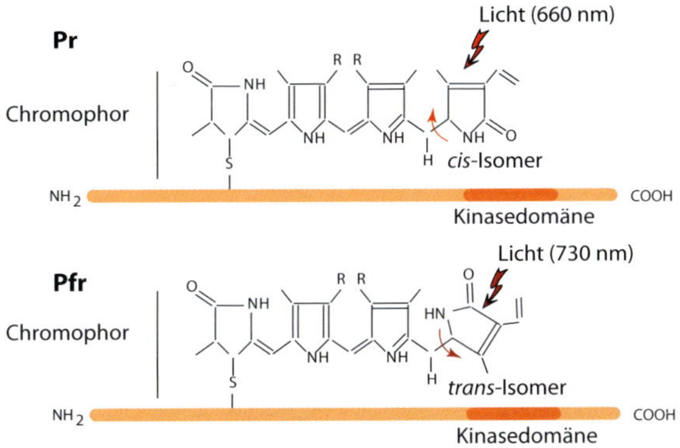

Struktur von Phytochrom-Isomeren

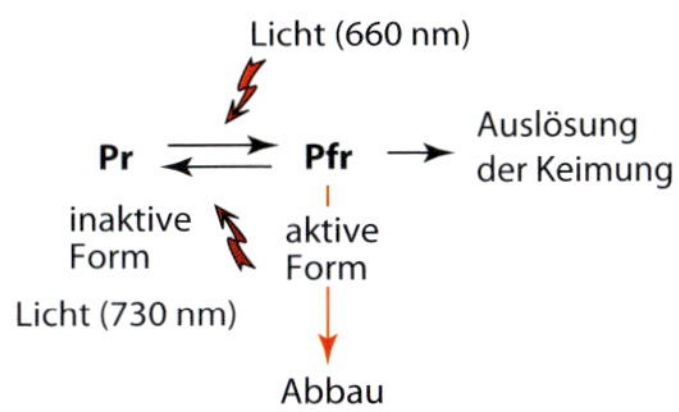

Auslösung der Keimung durch Photokonversion: lichtempfindliche Samen

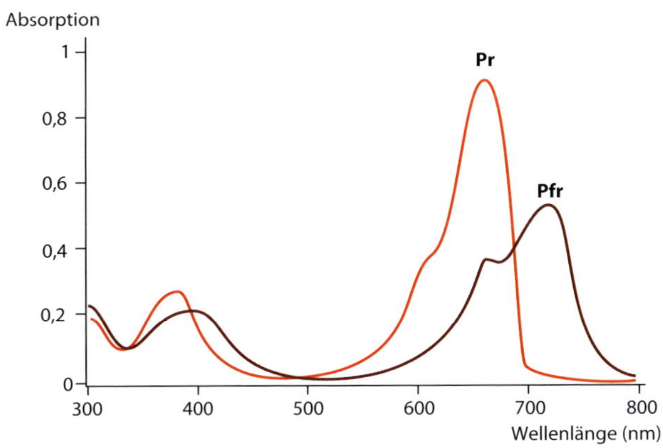

Absorptionsspektren der Phytochrom-Isomere

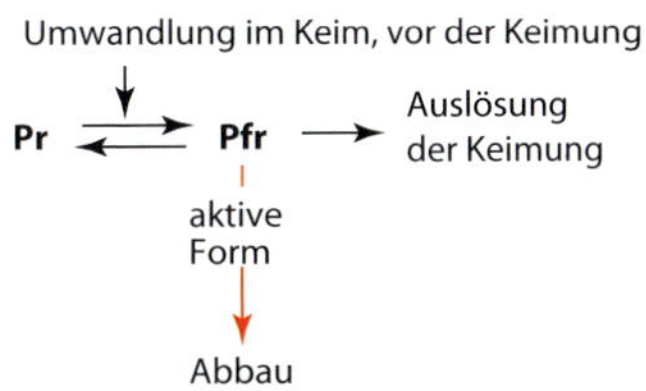

Auslösung der Keimung ohne Photokonversion: lichtunempfindliche Samen

In lichtempfindlichen Keimen lagert sich Pr infolge von Lichteinstrahlung zu Pfr um. Die Anhäufung von Pfr leitet das Ende der Samenruhe ein und aktiviert die Samenkeimung. Lichtunabhängige Keimlinge enthalten ausreichend Pfr, um ohne Licht zu keimen. Licht kann bei diesen Pflanzen jedoch den Keimprozess aktivieren.

Tafel 10.21 Phototropismus und Gravitropismus

Das Pflanzenwachstum setzt mit der Keimung ein und findet während der gesamten Ausbildung der Pflanze statt. Es ist durch zwei Phänomene gekennzeichnet: dem Phototropismus der oberirdischen Organe und dem Gravitropismus der unterirdischen Pflanzenteile.

Der Phototropismus

Bei einem anisotropen Lichteinfall absorbiert FMN in den Zellen des Apikalmeristems Licht im blauen Bereich (400–500 nm). Dies führt zur Bindung von FMN an ein Protein in der Plasmamembran, dem Phototropin. Dieser Vorgang findet auf der gegenüberliegenden schattigen Seite nicht statt. Die Aktivierung von Phototropin löst die Umverteilung von Auxin auf die nicht belichtete Seite aus. Es kommt zum ungleichmäßigen und gekrümmten Wachstum der Pflanze in Richtung Licht.

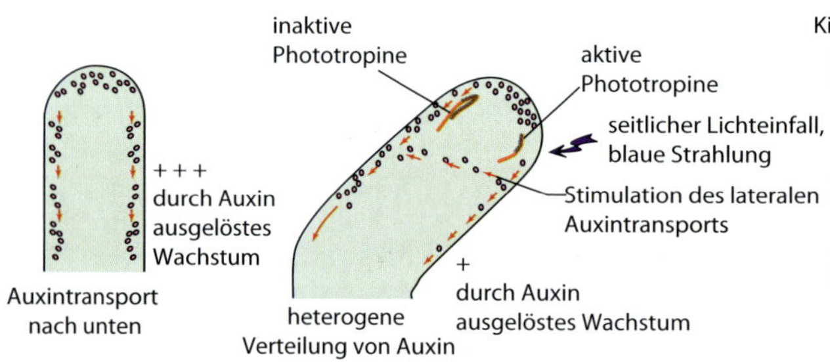

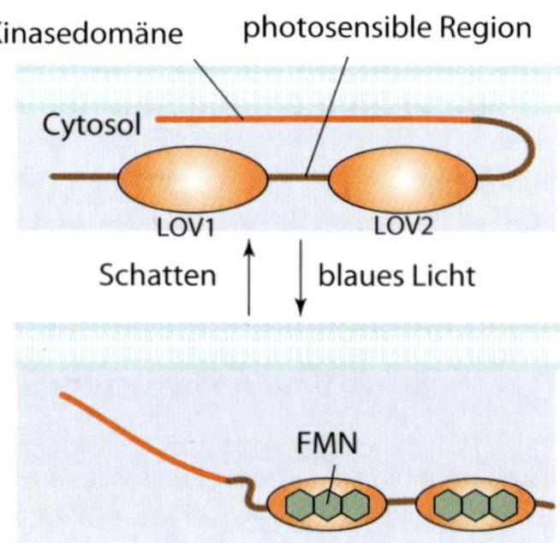

Aktivierung von Phototropin

Gravitropismus

Auf die Statocyten in der Wurzelhaube wirkt die Schwerkraft. In diesen Zellen befinden sich daher Amyloblastenanhäufungen oder Statolithen. Diese Statolithen dienen der räumlichen Orientierung der Wurzel und befinden sich im gesamten Cytosol. Eine Umverteilung dieser Zellbestandteile macht die Plasmamembran für Calcium durchlässig, das dann im Cytosol Proteine aktiviert, die Auxin in den Apikalmeristemen der Wurzel transportiert. Die Anhäufung von Auxin beschleunigt das Wurzelwachstum auf dieser Seite und bewirkt die Krümmung der Wurzelspitze.

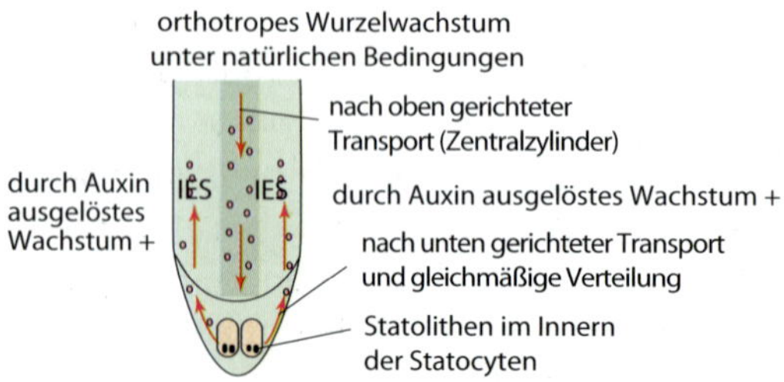

Gleichmäßige Verteilung von Auxin

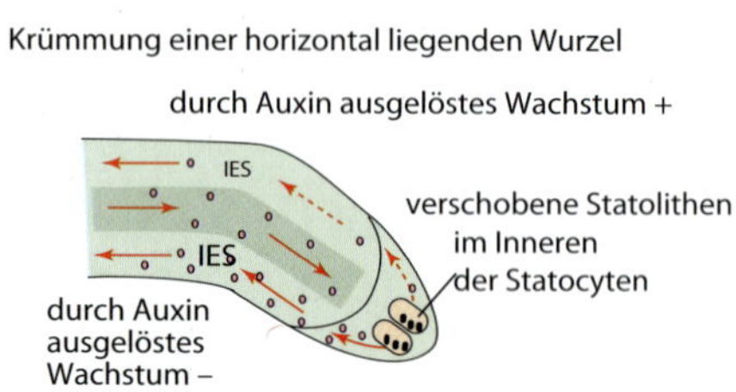

Heterogene Verteilung von Auxin

Tafel 11.1a Muskeln und Muskelfasern

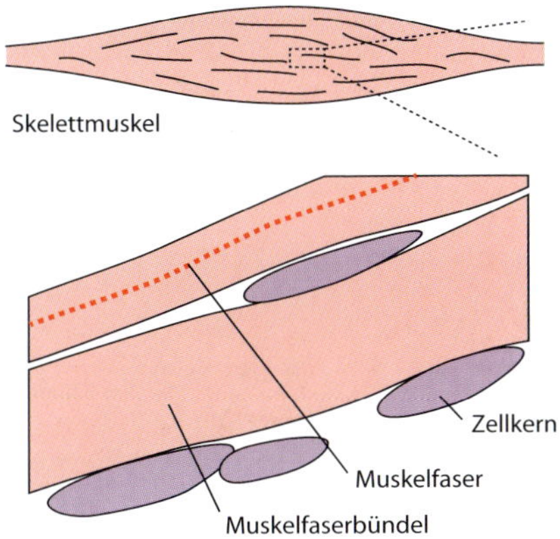

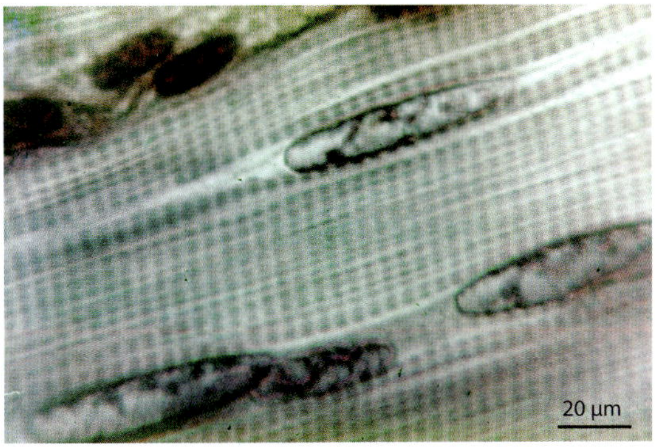

Quergestreifte Muskelfaser (LS – LA)

Die Skelettmuskeln der Wirbeltiere bestehen aus quergestreiften Muskelfasern oder Myocyten. Eine solche quergestreifte Muskelfaser entsteht durch Zusammenballung mehrerer Zellen mit einem gemeinsamen Cytoplasma und mehreren Zellkernen (Syncytium). Unter dem Lichtmikroskop erscheinen in diesen Fasern abwechselnd helle oder isotrope Regionen, die I-Banden, und dunkle oder anisotrope Abschnitte, die A-Banden.

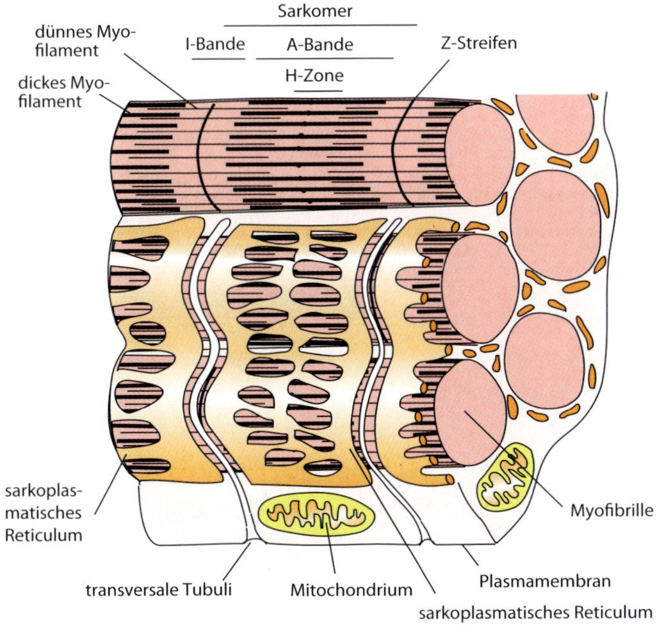

Die Muskelfasern bestehen aus länglichen Myofibrillen und sich wiederholenden Abschnitten, den Sarkomeren. Jedes Sarkomer wird an seinen beiden Enden von den Z-Streifen begrenzt und beinhaltet eine A-Bande im mittleren Teil und jeweils eine I-Bande in den Endabschnitten. Jede A-Bande besitzt in der Mitte eine helle Region, die H-Zone.

D. Richard, P. Chevalet, T. Soubaya, *Biologie in Farbtafeln*,
DOI 10.1007/978-3-642-32984-5_11, © Springer-Verlag Berlin Heidelberg 2013

Tafel 11.1b Muskeln und Muskelfasern

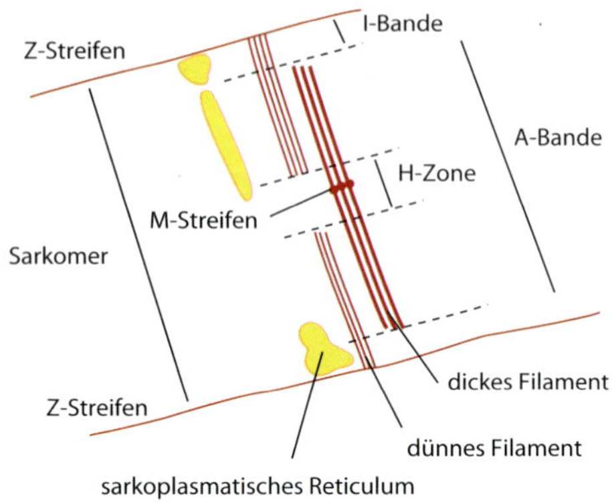

quergestreifte Muskelfasern (LS – TEM)

Die Sarkomere der quergestreiften Muskelfasern besitzen die Form eines Hexagons und bestehen aus einer Anordnung dünner und dicker Filamente. Die I-Bande besitzt ausschließlich dünne Filamente und ist an einem Ende mit dem Z-Streifen verbunden. Die A-Bande enthält beide Filamenttypen. Die H-Zone beinhaltet nur dicke Filamente.

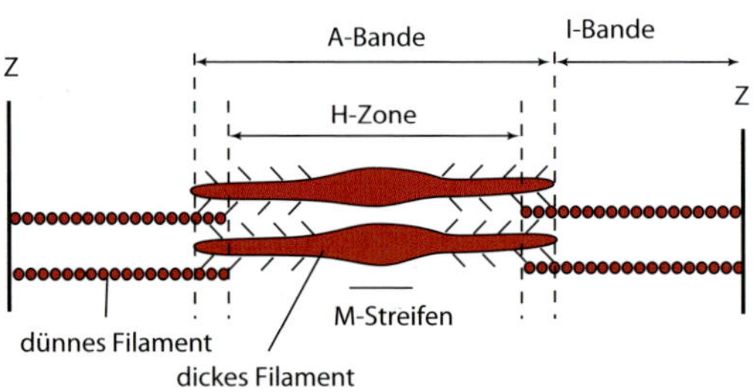

Anordnung der Myofilamente im Sarkomer

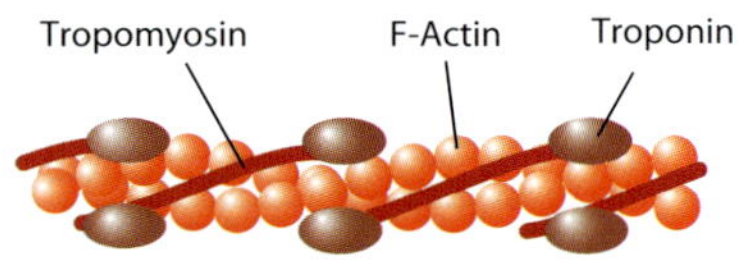

Aufbau eines dünnen Filaments (Actinfilament)

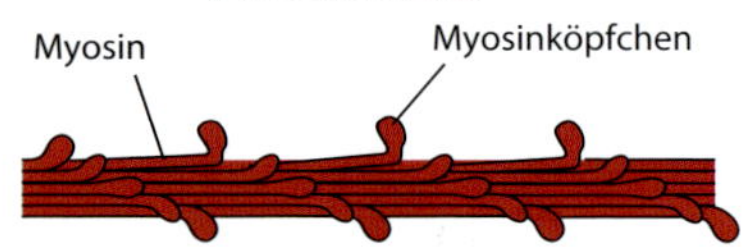

Aufbau eines dicken Filaments (Myosinfilament)

Das Gerüst der dünnen Filamente besteht aus zwei Actinmolekülen (F-Actin), die sich als Doppelhelix um eine Tropomyosin-Doppelhelix winden. Im Ruhezustand ist das globuläre Protein Troponin an Actin und Tropomyosin gebunden. Die dicken Filamente sind aus Myosinmolekülen aufgebaut. Sie besitzen einen globulären Kopf und längliche Filamente, die Verbindungen mit anderen Molekülen ermöglichen. In den A-Banden sind die Myosinköpfchen mit den Actinfilamenten verbunden.

Tafel 11.2a Die Koordination von Anspannung und Entspannung

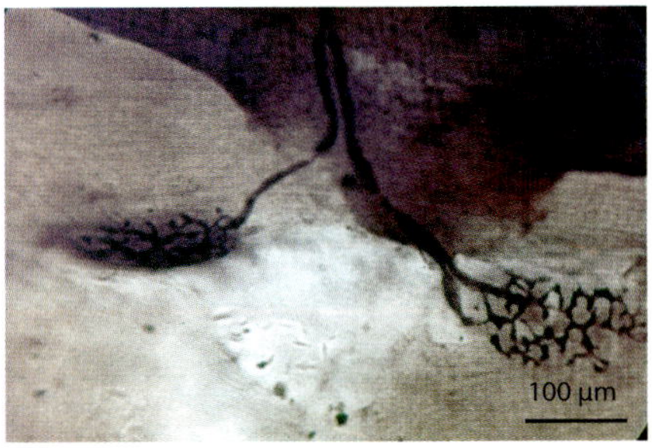

Motorische Endplatten von Muskelfasern bei Säugetieren (LA)

Neurone, welche die Muskelfasern innervieren, werden als Motoneurone bezeichnet. Ihr Zellkörper befindet sich bei den Wirbeltieren im Vorderhorn des Rückenmarks. Ein Motoneuron innerviert mehrere Muskelfasern, wobei pro Muskelfaser nur ein Motoneuron ansetzt. Die Synapse zwischen der motorischen Nervenfaser und der Muskelfaser wird als neuromuskuläre Verbindung oder motorische Endplatte bezeichnet.

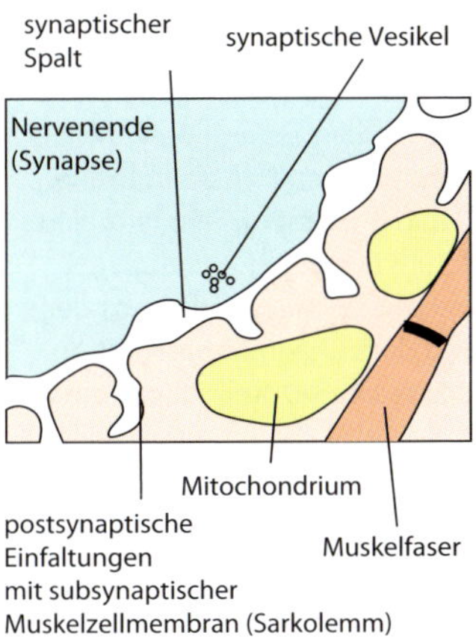

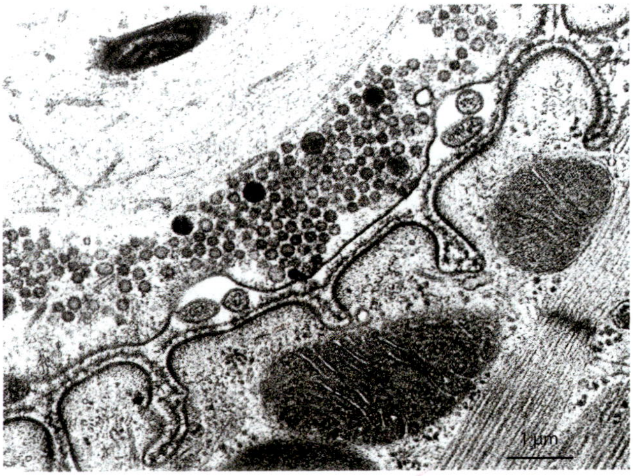

Motorische Endplatte einer Muskelfaser bei Säugetieren (LA)

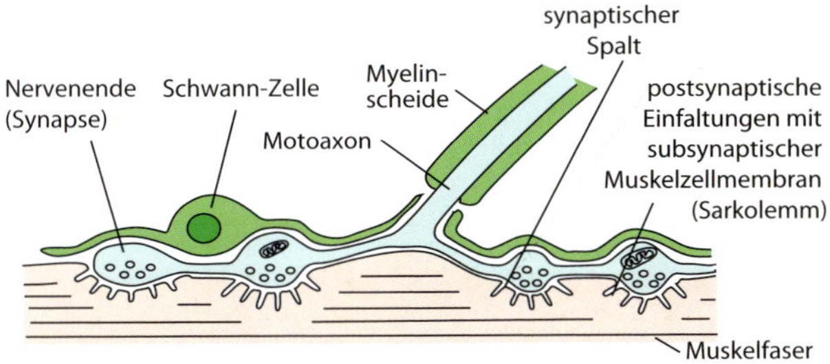

Schematischer Aufbau einer motorischen Endplatte

Die motorische Endplatte besitzt zahlreiche synaptische Vesikel und viele Acetylcholinrezeptoren in den postsynaptischen Einfaltungen. Sie überträgt Informationen nach dem „Eins-zu-eins-Prinzip“: ein Aktionspotenzial der Nervenfaser verursacht ein Aktionspotenzial auf der Muskelfaser.

Tafel 11.2b Die Koordination von Anspannung und Entspannung

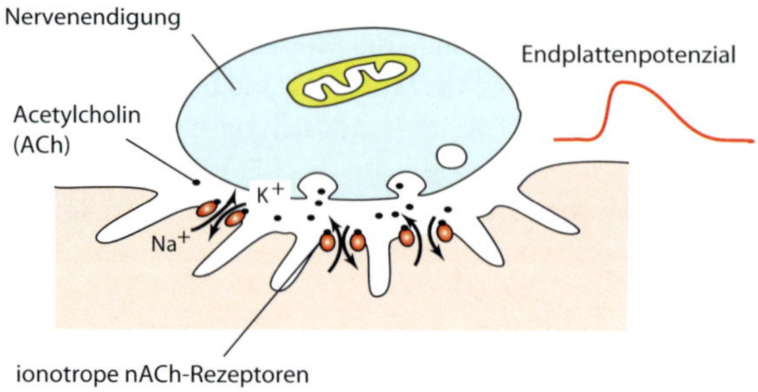

Der Neurotransmitter der motorischen Endplatte ist das Acetylcholin. Es bindet an ionotrope Rezeptoren in der postsynaptischen Membran, die für Na^+ und K^+ durchlässig sind, und löst lokal ein Endplattenpotenzial aus. Unter physiologischen Bedingungen ist die Amplitude dieses Potenzials immer ausreichend hoch, um die Bildung eines Na^+-gekoppelten Aktionspotenzials auf der Muskelfasermembran zu induzieren.

Im Ruhezustand liegt Calcium hauptsächlich an Calsequestrin gebunden im sarkoplasmatischen Reticulum vor. Ein sich entlang der Muskelmembran ausbreitendes Aktionspotenzial induziert elektrische Ströme in die transversalen Tubuli. Die Depolarisation der Tubulimembran bewirkt die Öffnung spannungsgesteuerter Calciumkanäle (DHPR). Diese induzieren einen transmembranen Calciumstrom und die Aktivierung von Ryanodinrezeptoren (RYR1) in der Membran der lateralen Zisternen. Diese Rezeptorstimulation führt zur Freisetzung von Calcium aus dem Reticulum ins Cytoplasma. Der Prozess wird durch die Eigenstimulation dieser Rezeptoren mit Calcium aus dem Cytoplasma verstärkt (*calcium induced calcium release*). Die Erhöhung der Calciumkonzentration ermöglicht die Auflösung von Bindungsstellen zwischen Actin und Myosin und stellt damit die molekulare Grundlage für die Muskelkontraktion dar.

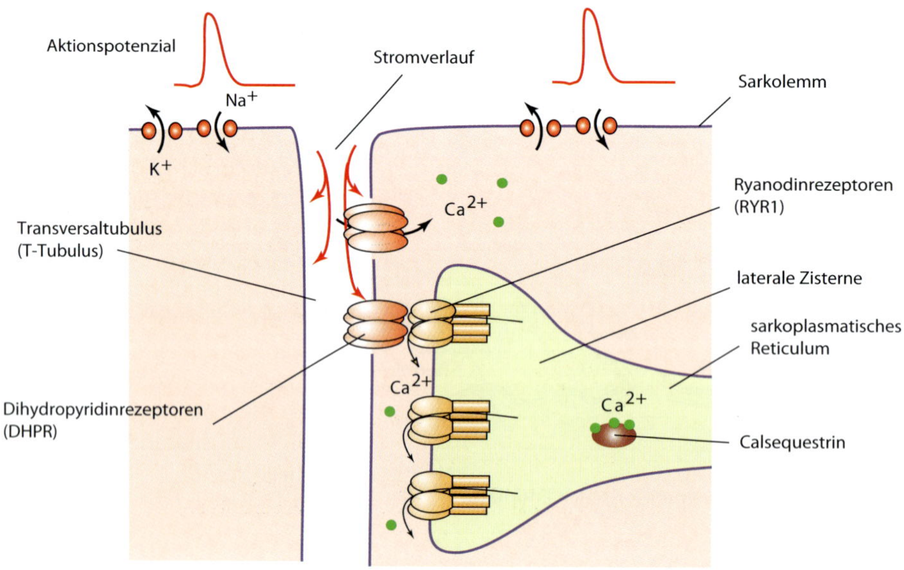

Tafel 11.3 Die Muskelkontraktion

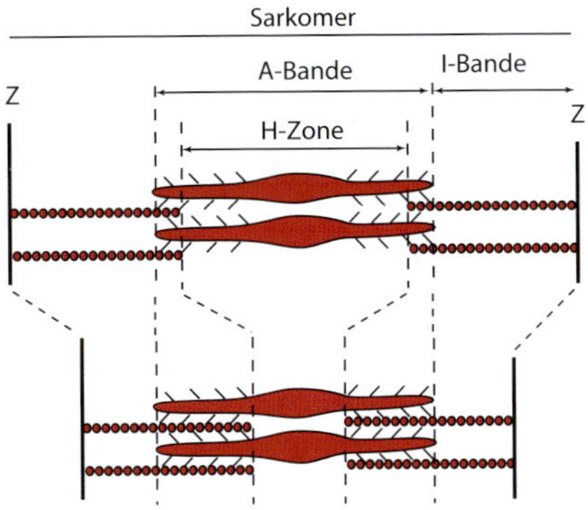

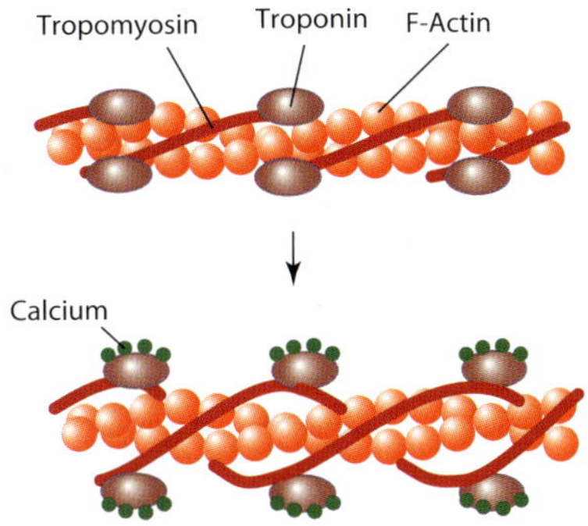

Bei der Kontraktion einer Muskelfaser verkürzen sich die Sarkomere, indem sich die dünnen, an den Z-Streifen befestigten Filamente zwischen die dicken Filamente schieben. Nach einer Stimulation steigt die Ca^{2+}-Konzentration im Sarkoplasma an. Ca^{2+} bindet an das Troponin der dünnen Filamente und induziert eine Konformationsänderung des Tropomyosins. Diese Bewegung führt zur Anlagerung des Myosinköpfchens an Actin. Gleichzeitig ist die Hemmung der ATPase durch den Actin-Myosin-Komplex aufgehoben. Die Energie aus der ATP-Hydrolyse wird genutzt, um den Winkel zwischen dem Myosinköpfchen und dem Myosinschwanz von 90° auf 45° zu verringern. Diese elementare Bewegung bewirkt das relative Gleiten der dünnen und dicken Filamente, die zurückgelegte Strecke entspricht ungefähr dem Durchmesser eines G-Actinmoleküls.

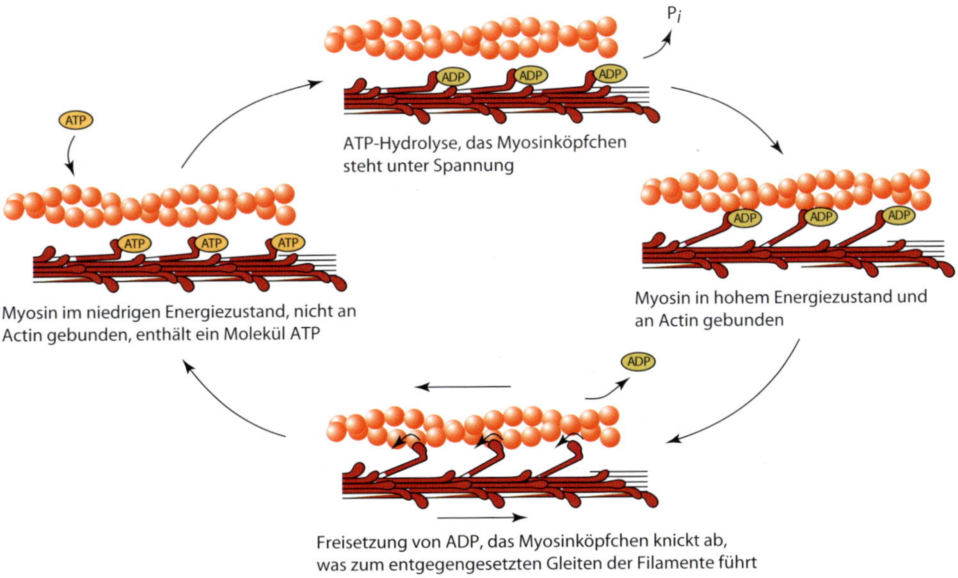

Tafel 11.4 Der Fremdreflex

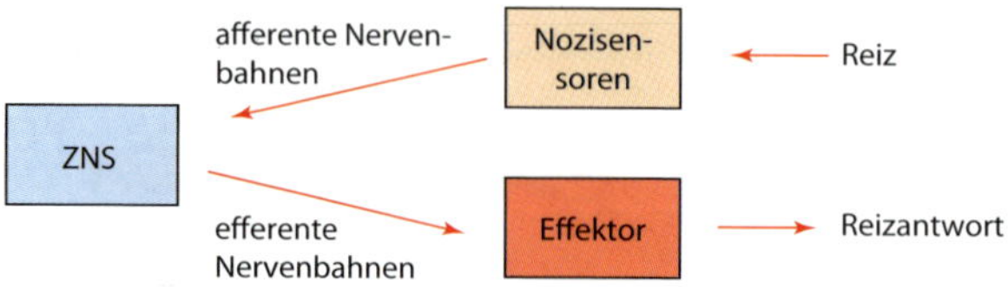

Reflexbogenschema

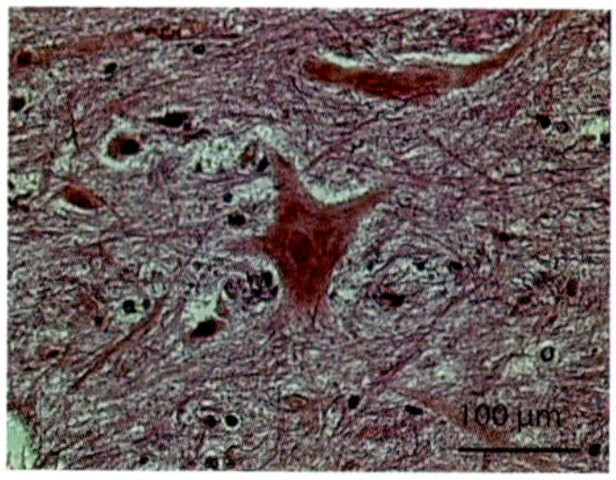

Motoneuron im Rückenmark von Säugetieren (LA)

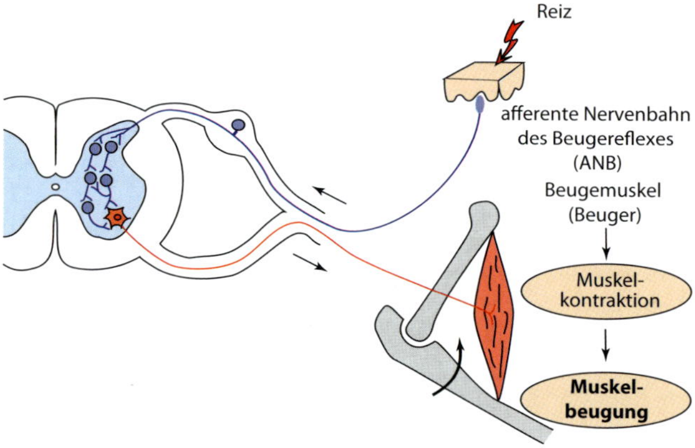

Bei den Wirbeltieren führen bestimmte nozisensorische Reize zu automatisierten motorischen Reaktionen. Dies trifft auch auf den Beugereflex eines stimulierten Körperteils (z. B. eine Extremität) zu. Die betroffenen sensorischen Neuronen (afferente Neuronen des Beugereflexes) führen zum dorsalen Abschnitt des Rückenmarks. Ein Netz aus Interneuronen überträgt dann die Information auf die Motoneurone des Beugemuskels (B).

Die Beugung eines Körperteils kann nur erfolgen, wenn die Gegenspieler (Streckmuskeln) entspannt sind. So regen beim Beugereflex die Interneurone im Rückenmark die Motoneurone des Beugemuskels an und hemmen in diesem Gelenk gleichzeitig die Motoneurone des Streckers (S).

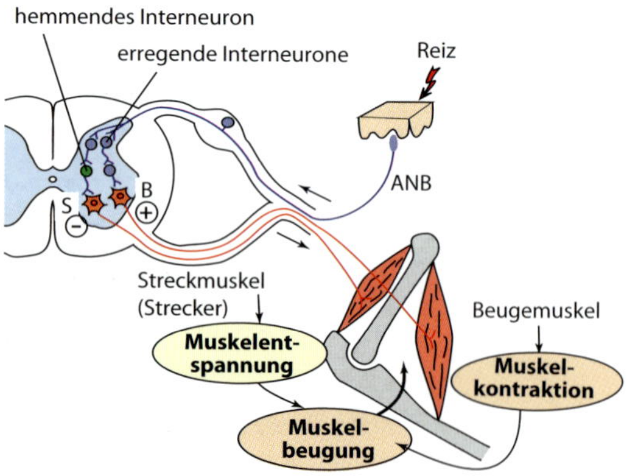

11

Tafel 11.5 Der Eigenreflex

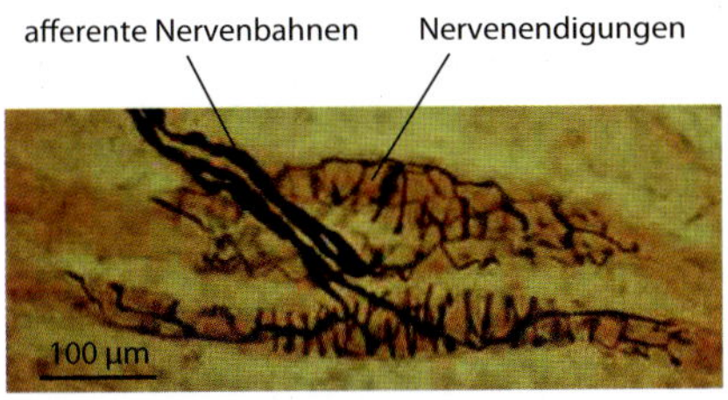

Muskelspindelmitte bei der Katze (LA)

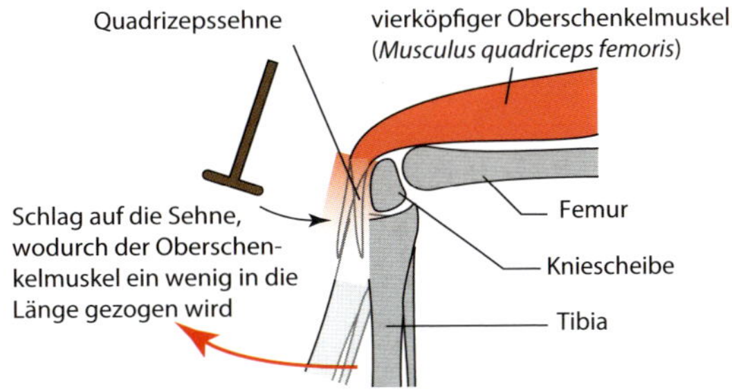

Reflexbewegung des Unterschenkels

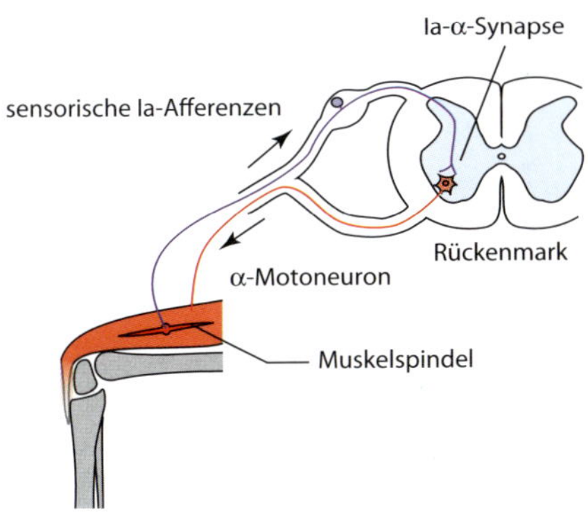

Der Kniescheibensehenreflex ist die Reaktion des Oberschenkelmuskels auf seine eigene Streckung. Dabei kommen Muskelrezeptoren in der Muskelspindelmitte und die Muskelfasern als eigentliche Effektoren zum Einsatz. Dieser Reflex ist ein sogenannter Eigenreflex. Er funktioniert nach dem Regelkreisprinzip, unter Verwendung der Muskellänge als Regelgröße.

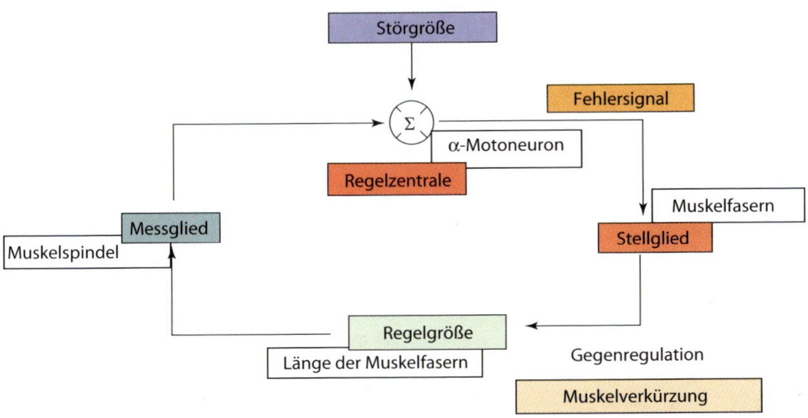

Beschreibung des Eigenreflexes, unter Anwendung des Regelkreises mit der Muskelfaserlänge als Regelgröße

Tafel 11.6 Die Stützmotorik

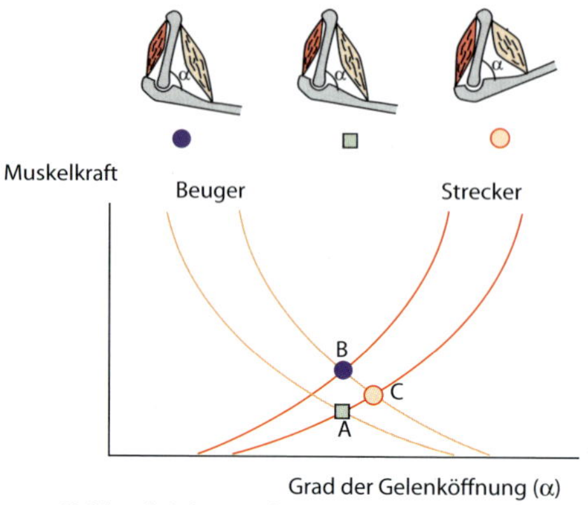

Kräftegleichgewicht zwischen zwei entgegengesetzt wirkenden Muskeln (Antagonisten) in Bezug auf den Grad der Gelenköffnung

Die aufrechte Haltung ist eine stabile Position des Körpers im Raum. Sie ist eng mit dem Muskeltonus verknüpft und wird auf verschiedene Weise kontrolliert. Sie unterliegt zum einen dem Eigenreflex, bei dem γ-Motoneurone die kontraktilen Regionen der Muskelspindel innervieren, und zum anderen zahlreichen Strukturen des ZNS.

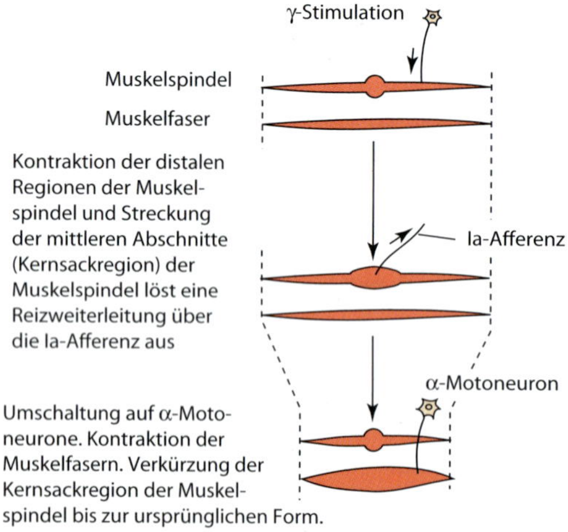

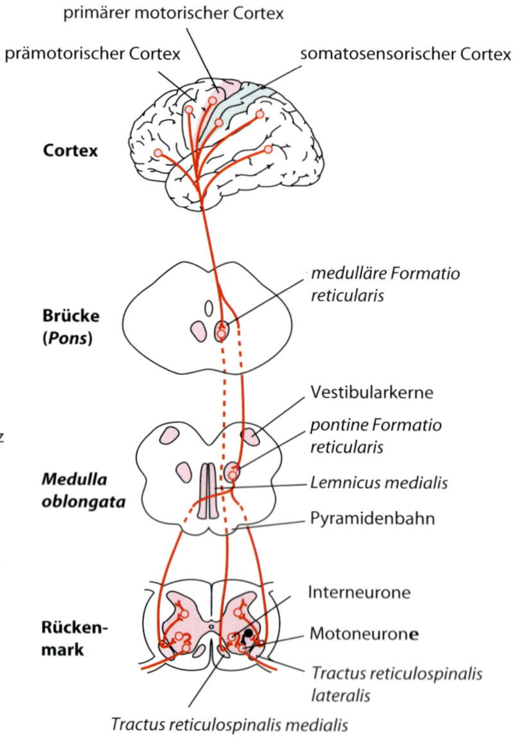

Tafel 11.7 Die Willkürmotorik

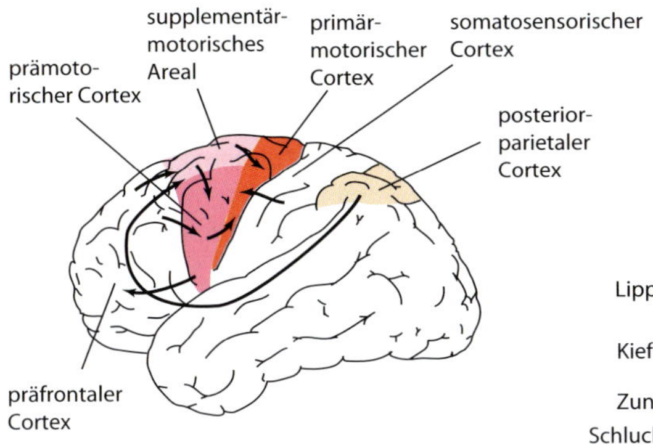

Motorische Felder des Cortex

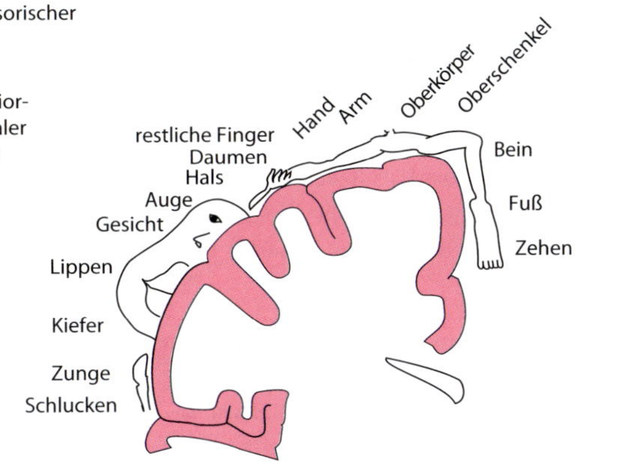

Somatotopische Gliederung des primär-motorischen Cortex

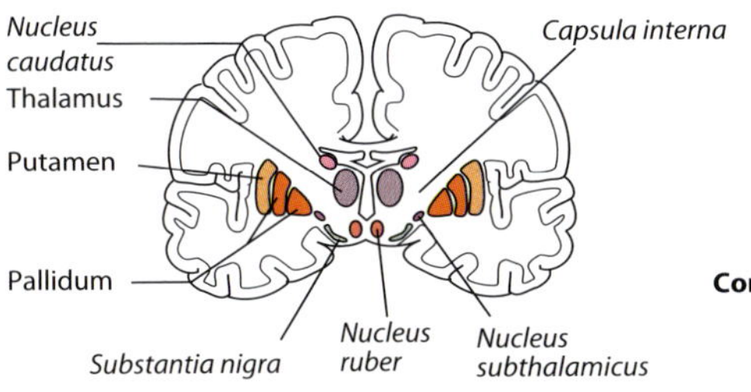

Basalganglien (LS am Thalamus)

Die willkürliche Bewegung ist eine mehr oder weniger bewusste und auf ein Ziel ausgerichte Handlung. Die Steuerung unterliegt bei den Säugetieren mehreren Cortexregionen, deren Fasern zu den medullären Motoneuronen laufen. Die Programmierung des Bewegungsvorgangs erfolgt in den Basalganglien. Die Bewegungsausführung untersteht jedoch anderen Hirnstrukturen, insbesondere dem Kleinhirn.

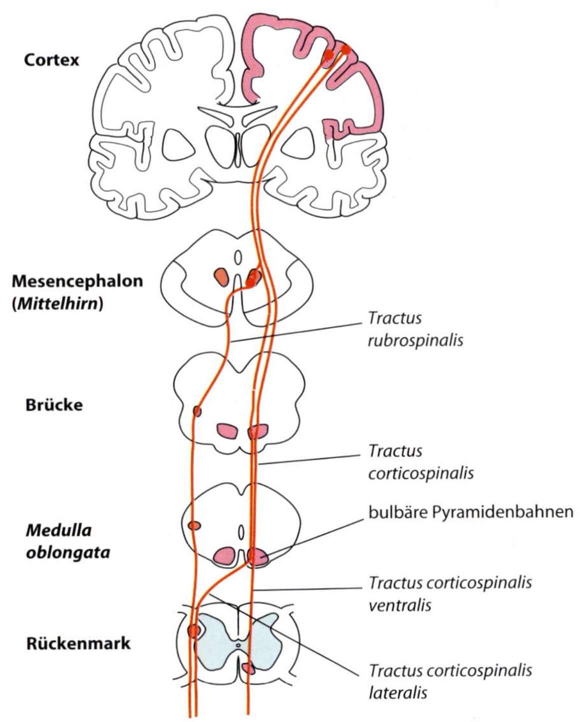

Motorische Nervenbahnen

Tafel 11.8 Die körperliche Arbeit

Muskelarbeit unterschiedlicher Intensität ist die Grundlage zur Verrichtung körperlicher Arbeit. Ein angepasstes Kreislauf- und Atmungssystem liefert hierfür die notwendige Energie. Im Atmungssystem kommt es zu einem erhöhten Gasaustausch, was eine erhöhte Sauerstoffsättigung und eine gesteigerte CO_2-Abgabe zur Folge hat. Das Kreislaufsystem passt sich einem erhöhten Leistungsbedarf zum einen durch eine gesteigerte Herzleistung an, die die Blutversorgung erhöht, und zum anderen durch Änderungen des lokalen Blutflusses, was zur Umverteilung der Blutmenge führt.

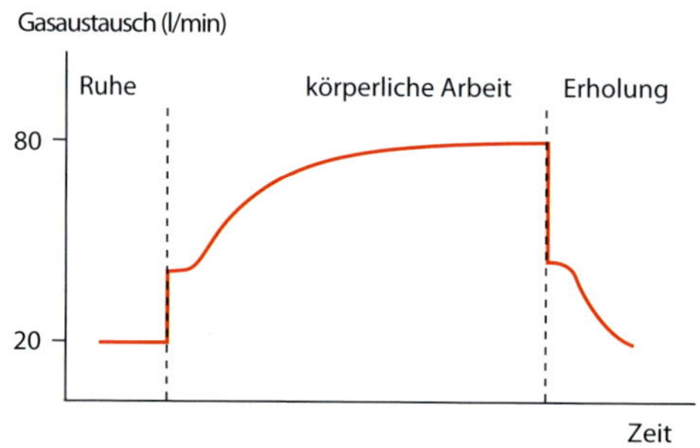

Gasaustausch in Abhängigkeit von der körperlichen Tätigkeit

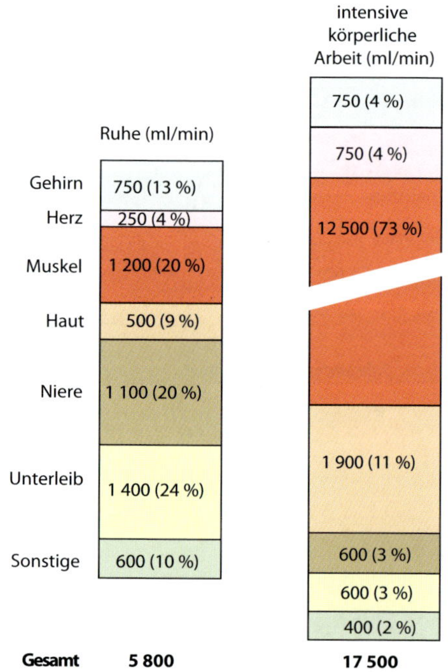

Verteilung des Blutvolumens bei Ruhe und bei Verrichtung körperlicher Arbeit

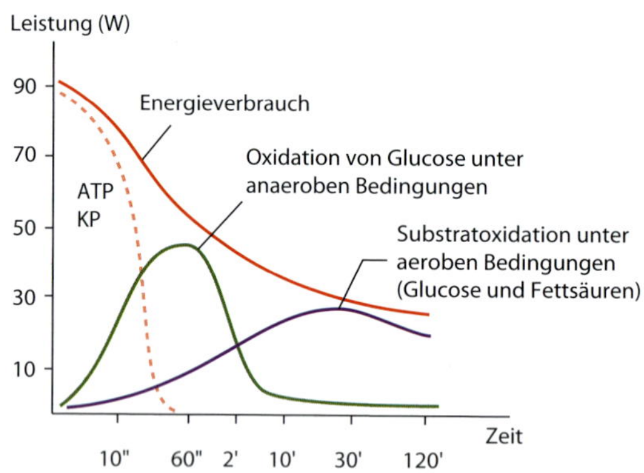

Stoffwechselwege zur Verrichtung von Muskelarbeit

Zur Verrichtung von Muskelarbeit können verschiedene Stoffwechselwege genutzt werden: der anaerobe-alactazide Stoffwechsel (Kreatinphosphat), der anaerobe Lactatstoffwechsel (Fermentation) und der aerobe Stoffwechsel.

Tafel 12.1 Die Haut

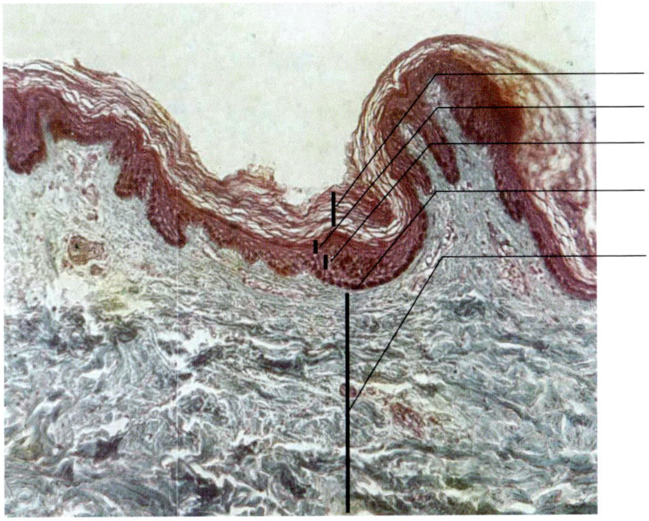

Schnitt durch die menschliche Haut (LA)

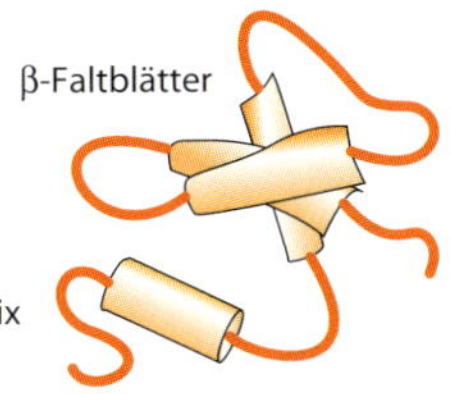

Defensin

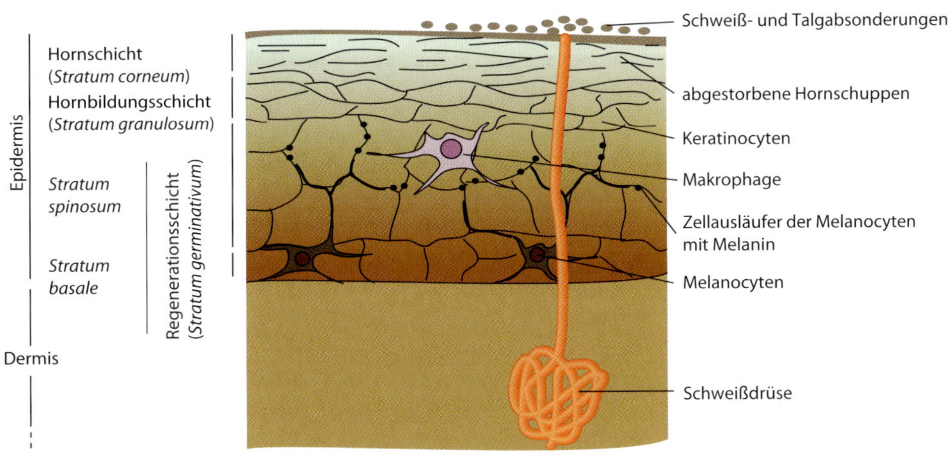

Bestandteile der menschlichen Haut

Die Hornschicht schützt die Haut vor dem Eindringen von Mikroorganismen. Diese Funktion wird durch die im Schweiß enthaltene Säure sowie durch die Talgabsonderungen der Schweißdrüsen auf die Hautoberfläche unterstützt. Falls dennoch Mikroorganismen eindringen, werden sie durch Makrophagen in der Epidermis zerstört. Es existiert eine Reihe weiterer Abwehrstoffe (Lysozym, Spermin, Zink, Säure etc.), wobei die Defensine (kleine Proteine aus 18–45 AS) sowohl bei Tieren als auch bei Pflanzen eine wichtige Rolle spielen.

D. Richard, P. Chevalet, T. Soubaya, *Biologie in Farbtafeln*,
DOI 10.1007/978-3-642-32984-5_12, © Springer-Verlag Berlin Heidelberg 2013

Tafel 12.2 Die Entzündungsreaktion

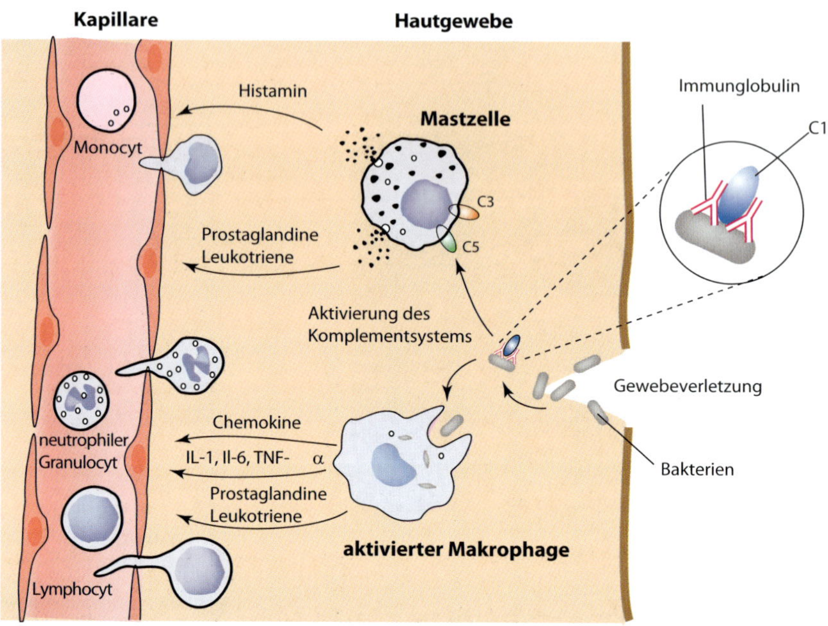

Immunzellen und Entzündungsmediatoren der lokalen Entzündungsreaktion

Eingedrungene Pathogene kommen im Organismus mit den gewebsständigen Immunzellen des angeborenen Immunsystems in Kontakt. Dabei können drei verschiedene Zelltypen die Oberflächenstrukturen der Pathogene erkennen: Mastzellen, Makrophagen und dendritische Zellen. Diese Immunzellen sezernieren Verbindungen wie Chemokine, Bestandteile des Komplementsystems und PAF, die weitere Phagocyten zum Ort der Infektion anlocken. Die neutrophilen Granulocyten sind als Erste am Infektionsort, gefolgt von den Monocyten, die sich dann zu Makrophagen differenzieren. Die gewebsständigen dendritischen Zellen nehmen die Antigene auf und wandern zu den sekundären lymphatischen Organen, wo sie die Antigene dieser Pathogene den T-Lymphocyten präsentieren.

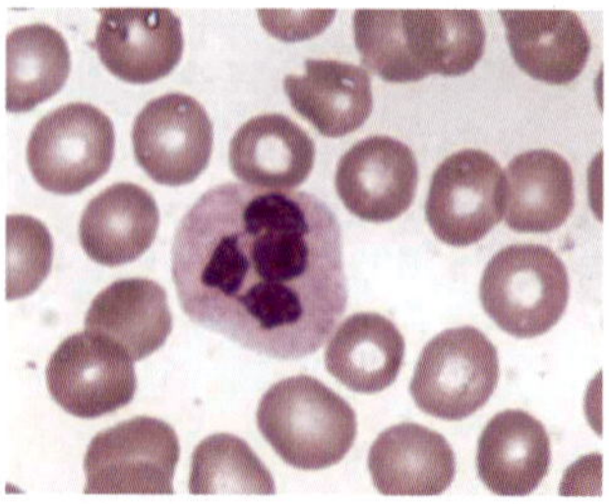

Makrophage

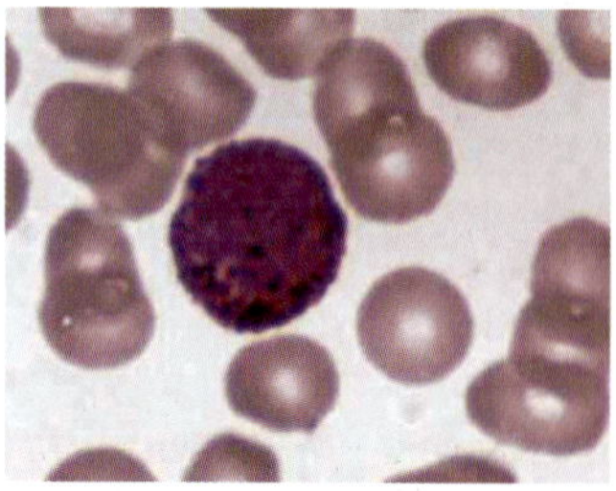

Mastzelle

Tafel 12.3 Die angeborene Immunantwort

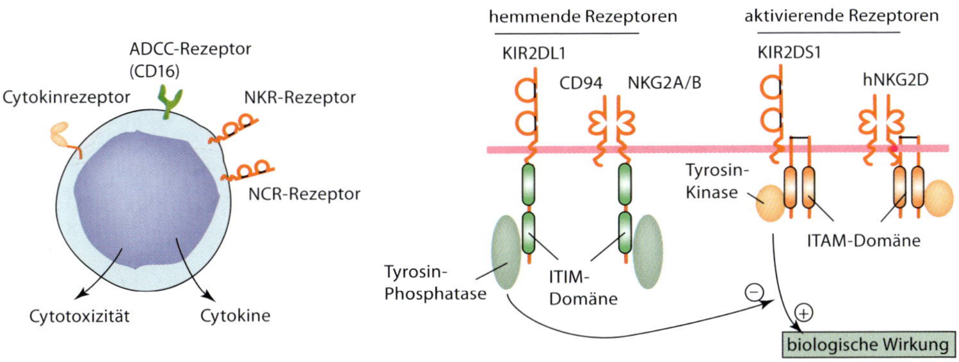

Rezeptoren und Effektorwirkung der NK-Zellen

Neben den Phagocyten sind noch eine Reihe weiterer Zellen des angeborenen Immunsystems an der Pathogenabwehr beteiligt. Unter ihnen spielen insbesondere die NK-Zellen (*natural killer*) eine entscheidende Rolle, da sie die durch Viren oder Krebs infizierten Zellen zerstören. Dabei erkennen sie nicht direkt das Pathogen, sondern Veränderungen an abnormalen Zellen (Infektion, Tumorbefall). NK-Zellen wirken direkt, indem sie in der Zielzelle die Apoptose induzieren oder indirekt, indem sie durch die Sekretion von Cytokinen und Chemokinen weitere Immunzellen anlocken. Die Summe der aktivierenden und hemmenden Signale bestimmt die Wirkung der NK-Zellen.

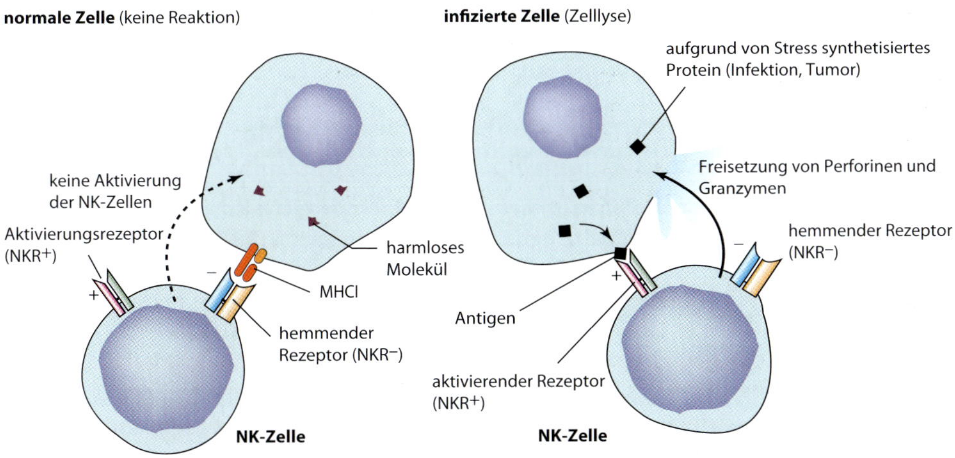

Erkennung der Zielzelle durch NK-Zellen
linke Abbildung: normale Zelle, Antigenerkennung durch hemmende Rezeptoren
rechte Abbildung: infizierte Zelle, Erkennung von Proteinstrukturen, die aufgrund einer Stressreaktion gebildet wurden

Tafel 12.3 Die angeborene Immunantwort

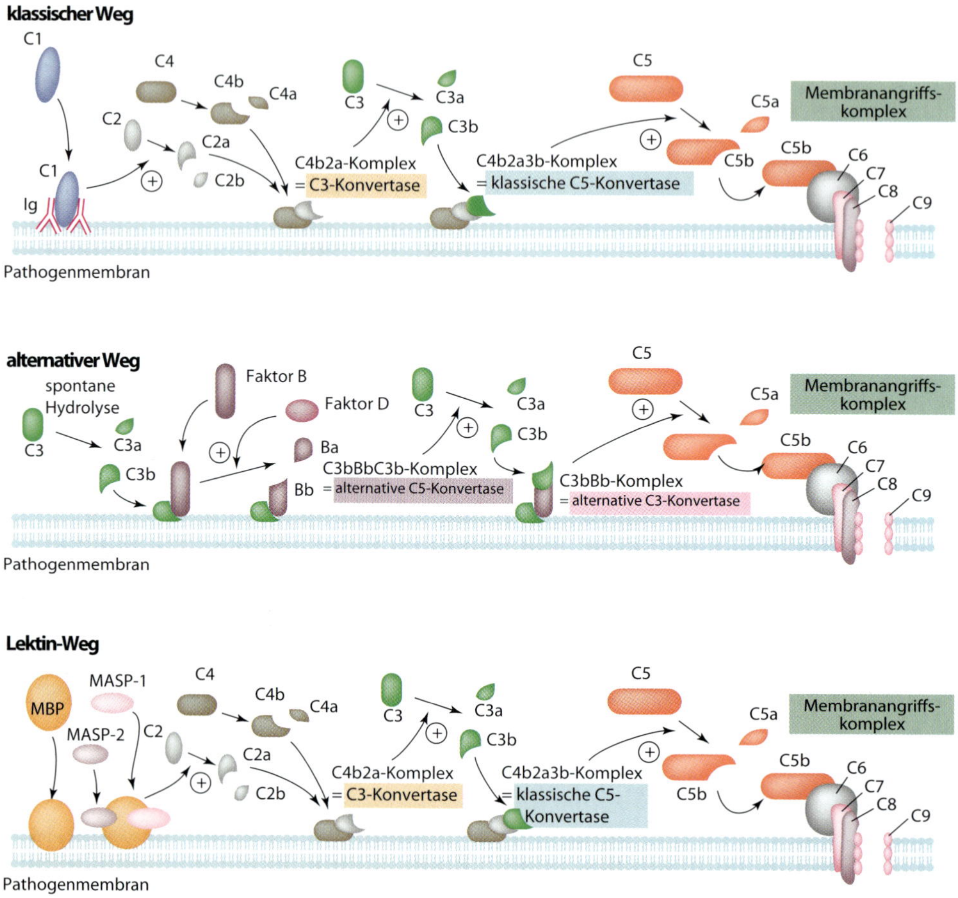

Neben den Zellen der angeborenen Immunabwehr sind zahlreiche lösliche Proteine an der Erkennung und Zerstörung pathogener Substanzen beteiligt. Das Komplementsystem ist ein System aus Plasma- und Membranproteinen, die eine essenzielle Rolle bei der Pathogenelimierung spielen. Die Abwehrreaktion erfolgt in drei aufeinanderfolgenden Phasen:

- Die Pathogenerkennung kann anhand von drei möglichen Erkennungsmechanismen stattfinden: dem klassischen Weg, dem alternativen Weg und dem Lektin-Weg;
- Aktivierung von Komponenten des Komplementsystems, worauf Enzyme synthetisiert werden, die weitere Effekte katalysieren;
- Effektorphase zur Zerstörung der Mikroorganismen.

Tafel 12.4a Die Antigenpräsentation

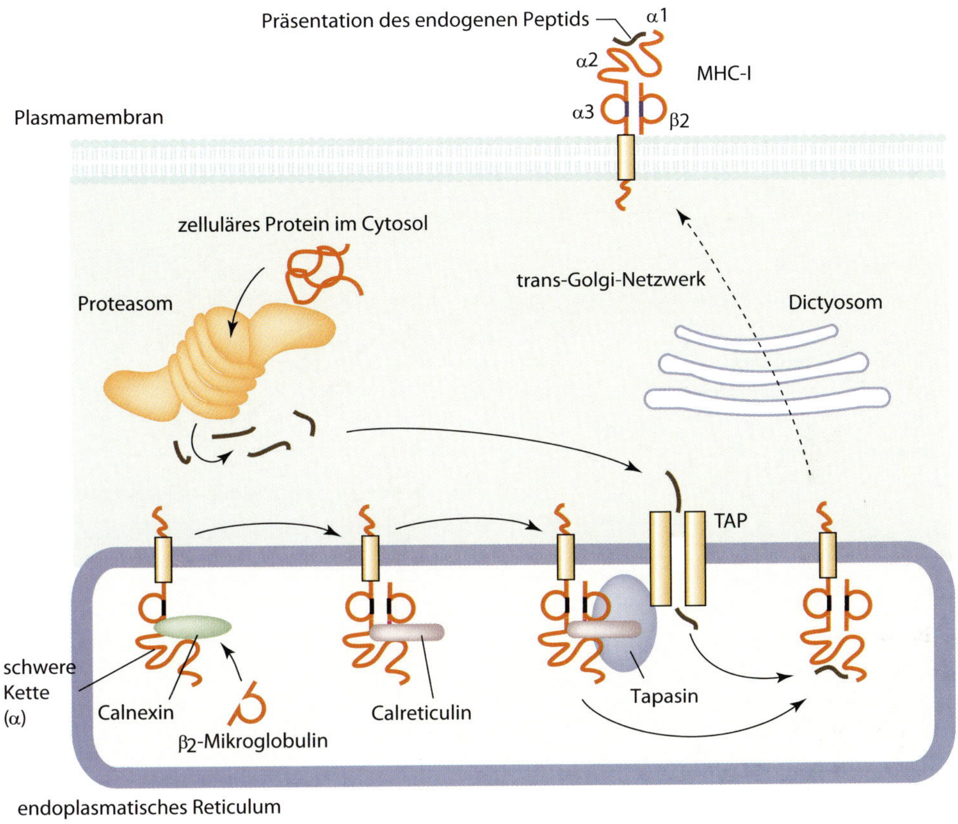

Cytosolische Proteine, wie beispielsweise virale Proteine, werden in der Regel durch das Proteasom in kleine Peptidfragmente zerlegt. Sie haben dann die passende Größe, um von MHC-Klasse-I-Proteinen an der Zelloberfläche präsentiert zu werden. Die Peptide werden zunächst von TAP-Transportern ins rER aufgenommen. Gleichzeitig wird im rER die α-Kette des MHC-Klasse-I-Proteins synthetisiert. Das Chaperon Calnexin vermittelt die Anbindung von $β_2$-Mikroglobulin, wodurch eine dreidimensionale Struktur entsteht, die die Angliederung eines weiteren Peptids in der Peptidtasche erlaubt. Das Calnexin wird dann freigesetzt, und die Chaperone Tapasin und Calreticulin binden an das MHC-Klasse-I-Molekül. Das Tapasin bewirkt die Verschiebung von TAP neben das MHC-Klasse-I-Molekül und den Transfer des Pathogenpeptids in die Peptidtasche des Moleküls. Das MHC-Klasse-I-Protein ist nun stabil und gelangt über den Golgi-Apparat zur Plasmamembran.

Tafel 12.4b Die Antigenpräsentation

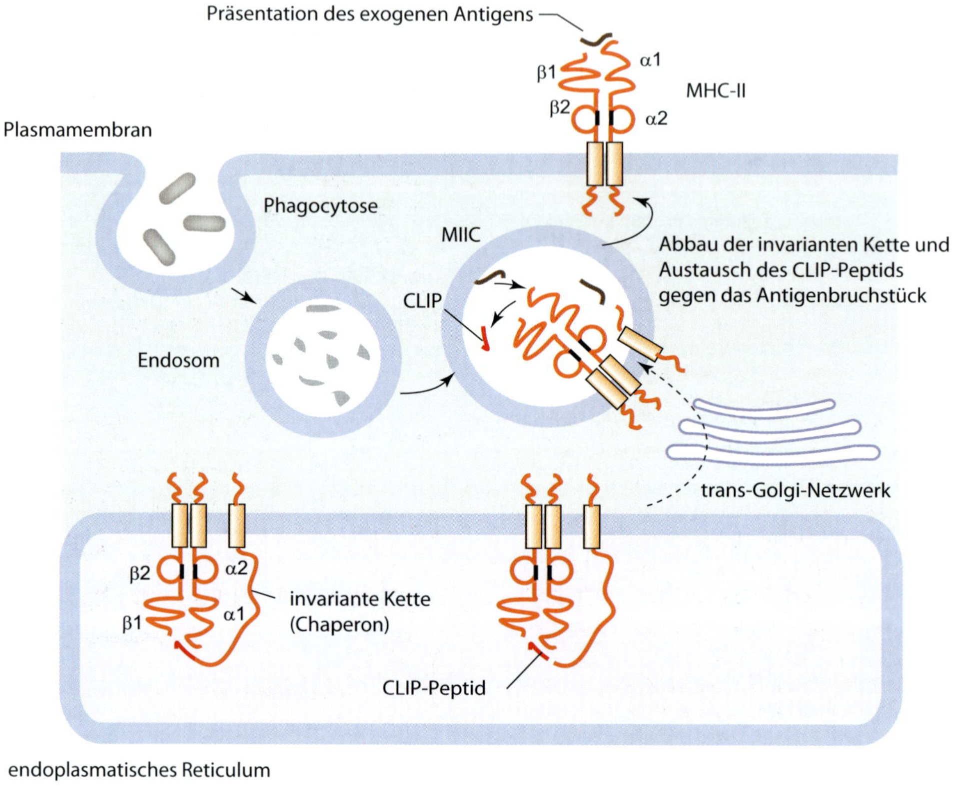

Die MHC-Klasse-II-Moleküle werden wie die MHC-Klasse-I-Moleküle im rER synthetisiert. Sie binden an das Chaperon „invariantes Protein", dessen CLIP-Domäne die Peptidtasche enthält. Die invariante Kette kontrolliert den Weg des Moleküls durch die Zelle zum *trans*-Golgi-Netzwerk, um das MHC-II-Kompartiment (MHC-II-K) zu bilden.

In den zahlreichen späten Endosomen antigenpräsentierender Zellen befinden sich Pathogenfragmente (zum Beispiel infolge der Phagocytose). Im MHC-II-K wird die invariante Kette abgespalten und die CLIP-Domäne mithilfe von HLA-DM durch ein antigenes Peptid ersetzt. Das MHC-II-K teilt sich nun in multivesikuläre Körper, und die mit ihrem Peptid beladenen MHC-Klasse-II-Moleküle werden zur Plasmamembran befördert.

Tafel 12.5 Antigen-Antikörper-Verbindung und MHC

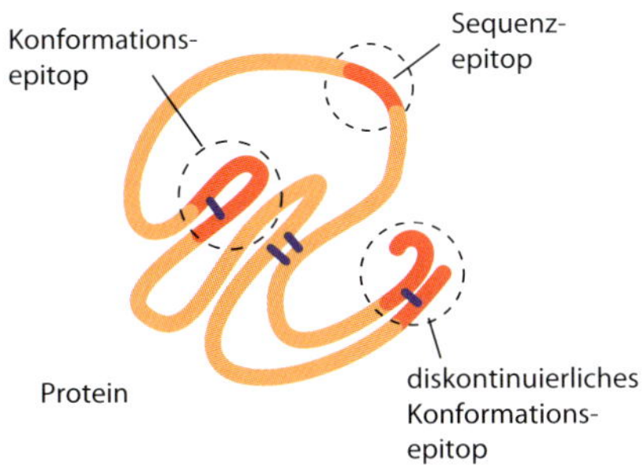

Ein Antigen ist ein lösliches oder unlösliches Molekül mit einer Peptid-, Glykosid- oder Nucleinsäurestruktur, das von Antigenrezeptoren des erworbenen (oder adaptiven) Immunsystems erkannt werden kann:

- Antikörper (AK)
- B-Zell-Rezeptoren (BCR)
- T-Zell-Rezeptoren (TCR)

Antigene, die eine adaptive Immunantwort auslösen, werden als immunogen bezeichnet. Rezeptoren erkennen bestimmte Regionen des Antigens, die Epitope.

Antikörper (AK) oder Immunglobuline (Ig) sind lösliche Glykoproteine und werden von Plasmazellen synthetisiert. Sie bestehen aus 4 Polypeptidketten mit jeweils 2 schweren H-Ketten und 2 leichten L-Ketten, die sich zu einer Y-förmigen Struktur zusammenlagern. Die H- und L-Ketten sind untereinander über Disulfidbrücken verbunden. Jede Kette besitzt eine konstante (C) und eine variable (V) Region. Der variable Abschnitt dient der Antigenerkennung.

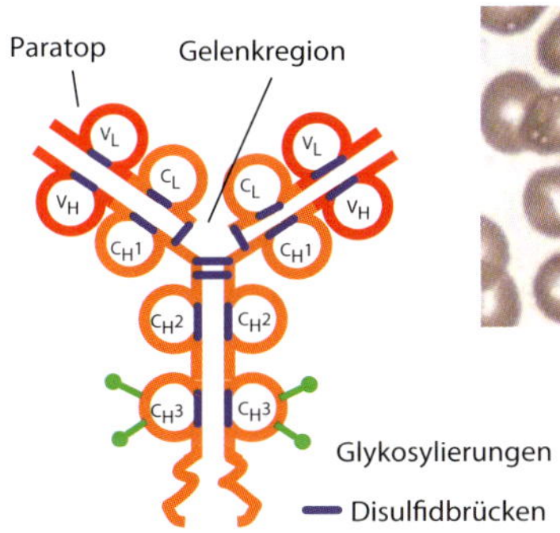

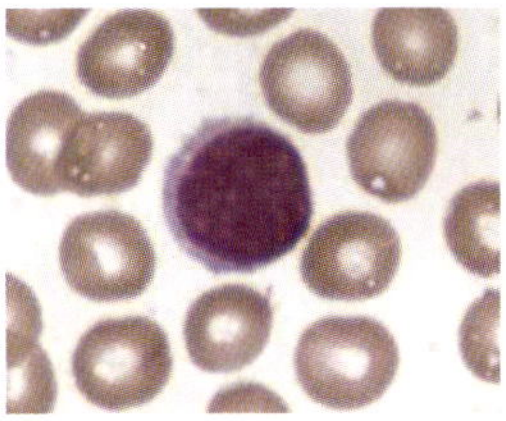

Plasmazelle

Die Moleküle des Haupthistokompatibiltätskomplexes (*major histocompatibility complex,* MHC) weisen zahlreiche Polymorphismen auf, wodurch sie sehr immunogen sind. Ihre Aufgabe ist die Antigenpräsentation an T-Lymphocyten. Die MHC-Moleküle bilden zwei große Familien: Klasse I und Klasse II. MHC-Klasse-I-Moleküle werden auf allen kernhaltigen Zellen exprimiert, während MHC-Klasse-II-Moleküle nur auf antigenpräsentierenden Zellen zu finden sind: dendritische Zellen, Monocyten und B-Lymphocyten.

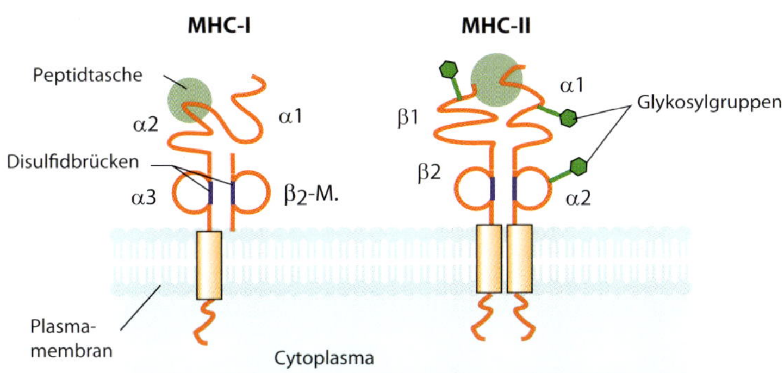

Tafel 12.6 Die T-Helferzellen

Die Differenzierung von $CD4^+$-T-Lymphocyten zu T-Helferzellen oder T_H-Lymphocyten ist ein zentrales Ereignis der adaptiven Immunantwort. Die Aktivierung von $CD4^+$-T-Lymphocyten durch dendritische Zellen erfordert zwei Signale. Das erste Signal entsteht, wenn der TCR den MHC-Peptid-Komplex und das CD4-Molekül die monomorphen Abschnitte des MHC-Klasse-II erkennen.

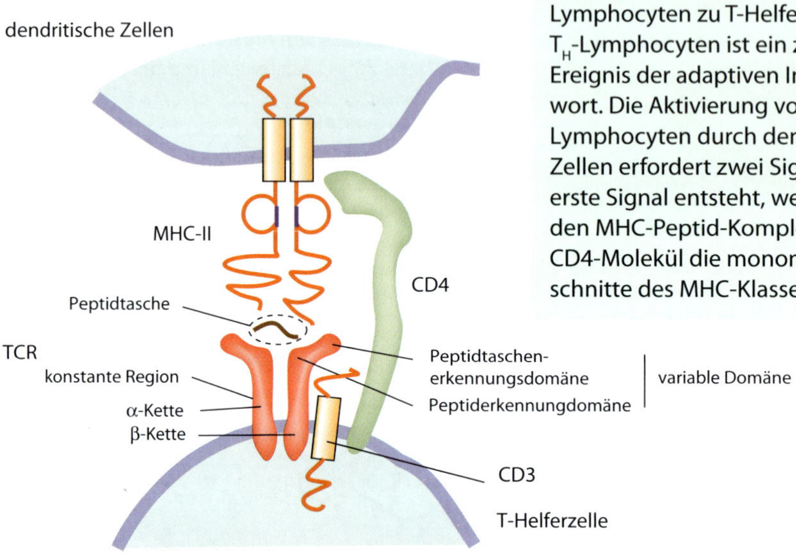

Erstes Signal

Das zweite Signal entsteht durch Interaktion der co-stimulierenden Moleküle auf reifen dendritischen Zellen mit den entsprechenden Rezeptoren auf T-Lymphocyten: ICAM-1 = zelluläres Adhäsionsmolekül, wird von LFA-1 erkannt; LFA-3 wird von CD2 erkannt; B7 wird von CD28 erkannt. Cytokine können ebenfalls das zweite Signal modulieren.

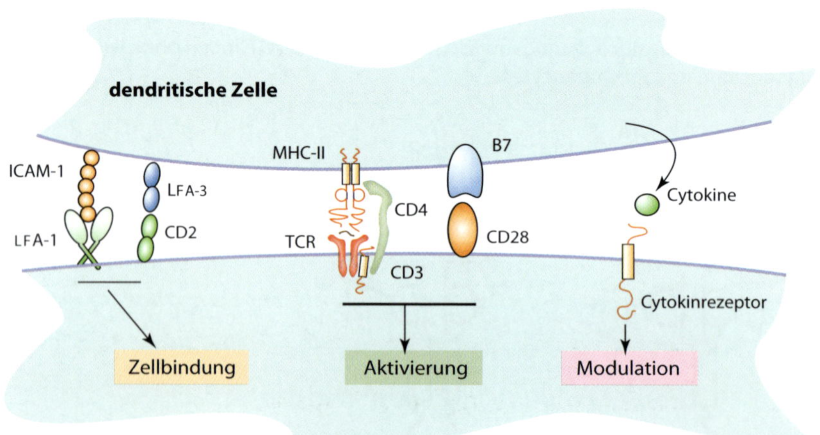

Zweites Signal

Tafel 12.7 Die cytotoxischen T-Lymphocyten

Cytotoxische T-Lymphocyten können die von Viren oder Tumor befallenen Zellen zerstören. Die befallenen Zellen präsentieren auf ihrer Oberfläche viren- oder tumorspezifische Peptide zusammen mit MHC-Klasse-I-Molekülen, die von cytotoxischen T-Lymphocyten erkannt werden. Durch diese Wechselwirkung wird der cytotoxische T-Lymphocyt aktiviert, der daraufhin die befallene Zelle lysiert. Dies kann über zwei Mechanismen ausgelöst werden:

- die Freisetzung cytotoxischer Granula bei Kontakt mit der Zielzelle. Die in den Granula enthaltenen Perforine fügen sich in die Plasmamembran ein, bringen zunächst das osmotische Gleichgewicht der Zelle durcheinander, und Granzyme und Serin-Esterasen induzieren die Apoptose;
- die Expression von Liganden für Rezeptoren, die den Zelltod vermitteln (Fas (CD95), TNF-R und TRAIL-R) binden an ihre Rezeptoren und induzieren den Tod der Zielzelle.

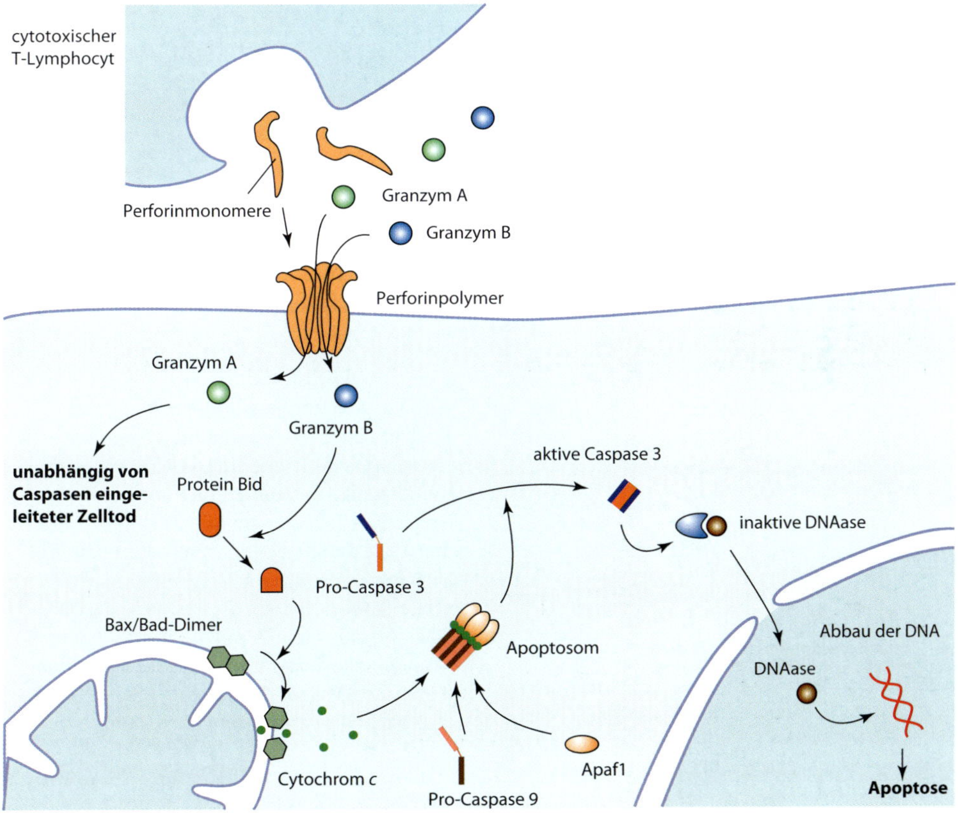

Wirkmechanismen von Perforin und Granzymen

Tafel 12.8 Pflanzliche Abwehrsysteme

Bestimmte Mikroorganismen sind für Pflanzen pathogen und können eine Infektion auslösen, die zur Erkrankung der Pflanze führen kann. Pflanzen besitzen gegenüber solchen schädlichen Angriffen Abwehrsysteme und sind in der Lage, Resistenzen zu entwickeln. Die Ausbreitung eines lokalen Pathogenbefalls wird sofort durch die Induktion des programmierten Zelltods (Apoptose) verringert. Diese hypersensitive Reaktion (HR) verleiht dem Pflanzengewebe eine lokale Resistenz (LAR). Die frühen Abwehrreaktionen werden durch spezifische Pathogenmarker oder Pathogenliganden ausgelöst. Es kommt zur Bildung von reaktiven Sauerstoffspezies (ROS) wie Superoxidanion ($O_2 \times^-$) oder Wasserstoffperoxid (H_2O_2).

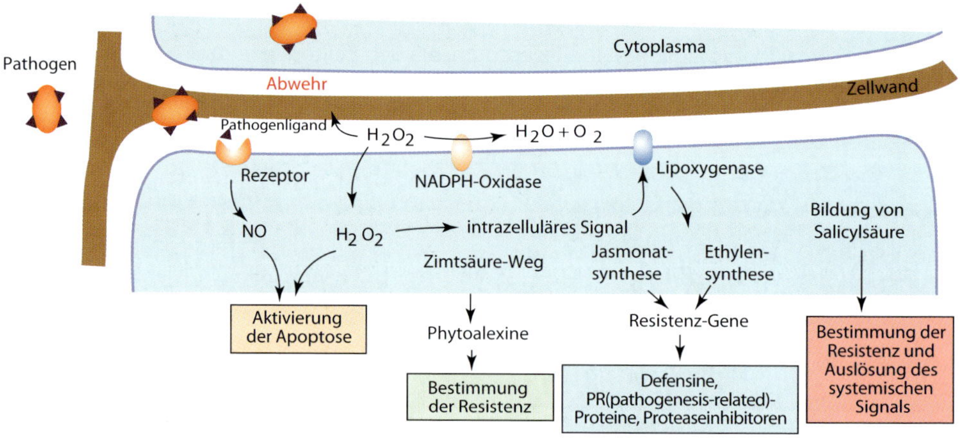

Mechanismen der hypersensitiven Reaktion, die zur Nekrose führt

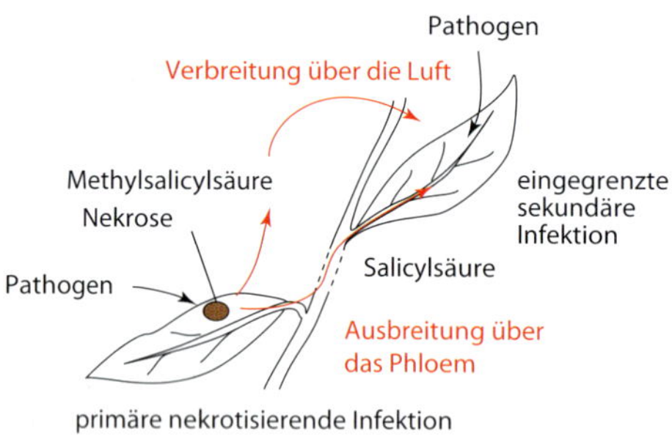

systemisch erworbene Resistenz

Sobald ein Pathogenangriff erfolgt, setzt in der Pflanze die sogenannte systemisch erworbene Resistenz ein (*systemic acquired resistence*, SAR). Sie beginnt mit einer hypersensitiven Reaktion am primären Infektionsherd. Die dabei gebildete Salicylsäure breitet sich in der restlichen Pflanze aus und löst in den Pflanzenorganen die Resistenz aus. Die Salicylsäure wird in Methylsalicylsäure umgewandelt, die aufgrund ihrer leicht flüchtigen Eigenschaften auf die gesamte Pflanze und auf Nachbarpflanzen einwirken kann.

Bestimmte Wechselwirkungen der Pflanze mit nichtpathogenen Rhizobakterien des Bodens erhöhen die Resistenz gegenüber Boden- und Luftpathogenen. Diese induzierte systemische Resistenz (ISR) wirkt sich protektiv auf die gesamte Pflanze aus.

Tafel 13.1 Die Vegetationszonen

Tropischer Regenwald

Wald der gemäßigten Zone

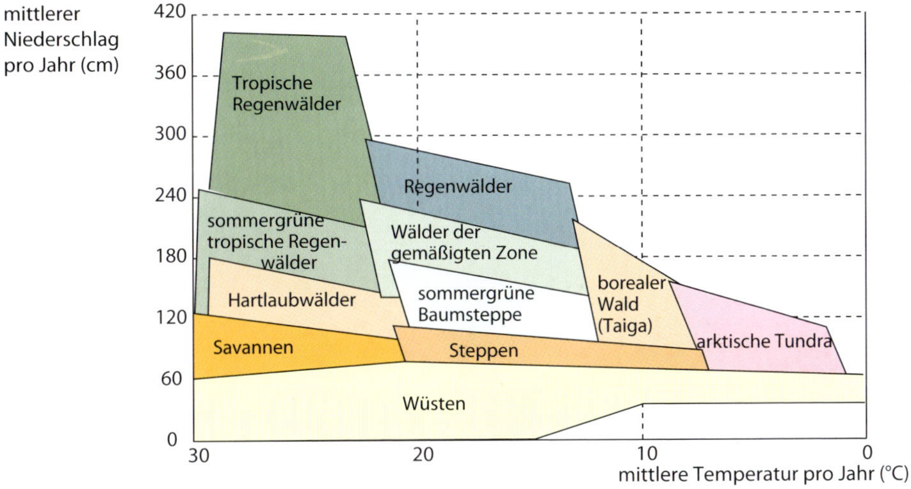

Die Gesamtheit der physikalisch-chemischen Eigenschaften der Umwelt oder des Biotops bestimmt einerseits die Verteilung der Lebewesen innerhalb des Ökosystems und andererseits ihre taxonomische Vielfalt. Es entstehen ein räumlicher Verteilungsgradient der Lebewesen sowie geografisch besiedelte Zonen, die Biome oder Ökozonen.

Hitzewüste

Kältewüste (Permafrostboden)

D. Richard, P. Chevalet, T. Soubaya, *Biologie in Farbtafeln*,
DOI 10.1007/978-3-642-32984-5_13, © Springer-Verlag Berlin Heidelberg 2013

Tafel 13.2 Das Ökosystem am Beispiel des Tümpels

Tümpel (Nuphar lutea und Carex rostrata)

Geburtshelferkröte (Alytes)

Wasserläufer (Gerris)

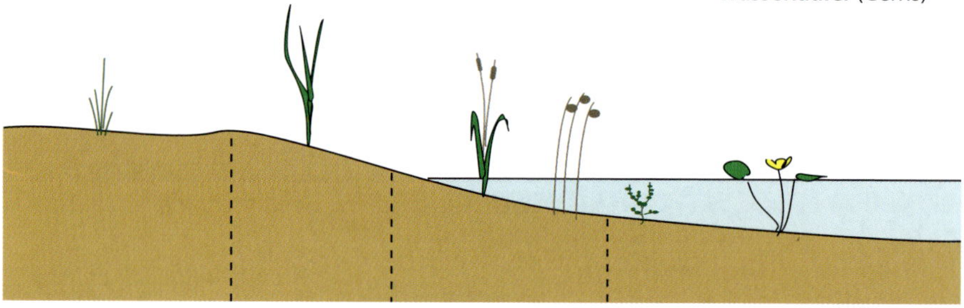

Verteilung der Wasserpflanzen am Teichrand

Tümpel sind Ökosysteme mit stehendem Gewässer. Die Primärproduzenten sind höhere Pflanzen, faserreiche Algen und Phytoplankton. Die Wasserpflanzen verteilen sich in Abhängigkeit von ihrer Fähigkeit zur Wurzelbildung in den Bodenzonen des Gewässers. Die Primärkonsumenten sind Zooplankton (Wasserflöhe – *Cladocera*, Ruderfußkrebse – *Copepoda*), das Nekton mit seiner Fähigkeit zu schwimmen (Amphibien, Echte Knochenfische, Insekten) und das Neuston mit den direkt unter der Wasseroberfläche lebenden Tieren (Wasserläufer – *Gerridae*).

Tafel 13.3 Ökotone

Ginsterheide, eingebettet zwischen Grasland und Buchenwald

Mooswachstum zwischen einem Flusslauf und einer Kältewüste

Auenwald

Torfmoor um einen Tümpel

alte Mauer

Flechten und Moose auf einem Baumstamm

Ökosysteme sind von dynamischer Natur und unterliegen räumlichen und zeitlichen Veränderungen. Dies ist besonders gut in den Übergangszonen zwischen zwei Ökosystemen, dem Ökoton, erkennbar. In diesen Zonen spielt die Vegetation eine bedeutende Rolle. Das relativ junge Konzept der Ökotone kann als Geschwindigkeit zeitlicher Veränderungen zum Teil auf die Funktionsweise von Biomen oder den zu beobachtenden Ökosystemen angewendet werden. Ferner kann es als Erklärung für die Verschiebung von Waldrändern und Meeresuferzonen oder für die Ausbreitung von Baumflechten, die den Kontakt zwischen der Baumrinde und der Atmosphäre beeinträchtigen, herangezogen werden.

Tafel 13.4 Die Nahrungsnetze

In einem Ökosystem bilden sich zwischen den Lebewesen trophische Beziehungen, sogenannte Nahrungsnetze. Diese Netze entstehen durch Nahrungsketten, in denen die jeweiligen Lebewesen eine spezialisierte Nahrung haben. Aufgrund ihrer Fähigkeit zur Photo- oder Chemosynthese aus Mineralien speichern Primärproduzenten Energie in Form von organischem Material.

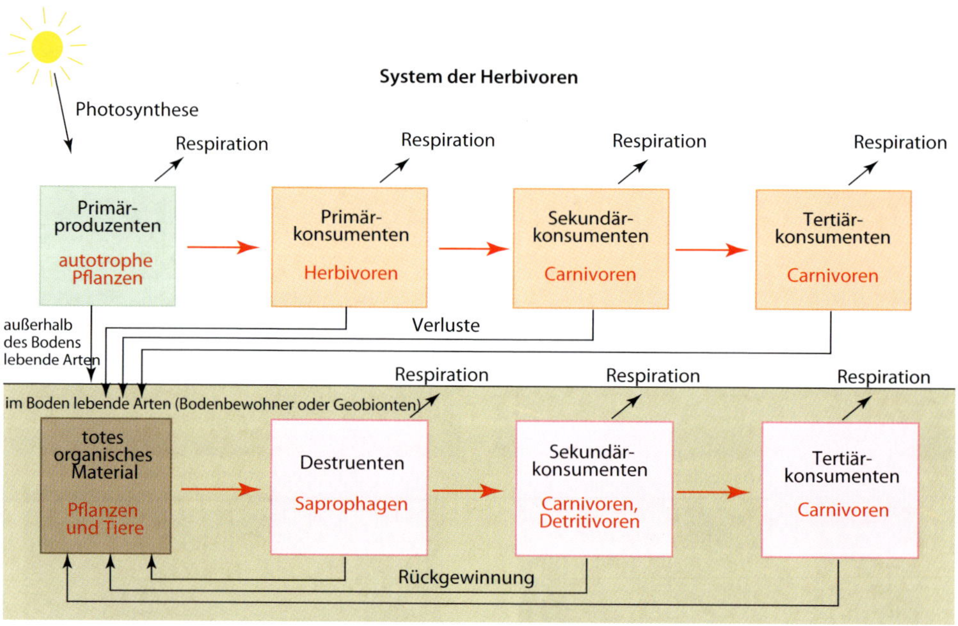

System der Saprophagen

Die Konsumenten ernähren sich von lebendem oder totem organischem Material, das von anderen Lebewesen abgegeben wird. Im System der Herbivoren (Pflanzen fressende Organismen) nehmen die Primärkonsumenten die von den Primärproduzenten gebildeten organischen Produkte zu sich. Sie werden als Phytophagen bezeichnet. Die Sekundärkonsumenten wiederum fressen die Primärkonsumenten. Sie sind die sogenannten Zoophagen, insbesondere die Carnivoren (Fleisch fressenden Organismen) oder zuweilen auch die Parasiten. Den Tertiärkonsumenten dienen die Sekundärkonsumenten als Ernährungsgrundlage.

Im System der Saprobionten (Fäulnisbewohner) bauen die Destruenten totes organisches Material zu Humus ab oder mineralisieren es. Dieser Prozess ist für die Rückgewinnung von organischem Material notwendig und wird im Wesentlichen von Mikroorganismen (Eumyceten, Bakterien) und einigen Wirbellosen durchgeführt.

Tafel 13.5 Der Kohlenstoffkreislauf

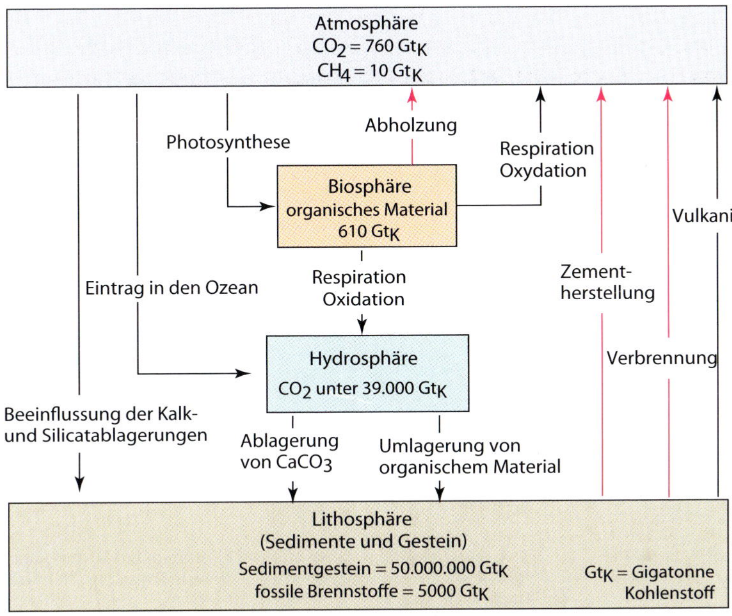

Natürliche Kohlenstoffvorkommen

Der globale Kohlenstoffkreislauf beschreibt die räumlichen und zeitlichen Verschiebungen dieses Elements innerhalb der vier Reservoirs der Erde: der Lithosphäre, der Hydrosphäre, der Biosphäre und der Atmosphäre.

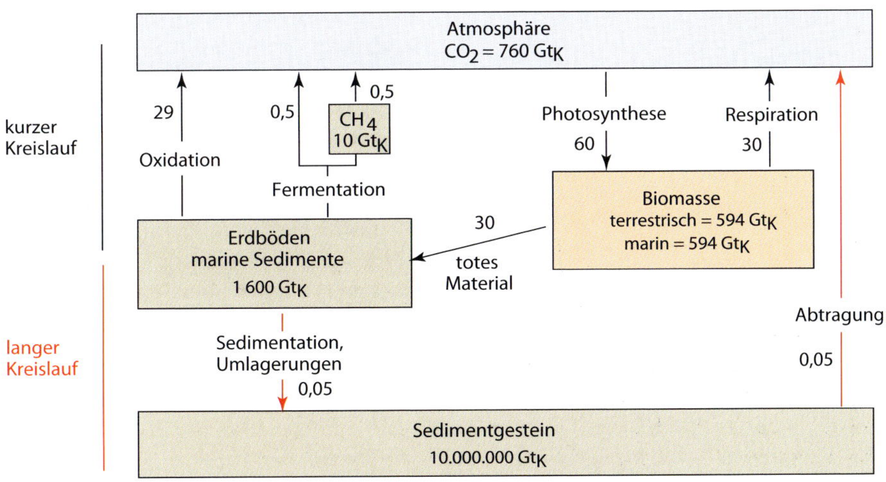

kurzer und langer organischer Kohlenstoffkreislauf

Tafel 13.6 Der Treibhauseffekt

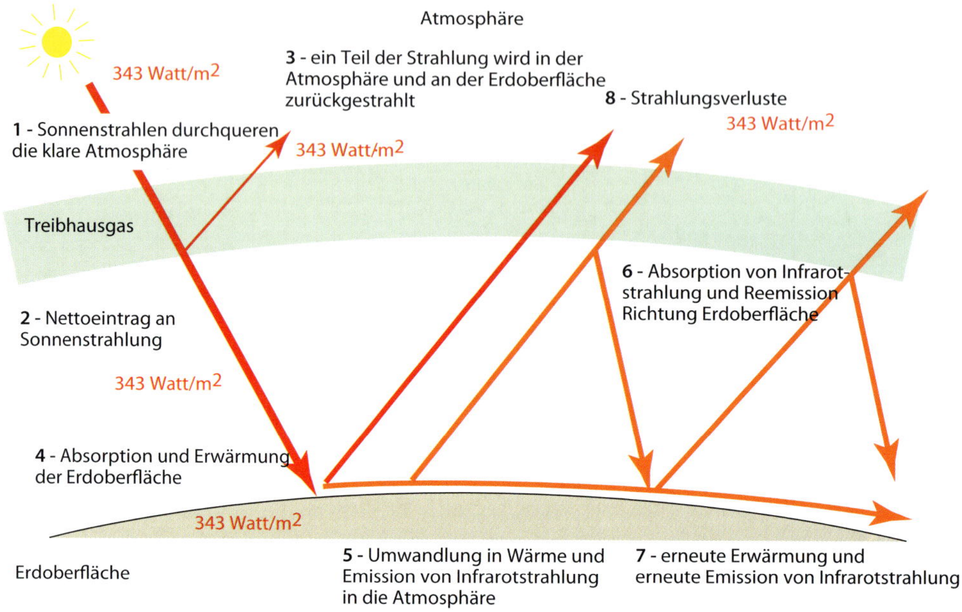

Strahlungsbilanz der Erde und Treibhauseffekt

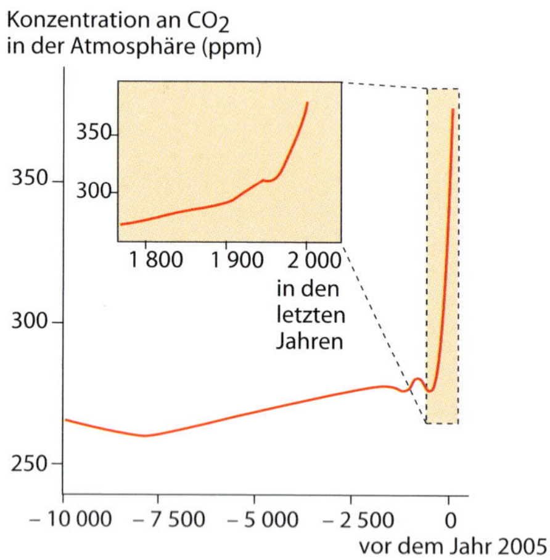

Entwicklung der mittleren CO_2-Konzentration in der Atmosphäre seit 10.000 Jahren

Das durch diverse biologische Aktivitäten in die Atmosphäre abgegebene CO_2 absorbiert Infrarotstrahlung aus dem Erdboden. Es verursacht die Rückstrahlung eines Großteils der Strahlung an die Erdoberfläche und trägt damit zum sogenannten „Treibhauseffekt" bei. Durch den Menschen ist die CO_2-Emission in den letzten Jahrhunderten rasant angestiegen, was den Treibhauseffekt begünstigt. Deutliche Klimaveränderungen sind aufgrund dieses Anstiegs in mittlerer Zeit absehbar, bleiben aber dennoch schwer einzuschätzen.

Tafel 13.7 Ökologische Wechselbeziehungen

In einem Ökosystem gibt es negative und positive Wechselbeziehungen zwischen den Organismen. Negative Beziehungen können sich in Konflikten niederschlagen (Nahrung, Lebensraum), während positive für beide Seiten von Vorteil sind.

Form der Wechselbeziehung	Charakteristik	Beispiel
Kommensalismus	Wechselbeziehung, von der einer der Beteiligten profitiert, während der andere davon weder Schaden noch Nutzen hat	Pilotfisch und Hai
Mutualismus	nicht obligatorische Verbindung zum beiderseitigen Vorteil	Insekten zur Bestäubung und Blütenpflanzen
Symbiose	obligatorische Verbindung zum beiderseitigen Vorteil	Flechte: Verbindung einer Alge mit einem Pilz

Positive interspezifische Wechselbeziehungen

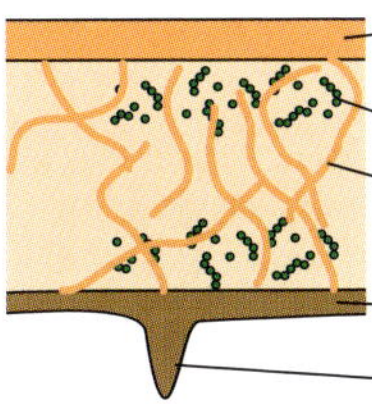

Symbiose: Flechte (LS)

Mutualismus
(Totenkopfschwebfliege auf einem Wiesen-Bocksbart)

Form der Wechselbeziehung	Charakteristik
Konkurrenz	Zwei Organismen teilen sich dieselbe Ressource (Nahrung, Lebensraum), die aber nicht für beide ausreicht.
Prädation	Wechselbeziehung zwischen einem Räuber und seiner Beute. Einer der Beteiligten wird geschädigt, der andere profitiert davon.
Parasitismus	Wechselbeziehung zwischen einem Räuber (Parasit) und einem anderen Organismus (Wirt). Der Parasit ernährt sich auf Kosten des Wirts, was zu dessen Tod führen kann.

Negative interspezifische Wechselbeziehungen

Nesselseidenblüten

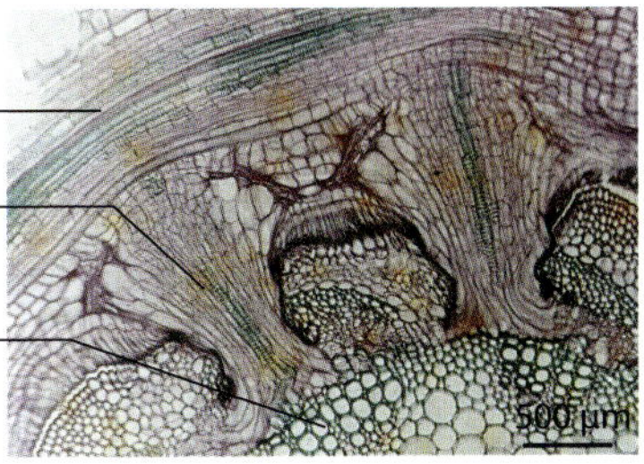

Haustorien der Nesselseide im Stängel einer Luzerne

Tafel 13.8 Lernen und Konditionierung

Der Lernprozess zeigt sich im sichtbaren und messbaren Verhalten (behavioristischer Ansatz) und in der Aufnahme nutzbringender Informationen durch das Individuum, ohne einen bestimmten Verhaltensakt aufzuweisen (kognitiver Ansatz). Die am weitesten verbreitete Lernform beruht auf der Basis der assoziativen oder nicht assoziativen Konditionierung.

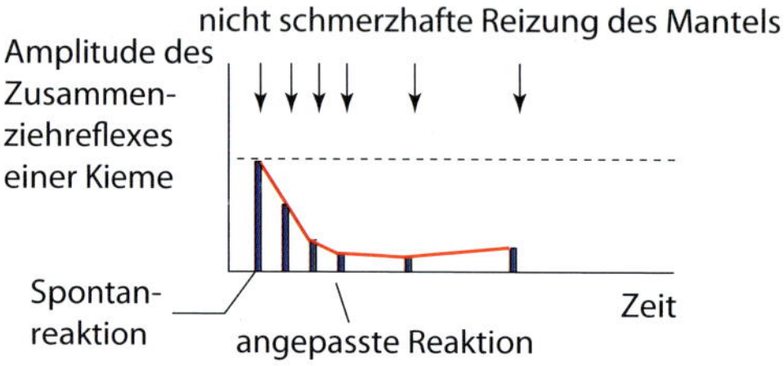

Nichtassoziatives Lernen bei Aplysia

Bei der nichtassoziativen Konditionierung lernt das Tier, nicht mehr auf unrelevante Stimuli zu reagieren. Beispielsweise lernt *Aplysia,* auf nicht schmerzhafte Reizung des Mantels kaum zu reagieren.

Beim assoziativen Lernen wird durch Assoziation äußerer Stimuli mit den entsprechenden Reaktionen des Organismus ein bestimmtes Verhalten erworben. Beim klassischen Konditionieren erfolgt eine bedingte Reaktion auf einen bedingten Reiz. Das operante Konditionieren beruht auf dem Belohnungsprinzip; das Tier lernt beispielsweise, aus seinen erworbenen Verhaltensweisen auszuwählen, um Nahrung zu erhalten oder einen elektrischen Schlag zu vermeiden.

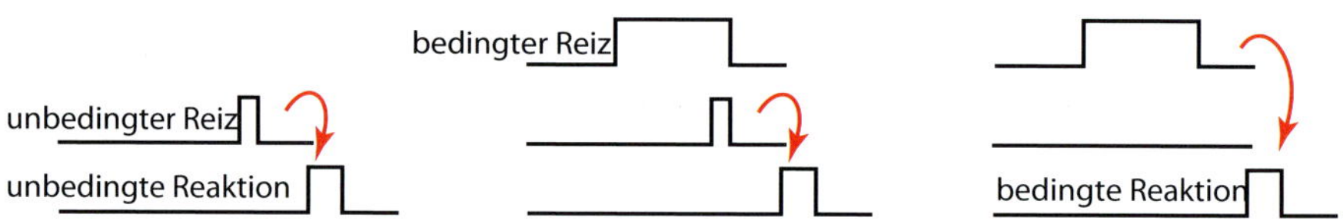

Phasen der klassischen Konditionierung

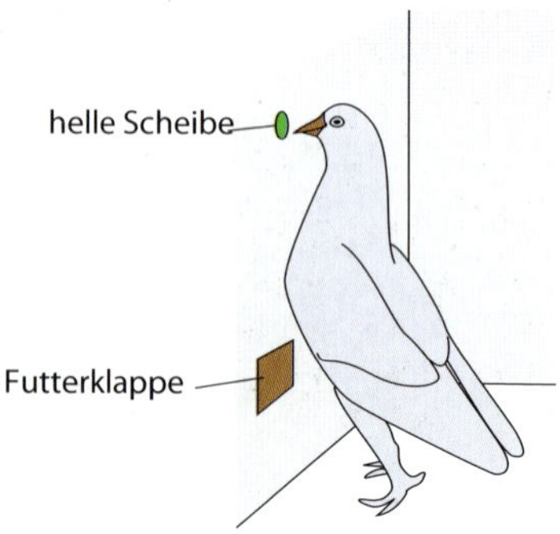

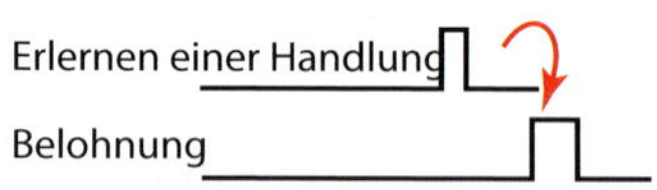

Phasen der operanten Konditionierung (Handlung, Belohnung)

Das operante Konditionieren am Beispiel einer Taube: Eine Taube pickt auf eine helle Scheibe, um Nahrung zu erhalten.

Tafel 13.9 Populationsstrukturen

Zahlreiche Arten pflegen Beziehungen zu anderen Individuen und beschreiben damit einen sozialen Abschnitt in ihrem Lebenszyklus. Populationsstrukturen können zwischen zoologischen Gruppen und zwischen den Arten unterschiedlich ausgeprägt sein. Für eine gegebene Art kann die Populationsstruktur auch mit den Jahreszeiten schwanken.

Populationsstruktur	Herde	Eltern-gruppe	Kolonie	Eusozia-lität	Eusozialität mit Kastensystem
gegenseitige Anziehung	ja	ja	ja	ja	ja
Brutpflege		ja	ja	ja	ja
gemeinsamer Aufzuchtsplatz			ja	ja	ja
gemeinsame Aufzucht der Jungen				ja	ja
Spezialisierungen innerhalb der Fortpflanzung					ja

Verhaltensparameter und Sozialisationsgrad

Populationsstruktur	Beispiel
Ansammlung	Insekten um eine Lichtquelle
Herde	Fischschwarm
Elterngruppe	Vogelpärchen, bei Säugetieren
Kolonie	Vögel (Möven, Flamingos, Basstölpel)
Eusozialität	Präriehund
Eusozialität mit Kastensystem	Insekten (Bienen, Ameisen)

Bienenschwarm

Populationsstrukturen

Moschusochsenfamilie

Basstölpelkolonie

Tafel 13.10 Die Verständigung unter den Tieren

röhrender Hirsch

männlicher Kampfläufer beim Balztanz

Erkennung über den Geruch bei den Steinböcken

Kommunikationswege und Signalarten

Kommunikationsweg	Signalart
Chemisch	lokal oder in die Luft abgesonderte Pheromone
Taktil	Tasten über Antennen, Berührungen mit dem Schnabel, Berührungen bei Primaten
Akustisch	Gesang, Geschrei, Zirpen, Ultraschall
Optisch	Farbe, Licht, Haltung, Mimik
Elektrisch	elektrische Stromstöße

Die tierische Kommunikation ist ein Prozess, bei dem das Sendetier das Verhalten des Empfängertieres beeinflusst, indem es ihm ein Signal sendet. Die Kommunikation erfolgt dabei ganz unterschiedlich,je nach Lebensart der Tiere, Populationsstruktur und Empfänger.

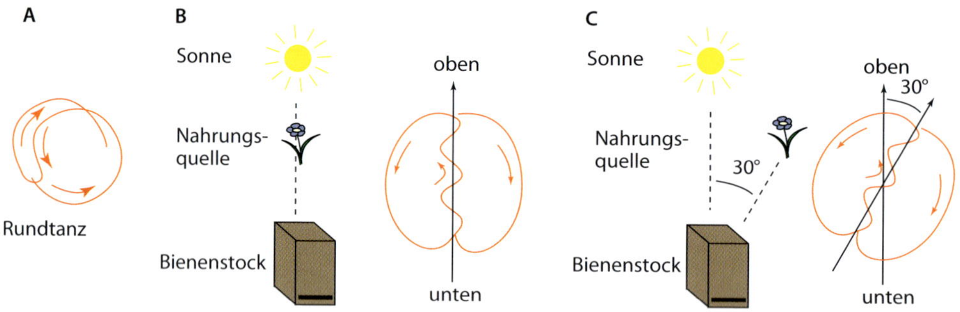

Tanz der Honigbienen
A – Rundtanz, Nahrungsquelle in der Nähe; B und C – Schwänzeltanz (in Form einer Acht), Angabe der Richtung der Nahrungsquelle relativ zur Richtung der Sonne

Bestimmte Kommunikationsformen haben eine genaue Form angenommen, wie z. B. der Tanz der Honigbienen, bei dem die Arbeiterinnen ihren Artgenossinnen den Weg zur Nahrungsquelle anhand optischer und chemischer Signale sowie über Vibrationen weisen.

Fortpflanzung und Entwicklung

Quittenblüte

Inhalt

Tafel 14.1a Die geschlechtliche und ungeschlechtliche Fortpflanzung

Die Erhaltung individueller und artenspezifischer Merkmale der Lebewesen zeigt sich in der Fähigkeit, Nachkommen zu zeugen. Es werden zwei Fortpflanzungsformen unterschieden: die geschlechtliche Fortpflanzung, bei der Gameten gebildet werden, und die ungeschlechtliche Fortpflanzung, bei der es zu keiner Gametenausbildung kommt.

Merkmale der verschiedenen Fortpflanzungsformen

Fortpflanzung	Erzeuger	Gameten	Befruchtung
ungeschlechtlich	einer	nein	nein
geschlechtlich	zwei	ja	ja
Parthenogenese	einer	ja	nein

Bei der ungeschlechtlichen Fortpflanzung bilden sich Nachkommen aus dem Soma eines einzelnen Individuums. Die Nachkommen sind mit diesem und untereinander identisch.

Formen der ungeschlechtlichen Fortpflanzung

Form der Fortpflanzung	Prozess	Beispiel
Teilung	Individuum teilt sich	Protista, Annelida
Knospung	Individuum entwickelt eine Knospe (Aussprossung)	Süßwasserpolyp, Wasserlinsengewächse
Gemmipare Fortpflanzung	Entwicklung differenzierter Zellen, sog. Gemmulae (Brutknospen), aus Archeocyten	Porifera (Badeschwamm)

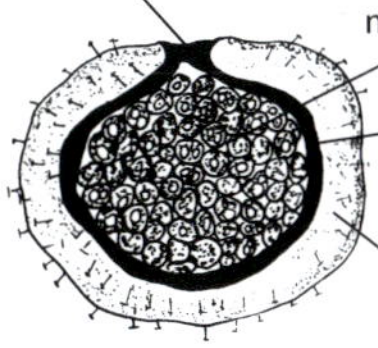

Gemmulae der Porifera

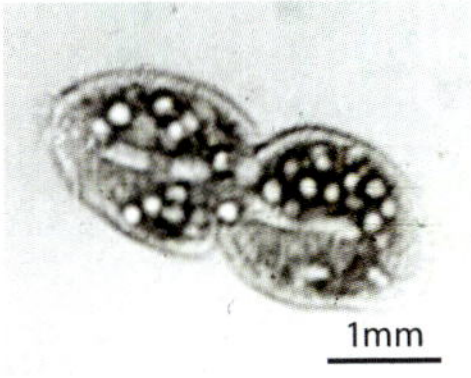

Querteilung beim Pantoffeltierchen

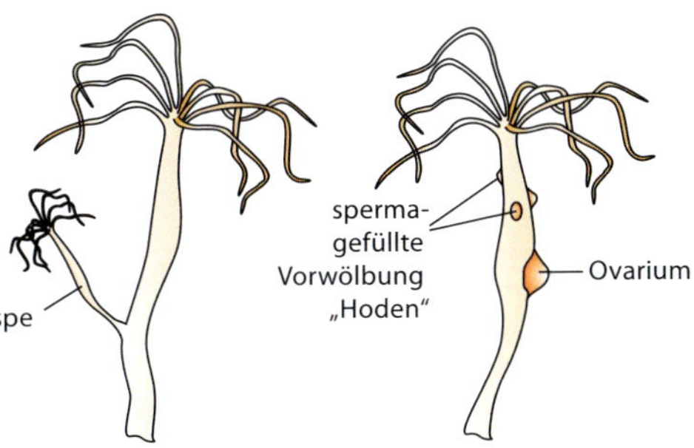

Geschlechtliche und ungeschlechtliche Fortpflanzung beim Süßwasserpolypen

Bei der geschlechtlichen (sexuellen) Fortpflanzung verschmelzen ein männlicher und ein weiblicher Gamet zu einer gemeinsamen Zelle, aus der sich das neue Individuum entwickelt. Auf diese Weise entstehen eigenständige Individuen. Die Parthenogenese stellt eine besondere Form der sexuellen Fortpflanzung dar, hier geht das neue Leben aus einer unbefruchteten Eizelle ohne Beteiligung von Spermatocyten hervor.

D. Richard, P. Chevalet, T. Soubaya, *Biologie in Farbtafeln*,
DOI 10.1007/978-3-642-32984-5_14,

Tafel 14.1b Die geschlechtliche und ungeschlechtliche Fortpflanzung

Einfache Organismen wie Pilze und symbiotische Organismen wie Flechten verfügen über zwei Fortpflanzungsmöglichkeiten:

- die geschlechtliche Fortpflanzung erfolgt mit Gameten, die vom Elternindividuum gebildet werden, aber genetisch von ihm abweichen;
- die ungeschlechtliche vegetative Vermehrung, bei der die Nachkommen mit den Elternindividuen genetisch identisch sind.

Die beiden Reproduktionsformen existieren meist parallel. Mit der ungeschlechtlichen Fortpflanzung können in kurzer Zeit ohne großen Aufwand neue Nachkommen gebildet werden. Sie ist genauso wichtig, wie die mit wesentlich mehr Aufwand verbundene Erzeugung von Nachkommen auf sexuelle Art.

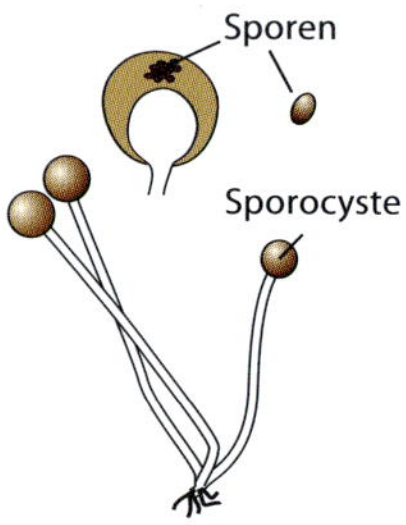

Sporocysten bei *Vaucheria*

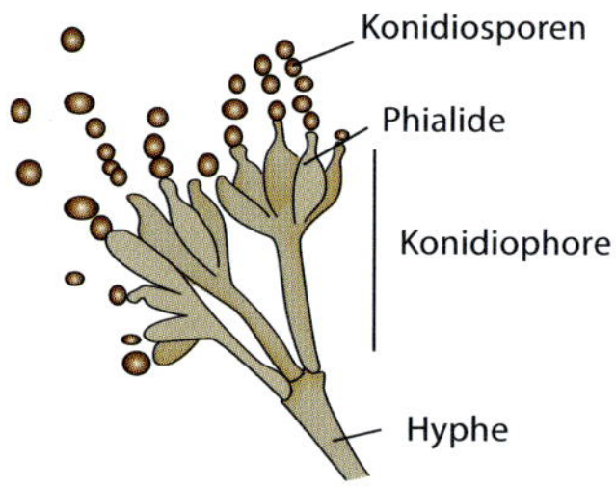

Phialiden und Konidiosporen der Eumycetes

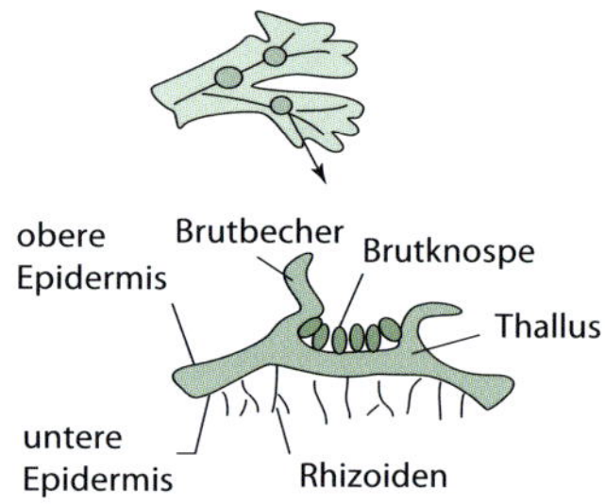

Brutknospe des Brunnenlebermooses (*Marchantia polymorpha*)

Die ungeschlechtliche Vermehrung kann bei höheren Organismen auf unterschiedliche Weise erfolgen: autovegetativ durch Teilung, Bildung von Sporen oder speziellen Pflanzenteilen (Laubmoose, Bedecktsamer) oder xenovegetativ, unter Beihilfe von außen.

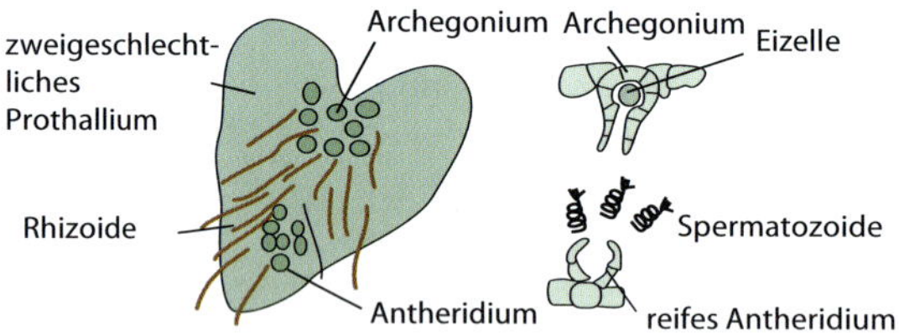

Befruchtung beim Tüpfelfarn

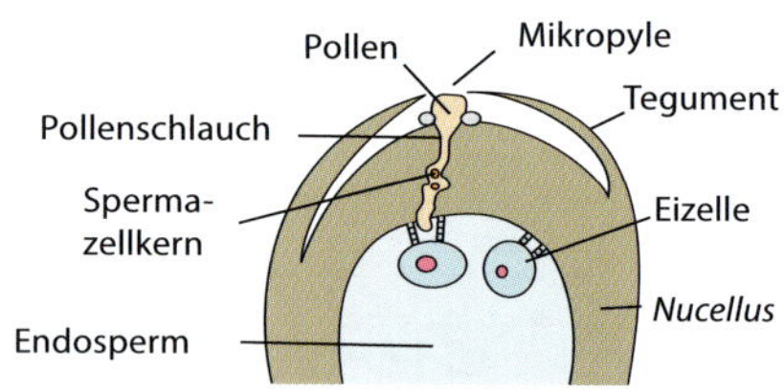

Siphonogamie bei der Kiefer

Die Art der Gametenübertragung hängt bei der geschlechtlichen Fortpflanzung vom Lebensraum und der Entwicklungsstufe der Pflanze ab. Die Gameten können undifferenziert (Eumycetes) oder differenziert (Thallophyten, Pflanzen mit Kormus) sein. Bei den Pflanzen mit differenzierten Gameten können die Spermatozoiden geflügelt sein und freigesetzt werden (Algen, Laubmoose, Filicopsida – Echte Farne) oder ohne Flugeinrichtungen (Samenpflanzen) über einen Schlauch zur Eizelle gelangen (Siphonogamie).

Tafel 14.2 Das weibliche Geschlechtsorgan der Säugetiere

Das weibliche Geschlechtsorgan der Säugetiere umfasst die Gesamtheit an Strukturen, in die die weiblichen Gameten (Eizellen) einwandern und in denen sie sich differenzieren. Es besteht aus den Gonaden (Eierstöcke), den Eileitern, dem Uterus und der Vagina.

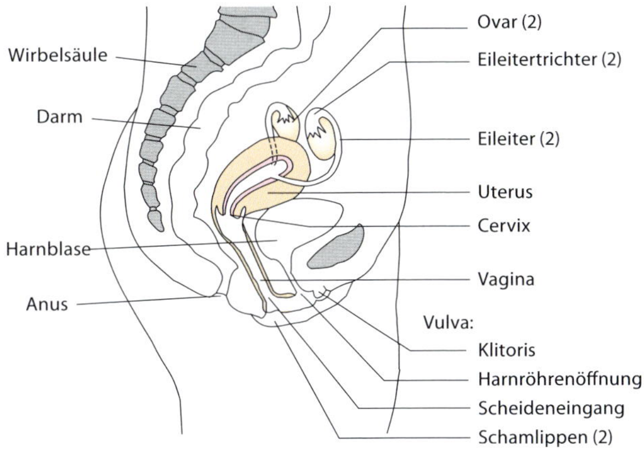

Das weibliche Geschlechtsorgan

In den Eierstöcken erfolgt die Reifung der Eizellen aus den Urkeimzellen.

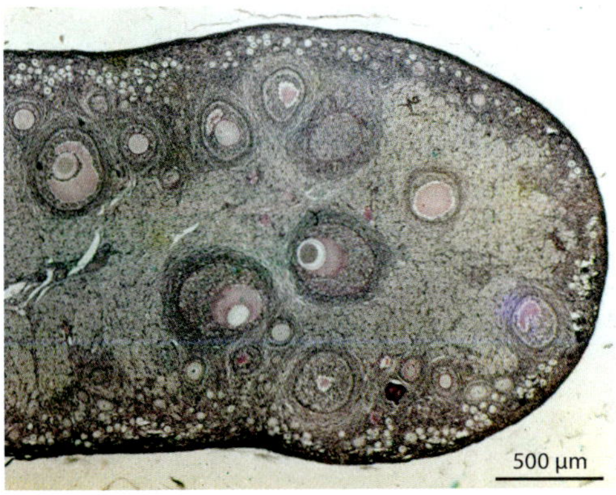

Histologischer Schnitt eines Eierstocks von einem Kaninchen (LA)

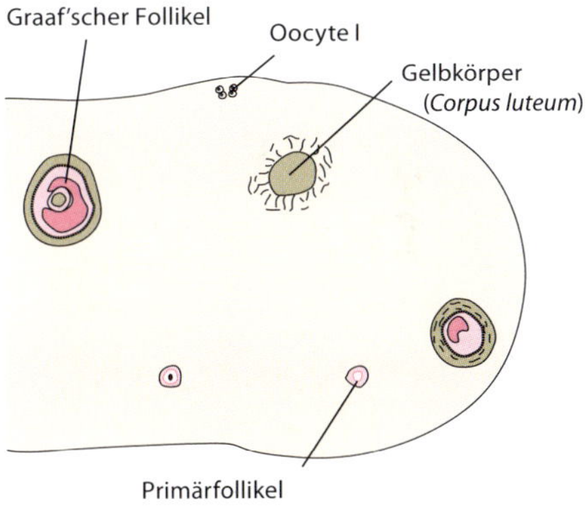

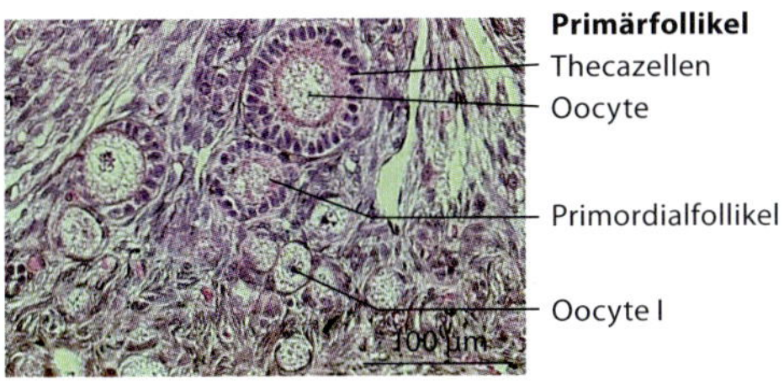

Eierstock eines Kaninchens (LA)

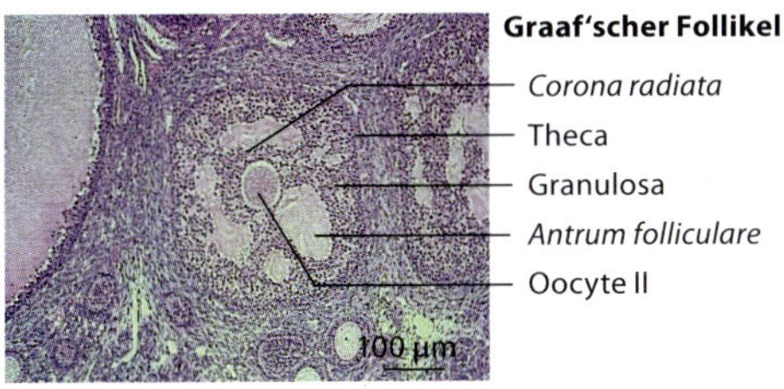

Eierstock eines Kaninchens (LA)

Tafel 14.3 Das männliche Geschlechtsorgan der Säugetiere

Das männliche Geschlechtsorgan umfasst die gesamten Strukturen, in die die Gameten (Spermien) einwandern und in denen sie sich differenzieren. Es besteht aus den Gonaden (Hoden), den Samenleitern, einschließlich der anhängenden Drüsen, und dem Penis.

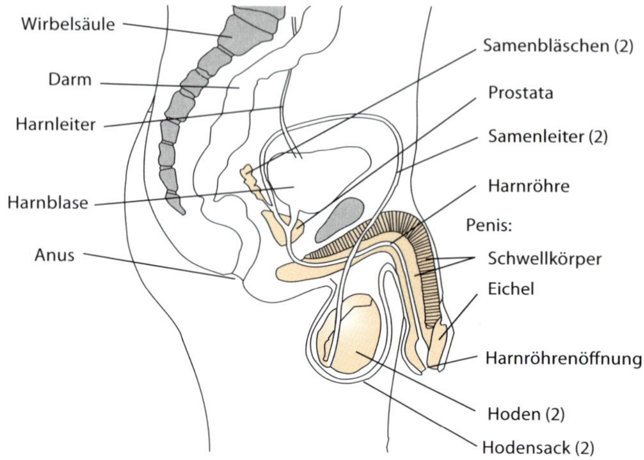

Das männliche Geschlechtsorgan

In den Hoden befinden sich zahlreiche Samenkanälchen, in denen die Spermien gebildet werden.

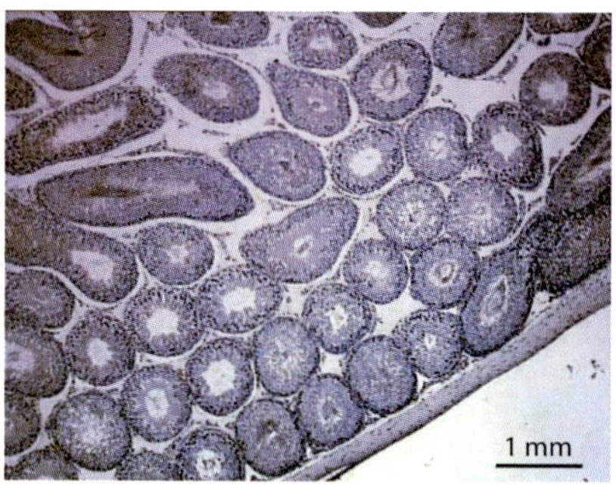

Querschnitt durch einen Maushoden, mit den zahlreichen Samenkanälchen (LA)

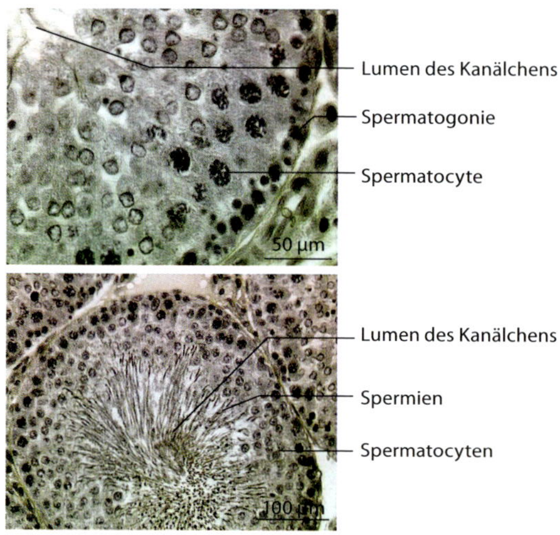

Spermatogenese in der Wand des Samenkanälchens einer Maus (LA)

Tafel 14.4 Der weibliche Menstruationszyklus

Bei Frauen unterliegt das Stadium der Fruchtbarkeit einem Zyklus. Dieser dauert ungefähr 28 Tage und ist durch zwei Ereignisse gekennzeichnet: den Eisprung und die Menstruation. Dieser Menstruationszyklus umfasst die parallel ablaufenden Zyklen einzelner Organe und Drüsen.

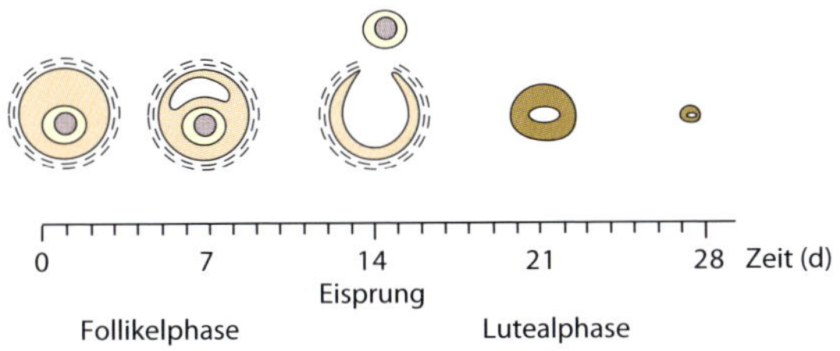

Der Ovarialzyklus teilt sich in zwei Phasen: die Follikelphase und die Lutealphase. Der Eisprung (Ovulation) liegt in der Mitte des Zyklus, meist am 14. Tag.

Der Menstruationszyklus beginnt mit einer Abstoßung der Gebärmutterschleimhaut. Daran schließt sich eine Proliferationsphase an, die durch eine Gefäßneubildung gekennzeichnet ist.

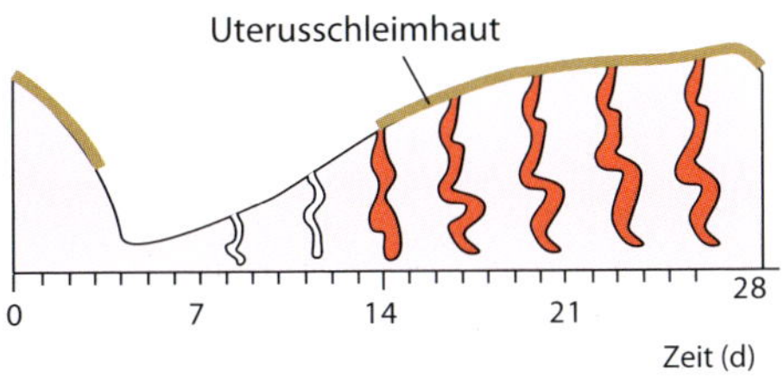

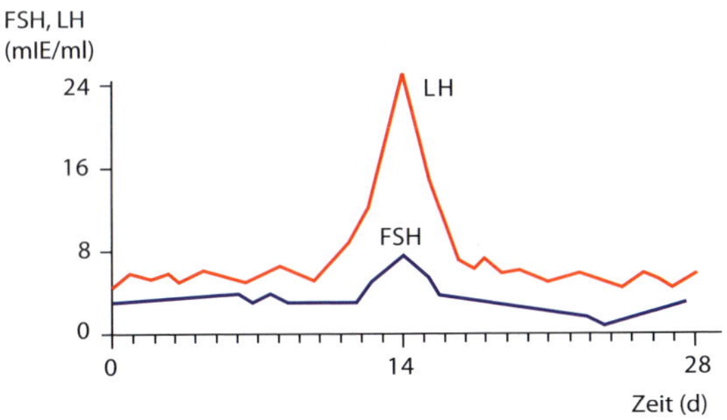

Der Ovarialzyklus wird durch die Hypophysenhormone FSH und LH gesteuert.

Die Eierstöcke produzieren Östrogen und Progesteron. Diese Hormone sind mit der Hypophyse rückgekoppelt (Feedback-Hemmung), sie sind aber auch an der Kontrolle des Menstruationszyklus beteiligt.

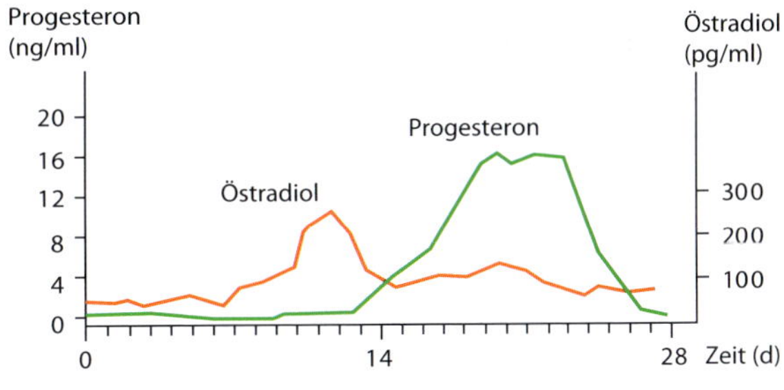

Tafel 14.5 Die Gametogenese beim Menschen

Die Oogenese

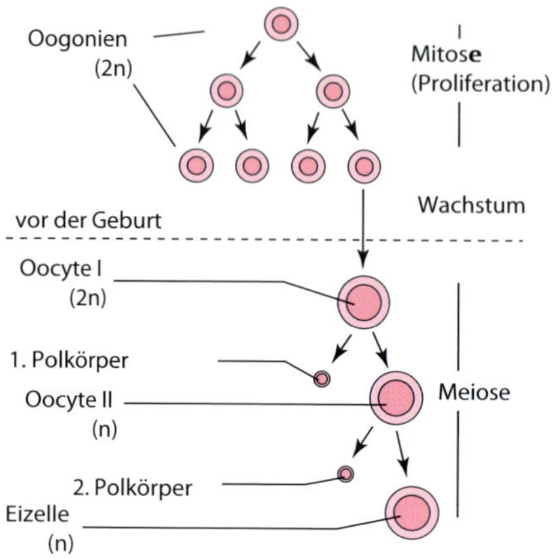

Die Oogenese erfolgt diskontinuierlich. Es findet eine zelluläre Proliferation durch Mitose und eine Reduktion des Chromosomensatzes anhand der Meiose statt. Ihr Ablauf gliedert sich in mehrere Abschnitte: Bereits vor der Geburt kommt es zur Bildung eines Vorrats an Oocyten I, ab dem Zeitpunkt der Pubertät und bei jedem Menstruationszyklus beenden einige Oocyten ihre erste meiotische Teilung und werden zu Oocyten II. Diese sind von der *Zona pellucida* und den Zellen der *Corona radiata* umgeben (Follikel), die im Zuge der Ovulation aufreißen und die Eizelle in die Eileiter entlassen.

Die Spermatogenese besteht aus einer mitotischen Proliferations- und einer meiotischen Chromosomenreduktionsphase. Sie endet mit der Bildung von kleinen beweglichen Zellen, den Spermien, die aus einem Kopf, einem Mittelstück und einem Schwanz aufgebaut sind. Die Spermatogenese geht von den äußeren Wandschichten der Samenkanälchen aus und vollzieht sich weiter Richtung Lumen, in das die Spermien schließlich entlassen werden.

Oocyten I in einer Hülle aus Follikelzellen (= Primärfollikel) (Maus, LA)

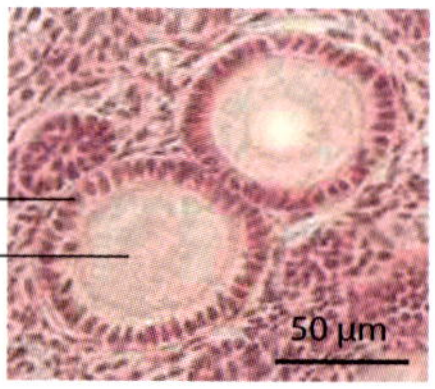

Die Spermatogenese

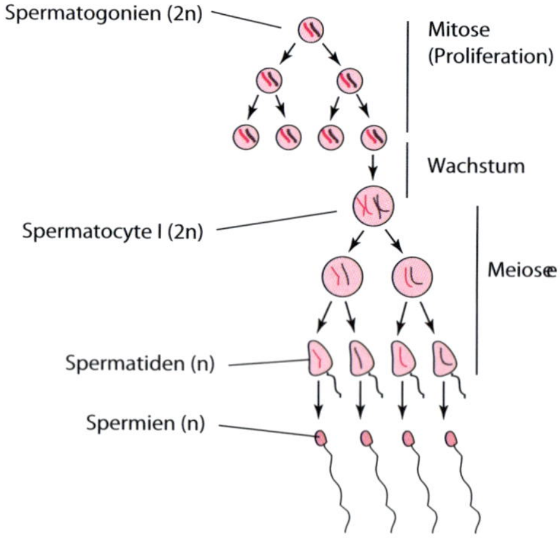

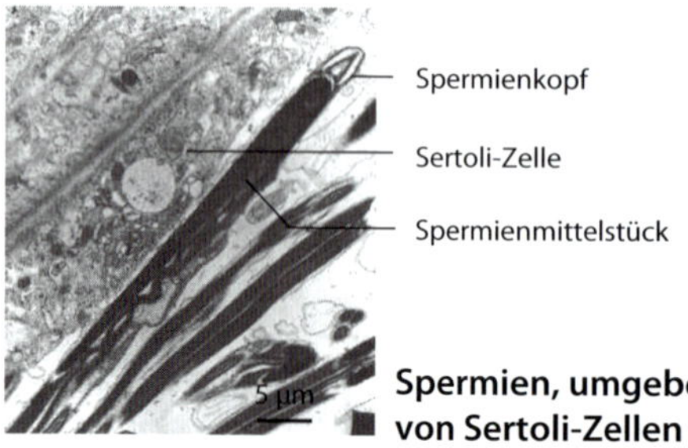

Spermien, umgeben von Sertoli-Zellen (Ratte, TEM)

Tafel 14.6 Die Befruchtung

Bei den Säugetieren erfolgt die Befruchtung im Körperinnern. Nach dem Eisprung wandert die Eizelle über den Eileitertrichter in die Eileiter, während sich die durch die Ejakulation ausgestoßenen Spermien über den Uterushals und den Uterus in Richtung Eileiter bewegen. Die Verschmelzung der Gameten findet in den Eileitern statt.

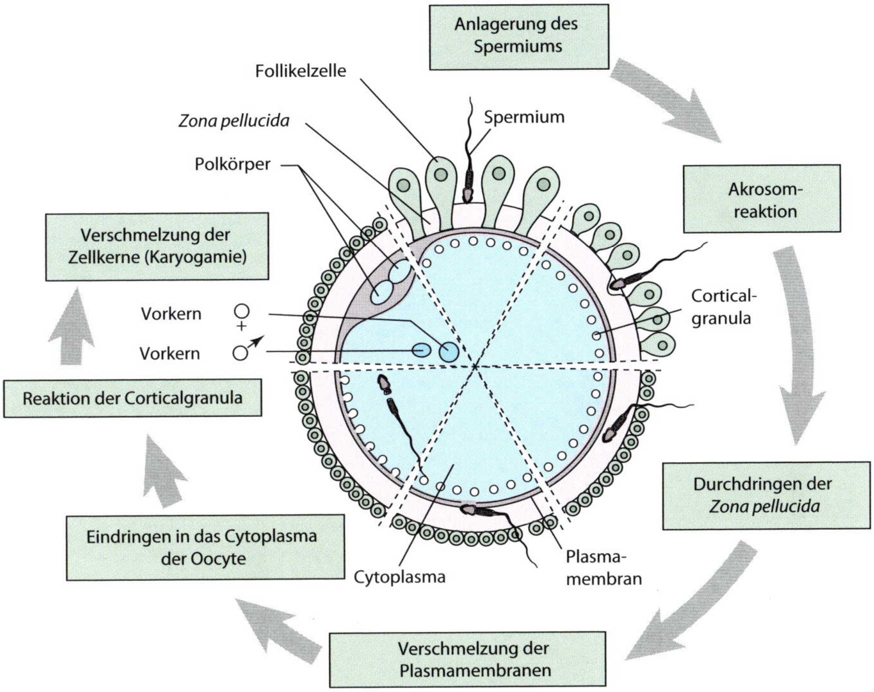

Das Zusammentreffen der Gameten löst eine ganze Reihe von Reaktionen aus, die zum Eindringen eines einzigen Spermiums in die Eizelle und zur Verschmelzung der Zellkerne führt:

- Das Spermium bindet an die *Zona pellucida;* dies erfolgt über Interaktionen zwischen ZP3-Molekülen dieser Schicht und spezifischen Molekülen am Kopf des Spermiums.
- Das Spermium entfaltet seine Akrosomreaktion durch Freisetzung von Enzymen, mit deren Hilfe es die *Zona pellucida* aufbricht und durchquert.
- Das Spermium erreicht die Eizelle. Es kommt zur Verschmelzung der Plasmamembranen und zur Penetration des Spermiums (Cytoplasma und Zellkern) in das Cytoplasma der Eizelle.
- Die Verschmelzung der Gameten löst die Freisetzung von Enzymen aus der Corticalgranula aus. Diese ändern die Struktur der *Zona pellucida*, wodurch sie für weitere Spermien undurchlässig wird.
- Die Verschmelzung der Gameten löst auch die Aktivierung der Oocyte II aus, die daraufhin ihre zweite meiotische Teilung beendet.
- Es kommt zur Bildung zweier Vorkerne, die sich überlagern und zum diploiden Zellkern der Zygote vereinen.

Tafel 14.7 Von der Befruchtung zur Einnistung

Nach der Befruchtung erfährt die Zygote mehrere mitotische Teilungen, aus denen das 2-, 4-, 8-, 16- und schließlich das 32-Zellstadium hervorgeht. Ab dem 32-Zellstadium (*Morula*) verformt sich das Ei zu einer zum Teil hohlen Kugel, der Blastocyste. Nachdem sie ihre Hülle abstößt, beginnt sie, sich in die Epithelschicht des Uterus einzunisten (Nidation).

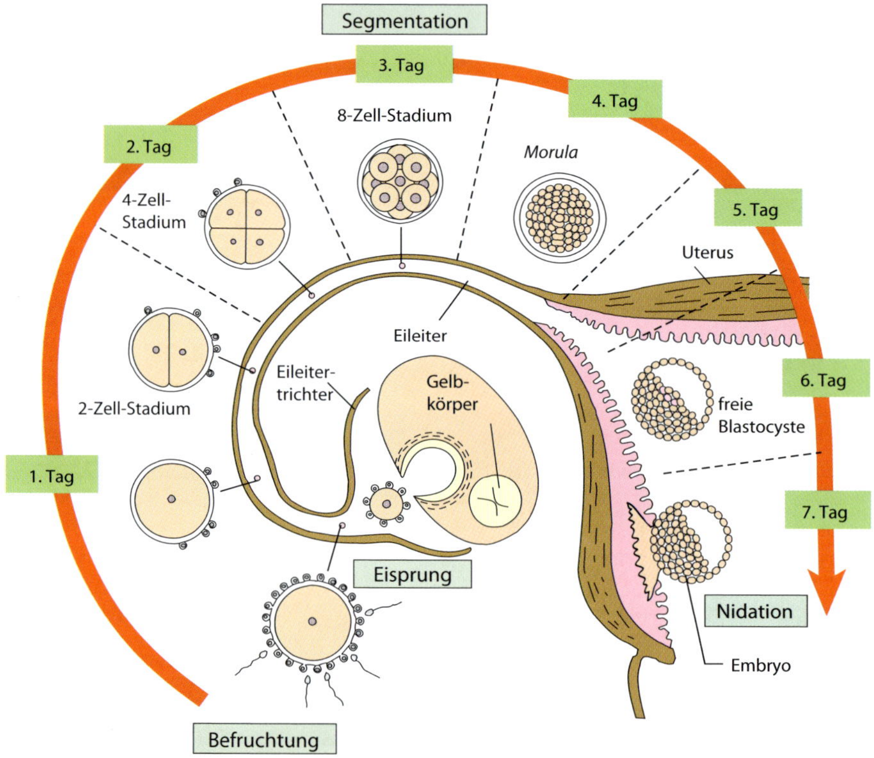

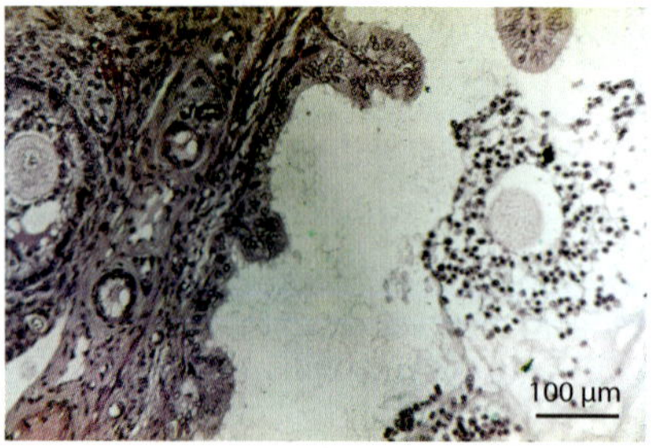

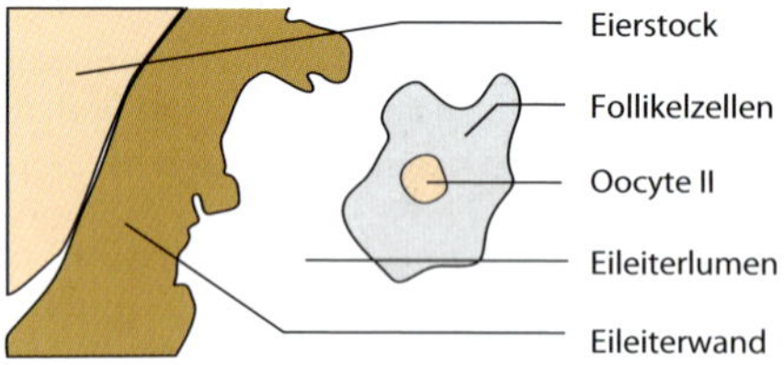

Oocyte II im Eileiter kurz nach dem Eisprung (Ratte, LA)

Tafel 14.8 Schwangerschaft und Trächtigkeit

Die Schwangerschaft/Trächtigkeit beschreibt die Phase von der Einnistung der Blastocyste in das Endometrium bis zur Geburt. Dabei entwickelt sich der Embryo zum Fötus, und es kommt zur Bildung einer Membran zwischen Mutter und Fötus, der Placenta.

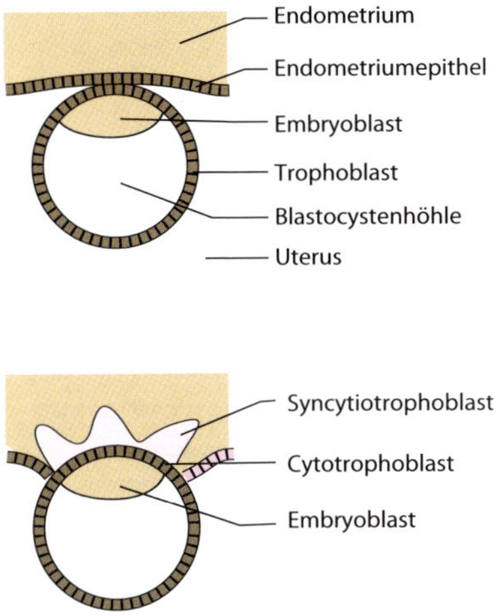

Stadien der Nidation

Während der Nidation dringen Chorionzotten in das vaskularisierte Endometrium ein, tragen die dortigen Gefäße ab und bilden Blutlakunen. Dadurch wird über Diffusion ein Austausch des mütterlichen Blutes mit den Embryozellen möglich.

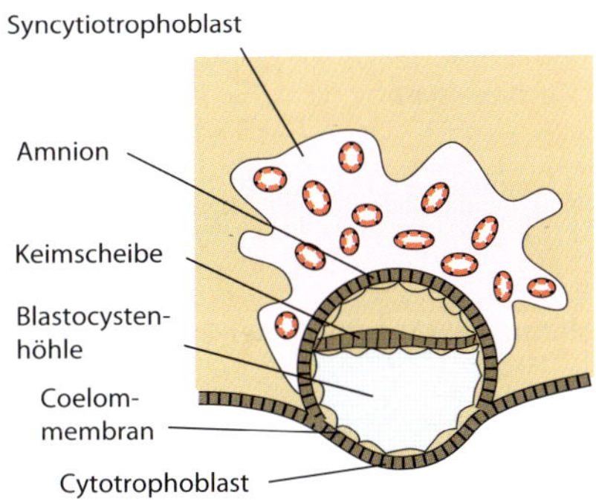

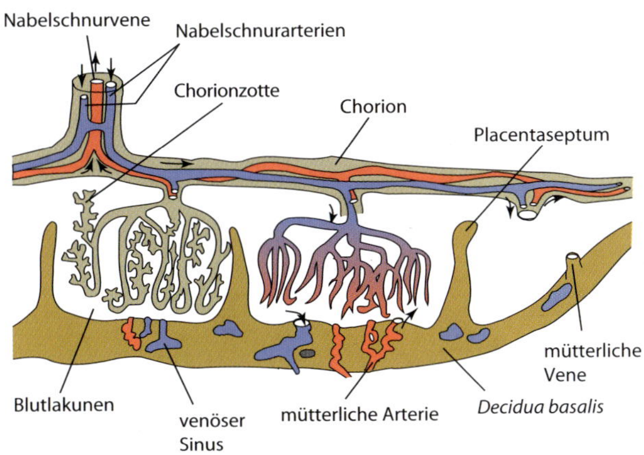

Aufbau der menschlichen Placenta

Die Placenta ist eine fötomaternale Struktur, die aus dem Trophoblasten hervorgeht. Sie wird auch als Mutterkuchen bezeichnet und ist beim Menschen 20 cm lang. Sie bildet die Austauschfläche zwischen dem mütterlichen Blut, das die Blutlakunen durchströmt, und dem fötalen Blut, das in die Chorionzotten und in den Nabelschnurgefäßen zirkuliert. Es werden hauptsächlich Nährstoffe (Sauerstoff, Zucker, Fette), aber auch Abfallprodukte (CO_2, Harnstoff) und Botenstoffe (Hormone) ausgetauscht.

Tafel 14.9 Die Geburt

Die Geburt markiert das Ende der Schwangerschaft. Sie bringt die Anpassung des Lebens in der Gebärmutter an ein Leben außerhalb (Niederkunft).

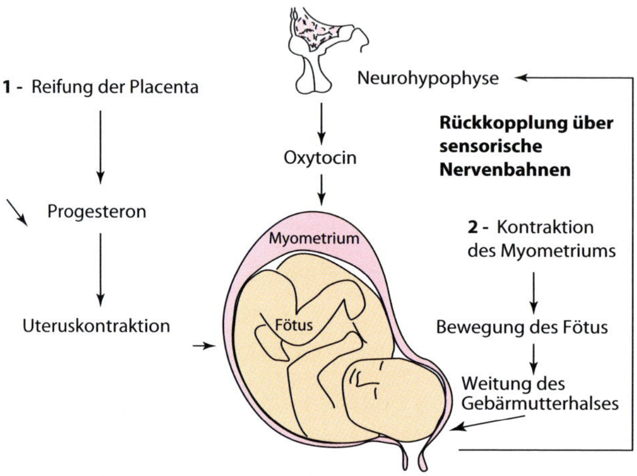

Hormonelle Steuerung der Geburt

Die Geburt wird durch die Reifung der Placenta und den Rückgang an Progesteron ausgelöst. Damit wird die Unterdrückung der Uterusaktivität aufgehoben und ein neuro-endokriner Reflex ausgelöst, der die Austreibung des Fötus bewirkt. Die Geburt lässt sich in drei Phasen einteilen: Zunächst kommt es zu einer Kontraktion des Myometriums, gefolgt von einer Dilatation des Gebärmutterhalses und der Austreibung des Fötus, am Ende steht die Nachgeburtsphase, in der sich die Placenta ablöst und ausgestoßen wird.

Das Neugeborene muss sich an die neuen Lebensbedingungen (Luft, Schwerkraft, Temperatur, Pathogene) anpassen und die Versorgung über die Placenta aufgeben. Es findet eine entscheidende Veränderung des Kreislaufsystems statt, bei der die Gefäße zur Placenta abgebaut werden und der Lungenkreislauf gefördert wird. Gleichzeitig werden die Atem-, die Verdauungs- und die Nierenfunktion aufgebaut.

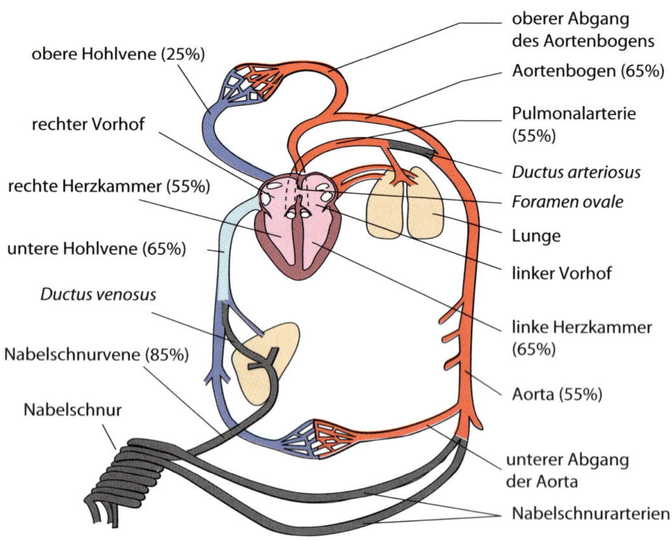

Der fötale Kreislauf.
Die grauen Abschnitte bilden sich beim Neugeborenen zurück.

14

Tafel 14.10 Die Lactation

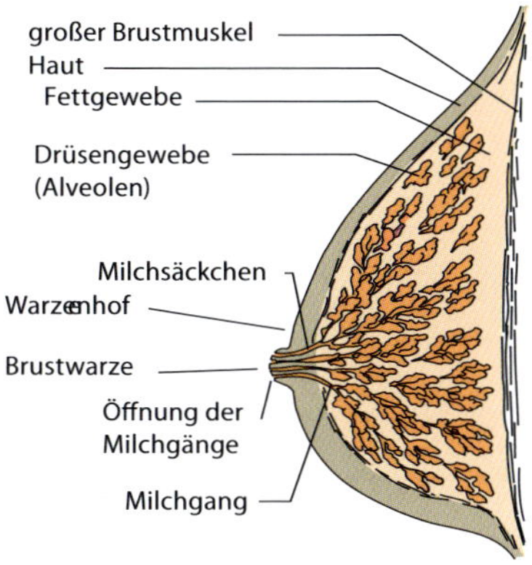

Die weiblichen Brustdrüsen

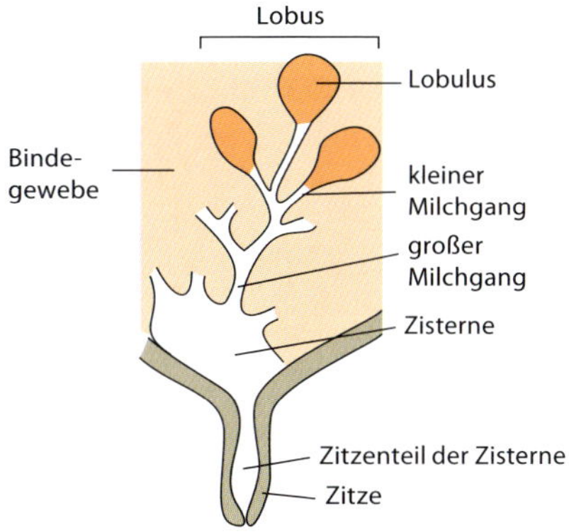

Milchdrüsen bei der Kuh

Das Säugen/Stillen stellt die letzte Phase im Reproduktionszyklus der Säugetiere dar. Es umfasst die Bildung, die Sekretion und die Ejektion der Milch. Die Muttermilch ist das spezifische Nahrungsmittel für das Neugeborene. Sie wird von den Brustdrüsen abgesondert. Brustdrüsen sind exokrine Strukturen, die sich mit der Pupertät herausgebildet haben und die sich während der Schwangerschaft und nach der Geburt des Kindes verändern. Die Milchbildung hängt von mehreren Hormonen der Adenohypophyse ab, wobei Prolactin das Haupthormon darstellt. Die Milchejektion ist Ergebnis einer neuroendokrinen Rückkopplungsschleife, unter Einsatz von Oxytocin.

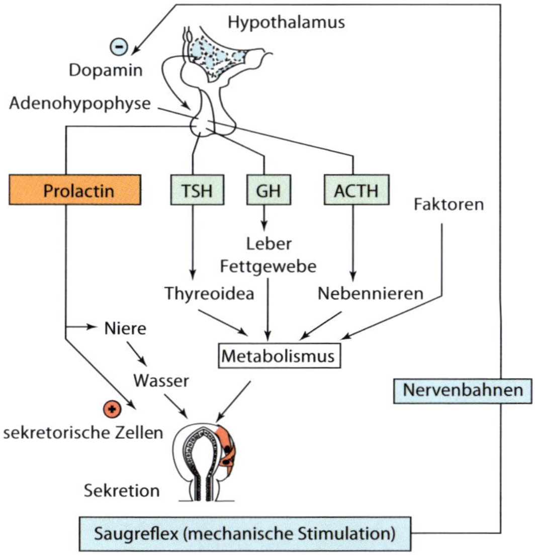

Hormonelle Steuerung der Milchsekretion

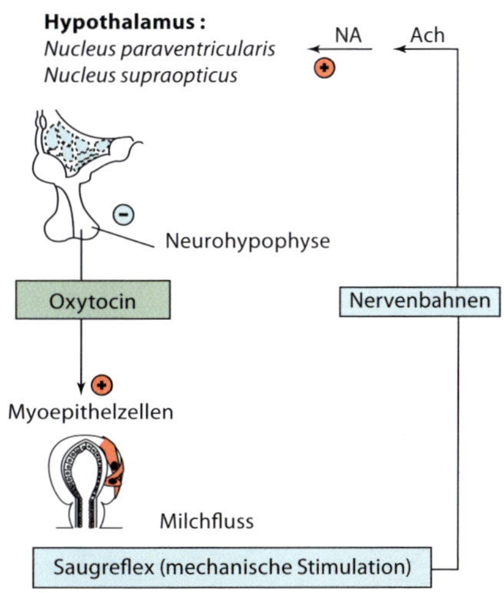

Milchflussreflex

Tafel 14.11 Die Gametophytenbildung bei den Bedecktsamern

Bei den Bedecktsamern (Angiospermen) setzt die Gametophytenbildung parallel zum Aufbau der männlichen und weiblichen Fortpflanzungsanalagen ein. Über Zellteilungen kommt es zur Ausbildung haploider Gametophyten.

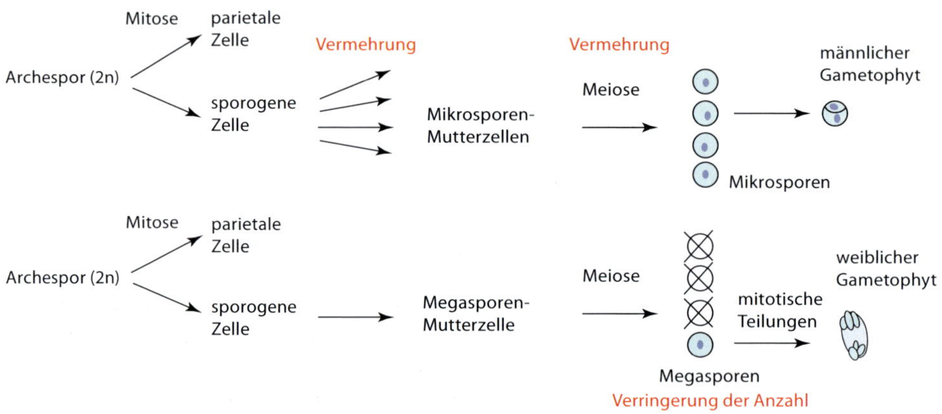

Stadien der Gametophytenbildung

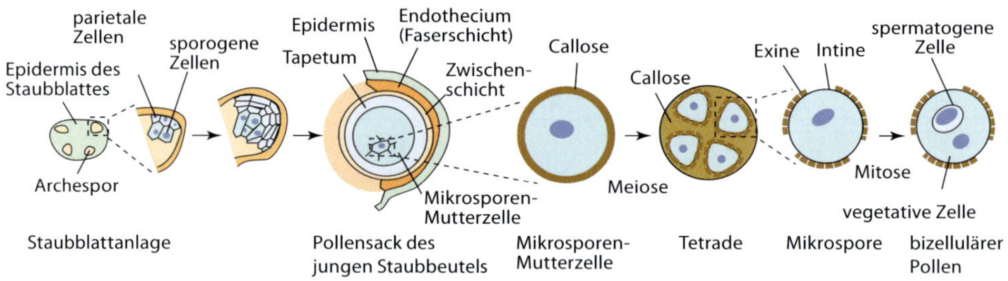

Stadien der Pollenkornbildung

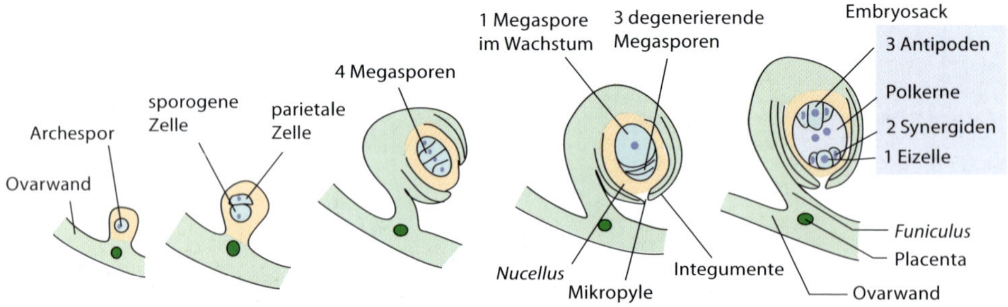

Stadien der Eizell- und Embryosackbildung

Tafel 14.12a Der Fortpflanzungsapparat der Bedecktsamer

Blüte der Japanischen Zierquitte (*Chaenomeles japonica*)

Blütenknospe

Die Blüte ist ein charakteristisches Merkmal der Bedecktsamer. Dieses Organ bildet sich zu Beginn der Fortpflanzungsphase heraus und ist für den Aufbau von Früchten und Samen bedeutsam. Die Morphologie der Blüten ist recht unterschiedlich, jedoch lässt sich ein grundlegendes Modell beschreiben, das auf alle Familien anwendbar ist.

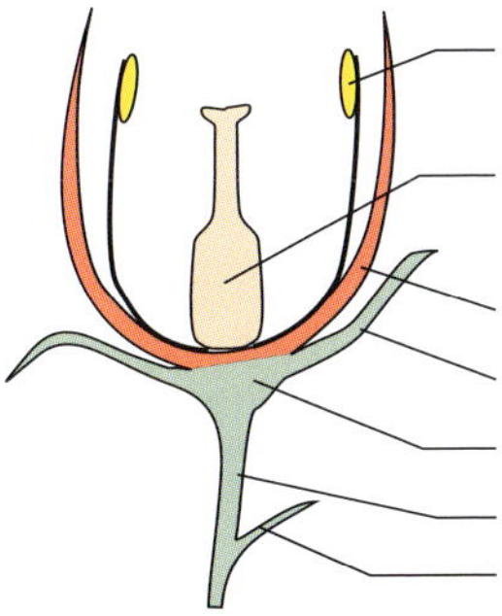

Aufbau der sterilen und fertilen Blütenbestandteile

Zottiges Weidenröschen – *Epilobium hirsutum*

Gemeine Akelei – *Aquilegia vulgaris*

Frühlings-Enzian – *Gentiana verna*

Rote Lichtnelke – *Silene dioica*

Tafel 14.12b Der Fortpflanzungsapparat der Bedecktsamer

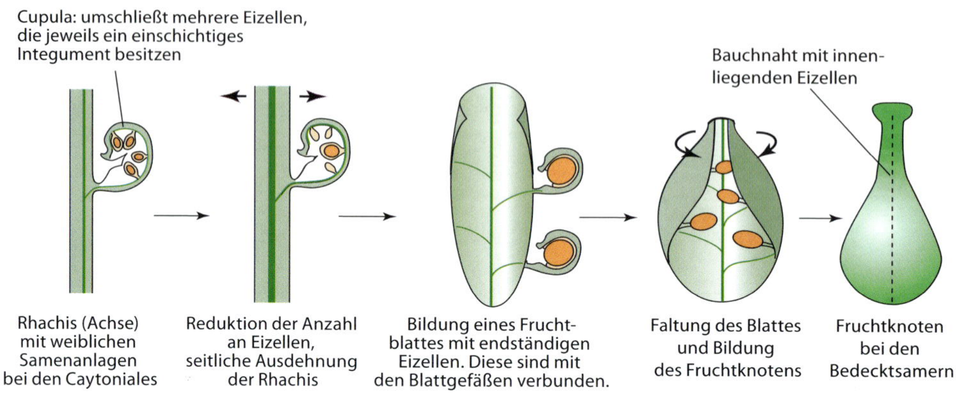

Hypothese der Blütenentstehung, ausgehend von der Ordnung der Caytoniales

Die Einleitung der Blütenbildung beginnt mit der Umwandlung des vegetativen Meristem zu einem generativen Meristem:

Die aus dem Initialkern hervorgehenden und das Blütenmeristem bildenden Zellen formen die Primordien, die sich zu Kelchblättern und Kronblättern differenzieren. Dabei entstehen zunächst die Kelchblätter, die das gesamte Meristem bedecken. Die Kronblätter bilden sich später heraus und unterlaufen zusammen mit den Kelchblättern weitere morphologische Veränderungen.

- Die Tochterzellen des ruhenden Blütenmeristems bilden die fertilen Blütenorgane. Das Blütenmeristem bildet Primordien, aus denen die Staubblätter und die Fruchtknoten in der Mitte der Blütenachse hervorgehen.
- Die Zellen des receptaculären Blütenmeristems formen die morphologisch unterschiedlichen Blütenachsen. Die Induktion dieser Blütenteile erschöpft das Blütenmeristem, sodass es fortan die florale Organentwicklung fördert. Im Gegensatz zum vegetativen Meristem, das eine unbestimmte Funktion ausübt, besitzt das generative Meristem eine zielgerichtete Aufgabe.

14

Die Blütenorgane sind in der Regel wirtelig und konzentrisch angeordnet. Aktinomorphe Blüten sind radiärsymmetrisch, während zygomorphe Blüten eine monosymmetrische Form aufweisen. Diese morphologischen Unterschiede haben sich evolutionsbiologisch und durch Wechselwirkungen zwischen Bedecktsamern und den zur Bestäubung notwendigen Insekten entwickelt.

aktinomorphe Blüte **zygomorphe Blüte**

Tafel 14.13a Die Samenanlagen der Bedecktsamer

Die weiblichen Samenanlagen befinden sich bei den Bedecktsamern im Inneren der Blüte und bilden das Gynoeceum, das prinzipiell aus dem eizelltragenden Fruchtblatt hervorgeht. Die Anzahl und Anordnung der Eizellen in einer solchen Samenanlage ist für jede Pflanzenfamilie der Bedecktsamer charakteristisch.

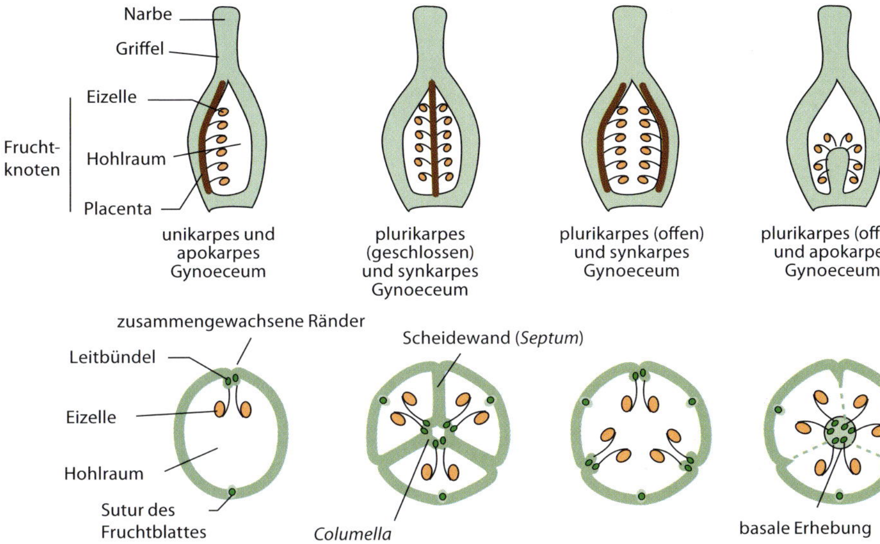

Aufbau der am häufigsten vorkommenden Gynoeceen

Es gibt drei verschiedene Eizelltypen. Die orthotropen Eizellen liegen senkrecht, sodass *Funiculus*, *Chalaza* und Mikropyle in einer Linie liegen, die campylotropen Eizellen sind gekrümmt und die anatropen Eizellen sind um 180° gedreht, sodass sich die Mikropyle dem *Funiculus* nähert und diesen an das Tegument drückt, wodurch eine Naht entsteht.

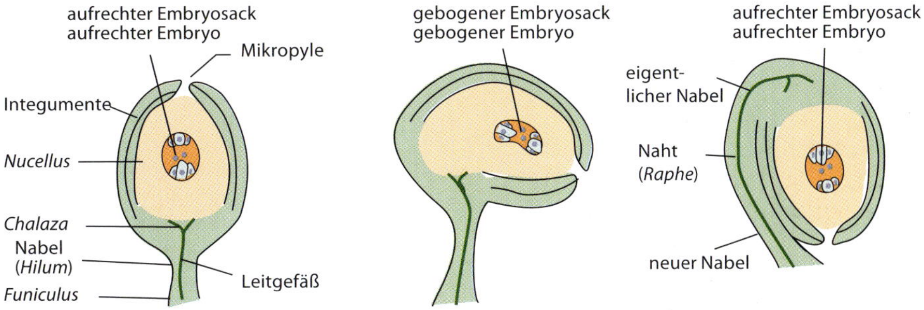

Samenanlage-Typen

Tafel 14.13b Die Samenanlagen der Bedecktsamer

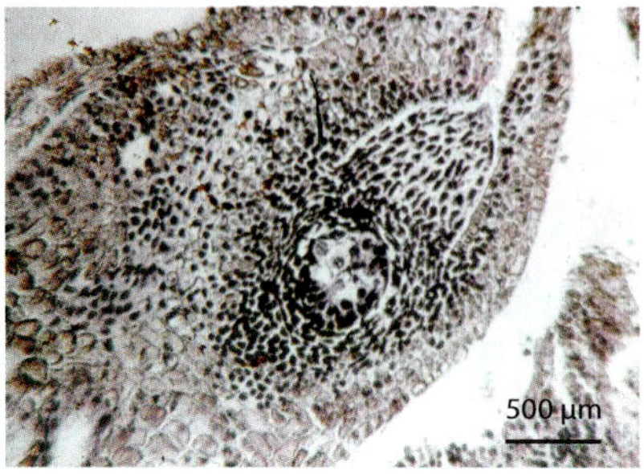

orthotrope Samenanlage (Kiefer)

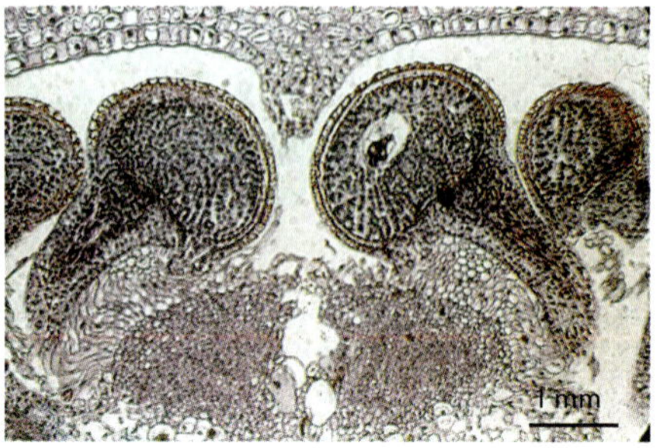

campylotrope Samenanlage (Pechnelke)

Das Andreoceum der Bedecktsamer besteht aus den männlichen fertilen Organen, den Staubblättern. Diese entwickeln sich im Zuge der Ausbildung der Blütenorgane. In ihnen werden die Pollenkörner gebildet, die schließlich in die Umgebung freigesetzt werden.

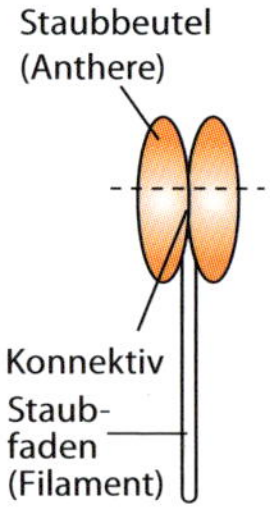

Staubblatt (Stamen)

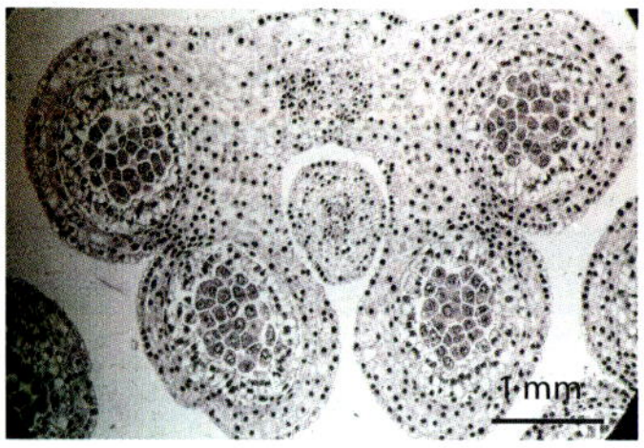

Staubbeutel der Lilie (LS – LA)

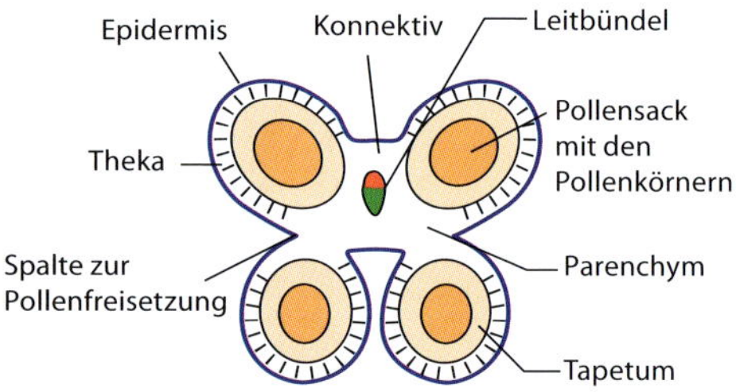

junger Staubbeutel

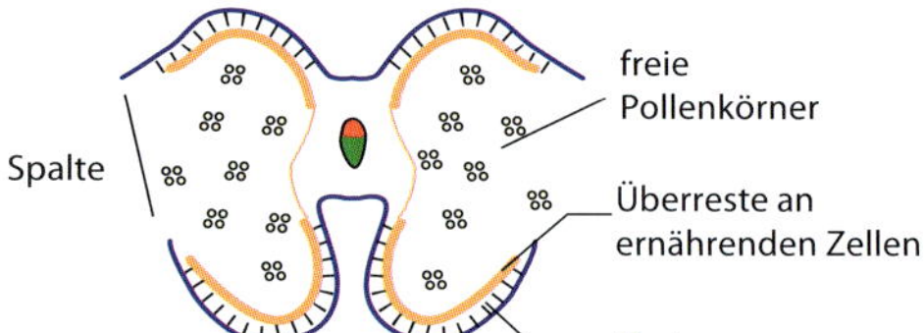

reifer Staubbeutel

Die Staubblätter (Stamina) bestehen im Allgemeinen aus zwei Teilen:

- dem Staubfaden (Filament), ähnlich einem Blattstiel, der sich bis zum Konnektiv fortsetzt
- den Staubbeuteln (Antheren), die 2 Ausbuchtungen bilden, in denen Pollen eingeschlossen ist.

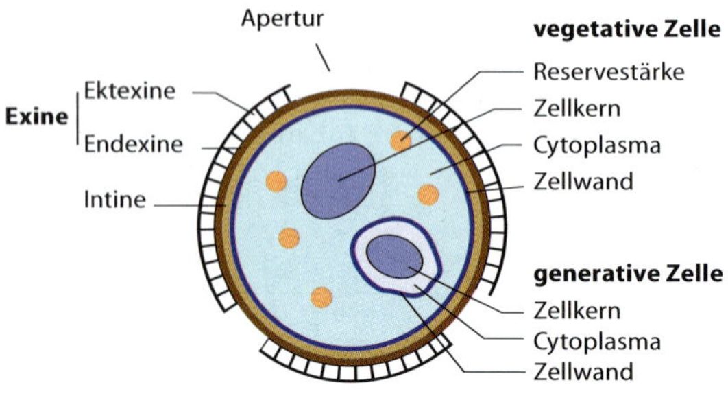

Die zweizelligen Pollenkörner besitzen eine große vegetative Zelle mit Stärke- oder Fettvorräten und eine generative Zelle, aus der im Zuge des Wachstums der Pollenschlauchzelle über mitotische Teilungen die beiden haploiden Spermazellen hervorgehen.

Tafel 14.14 Die Bestäubung

Bei den höheren Pflanzen erfolgt die Befruchtung durch ein Zusammentreffen der reifen Gametophyten in der Blüte. Da der weibliche Gametophyt (Embryosack) im Innern des Gyneoceums verbleibt, müssen die männlichen Gametophyten (Pollen) während der Bestäubung über die Narbe zu ihnen geleitet werden. Die Vektoren zur Übertragung des Pollens auf die Narbe können biotisch oder abiotisch sein. Die wichtigsten abiotischen Faktoren sind Wind (Anemophilie) und Wasser (Hydrophilie). Die biotischen Faktoren werden im Allgemeinen von den Insekten repräsentiert.

Hummel auf einer Kornblume

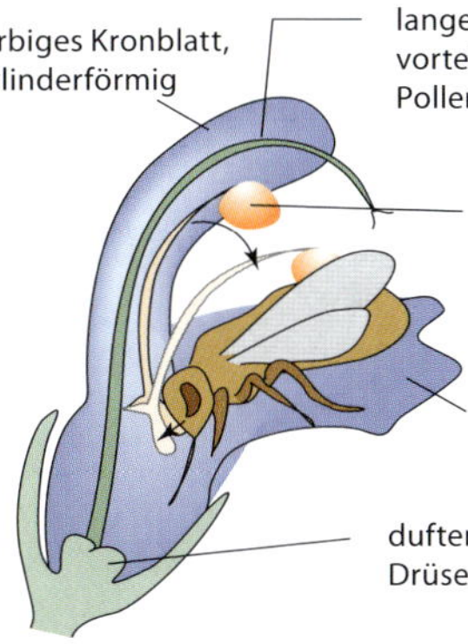

Anpassung der Lamiaceae-Blüte (Lippenblütengewächse) an die Insektenbestäubung

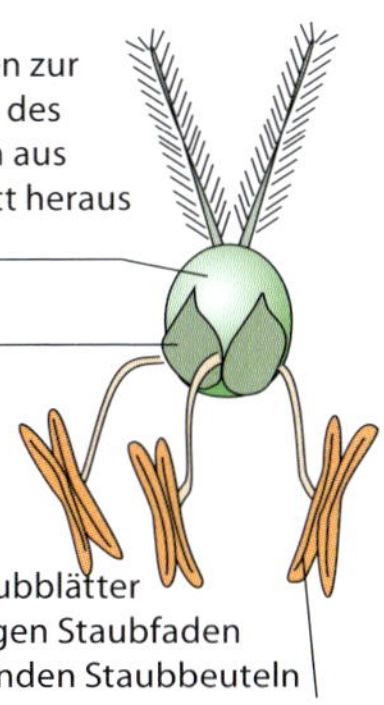

Anpassung einer Poaceae-Blüte (Süßgräser) an die Windbestäubung

Obwohl die Selbstbestäubung bei manchen Arten möglich ist (Erbse, Weizen), stellt die Fremdbestäubung, insbesondere bei Heterozygotie, die gängigste Form der Befruchtung bei den Pflanzen dar. Unterschiedliche zeitliche und räumliche Barrieren und genetische Inkompatibilitäten begünstigen die Fremdbestäubung. Inkompatibilitäten bestehen zwischen den molekularen Eigenschaften des Pollens und des Narben- und Griffelgewebes. Dabei kommt das *S*-Gen (*self incompatibility*) mit seinen Allelvariationen (*S1, S2, S3* etc.) zum Tragen. Diese Allele codieren Glykoproteine auf der Oberfläche des Pollenkorns. Dabei kann es sich um eine Selbstinkompatibilität des Gametophyten durch das haploide Genom des Pollenkorns oder eine Selbstinkompatibilität des Sporophyten durch das diploide Genom handeln.

Tafel 14.15 Die Befruchtung bei den Bedecktsamern

Damit sich der Pollenschlauch entwickeln und die Siphonogamie bei den Bedecktsamern (Angiospermen) erfolgreich stattfinden kann, müssen günstige Bedingungen vorliegen. Die doppelte Befruchtung stellt zudem ein einzigartiges Charakteristikum der Bedecktsamer dar. Es ermöglicht die Bildung einer diploiden Zygote, aus der die neue Pflanze hervorgeht und eines triploiden Endosperms zur Ernährung des Samens.

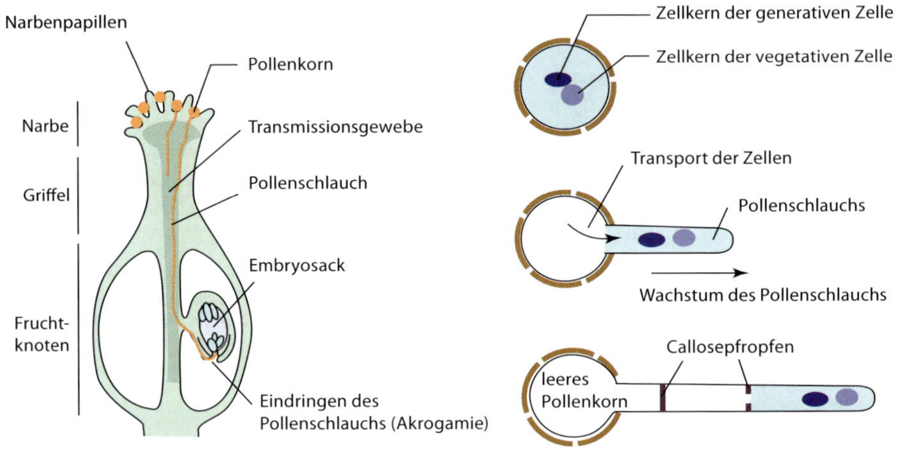

Keimung des Pollenkorns

Das Ergebnis der doppelten Befruchtung ist die Entstehung eines Embryos, der den Fortbestand der Art sichert, und die Bildung von Reservegewebe, das nur bei einer vorherigen Befruchtung aufgebaut wird. Eine Mehrfachbefruchtung wird durch die Depolarisation der Zelle und die Bildung einer Zellwand um die Zygote binnen weniger Minuten verhindert.

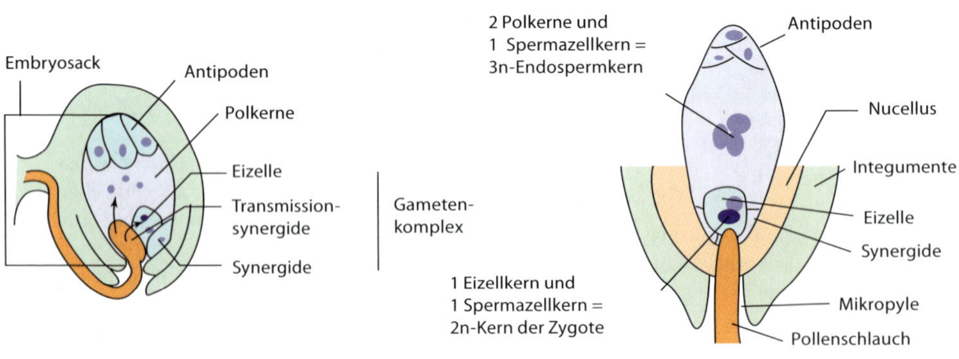

Vorgang der doppelten Befruchtung

Tafel 14.16 Die Samenentwicklung

Der Samen besitzt einen komplexen Aufbau. Er geht aus der doppelten Befruchtung hervor. Da aus ihm die neue Pflanze erwächst, verfügt er über ausreichend Nährgewebe (Endosperm). Das Endosperm entsteht aus der doppelten Befruchtung, es nimmt bei seiner Vermehrung den *Nucellus* in sich auf und ersetzt ihn schließlich. Wenn diese Aufnahme nicht vollständig war, wird der restliche Teil des *Nucellus* zum Perisperm (Leimkraut). Wenn die Übernahme vollständig abgelaufen ist, verbleibt nur das Endosperm, es entsteht ein Samen mit Nährgewebe (*Ricinus*). Das Endosperm kann wiederrum von den Cotyledonen (Keimblätter) aufgenommen werden, und es entstehen Samen mit Speicherkeimblättern (Bohne).

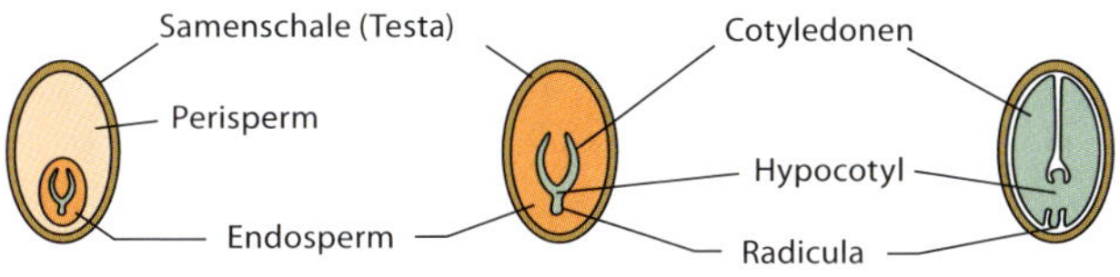

Samen mit Perisperm
(Seerosengewächse – Nymphaeaceae, Nelkengewächse – Caryophyllaceae)

Samen mit Nährgewebe
(Süßgräser – Poacea, Hahnenfußgewächse – Ranunculaceae, Doldenblütler – Apiaceae)

Samen mit Speicherkeimblättern
(Hülsenfrüchtler – Fabaceae, Kreuzblütengewächse – Brassicaceae, Korbblütengewächse – Asteraceae)

Samentypen

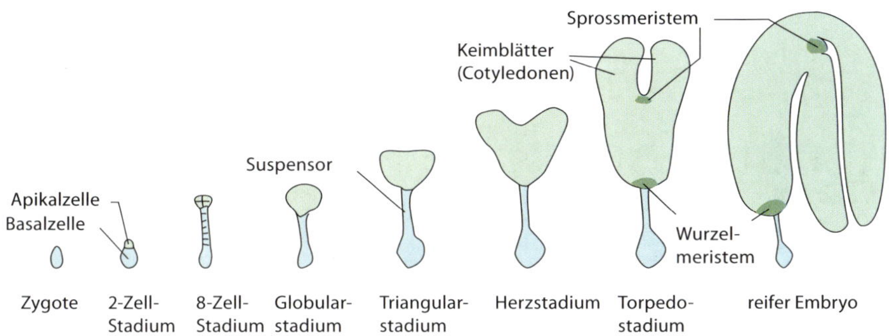

Embryogenese einer zweikeimblättrigen Pflanze (Dicotyledoneae)

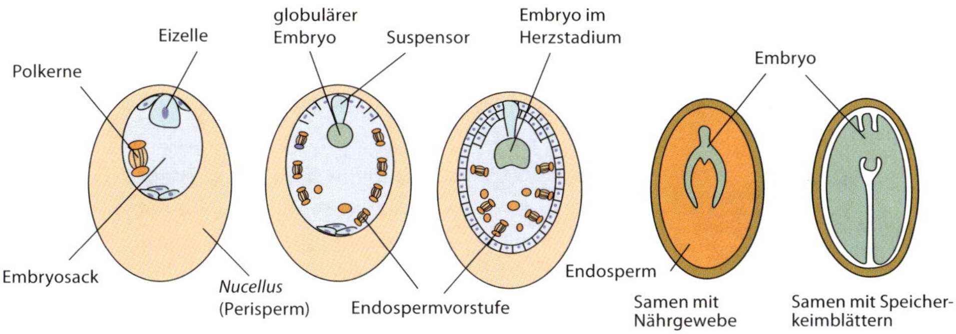

Stadien der nucleären Bildung des Nährgewebes

Tafel 14.17 Die Diversität der Früchte

Die Frucht ist ein Organ, das aus der sexuellen Vermehrung hervorgeht und das sich direkt nach der Befruchtung und der Entstehung der Zygote herausbildet. Es kommt zur Umgestaltung des Fruchtknotens, bei der die Fruchtwand (Perikarp) eine Schutzhülle um die Samen mit den eingeschlossenen Eizellen ausbildet. Im Zuge der Reifung kann es zur vollständigen Austrocknung und Verholzung des Perikarps (Trockenfrucht) kommen oder das Perikarp bleibt fleischig (Beere) und die Fruchtwand verholzt (Steinfrucht).

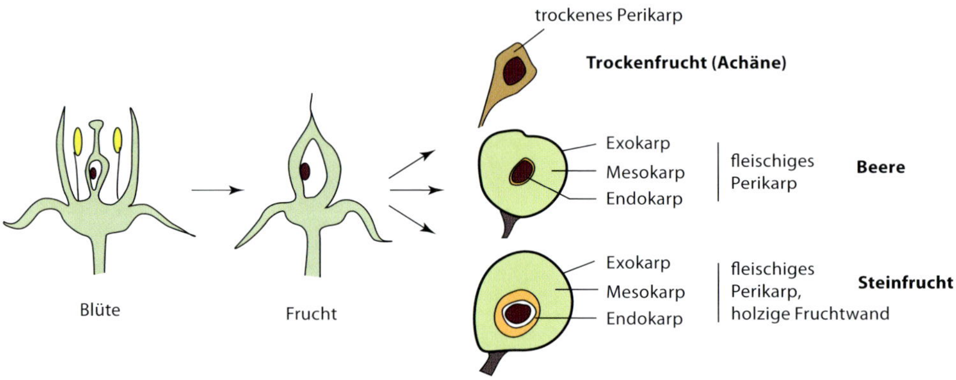

Fruchtentwicklung

Löwenzahn

unreife Pflaume (Steinfrucht)

Tomate (Beere)

Die Frucht dient der Samenausbreitung. Diese kann selbstständig (Autochorie), durch Wind (Anemochorie) oder auch durch Tiere (Zoochorie) erfolgen.

Ackerbohne (Hülsenfrucht)

Indehiszente Früchten bleiben verschlossen, und die Samen werden erst während der Keimung durch Sprengung des Perikarps freigesetzt (Karyopse, Flügelnuss). Dehiszente Früchte öffnen sich über bestimmte Vorrichtungen, und die Samen fallen heraus (Hülse, Kapselfrucht, etc.).

Tafel 15.1 Die Ontogenese bei Tieren

Die Ontogenese der Eumetazoa beschreibt die wachstumsintensive Entwicklung des befruchteten Eies zum ausgewachsenen Tier. Sie besteht aus einer Abfolge morphologischer und anatomischer Veränderungen: die Furchung, die Gastrulation, die Neurulation, die Organogenese und die Reifephase, aus der schließlich das adulte Tier hervorgeht. Der Organismus nimmt anhand von Zellvermehrung und Zellregenerationan an Größe zu und verliert Zellen über Apoptose. Morphogenetische Zellbewegungen verursachen innerhalb bestimmter Zeitabstände die Bildung neuer Gewebestrukturen.

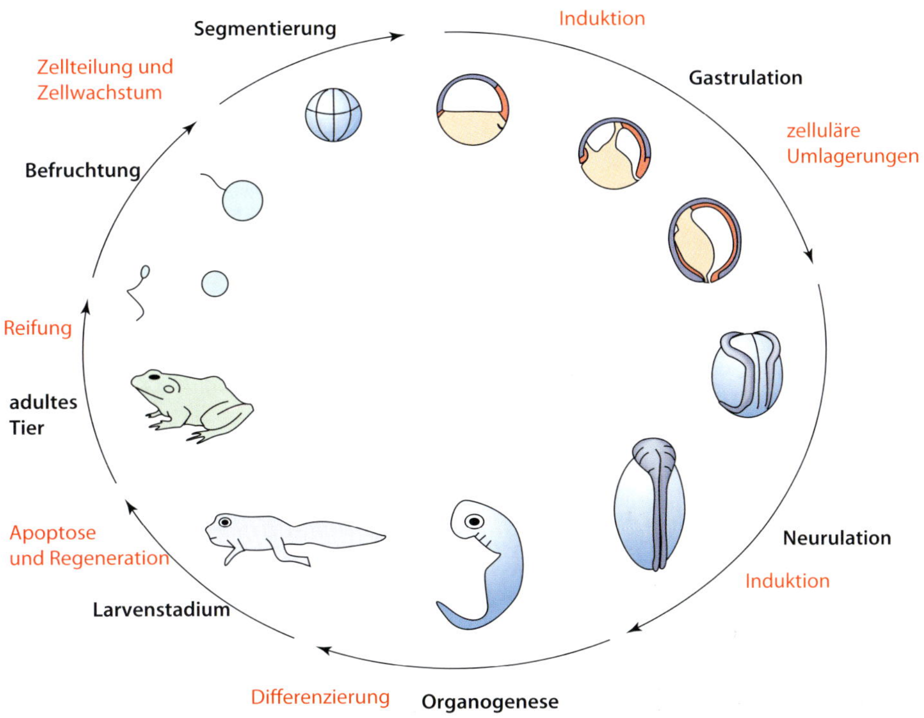

Stadien der Ontogenese bei den schwanzlosen Amphibien (Anura)

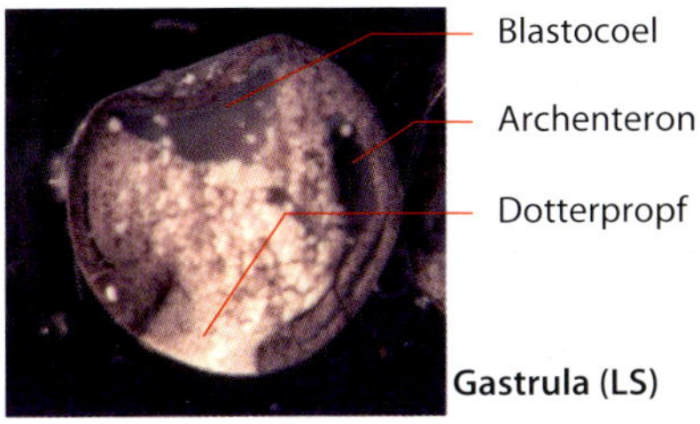

Gastrula (LS)

Kaulquappen

D. Richard, P. Chevalet, T. Soubaya, *Biologie in Farbtafeln*,
DOI 10.1007/978-3-642-32984-5_15, © Springer-Verlag Berlin Heidelberg 2013

Tafel 15.2 Die Gastrulation bei den Amphibien

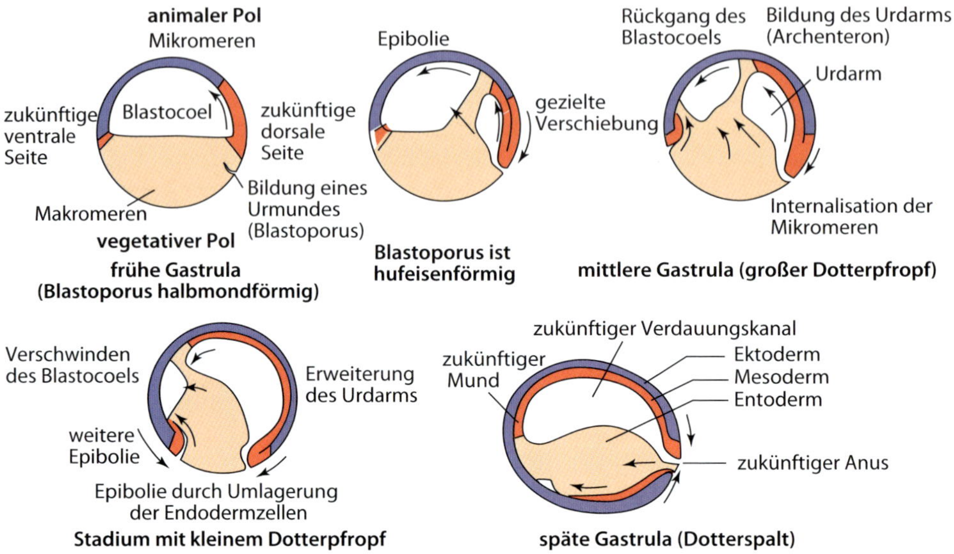

Stadien der Gastrulation bei den Amphibien

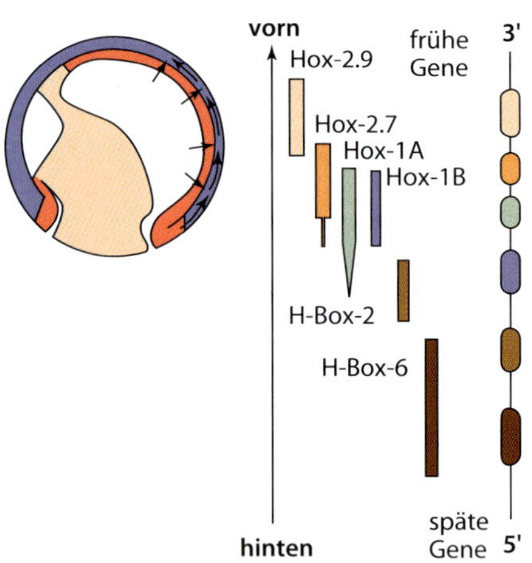

Beteiligung der Hox-Gene an der räumlichen Aufteilung der Neuralregion

Bei den Amphibien führen die morphologischen Veränderungen während der Gastrulation zur Bildung eines dreischichtigen Keims mit einem mesodermalen Keimblatt und weiterer verschiedener Organe. Über nervale Induktion werden homöotische Gene wie das *Hox*-Gen kontrolliert. Sie sind an der Gliederung der Körperlängsachse (anterior-posteriore Achse) des Embryos beteiligt. Die Expression dieser Gene ist räumlich (3'-Gene codieren für die Gehirnregion) und zeitlich (Gene, die für den oberen Bereich des Embryo codieren, werden zuerst exprimiert) strukturiert.

Tafel 15.3 Die Neurulation bei den Amphibien

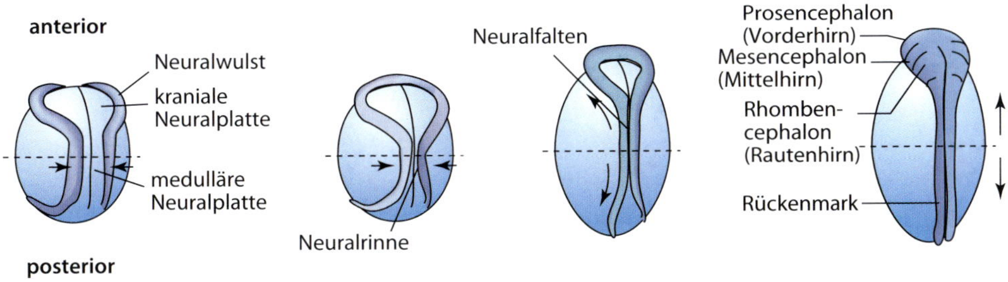

Stadien der Bildung des Neuralrohrs

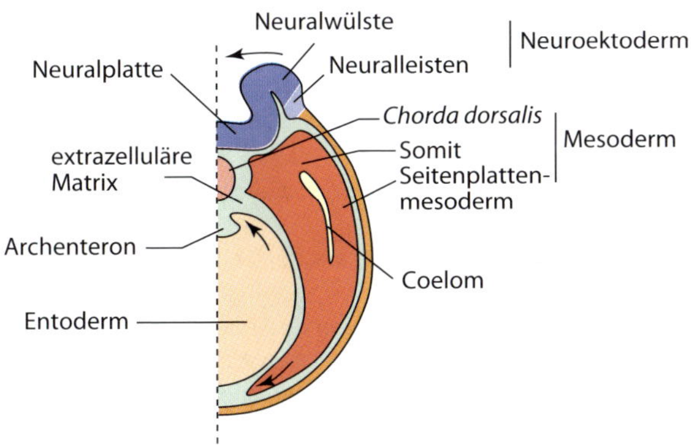

Stadium der Neuralrinne

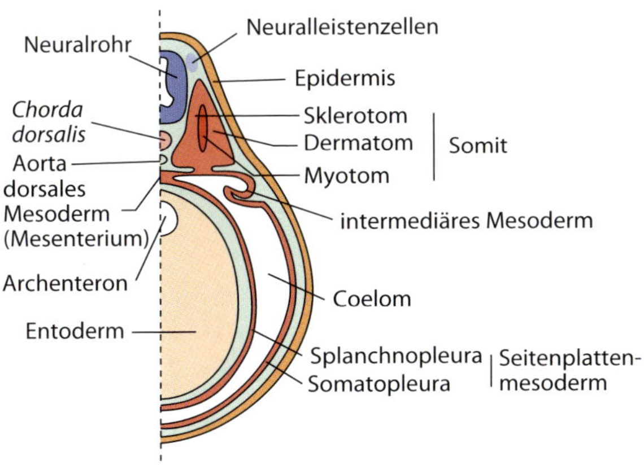

Stadium des Neuralrohrs

Die Neurulation folgt auf die Gastrulation. Sie ist charakterisiert durch die Bildung des Neuralrohrs, aus dem sich das Zentralnervensystem des Individuums entwickelt. Der dorsale Teil des Ektoderms wird zum Neuroektoderm und leitet in mehreren Abschnitten die Faltung zum Neuralrohr ein:

- Dorsal formen sich die Zellen des Neuroektoderms zur Neuralplatte;
- die Ränder der Neuralplatte falten sich zu Neuralwülsten auf;
- die gefaltete Neuralplatte bildet nun eine Neuralrinne, die sich verlängert und am Ende verdickt, während der Embryo sich in anterior-posteriorer Richtung erweitert;
- ausgehend vom mittleren Abschnitt verschmelzen die Ränder der Neuralrinne der Länge nach miteinander.
  Aus der vorderen Region des Neuralrohrs entwickelt sich das Gehirn, aus den restlichen Regionen das Rückenmark. Die Verdickungen der Vorderregion werden zu den Primärbläschen (Prosencephalon oder Vorderhirn, Mesencephalon oder Mittelhirn, Rhombencephalon oder Rautenhirn).

Tafel 15.4 Die Organogenese der Körperglieder bei den Landwirbeltieren

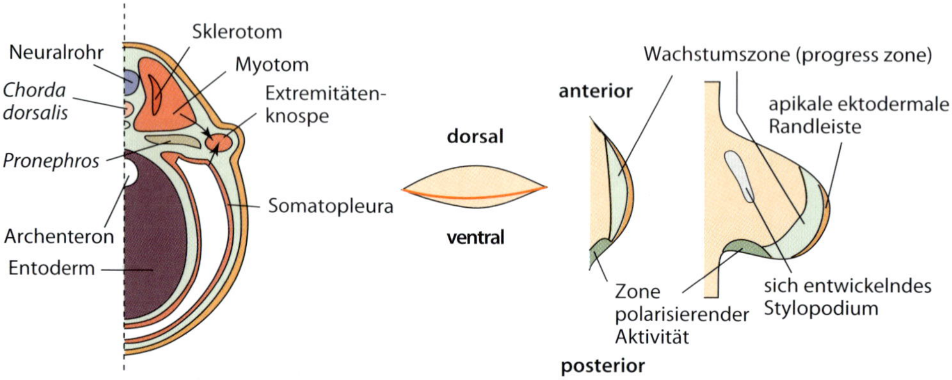

Entwicklung der Extremitätenknospe bei den Landwirbeltieren

Der Aufbau der Extremitäten findet bei den Landwirbeltieren (Tetrapoden) während der Embryonalentwicklung statt. Er erfolgt zeitlich und räumlich koordiniert und hängt im Wesentlichen von drei Organisationsregionen ab:

- der apikalen ektodermalen Randleiste (AER), welche das Auswachsen der Gliedmaßen längs der proximal-distalen Achse kontrolliert;
- der Zone polarisierender Aktivität (ZPA), das die anterior-posteriore Achse der Gewebe bestimmt;
- dem Ektoderm der Extremitätenknospe, das die dorso-ventrale Achse der Gewebe festlegt.

Das Wachstum entlang der proximal-distalen Achse wird durch Fibroblasten-Wachstumsfaktoren (FGF) aus der Randleiste gefördert. Sie halten die Expression der *sonic hedgehog*-Gene aus der Zone polarisierender Aktivität aufrecht, welche für das Wachstum und die Morphogenese der Knochen verantwortlich sind. Das Knochenwachstum wird auch von den homöotischen *Hox-A*-Genen unterstützt, die in der Wachstumszone nach einem räumlich und zeitlich festgelegten Plan exprimiert werden. Die Expressionssequenz dieser Gene bezieht sich auf die drei großen Extremitätenregionen dieser Achse: *Hox-A9* für das *Stylopodium*, *Hox-A9-11* für das *Zeugopodium* und *Hox-A9-13* für das *Autopodium*. Die asymmetrische Entwicklung entlang der anterior-posterioren Achse steht unter der Kontrolle von *Hox-D*. Die dorso-ventrale Achse wird von den Genen *En1*, *Wnt7a* und *Lmx* bestimmt.

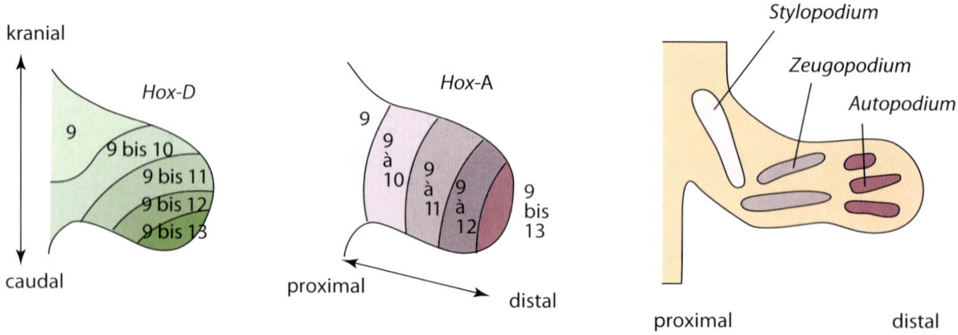

Rolle der homöotischen Gene für die Entwicklung der Gliedmaßen

Tafel 15.5a Die indirekte Entwicklung

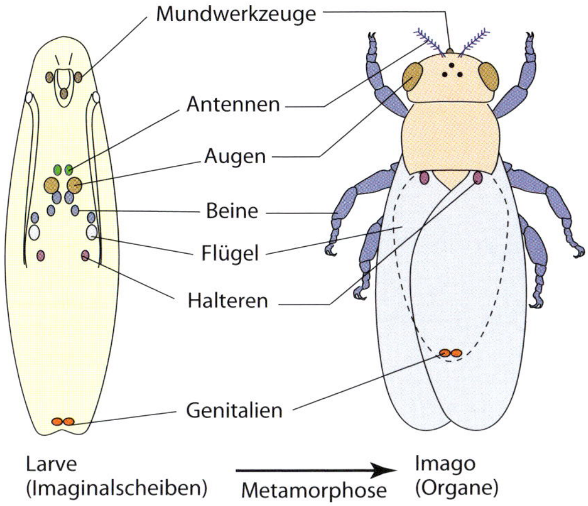

Organentwicklung bei holometabolen Insekten (Drosophila)

Bei den Tieren, die eine indirekte Entwicklung durchlaufen, stellt die Metamorphose die Überwindung einer organogenetischen Krise dar. Sie ist verbunden mit einer Histolyse, einer Histogenese und einer Neugestaltung.

Bei Insekten im Larvenstadium erhält das JH (Juvenilhormon) aus der *Corpora allata* die Larvenorgane und hemmt über die Prothoraxdrüse die Expression von Ecdysonrezeptoren (EcR), die den Häutungsvorgang kontrollieren. Im Nymphenstadium schwankt das Verhältnis von JH zu Ecdyson je nach Zielorgan. Die Metamorphose findet statt und eine imaginale Häutung ist möglich. Bei den Imagines hat sich die Prothoraxdrüse zurückgebildet, und nur das JH wirkt auf die genetisch reprogrammierbaren Zellen.

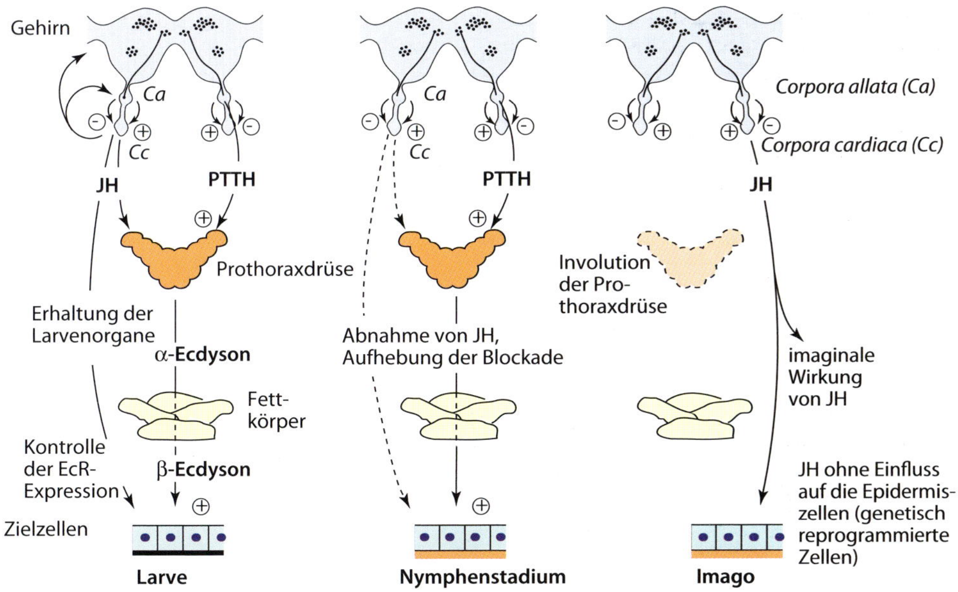

Zentrale Steuerung der Insektenmetamorphose

Tafel 15.5b Die indirekte Entwicklung

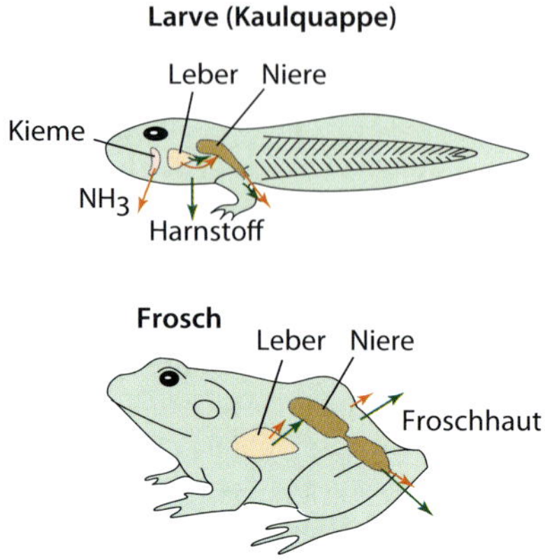

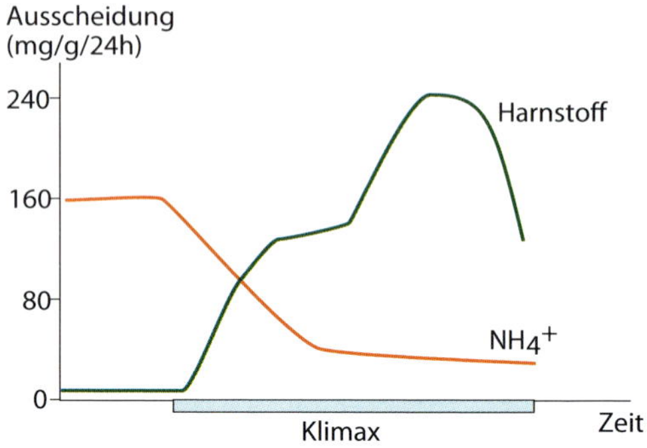

Ausscheidungsrate von Harnstoff und Ammoniak während der Metamorphose von Froschlurchen

Bei den Froschlurchen ist die Metamorphose eng mit einer Veränderung des Lebensraumes verknüpft, da aus dem aquatischen Larvenstadium der landlebende Frosch hervorgeht. Diese Änderung der Umgebungsbedingungen ist mit entscheidenden morphologischen Modifikationen verbunden: Rückbildung des Schwanzes und Entwicklung der Beine, Übergang von der Kiemen- zur Lungenatmung, Änderung der Ausscheidungsform (Harnstoff statt Ammoniak). Diese Anpassung ist hormonell gesteuert, wobei die Schilddrüsenhormone die Metamorphose einleiten. Zu Beginn ist der Hypothalamus noch unterentwickelt und innerviert nicht die Hypophyse. Die Sekretion von TSH aus der Adenohypophyse führt zu einer schwachen Freisetzung von T_3 und T_4. Erst während der Metamorphose reift der Hypothalamus heran. Er sezerniert dann TRH, das in der Hypophyse die Ausschüttung von TSH stimuliert, sodass von der Schilddrüse T_3 und T_4 freigesetzt werden. Über positive Rückkopplung zum Hypothalamus fördern T_3 und T_4 ihre eigene Ausschüttung, sodass ihr Gehalt während der Klimax deutlich ansteigt.

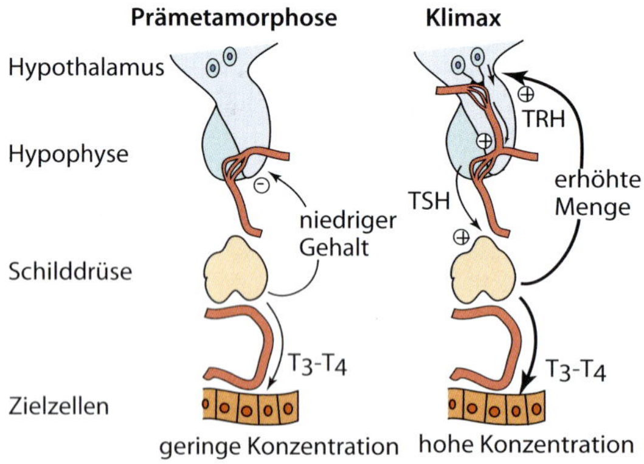

Reifung des Hypothalamus während der Metamorphose der Froschlurche

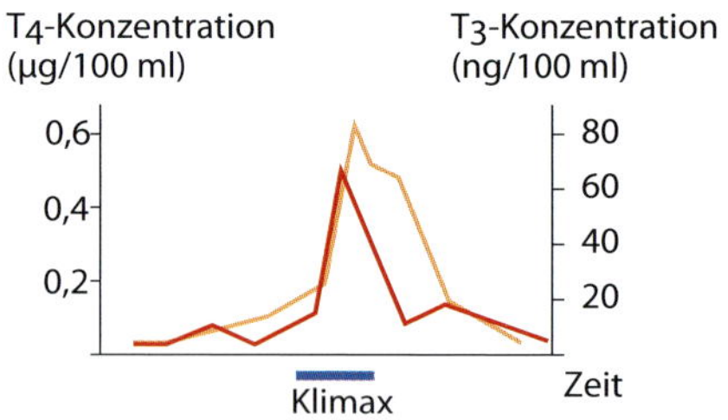

Entwicklung der Konzentration an Schilddrüsenhormonen während der Metamorphose der Froschlurche

Tafel 15.6 Die Primärmeristeme

Die Primärmeristeme stellen die ersten Meristemgewebe des Embryos dar, ihre Tätigkeit setzt mit der Keimung ein. Diese Gewebe befinden sich am Sprossscheitel, in der Wurzel und an der Basis von Internodien.

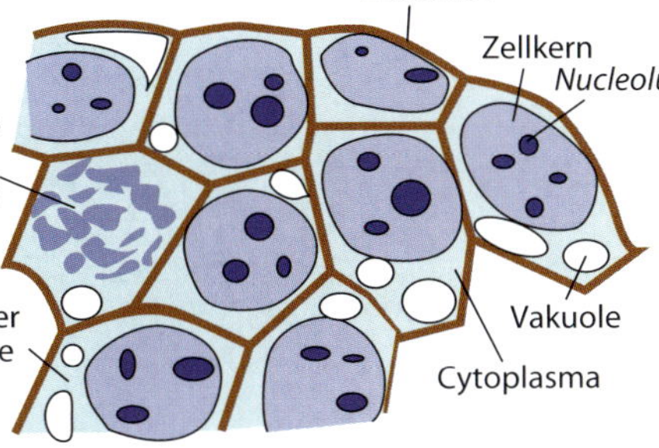

Die Zellen dieser Gewebe weisen charakteristische Merkmale auf: klein, kubische Form, umgeben von einer dünnen Primärwand und intensive Austauschprozesse zwischen dem *Nucleolus* und dem Cytoplasma, was die hohe Stoffwechselaktivität verdeutlicht. Die Organellen und Plastiden sind kaum bzw. nicht differenziert, die Vakuolen sind zerteilt.

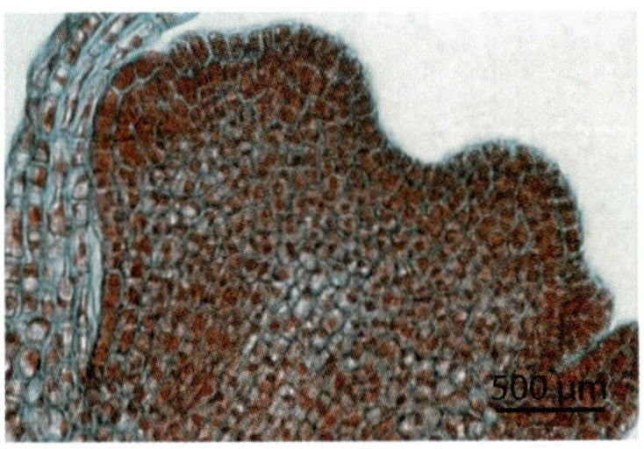

Primärmeristem des Sprosses

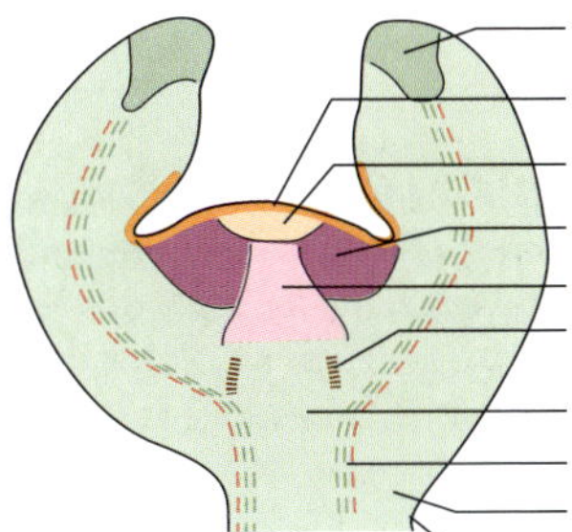

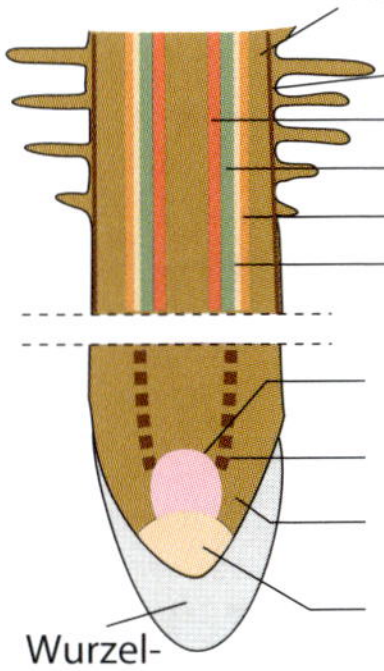

Im Sprossscheitel ordnen sich die Zellen zu Zonen mit hohen Teilungsraten an; die daraus hervorgehenden Zellen bilden die verschiedenen Gewebe. Im Spross geht aus dem Protoderm die Epidermis hervor, das ruhende Zentrum ist kaum aktiv und beteiligt sich dann an der Bildung der fertilen Blütenteile, das Flankenmeristem ist an der Ausbildung der Blatt- und Blütenprimordien beteiligt, und aus dem Prokambium entwickeln sich die Leitgefäße Xylem und Phloem.

Der Wurzelscheitel ist ebenfalls konzentrisch angeordnet, mit den Bestandteilen Protoderm, dem ruhenden Zentrum, dem proximalen Meristem und dem Prokambium. Diese Abschnitte bilden die Primärstruktur der Wurzel.

Tafel 15.7 Die sekundären Meristeme

Sekundäre Meristeme gibt es bei den Coniferopsida und bei zweikeimblättrigen Bedecktsamern. Es handelt sich um Meristemgewebe, das sich während der postembryonalen Entwicklung herausbildet. Es gewährleistet die Anlage des Stütz- und Leitgewebes. Strukturell wird es in das innere Kambium und das äußere Phellogen (Korkkambium) eingeteilt.

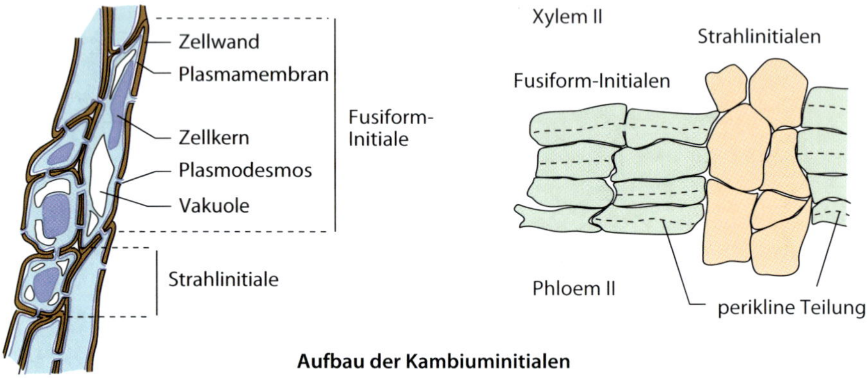

Aufbau der Kambiuminitialen

Die Initialzellen, die das Kambium bilden, lassen sich in zwei Typen unterteilen: Fusiform-Initialen und Strahlinitialen. Die Strahlinitialen besitzen eine kubische Gestalt und ergeben Mark- und Holzstrahlen, die den Spross quer durchlaufen. Aus den Fusiform-Initialien gehen über perikline Teilungen die Zellen des Xylem II (Holz) und des Phloem II (Bast) hervor. Die Tochterzellen entwickeln sich entweder zu Leitgefäßen (Tracheenglieder oder Siebröhren) oder zu Fasern. Radiale Teilungen der fusiformen Zellen führen zur Zunahme des Kambiumumfanges.

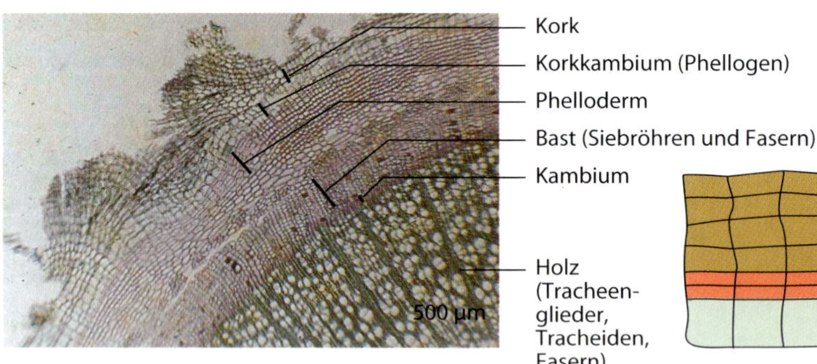

Holunderstängel (LS – LA)

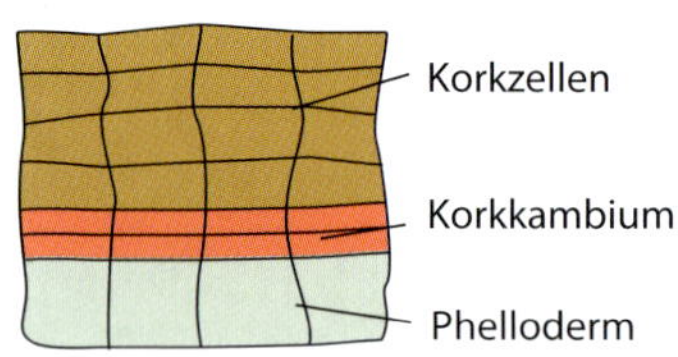

Das Phellogen oder Korkkambium ist eine Schicht im äußeren Bereich des Sprosses. Die länglichen Initialzellen teilen sich und geben:

- nach außen Korkzellen ab, die eine Schutzschicht um den wachsenden Spross bilden;
- nach innen Parenchymzellen ab, die das sekundäre Parenchym oder Phelloderm bilden.

Tafel 15.8 Knospenbildung und Verzweigung der Sprossachse

Knospen sind vielschichtige Gebilde, die in Scheitelpunkten von Verzweigungen sitzen. Die Knospen von krautigen Pflanzen und von Holzgewächsen besitzen äußere Schutzblätter und im Innern eine kleine Knospenachse mit Blatt- und Blütenprimordien, aus denen die neuen Pflanzenteile hervorgehen. Die Knospen der Holzgewächse tragen Schuppenblätter, die in den Wintermonaten vor der Kälte schützen, während die Knospen der krautigen Pflanzen weniger geschützt und empfindlicher sind. Letztere sind ein-, zwei- oder mehrjährig (mit unterirdischen Pflanzenteilen (Schutz).

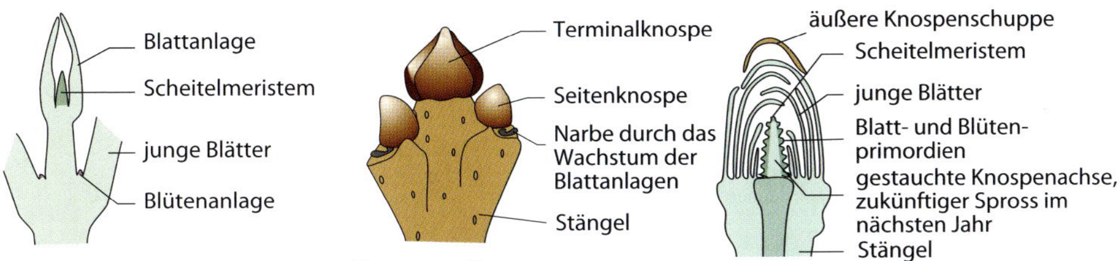

Knospenaufbau

Die Stängelverzweigungen unterliegen einer hierarchischen Ordnung, bei der bestimmte Knospen von anderen Knospen aufgrund der Apikaldominanz unterdrückt werden. Daraus ergeben sich bestimmte Wachstumsschemata:

- das monopodiale Wachstum, das von einer Terminalknospe ausgeht, und das sympodiale Wachstum aus ein oder mehreren Seitentrieben;
- die akrotone und basitone Wuchsform bezieht sich auf Verzweigungen primär in der Höhe bzw. an der Basis der Sprossachse;
- der epitone und hypotone Wuchs beschreibt den Ansatz des nächsten Triebs vor oder nach der Verzweigung.

sympodiales, dichasiales Wachstum | **sympodiales, monochasiales Wachstum** | **akrotonische Verzweigung** | **basitonische Verzweigung** | **hypotone Verzweigung** | **epitone Verzweigung**

verzweigte Wuchsform beim Strauch

baumförmige Wuchsform

Sträucher verzweigen sich oft basiton und epiton, die neuen Triebe ordnen sich konzentrisch um die Basis herum an und verdichten sie. Die baumförmige Wuchsform entsteht durch Akrotonie und Hypotonie, das Geäst verteilt und verzweigt sich in den oberen Baumregionen.

Tafel 15.9 Die Induktion der Blüte

Die Blütezeit beschreibt die Ausbildung von Blüten oder Blütenständen während der Pflanzenentwicklung. Sie wird über interne Faktoren wie Pflanzenreife und externe Faktoren wie Nährstoffzufuhr und Klima gesteuert. Sobald die Pflanze die Blühreife erreicht hat, wird das Scheitelmeristem für Umweltfaktoren, insbesondere für die Photoperiode, empfindlich und wandelt sich in ein Blütenmeristem um, das dann die Blütenorgane aufbaut: Aus dem Flankenmeristem gehen die sterilen Blütenteile (Kron- und Kelchblätter) hervor, und aus dem ruhenden Zentrum entwickeln sich die fertilen Blütenorgane (Staub- und Fruchtblätter).

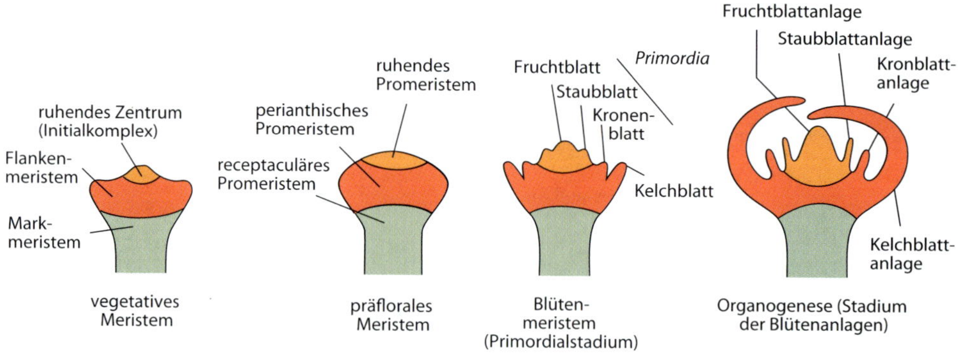

Stadien der Blütenentwicklung

Die Induktion der Blütenentwicklung wird von drei homöotischen Gengruppen gesteuert. Das Blütenmeristem besitzt Expressionszonen der Genaktivitäten A, B und C, die entweder einzeln oder zusammen exprimiert werden. Die Ausbildung der Blütenorgane wird von den Genen *ap*, *lfy*, *agamous* etc. abgestimmt. Für die Symmetrie der Blüte sind die Gene *cycloidea* und *dichotoma* verantwortlich.

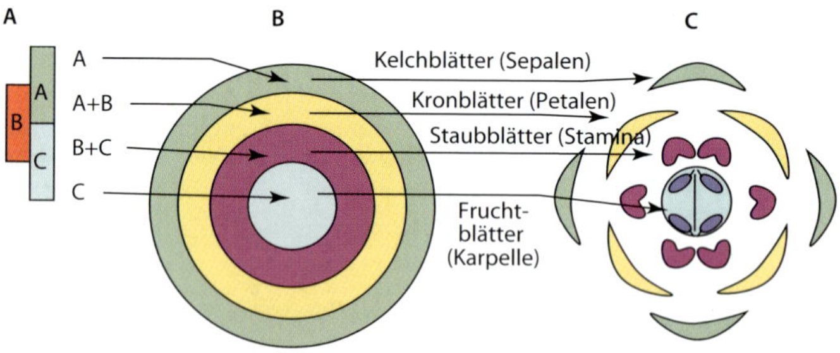

Modell zur Festlegung der Organidentität bei der Blütenentwicklung anhand der Aktivität der Gengruppen A, B und C des Blütenmeristems

A - Die Zonen der A-, B- und C-Aktivität befinden sich auf 2 Wirteln;
B - Konzentrische Anordnung der Wirtel und Expressionsprofil der A-, B- und C-Aktivität
C - Beteiligung der Wirtel an der Organidentität der fertilen Blütenorgane

Serviceteil

D. Richard, P. Chevalet, T. Soubaya, *Biologie in Farbtafeln*,
DOI 10.1007/978-3-642-32984-5, © Springer-Verlag Berlin Heidelberg 2013

Klassifikation

Vereinfachte phylogenetische Klassifikation der wichtigsten Vertreter der Eukaryoten
(nur die wesentlichen Gruppen sind genannt und auch die phylogenetischen Abzweigungen sind nicht vollständig gezeigt)

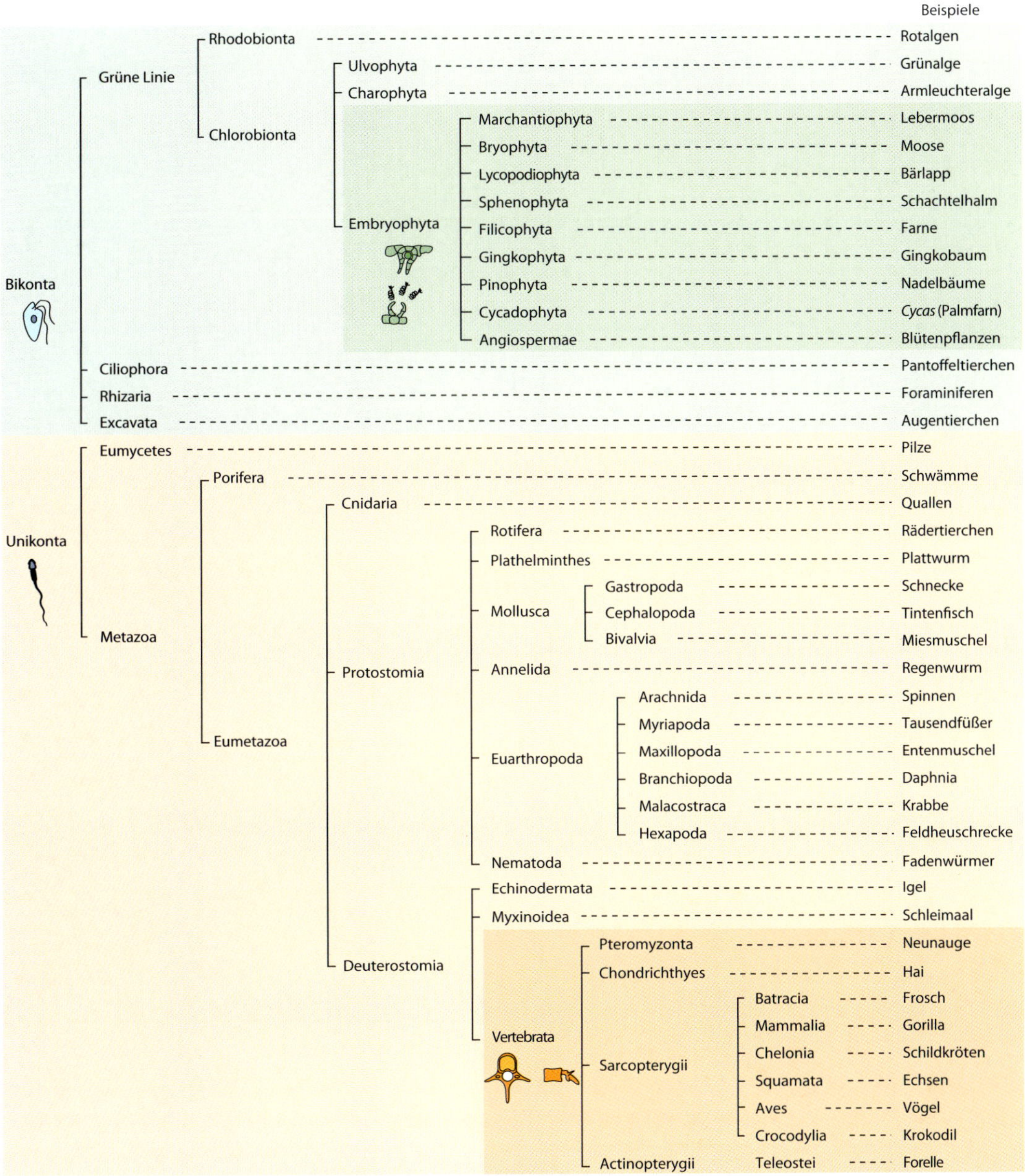

Stichwortverzeichnis

Fotonachweise

Arditi L. : 2.26 (linke Spalte). Balay A. : 11.6, 13.1 (rechts oben). Balay M. : 8.6, 12.2 (alle), 12.5. Dagens C. : 8.4a. Gas N. : 1.4 (alle), 1.10, 1.11, 1.12, 1.13 (alle), 1.14 (alle), 2.5 (Mitte links), 2.20, 11.1b, 11.2 (unten). Lambin M : 2.1b (unten), Startseite Teil 3 (S. 149), 10.4, 10.12 (rechts), 10.15. Laurent G. : 2.25. Mouneyrac C. : 1.2, 2.5 (rechts oben), 2.18 (rechts), 2.24 (unten), 5.9 (unten), 6.5, 7.4a (rechts unten), 7.4b, 8.2a (unten), 8.3b, 9.5a (unten), 9.5b, 10.11a, 14.5 (unten). Orsal D. : 10.11b (links), 11.5. Rami A. : 2.7, 2.18 (links oben und unten), 2.24 (oben links und rechts). Richard D. : Startseite Teil 1 (S. 1), 1.3 (unten), 1.20 (alle), 1.24, 1.26, 1.27, 2.1a (alle), 2.1b (oben und Mitte), 2.2a (oben links und Mitte), 2.2b (unten links), 2.3, 2.13, 2.17, 2.26 (die beiden rechts), 3.1 (alle), 3.3 (alle), 3.4, 3.7, 3.10 (alle), 3.11 (alle), 3.12 (alle), 3.13a und b (alle), Startseite Teil 2 (S. 99), 5.4 (alle), 5.5 (alle), 5.7 (alle), 5.9 (oben und Mitte), 6.6, 7.1a (rechts), 7.1b (alle), 7.2, 7.4a (links und oben rechts), 7.9 (links), 8.2a (haut), 8.2b, 8.4b, 9.4, 9.5a (haut), 10.9 (alle), 10.11b (rechts), 10.12 (links), 11.1a, 11.2 (oben), 11.4, 12.1, 13.1 (unten links und rechts), 13.2 (alle), 13.3 (alle), 13.7 (alle), 13.9 (die beiden rechts), 13.10 (alle), Startseite Teil 4 (S. 205), 14.1, 14.2 (oben), 14.3 (links), 14.7, 14.12 (alle), 14.13 (alle), 14.14, 14.17 (alle), 15.1 (alle), 15.6, 15.7. Richard G. : 13.9 (links). Richard J.P. : 13.1 (oben links). Richard M. : 2.14, 2.15, 2.16 (alle), 5.6 (alle), 6.3, 14.2 (die beiden unten), 14.3 (die beiden rechts), 14.5 (rechts oben). Savignac C. : 10.2. Soubaya T. : 1.3 (oben), 2.2a (rechts oben), 2.2b (oben und unten rechts), 7.1a (links), 7.9 (Mitte und rechts), 8.3a, 8.5 (alle).

Printing: Ten Brink, Meppel, The Netherlands
Binding: Stürtz, Würzburg, Germany